Lambacher Schweizer 6
Mathematik für Gymnasien

Rheinland-Pfalz

erarbeitet von
Peter Zimmermann

Ernst Klett Schulbuchverlage
Stuttgart · Leipzig

Begleitmaterial:

Zu diesem Buch gibt es ergänzend:

- Lösungsheft (ISBN-10: 3-12-734653-8, ISBN-13: 978-3-12-734653-3)
- Trainingsheft für Klassenarbeiten (ISBN-10: 3-12-734065-6, ISBN-13: 978-3-12-734065-5),
- Arbeitsheft mit zahlreichen Übungen (ISBN-10: 3-12-734666-2, ISBN-13: 978-3-12-734466-4)
- interaktiver Mathetrainer auf CD-ROM (ISBN-10: 3-12-114824-9, ISBN-13: 978-3-12-114824-0).

1. Auflage 1 6 5 4 3 | 2011 10 09 08

Alle Drucke dieser Auflage sind unverändert und können im Unterricht nebeneinander verwendet werden. Die letzte Zahl bezeichnet das Jahr des Druckes.

Internetadresse: www.klett.de

Autoren: Manfred Baum, Martin Bellstedt, Heidi Buck, Prof. Rolf Dürr, Hans Freudigmann, Dr. Frieder Haug
Unter Mitarbeit von: Bärbel Barzel, Dr. Dieter Brandt, Thorsten Jürgensen, Prof. Detlef Lind, Rolf Reimer, Reinhard Schmitt-Hartmann, Dr. Heike Tomaschek, Dr. Peter Zimmermann

Illustrationen: Uwe Alfer, Waldbreitbach; Jochen Ehmann, Stuttgart;
Christine Lackner-Hawighorst, Ittlingen
Bildkonzept Umschlag: Soldankommunikation, Stuttgart
Titelbild: KD Busch, Stuttgart; Simianer & Blühdorn GmbH, Stuttgart
Reproduktion: Meyle + Müller, Medien Management, Pforzheim

Entstanden in Zusammenarbeit mit dem Projektteam des Verlags.

Satz: topset Computersatz, Nürtingen
Druck: Himmer AG, Augsburg

Printed in Germany
ISBN 978-3-12-734661-9

9 783127 346619

Moderner Mathematikunterricht mit dem Lambacher Schweizer

Mathematik – vielseitig und schülerorientiert
Der heutige Mathematikunterricht soll den Kindern und Jugendlichen neben Rechenfertigkeiten auch zahlreiche weitere Fähigkeiten, die für die Allgemeinbildung grundlegend sind, vermitteln.
Das Erlernen solcher fachlicher und überfachlicher **Basisfähigkeiten** wird im Lambacher Schweizer in einem vielfältigen Aufgabenangebot für die Schülerinnen und Schüler ermöglicht. Auf den Seiten Wiederholen – Vertiefen – Vernetzen und in den Sachthemen werden zudem die Inhalte der Kapitel bzw. des Buches noch einmal für integriertes und vernetztes Lernen aufbereitet. Die Sachthemen behandeln unter einem Oberthema Inhalte aus allen Kapiteln des Buches oder schulen übergreifende Fähigkeiten wie das Lösen von Problemen. Sie lassen sich sowohl nutzen, um über sie in die Kapitel einzusteigen, als auch als Wiederholung und Festigung im Anschluss an die Kapitel.
Die Inhalte des Mathematikunterrichts zentralen Ideen zuzuordnen, bietet für die Schülerinnen und Schüler die Chance, Zusammenhänge über die Kapitel hinaus herzustellen und damit ein größeres Verständnis für die Mathematik zu erlangen. Aus diesem Grund werden die Kapitel insgesamt sechs schülerverständlichen **Leitideen** zugeordnet, die über die achtjährige Schulzeit hin Bestand haben: Zahl und Zahlbereiche, Raum und Form, Funktionaler Zusammenhang, Daten und Zufall, Messen und Größen.
Um grundlegende Fertigkeiten und Inhalte, so genanntes **Basiswissen**, bei den Schülerinnen und Schülern abzusichern, werden mit der Frage „Kannst du das noch?“ immer wieder Aufgaben zu früheren Themen eingestreut. Außerdem ist die Möglichkeit zu selbstkontrolliertem Üben gegeben, innerhalb der Lerneinheiten mit den Aufgaben zu „Bist du sicher?“ und am Ende des Kapitels in den „Trainingsrunden“.

Taschenrechner-Einsatz
Der sinnvolle Einsatz des Taschenrechners in Klasse 5 wird in Klasse 6 entsprechend fortgesetzt, um auch hier Anwendungsbezüge zu ermöglichen, die zeitaufwändige und fehleranfällige Berechnungen erfordern. Deshalb wird bei entsprechenden Aufgaben der Gebrauch (durch ▯) angezeigt.
In einer Lerneinheit zur Selbsterarbeitung können sich die Schülerinnen und Schüler mit dem Umgang des Taschenrechners bei rationalen Zahlen vertraut machen.

Inhaltsverzeichnis

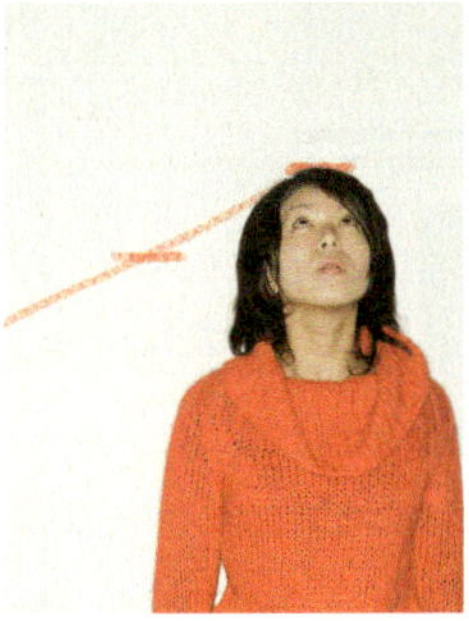

Lernen mit dem Lambacher Schweizer

Liebe Schülerinnen und Schüler,

auf diesen zwei Seiten stellen wir euer neues Mathematikbuch vor, das euch im Mathematikunterricht begleiten und unterstützen soll.

Wie ihr im Inhaltsverzeichnis sehen könnt, besteht das Buch aus sechs **Kapiteln** und zwei **Sachthemen**. In den Kapiteln lernt ihr nacheinander neue mathematische Inhalte kennen. In dem Sachthema Olympia trefft ihr wieder auf die Inhalte aller Kapitel, allerdings versteckt in olympischen Rekorden. In dem anderen Sachthema lernt ihr viele allgemein hilfreiche Techniken zum Lösen von Problemen kennen. Ihr seht also, mathematischen Problemen begegnet man nicht nur im Mathematikunterricht.

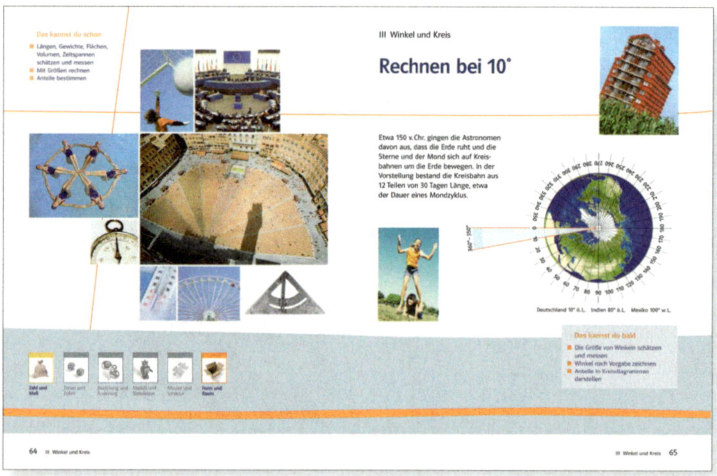

In den Kapiteln geht es darum, neue Inhalte kennen zu lernen, zu verstehen, zu üben und zu vertiefen.
Sie beginnen mit einer **Auftaktseite**, auf der ihr entdecken und lesen könnt, was euch in dem Kapitel erwartet.

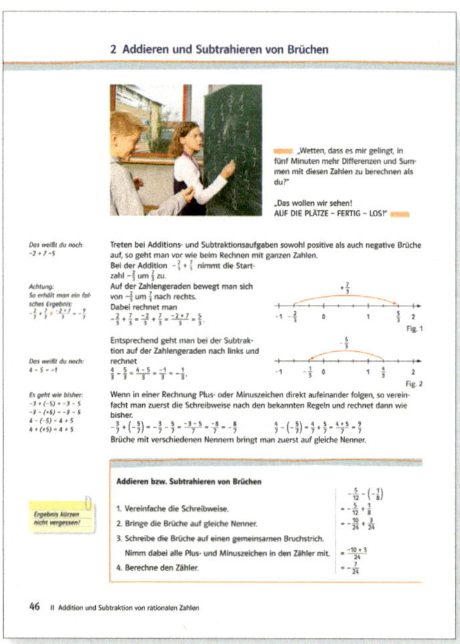

Die Kapitel sind in **Lerneinheiten** unterteilt, die euch immer einen mathematischen Schritt voranbringen. Zum **Einstieg** findet ihr stets eine Anregung oder eine Frage zu dem Thema. Ihr könnt euch dazu alleine Gedanken machen, es in der Gruppe besprechen oder mit der ganzen Klasse gemeinsam mit eurer Lehrerin oder eurem Lehrer diskutieren.

Im **Merkkasten** findet ihr die wichtigsten Inhalte der Lerneinheit zusammengefasst. Ihr solltet ihn deshalb sehr aufmerksam lesen.

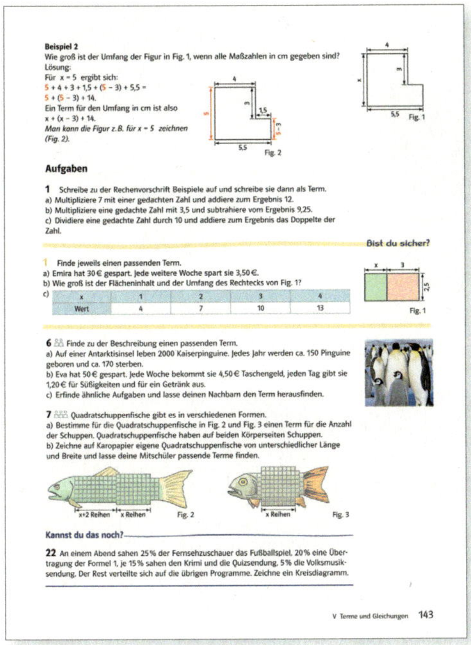
Beispiel 2
Wie groß ist der Umfang der Figur in Fig. 1, wenn alle Maßzahlen in cm gegeben sind?
Lösung:
Für $x = 5$ ergibt sich:
$5 + 4 + 3 + 1{,}5 + (5 - 3) + 5{,}5 =$
$5 + (5 - 3) + 14$.
Ein Term für den Umfang in cm ist also
$x + (x - 3) + 14$.
Man kann die Figur z.B. für $x = 5$ zeichnen (Fig. 2).

Fig. 2

Fig. 1

Aufgaben

1 Schreibe zu der Rechenvorschrift Beispiele auf und schreibe sie dann als Term.
a) Multipliziere 7 mit einer gedachten Zahl und addiere zum Ergebnis 12.
b) Multipliziere eine gedachte Zahl mit 3,5 und subtrahiere vom Ergebnis 9,25.
c) Dividiere eine gedachte Zahl durch 10 und addiere zum Ergebnis das Doppelte der Zahl.

Bist du sicher?

1 Finde jeweils einen passenden Term.
a) Emira hat 30 € gespart. Jede weitere Woche spart sie 3,50 €.
b) Wie groß ist der Flächeninhalt und der Umfang des Rechtecks von Fig. 1?
c)

x	1	2	3	4
Wert	4	7	10	13

Fig. 1

6 Finde zu der Beschreibung einen passenden Term.
a) Auf einer Antarktisinsel leben 2000 Kaiserpinguine. Jedes Jahr werden ca. 150 Pinguine geboren und ca. 170 sterben.
b) Eva hat 50 € gespart. Jede Woche bekommt sie 4,50 € Taschengeld, jeden Tag gibt sie 1,20 € für Süßigkeiten und für ein Getränk aus.
c) Erfinde ähnliche Aufgaben und lasse deinen Nachbarn den Term herausfinden.

7 Quadratschuppenfische gibt es in verschiedenen Formen.
a) Bestimme für die Quadratschuppenfische in Fig. 2 und Fig. 3 einen Term für die Anzahl der Schuppen. Quadratschuppenfische haben auf beiden Körperseiten Schuppen.
b) Zeichne auf Karopapier eigene Quadratschuppenfische von unterschiedlicher Länge und Breite und lasse deine Mitschüler passende Terme finden.

x+2 Reihen x Reihen Fig. 2
x Reihen Fig. 3

Kannst du das noch?

22 An einem Abend sahen 25 % der Fernsehzuschauer das Fußballspiel, 20 % eine Übertragung der Formel 1, je 15 % sahen den Krimi und die Quizsendung, 5 % die Volksmusiksendung. Der Rest verteilte sich auf die übrigen Programme. Zeichne ein Kreisdiagramm.

V Terme und Gleichungen 143

Vor den Aufgaben findet ihr **Beispiel**aufgaben. Sie führen euch vor, wie ihr die nachfolgenden Aufgaben lösen sollt. Hilfreiche Hinweise sind in kursiver Schrift ergänzt.

In dem Aufgabenblock **Bist du sicher?** könnt ihr alleine testen, ob ihr die grundlegenden Aufgaben zu dem neu gelernten Stoff lösen könnt. Die Lösungen dazu findet ihr hinten im Buch.

In den Aufgaben, die mit oder gekennzeichnet sind, bietet es sich besonders an, mit einem Partner oder in einer Gruppe zu arbeiten.

Mit den **Kannst-du-das-noch?**-Aufgaben könnt ihr altes Wissen wiederholen. Oft bereitet es euch auf das nächste Kapitel vor.

Wiederholen – Vertiefen – Vernetzen

Auf den Seiten **Wiederholen – Vertiefen – Vernetzen** findet ihr Aufgaben, die den Lernstoff verschiedener Lerneinheiten und manchmal auch der Kapitel miteinander verbinden.

Rückblick

Training Runde 1

Am Ende des Kapitels findet ihr jeweils zwei Seiten, die euch helfen, das Gelernte abzusichern. Auf den **Rückblick**seiten sind die wichtigsten Inhalte des Kapitels zusammengefasst. Und in den **Trainingsrunden** könnt ihr noch einmal üben, was ihr im Kapitel gelernt habt. Sie eignen sich auch gut als Vorbereitung für Klassenarbeiten. Die Lösungen dazu findet ihr auf den hinteren Seiten des Buches.

Exkursion *Horizonte*

Exkursion *Entdeckungen*

Exkursion *Geschichten*

Besonders viel Spaß wünschen wir euch bei den **Exkursionen**: Horizonte, Entdeckungen, Geschichten am Ende der Kapitel.
Auf den **Horizonte**-Seiten könnt ihr interessante Dinge erfahren, z. B., wie man mithilfe einer Landkarte die Dauer einer Wanderung bestimmen kann. Auf den **Entdeckungen**-Seiten könnt ihr selbst aktiv werden und z. B. herausfinden, was Bierdeckeltürme mit Termen zu tun haben. Die **Geschichten** schließlich könnt ihr vor allem einfach lesen. Vielleicht werdet ihr manchmal staunen, wie alltäglich Mathematik sein kann.

Ihr könnt euch also auf euer Mathematikbuch verlassen. Es gibt euch viele Hilfestellungen für den Unterricht und die Klassenarbeiten und vor allem möchte es euch zeigen: Mathematik ist sinnvoll und kann Freude machen.

Wir wünschen euch viel Erfolg!
Das Autorenteam und der Verlag

Das kannst du schon

- Mit ganzen Zahlen rechnen
- Mit Längen, Gewichten und Uhrzeiten rechnen
- Flächeninhalte und Rauminhalte berechnen

Zahl und Zahlbereiche

Daten und Zufall

Funktionaler Zusammenhang

Messen und Größen

Raum und Form

Bruch, Komma und Prozent

Wir schreiben für den Beginn
mal ein paar neue Zahlen hin:
1; 0,1; 0,001; 0,0001 ...
Kaum steh'n sie da, hört man die Worte:
Von uns gibt's auch noch diese Sorte
$\frac{1}{1}$; $\frac{1}{10}$; $\frac{1}{100}$; $\frac{1}{1000}$; $\frac{1}{10000}$ ...

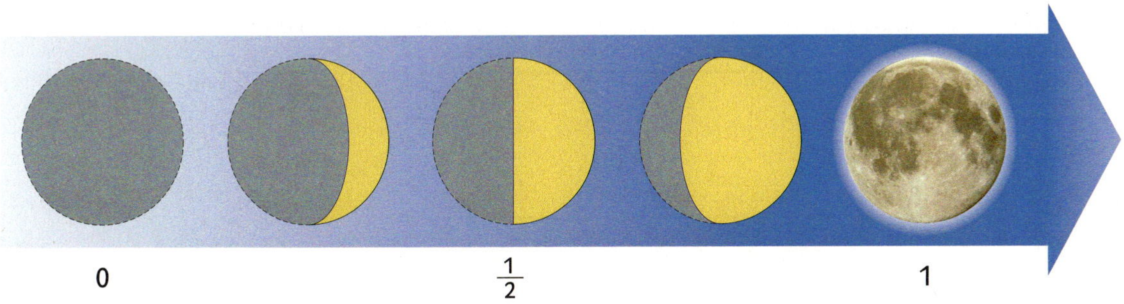

Das kannst du bald

- Anteile mit Brüchen beschreiben
- Brüche erweitern und kürzen
- Anteile in Prozenten angeben
- Die Kommaschreibweise verstehen

1 Brüche, Bruchteile, Anteile

Bisher kennst du die natürlichen Zahlen 0; 1; 2; 3 … und die negativen Zahlen −1; −2; −3 …, die zusammen die ganzen Zahlen bilden. Bei Größen hast du Bruchteile wie $\frac{1}{4}$kg kennen gelernt. Die Angabe $\frac{1}{4}$ gibt es auch ohne Maßeinheit.

So kann man $\frac{3}{4}$dm in mm umrechnen:

1 dm = 100 mm

$100\,mm \xrightarrow{:4} 25\,mm$

$25\,mm \xrightarrow{\cdot 3} 75\,mm$

In der fünften Klasse hast du bereits Bruchteile kennen gelernt.
Ein **Bruchteil** wie $\frac{3}{4}$dm bedeutet: Teile 1 dm durch 4 und nimm drei von diesen Teilen.

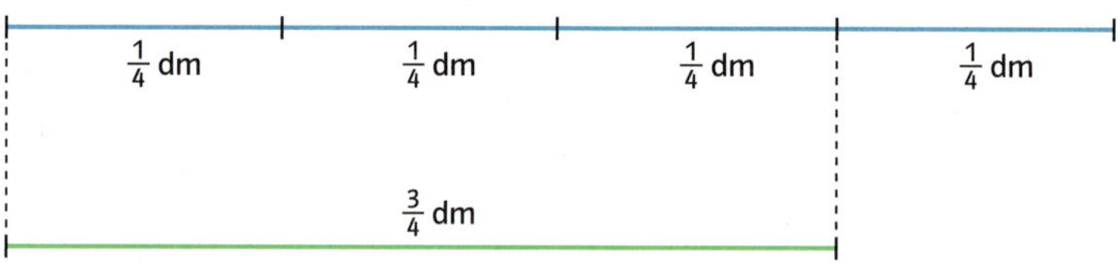

Fig. 1

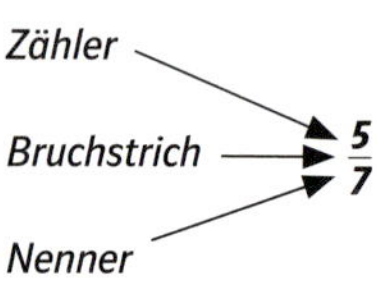

Die Angabe $\frac{3}{4}$ nennt man einen **Bruch**.
Die Zahl 4 unter dem Bruchstrich heißt **Nenner**, weil sie dem Bruch den Namen Viertel gibt. Die Zahl 3 über dem Bruchstrich heißt **Zähler**, weil sie angibt, wie viele Viertel es sind.

Mithilfe eines Bruches kann man auch einen **Anteil** angeben, zum Beispiel:
Der Anteil $\frac{2}{3}$ von 9 Äpfeln ist 6 Äpfel, denn 9 Äpfel : 3 = 3 Äpfel und 2 · 3 Äpfel = 6 Äpfel.

Fig. 2

Zur Beschreibung von Bruchteilen und Anteilen verwendet man **Brüche** wie $\frac{1}{5}$, $\frac{3}{5}$, $\frac{3}{4}$ … .
Die obere Zahl nennt man **Zähler**, die untere **Nenner** des Bruches.
Man bestimmt den Anteil $\frac{3}{5}$ eines Ganzen, indem man das Ganze in 5 gleiche Teile teilt und 3 davon zusammennimmt.

Beispiel 1 Anteile bestimmen

Welcher Anteil der jeweiligen Figur ist mit Farbe gekennzeichnet? Schreibe das Ergebnis mithilfe eines Bruches und in Worten.

a)

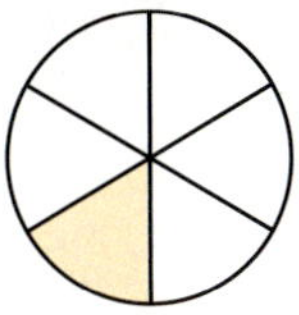

b)

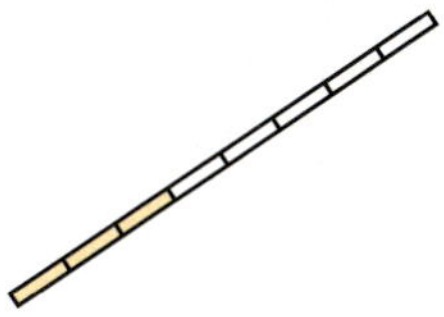

c)

Lösung:

a) $\frac{1}{6}$ des Kreises
Ein Sechstel des Kreises

b) $\frac{3}{8}$ des Stabes
Drei Achtel des Stabes

c) $\frac{7}{10}$ aller Würfel
Sieben Zehntel aller Würfel

Beispiel 2 Bruchteile berechnen

Schreibe ohne Verwendung eines Bruches.

a) $\frac{3}{4}$m b) $\frac{7}{10}$t c) $\frac{2}{5}$ von 20 Personen d) $\frac{5}{6}$ von 2h

Lösung:

a) $\frac{1}{4}$m = 25cm; $\frac{3}{4}$m = 3 · 25cm = 75cm. *$\frac{3}{4}$ heißt: Teile durch 4; nimm 3 dieser Teile.*

b) $\frac{1}{10}$t = 100kg; $\frac{7}{10}$t = 7 · 100kg = 700kg. *$\frac{7}{10}$ heißt: Teile durch 10; nimm 7 dieser Teile.*

c) $\frac{1}{5}$ von 20 Personen sind 4 Personen; $\frac{2}{5}$ von 20 Personen sind 8 Personen.

d) 2h = 120min; $\frac{1}{6}$ von 120min sind 20min; *Schreibe 2h zunächst in Minuten.*
$\frac{5}{6}$ von 120min sind 5 · 20min = 100min. *Teile dann durch 6; nimm 5 dieser Teile.*

Aufgaben

1 Wenn die Tankanzeige voll anzeigt, sind 80 Liter im Tank. Wie viel Liter sind im Tank?

a)

b)

c)

2 Welcher Anteil ist gefärbt? Schreibe als Bruch und in Worten.

a)

b)

c)

3 Zeichne eine Figur und färbe von ihr diesen Anteil.

a) $\frac{2}{3}$ b) $\frac{4}{12}$ c) $\frac{1}{7}$ d) $\frac{8}{20}$

4 Stelle drei verschiedene Anteile in einer Zeichnung dar. Dein Tischnachbar soll diese Anteile bestimmen.

5 Schreibe, ohne einen Bruch zu verwenden.

a) $\frac{1}{2}$km b) $\frac{1}{4}$m c) $\frac{1}{5}$cm d) $\frac{1}{4}$h e) $\frac{1}{3}$h

$\frac{3}{4}$€ $\frac{3}{4}$km $\frac{3}{10}$kg $\frac{3}{4}$h $\frac{4}{5}$km

$\frac{3}{10}$t $\frac{1}{6}$h $\frac{2}{6}$h $\frac{1}{2}$g $\frac{1}{10}$cm

6 a) $\frac{1}{20}$m b) $\frac{3}{100}$kg c) $\frac{20}{100}$€ d) $\frac{1}{8}$km e) $\frac{1}{60}$h

$\frac{1}{12}$h $\frac{3}{10}$min $\frac{6}{20}$t $\frac{7}{60}$min $\frac{99}{100}$m

7 a) $\frac{1}{4}$ von 8 kg b) $\frac{2}{3}$ von 60 m c) $\frac{1}{10}$ von 1 cm d) $\frac{2}{5}$ von 100 Personen

$\frac{3}{10}$ von 20 Äpfeln $\frac{1}{2}$ von 5 € $\frac{7}{8}$ von 40 Eiern $\frac{3}{100}$ von 8 km

$\frac{1}{100}$ von 2 € $\frac{4}{30}$ von 2 min $\frac{4}{4}$ von 12 € $\frac{3}{4}$ von 48 g

Zu Aufgabe 8:
a) + b) + c) + d) = 188

8 In der Klassenstufe 6 sind 80 Kinder. Wie viele Kinder sind davon

a) drei Viertel, b) vier Achtel, c) ein Zehntel, d) fünf Fünftel?

9 Welcher Anteil des Rechtecks ist gefärbt und welcher Anteil ist nicht gefärbt?

a)
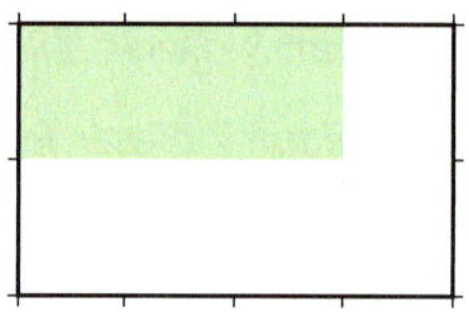
b)
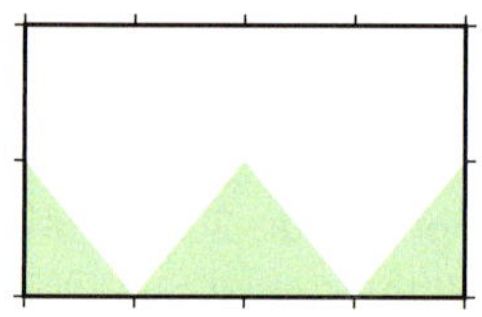
c)
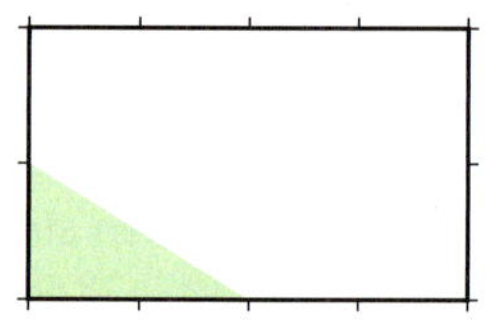

Zur Erinnerung:
$1\,m^2 = 100\,dm^2$
$1\,dm^2 = 100\,cm^2$
$1\,m^3 = 1000\,dm^3$
$1\,dm^3 = 1000\,cm^3$
$1\,ha = 100\,a$
$1\,a = 100\,m^2$

10 Schreibe, ohne einen Bruch zu verwenden.

a) $\frac{1}{2}m^2$ b) $\frac{1}{5}m^2$ c) $\frac{1}{5}cm^2$ d) $\frac{1}{4}dm^2$ e) $\frac{1}{10}cm^2$

$\frac{1}{2}m^3$ $\frac{3}{10}dm^3$ $\frac{3}{4}m^3$ $\frac{1}{4}m^3$ $\frac{1}{5}dm^3$

$\frac{1}{2}$a $\frac{1}{10}$a $\frac{1}{2}$ha $\frac{1}{10}$ha $\frac{1}{5}$ha

11 a) $\frac{1}{4}$ von $8\,m^2$ b) $\frac{2}{3}$ von $60\,cm^2$ c) $\frac{1}{10}$ von $3\,cm^3$ d) $\frac{2}{5}$ von $6\,m^2$

$\frac{3}{10}$ von 2 ha $\frac{3}{100}$ von 8 a $\frac{1}{100}$ von $10\,m^2$ $\frac{2}{3}$ von 9 Liter

Bist du sicher?

1 Welcher Anteil der Figur ist gefärbt?

a)
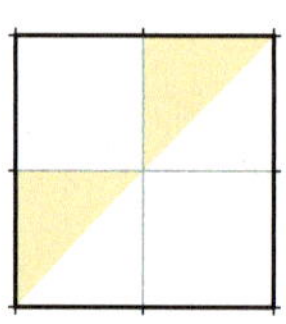
b)
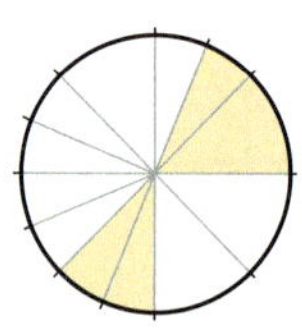
c)
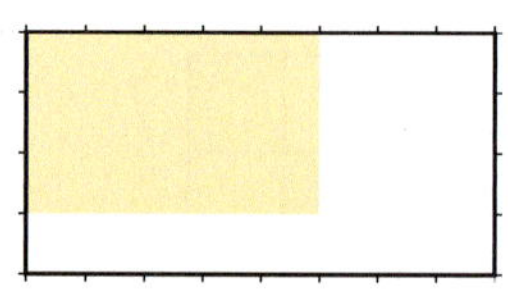

2 Schreibe, ohne einen Bruch zu verwenden.

a) $\frac{3}{10}$kg b) $\frac{1}{4}m^2$ c) $\frac{2}{3}$ von 30 min d) $\frac{1}{8}$ von $4\,m^3$.

3 Von einer Tafel Schokolade mit 24 Stückchen isst Yvonne $\frac{1}{6}$ und Ricki $\frac{2}{3}$. Wie viele Stückchen bleiben übrig?

12 Welchem Anteil von drei Schokoladentafeln à 24 Stückchen entsprechen zwölf Stückchen?

13 Rothirsche und Impala-Antilopen haben mit 10 m die größte Sprungweite aller Tiere. Löwen kommen auf $\frac{2}{5}$ dieser Weite, Füchse auf $\frac{1}{4}$ und Flöhe auf $\frac{1}{20}$. Berechne die Sprungweiten dieser Tiere.

14 Welcher Anteil an einer Schokoladentafel mit 24 Stückchen sind
a) 8 b) 16 c) 4 d) 10?

15 In Fig. 1 ist jeweils ein Anteil einer geometrischen Figur gezeichnet. Zeichne jeweils die ganze Figur in dein Heft.

16 Gero hat von seinen Einnahmen des letzten halben Jahres $\frac{2}{3}$ für einen Kletterkurs gespart. Seine Einnahmen waren: Das monatliche Taschengeld von 6 € und Geldgeschenke von 15 € und 60 €. Wie viel Geld hat er für den Kletterkurs gespart?

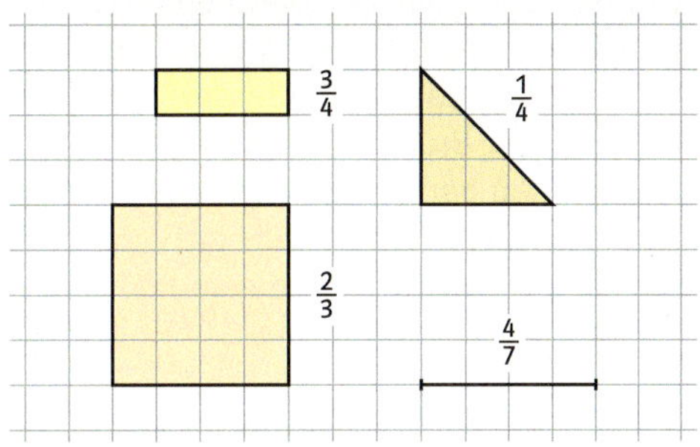

Fig. 1

17 Nina und ihre Mutter spielen für 12 € Lotto. Davon bezahlt Nina 2 € und ihre Mutter 10 €. Zu ihrer Freude gewinnen sie 300 €. Wie würdest du den Gewinn aufteilen?

18 Dreieck und Parallelogramm
Von dem Parallelogramm in Fig. 2 wird ein Dreieck abgeschnitten. Welcher Anteil des Parallelogramms wurde abgeschnitten?

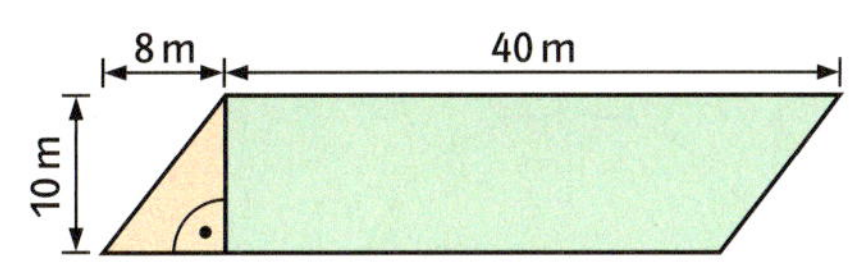

Fig. 2

19 „Der Tonkrug war voll – hast du alles allein getrunken? Es sind ja nur noch $\frac{2}{3}$ von dem Blutorangensaft da." „Nein, Tante", antwortet Alfred, „Anna hat genau so viel getrunken wie ich."
a) Wie viel l Saft haben Anna und Alfred zusammen getrunken?
b) Wie viel l Saft hat jeder getrunken?

Fig. 3

Kannst du das noch?

20 Berechne.
a) 24 : (−8) b) (−6) · 7 c) (−11) · (−10) d) (−40) : (−8) e) 72 : (−12) f) −9 : (−3)

21 Welche Zahl gehört in das Kästchen?
a) ▢ · 4 = −36 b) ▢ · (−7) = 28 c) 60 : ▢ = −12 d) ▢ : (−8) = −5 e) 7 : ▢ = 1

2 Kürzen und erweitern

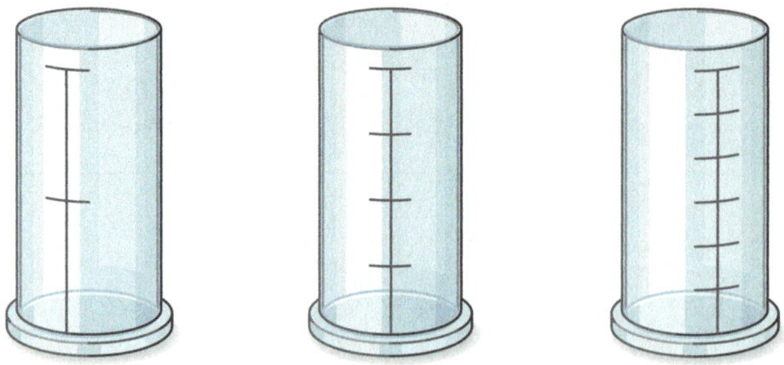

Jedes Gefäß fasst bis zum oberen Strich genau einen Liter Flüssigkeit. Wie sind die Gefäße zu beschriften?

Bruchteile und Anteile kann man mit Brüchen angeben. Hierbei kann man für den gleichen Bruchteil oder den gleichen Anteil verschiedene Brüche verwenden, denn:
Multipliziert man bei einem Bruch den Nenner und den Zähler mit der gleichen natürlichen Zahl, so ändert sich die Größe des jeweiligen Bruchteils bzw. Anteils nicht.
Man sagt, der Bruch wurde **erweitert**.
Dividiert man bei einem Bruch den Nenner und den Zähler durch die gleiche natürliche Zahl, so ändert sich ebenfalls die Größe des jeweiligen Bruchteils bzw. Anteils nicht.
Man sagt, der Bruch wurde **gekürzt**.

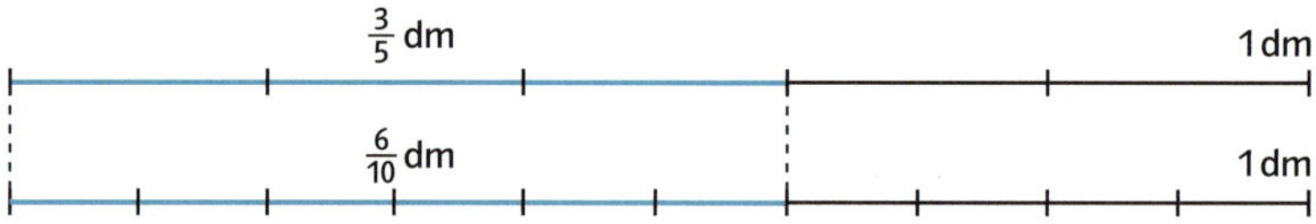

$\frac{3}{5}\,dm = \frac{3 \cdot 2}{5 \cdot 2}\,dm = \frac{6}{10}\,dm$

$\frac{6}{10}\,dm = \frac{6 : 2}{10 : 2}\,dm = \frac{3}{5}\,dm$

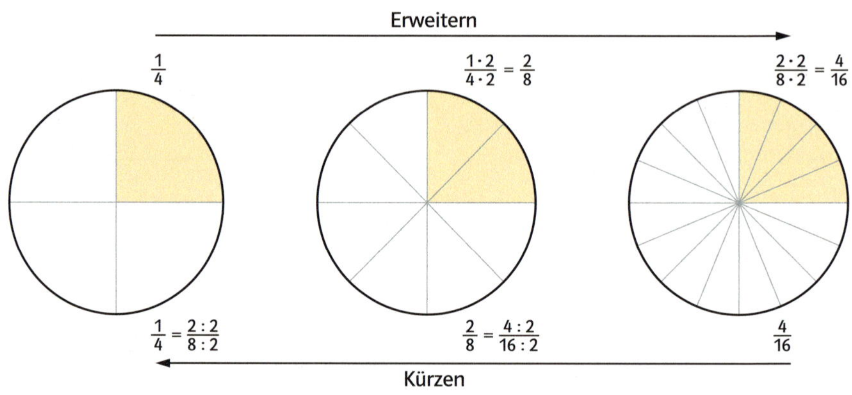

Fig. 1

Mit der Zahl 0 kann man einen Bruch nicht kürzen und auch nicht erweitern. Warum?

Erweitern eines Bruches:	Multipliziere den Zähler und den Nenner des Bruches mit derselben natürlichen Zahl.
Kürzen eines Bruches:	Dividiere den Zähler und den Nenner des Bruches durch dieselbe natürliche Zahl.

Kürzen und Erweitern eines Bruches ändert die Größe eines Bruchteils oder Anteils nicht.

Beispiel 1

a) Erweitere $\frac{5}{8}$ mit 3.

b) Kürze $\frac{36}{48}$ mit 12.

Lösung:

a) $\frac{5}{8} = \frac{5 \cdot 3}{8 \cdot 3} = \frac{15}{24}$

b) $\frac{36}{48} = \frac{36 : 12}{48 : 12} = \frac{3}{4}$

Statt „kürze so weit wie möglich" sagt man auch: „kürze vollständig".

Beispiel 2

a) Erweitere $\frac{5}{8}$ so, dass im Nenner 1000 steht.

b) Kürze $\frac{45}{60}$ so weit wie möglich.

c) Kürze $\frac{77}{231}$ so, dass im Nenner 21 steht.

Lösung:

a) $1000 : 8 = 125$; $\frac{5}{8} = \frac{5 \cdot 125}{8 \cdot 125} = \frac{625}{1000}$

b) $\frac{45}{60} = \frac{15}{20} = \frac{3}{4}$ *(mit 3 und mit 5 gekürzt)*

c) $231 : 21 = 11$; $\frac{77}{231} = \frac{7}{21}$ *(mit 11 gekürzt)*

Aufgaben

1 Drücke den Anteil der braunen Stückchen an der ganzen Tafel mit verschiedenen Brüchen aus.

a)

b)

c)

2 Erweitere.

a) $\frac{2}{3}$ mit 5; $\frac{1}{12}$ mit 6
b) $\frac{1}{2}$ mit 3; $\frac{5}{7}$ mit 7
c) $\frac{5}{4}$ mit 2; $\frac{8}{8}$ mit 8
d) $\frac{3}{10}$ mit 10; $\frac{1}{4}$ mit 15
e) $\frac{3}{2}$ mit 11; $\frac{20}{25}$ mit 5
f) $\frac{1}{13}$ mit 3; $\frac{8}{9}$ mit 7

3 Kürze.

a) $\frac{6}{10}$ mit 2; $\frac{15}{50}$ mit 5
b) $\frac{8}{10}$ mit 2; $\frac{14}{28}$ mit 7
c) $\frac{6}{18}$ mit 6; $\frac{26}{39}$ mit 13
d) $\frac{6}{12}$ mit 2; $\frac{28}{42}$ mit 7
e) $\frac{6}{9}$ mit 3; $\frac{18}{42}$ mit 6
f) $\frac{20}{100}$ mit 10; $\frac{19}{38}$ mit 19

4 a) Mit welcher Zahl wurde erweitert?
$\frac{3}{5} = \frac{9}{15}$; $\frac{6}{8} = \frac{60}{80}$; $\frac{4}{9} = \frac{36}{81}$; $\frac{7}{11} = \frac{84}{132}$

b) Mit welcher Zahl wurde gekürzt?
$\frac{15}{20} = \frac{3}{4}$; $\frac{14}{35} = \frac{2}{5}$; $\frac{25}{75} = \frac{1}{3}$; $\frac{91}{117} = \frac{7}{9}$

5 Gib nach der Größe geordnet alle Zahlen an, mit denen man den Bruch kürzen kann.

a) $\frac{8}{10}$ b) $\frac{12}{18}$ c) $\frac{15}{25}$ d) $\frac{18}{36}$ e) $\frac{10}{50}$ f) $\frac{48}{72}$

Zu Aufgabe 5: Die Zahl 1 ist immer dabei. Wenn du die Zahlen addierst, ergibt das folgende Ergebnisse:

12 60 3 6 18 39

6 Kürze vollständig.

a) $\frac{12}{24}$; $\frac{12}{18}$; $\frac{30}{40}$; $\frac{25}{100}$; $\frac{50}{60}$; $\frac{50}{75}$

b) $\frac{15}{18}$; $\frac{16}{18}$; $\frac{6}{30}$; $\frac{48}{56}$; $\frac{75}{100}$; $\frac{120}{200}$

c) $\frac{8}{12}$; $\frac{35}{42}$; $\frac{13}{65}$; $\frac{80}{100}$; $\frac{125}{1000}$; $\frac{34}{51}$

7 Gib einen Bruch an, den man nur mit den angegebenen Zahlen kürzen kann.

a) 1; 5 b) 1; 2; 4 c) 1; 3; 9 d) 1; 2; 3; 6 e) 1; 2; 7; 14

Die gesuchten Zahlen aus Aufgabe 9 ergeben ein Lösungswort.

27	*T*
12	*U*
4	*C*
60	*I*
143	*H*
18	*L*
6	*S*
130	*H*
72	*C*
88	*T*
56	*S*
5	*H*

8 Gib den gefärbten Anteil der Figur mit einem vollständig gekürzten Bruch an.

a)

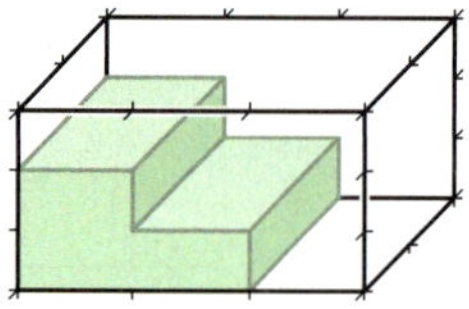

b)

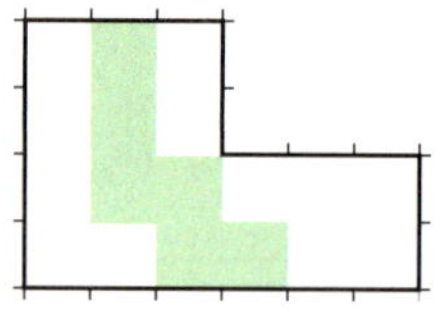

c)

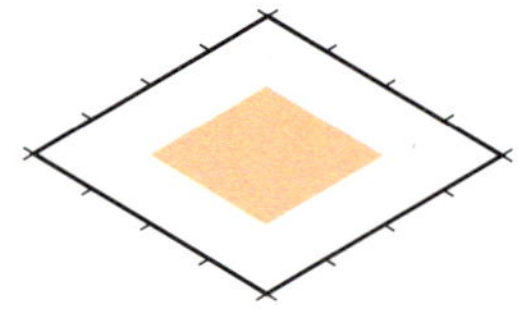

9 Übertrage ins Heft und ergänze die fehlende Zahl.

a) $\frac{\square}{12} = \frac{1}{2}$; $\frac{32}{40} = \frac{\square}{5}$
b) $\frac{35}{42} = \frac{\square}{6}$; $\frac{\square}{42} = \frac{3}{7}$
c) $\frac{\square}{108} = \frac{5}{9}$; $\frac{\square}{121} = \frac{8}{11}$
d) $\frac{9}{\square} = \frac{3}{9}$; $\frac{16}{\square} = \frac{2}{7}$
e) $\frac{45}{\square} = \frac{5}{8}$; $\frac{91}{\square} = \frac{7}{10}$
f) $\frac{60}{144} = \frac{5}{\square}$; $\frac{99}{\square} = \frac{9}{13}$

10 Prüfe, ob die Brüche denselben Anteil bzw. Bruchteil bezeichnen können.

a) $\frac{4}{12}$; $\frac{1}{3}$ b) $\frac{30}{48}$; $\frac{10}{16}$ c) $\frac{12}{16}$; $\frac{9}{12}$ d) $\frac{10}{15}$; $\frac{6}{9}$ e) $\frac{18}{24}$; $\frac{15}{20}$ f) $\frac{36}{60}$; $\frac{15}{30}$

11 Ergänze die richtige Zahl. a) $\frac{\square}{6} = \frac{2}{4}$ b) $\frac{\square}{8} = \frac{3}{12}$ c) $\frac{5}{25} = \frac{\square}{15}$

Bist du sicher?

Das sind die Zähler und Nenner der Ergebnisse von Aufgabe 1:

3 9 24 6 4 54

1 a) Erweitere $\frac{4}{9}$ mit 6. b) Kürze $\frac{24}{32}$ vollständig. c) Schreibe $\frac{4}{6}$ mit dem Nenner 9.

2 Gib einen Bruch an, den man mit 6, aber nicht mit 4 kürzen kann.

3 Welche der Bruchteile $\frac{3}{12}$; $\frac{20}{100}$; $\frac{20}{80}$; $\frac{3}{15}$; $\frac{5}{20}$ sind gleich?

12 a) Schreibe $\frac{4}{5}$; $\frac{1}{4}$; $\frac{18}{60}$ und $\frac{18}{24}$ jeweils als Bruch mit dem Nenner 20.
b) Schreibe $\frac{30}{100}$; $\frac{5}{25}$ und $\frac{8}{16}$ jeweils als Bruch mit dem Zähler 10.

13 Gib sechs Brüche mit dem Zähler 20 an, die man nicht kürzen kann.

14 Gib die Anteile mit einem vollständig gekürzten Bruch an.
a) Von 100 Losen waren 90 Nieten.
b) Drei von 72 kontrollierten Fahrgästen fuhren ohne Fahrausweis.
c) Von 60 kontrollierten Autos fuhren 24 zu schnell.

15 Ist die folgende Aussage wahr? Begründe.
a) Wenn der Zähler und der Nenner eines Bruches beide eine gerade Zahl sind, dann kann man den Bruch immer mit einer Zahl kürzen, die größer als 1 ist.
b) Wenn der Zähler und der Nenner eines Bruches beide eine ungerade Zahl sind, dann kann man den Bruch immer mit einer Zahl kürzen, die größer als 1 ist.
c) Es gibt keinen Bruch, den man mit 1077 kürzen kann.

16 Denke dir einen Würfel mit der Kantenlänge 4 cm. Dieser Würfel ist aus kleinen Würfeln mit der Kantenlänge 1 cm zusammengesetzt. Alle kleinen Würfel, die man von außen sehen kann, haben die Farbe Grün. Die anderen kleinen Würfel haben die Farbe Rot. Wie groß ist der Anteil der kleinen roten Würfeln?

3 Rationale Zahlen

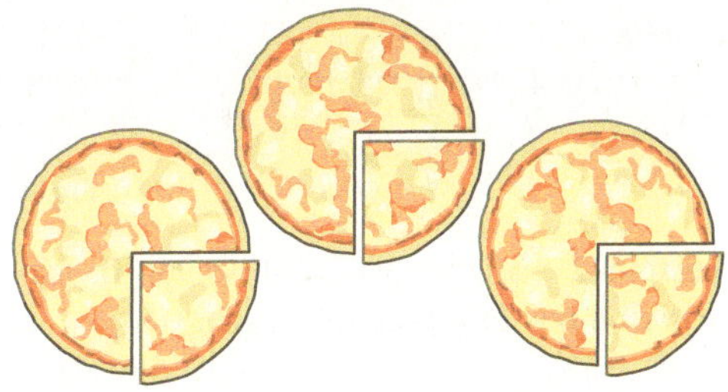

Vier Kinder haben sich drei Pizzen geteilt. Gibt es noch andere Möglichkeiten, die Pizzen gerecht zu teilen?

Brüche kann man auch als Quotienten schreiben, zum Beispiel:

$\frac{2}{3}$ eines Ganzen kann man auf 2 verschiedene Arten erhalten (Fig. 1).
Man nimmt zweimal $\frac{1}{3}$ des Ganzen oder man nimmt den dritten Teil von 2 Ganzen.

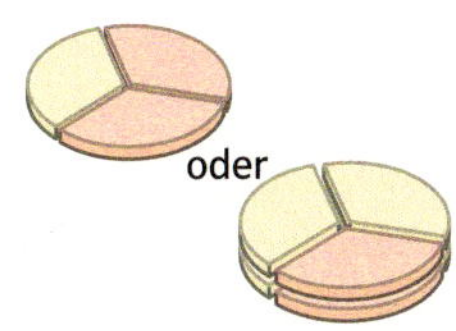

Fig. 1

Ebenso kann man auch $\frac{3}{2}$ von einem Ganzen erhalten:
Man nimmt dreimal $\frac{1}{2}$ des Ganzen oder man nimmt die Hälfte von drei Ganzen (Fig. 2).
Also ist $\frac{3}{2} = 3 \cdot \frac{1}{2}$.

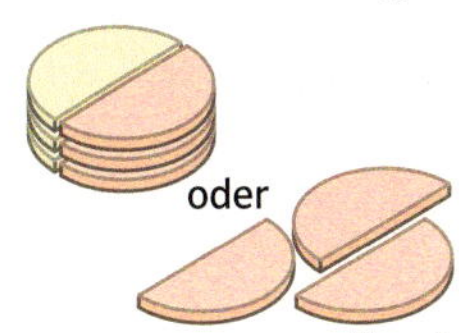

Fig. 2

Für negative Zahlen kann man die Regeln für das Vorzeichen auf Brüche übertragen.

Es gilt: $(-12) : 3 = \frac{-12}{3} = -\frac{12}{3} = -4$ und $12 : (-3) = \frac{12}{-3} = -\frac{12}{3} = -4$

ebenso gilt: $(-5) : 7 = \frac{-5}{7} = -\frac{5}{7}$ und $5 : (-7) = \frac{5}{-7} = -\frac{5}{7}$

Den gleichen Bruchteil oder den gleichen Anteil kann man mit vielen Brüchen angeben.
Es gilt zum Beispiel $\frac{1}{4} = \frac{2}{8} = \frac{3}{12}$.
Alle Brüche, mit denen man den gleichen Bruchteil oder den gleichen Anteil angeben kann, bezeichnen die gleiche **rationale Zahl**.

Genau wie die ganzen Zahlen kann man alle rationalen Zahlen auf der Zahlengerade eintragen.

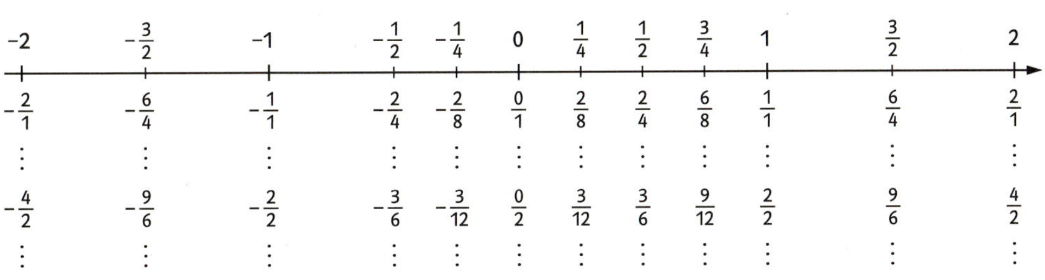

Fig. 3

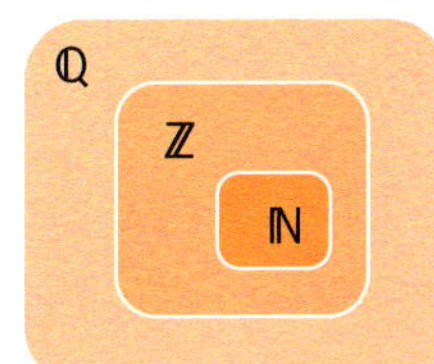

Zahlen, die man durch Brüche angeben kann, heißen **rationale Zahlen**.
Jede rationale Zahl kann man durch viele verschiedene Brüche angeben.
Jede ganze Zahl ist auch eine rationale Zahl.

*Die Strecke zwischen den Zahlen 0 und 1 nennt man auch **Einheitsstrecke**.*

Beispiel 1 Brüche anordnen
Trage auf einer Zahlengeraden die Brüche $\frac{1}{3}$; $-\frac{1}{2}$; $\frac{5}{6}$; $\frac{4}{3}$; $\frac{2}{6}$ ein.
Lösung:

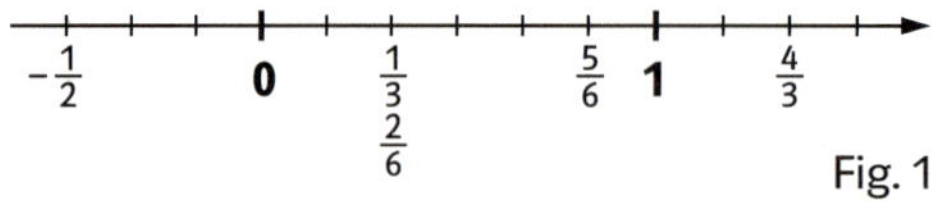

Fig. 1

Man muss überlegen, wie lang die Strecke von 0 bis 1 sein soll. Bei diesen Zahlen ist für eine günstige Einteilung 6 cm geeignet.

Beispiel 2 Brüche als Ergebnis von Divisionen
Schreibe das Ergebnis als Bruch.
a) $15:(-12)$ b) $6\,\text{kg}:11$ c) $(-10):(-7)$
Lösung:
a) $15:(-12) = \frac{15}{-12} = -\frac{15}{12} = -\frac{5}{4}$ b) $6\,\text{kg}:11 = \frac{6}{11}\,\text{kg}$ c) $(-10):(-7) = \frac{-10}{-7} = \frac{10}{7}$

Beispiel 3
Welche der folgenden Brüche geben dieselbe Bruchzahl an?
$\frac{3}{5}$; $\frac{3}{7}$; $\frac{21}{35}$; $\frac{9}{21}$
Lösung:
$\frac{21}{35} = \frac{21:7}{35:7} = \frac{3}{5}$
$\frac{3}{7} = \frac{3\cdot 3}{7\cdot 3} = \frac{9}{21}$
$\frac{3}{5}$ und $\frac{21}{35}$ geben dieselbe Bruchzahl an.
$\frac{3}{7}$ und $\frac{9}{21}$ geben dieselbe Bruchzahl an.

Aufgaben

1 Übertrage die Zahlengerade in Fig. 2 in dein Heft. Zeichne die Strecke $\overline{AE}$ zwischen 0 und 1 5 cm lang.
Trage die Brüche $\frac{2}{5}$; $\frac{1}{4}$; $-\frac{1}{5}$; $\frac{8}{10}$; $-\frac{7}{10}$; $\frac{80}{100}$ ein.

Fig. 2

2 Schreibe für jeden Buchstaben einen vollständig gekürzten Bruch.
a)

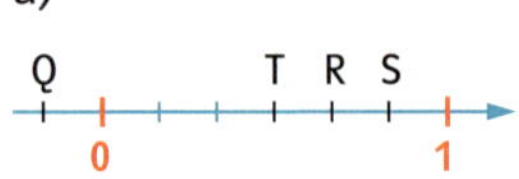

b)

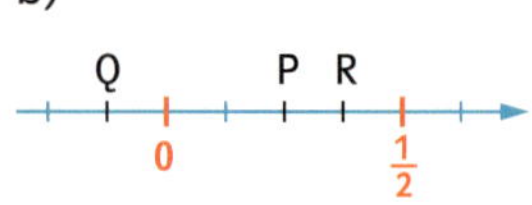

c)

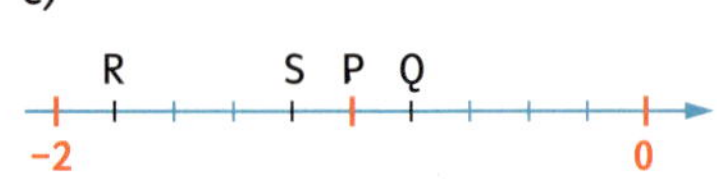

3 Zeichne eine Zahlengerade, bei der das Teilstück zwischen −2 und +2 eine Länge von 16 cm hat. Trage die Brüche $-\frac{1}{4}$; $\frac{3}{8}$; $-\frac{5}{5}$; $\frac{14}{8}$; $-\frac{18}{16}$ ein.

4 Es ist $18\,\text{cm}:30 = \frac{18}{30}\,\text{cm} = \frac{3}{5}\,\text{cm} = 6\,\text{mm}$. Schreibe ebenso mit einer natürlichen Maßzahl.
a) $3\,\text{kg}:5$ b) $12\,\text{m}:24$ c) $50\,\text{m}^3:20$ d) $4\,\text{km}:100$ e) $300\,\text{cm}^2:120$

5 Schreibe mit einem Bruch. Kürze vollständig.
a) $40:30$ b) $(-25):20$ c) $16:(-18)$ d) $(-6):(-8)$ e) $1:13$ f) $(-81):(-54)$

6 Gib drei Divisionsaufgaben an, die als Ergebnis die angegebene rationale Zahl haben.

a) $\frac{3}{4}$ b) $-\frac{3}{4}$ c) $\frac{1}{12}$

7 Bei welchen Brüchen handelt es sich um dieselbe rationale Zahl?

a) $\frac{4}{5}$; $\frac{12}{15}$ b) $\frac{20}{5}$; $\frac{-4}{-1}$ c) $-\frac{3}{2}$; $-\frac{2}{3}$ d) $-\frac{14}{18}$; $\frac{-7}{9}$ e) $\frac{-25}{30}$; $\frac{10}{12}$ f) $\frac{80}{-100}$; $-\frac{4}{5}$

Bist du sicher?

1 Schreibe für jeden Buchstaben einen vollständig gekürzten Bruch.

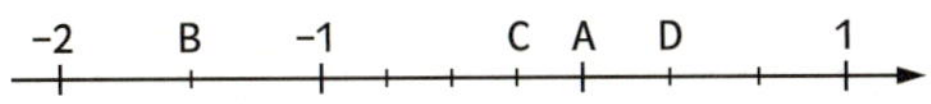

Fig. 1

2 Prüfe, ob es sich um dieselbe rationale Zahl handelt.

a) $-\frac{9}{15}$; $\frac{-12}{20}$ b) $-\frac{9}{6}$; $-\frac{32}{8}$

8 Trage die Brüche auf einer Zahlengeraden ein. Überlege vorher, wie lang du die Einheitsstrecke (das ist die Strecke zwischen den Zahlen 0 und 1) machst.

a) $\frac{1}{5}$; $\frac{2}{10}$; $\frac{5}{10}$; $\frac{4}{5}$; $\frac{2}{20}$; $\frac{7}{20}$ b) $\frac{5}{8}$; $\frac{-3}{-4}$; $\frac{9}{8}$; $-\frac{3}{8}$; $\frac{-1}{4}$ c) $-\frac{4}{12}$; $\frac{7}{12}$; $\frac{1}{6}$; $\frac{12}{12}$; $\frac{11}{-12}$

Diese Einheitsstrecken passen zu Aufgabe 8:

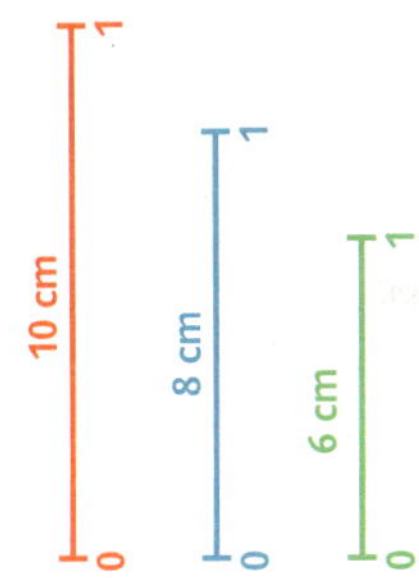

Fig. 2

9 Finde passende Zahlen für das Kästchen.

a) $-\frac{100}{150} = \frac{\square}{15}$ b) $\frac{11}{2} = \frac{-44}{\square}$ c) $\frac{-1}{\square} = \frac{4}{12}$ d) $\frac{150}{\square} = -\frac{300}{150}$ e) $\frac{\square}{22} = \frac{22}{11}$

10 Gib fünf Brüche an, die alle die rationale Zahl $-\frac{6}{10}$ bezeichnen.

11 Finde passende Zahlen für das Kästchen und das Dreieck.

a) $3:\square = \frac{9}{\triangle}$ b) $\square:18 = \frac{\triangle}{-6}$ c) $-27:\square = \frac{9}{\triangle}$ d) $-\square:24 = \frac{\triangle}{18}$

12 Schreibe den Bruch $-\frac{-1}{-2}$ mit weniger Minuszeichen.

13 Zum Knobeln

Welche Brüche wohnen in der Bruchbude? Lies den Text sorgfältig durch.
Im 1. Stock wohnt ein Bruch mit dem Nenner 8. Im 2. Stock und 3. Stock wohnen Brüche, die dieselbe rationale Zahl bezeichnen. Bei den Brüchen im Dachgeschoss und im 4. Stock sind Zähler und Nenner vertauscht. Im 4. Stock wohnt ein Bruch, dessen Zähler dem Flächeninhalt und dessen Nenner dem Umfang eines Quadrates mit der Seitenlänge 3 entspricht. Der Zähler des Bruches im 1. Stock ist ein Viertel von seinem Nenner. Beim Bruch im 2. Stock sind Zähler und Nenner gleich und ihre Summe entspricht der Stocknummer. Beim Bruch im 3. Stock ist die Summe aus Zähler und Nenner 10.

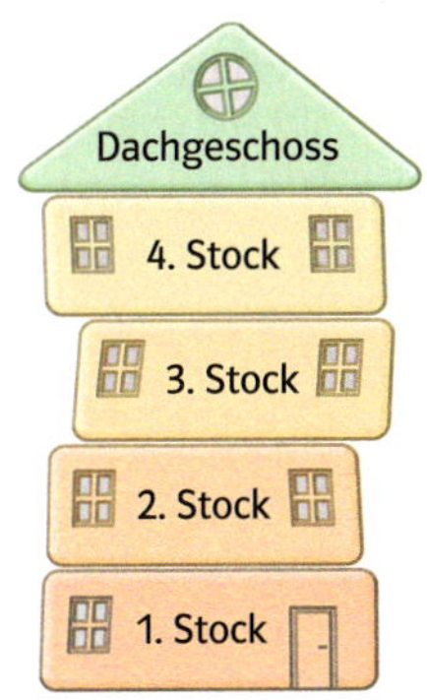

Fig. 3

Kannst du das noch?

14 Berechne.

a) 12 − 30 b) −40 + 100 c) −22 − 33 d) 8 − (−4)

15 Wie weit und in welche Richtung muss man auf der Zahlengeraden gehen,

a) um von der Zahl −11 zur Zahl 30 zu kommen,
b) um von der Zahl −110 zur Zahl −190 zu kommen?

4 Brüche und Prozente

Für die Beschreibung von Anteilen wurden bisher Brüche verwendet. Um verschiedene Anteile besser vergleichen zu können, werden sie oft auch anders beschrieben.

Fig. 1

Im Alltag findet man häufig Prozentangaben wie auf dem Rand. Dabei ist 15% nur eine andere Schreibweise für $\frac{15}{100}$. Die Angabe „15% billiger" in der Werbung für die Stiefmütterchen bedeutet: Man spart $\frac{15}{100}$ vom normalen Preis. Eine Prozentangabe ist also dasselbe wie ein Bruch mit dem Nenner 100.

Ein Ausdruck wie 15% ist eine andere Schreibweise für einen Bruch mit dem Nenner 100.

$15\,\% = \frac{15}{100}$.

Ebenso kann man einen Bruch mit dem Nenner 100 in der Prozentschreibweise angeben.

$\frac{23}{100} = 23\,\%$

% (sprich Prozent) kommt von den lateinischen Wörtern pro (von, für) und centum (hundert).

Prozentangaben sind vorteilhaft, wenn man Anteile vergleicht, weil dann Brüche mit dem gleichen Nenner 100 verglichen werden. Man sieht z.B. sofort, dass 7% mehr sind als 5%, aber nicht, welcher der Brüche $\frac{3}{20}$ und $\frac{4}{25}$ größer ist. Diese Brüche können mithilfe von Prozentangaben verglichen werden, indem man sie auf den Nenner 100 bringt:

$\frac{3}{20} = \frac{15}{100} = 15\,\%$ und $\frac{4}{25} = \frac{16}{100} = 16\,\%$.

Also ist der Bruch $\frac{4}{25}$ größer als $\frac{3}{20}$, denn 16% sind mehr als 15%.

***pro mille** (lat.): von Tausend* $\frac{1}{1000} = 1‰$

Den Anteil $\frac{1}{1000}$ kann man nicht mit dem Nenner 100 schreiben. Für diesen Anteil gibt es den Ausdruck **Promille**. Ein Promille sind $\frac{1}{1000}$, zwei Promille sind $\frac{2}{1000}$.

Beispiel 1 Bruch- und Prozentschreibweise

a) Schreibe den Anteil als Bruch: 5%; 75%; 20%; 95%.

b) Drücke den Anteil in Prozent aus: $\frac{1}{2}$; $\frac{1}{10}$; $\frac{3}{5}$; $\frac{1}{4}$.

c) Wie viel sind 8% von 50€ ?

Lösung:

a) $5\,\% = \frac{5}{100} = \frac{1}{20}$; $75\,\% = \frac{75}{100} = \frac{3}{4}$; $20\,\% = \frac{20}{100} = \frac{1}{5}$; $95\,\% = \frac{95}{100} = \frac{19}{20}$

b) $\frac{1}{2} = \frac{50}{100} = 50\,\%$; $\frac{1}{10} = \frac{10}{100} = 10\,\%$; $\frac{3}{5} = \frac{60}{100} = 60\,\%$; $\frac{1}{4} = \frac{25}{100} = 25\,\%$

c) $8\,\% = \frac{8}{100}$; $\frac{8}{100}$ von 50€ sind $8 \cdot 50$ ct = 400 ct = 4€.

Beispiel 2 Prozentuale Anteile bestimmen und darstellen

Bei einer Blutspendeaktion wurden 300 Menschen auf ihre Blutgruppe untersucht. Die Tabelle rechts zeigt das Ergebnis. Bestimme die Anteile der Blutgruppen in Prozentschreibweise. Stelle das Ergebnis übersichtlich in einer Tabelle und einem Diagramm dar.

Blutgruppe	Anzahl
A	150
B	30
AB	15
0	105

Lösung:

Anteil der Blutgruppen:

A: $\frac{150}{300} = \frac{50}{100} = 50\,\%$

B: $\frac{30}{300} = \frac{10}{100} = 10\,\%$

AB: $\frac{15}{300} = \frac{5}{100} = 5\,\%$

0: $\frac{105}{300} = \frac{35}{100} = 35\,\%$

Blutgruppe	A	B	AB	0
Anteil in %	50	10	5	35

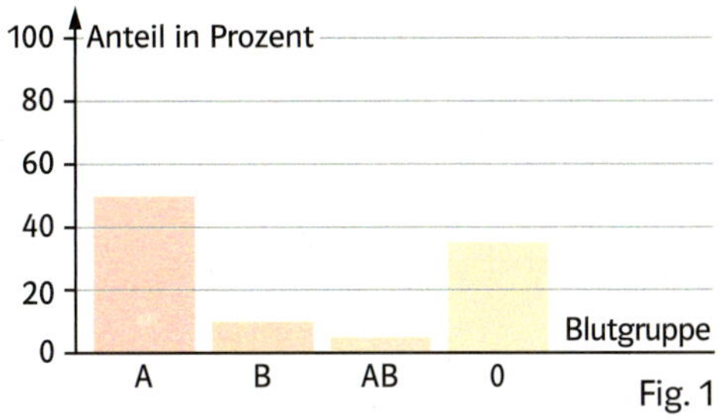

Fig. 1

Bei der Bluttransfusion muss auf die Blutgruppe geachtet werden. Jeder Mensch kann einem anderen Menschen mit derselben Blutgruppe Blut spenden. Menschen mit der Blutgruppe 0 können jedem Blut spenden. Sie sind Universalspender. Menschen mit der Blutgruppe AB können von jedem Blut empfangen. Sie sind Universalempfänger.

Aufgaben

1 Gib die Anteile in Prozent an.

a) 94 von 100 Kindern können im Alter von zehn Jahren schwimmen.

b) Von 25 Schülern der Klasse wohnen zwei außerhalb des Stadtbezirks.

c) 30 von 250 Befragten lesen jede Woche ein Buch.

2 Schreibe als Bruch. Kürze, wenn möglich.

a)	b)	c)	d)	e)	f)
2 %	6 %	10 %	5 %	50 %	8 %
20 %	3 %	40 %	80 %	12 %	60 %
25 %	75 %	90 %	95 %	30 %	33 %

3 Schreibe als Prozentangabe.

a)	b)	c)	d)	e)	f)
$\frac{1}{2}$	$\frac{1}{5}$	$\frac{3}{5}$	$\frac{1}{4}$	$\frac{1}{10}$	$\frac{2}{100}$
$\frac{3}{10}$	$\frac{20}{50}$	$\frac{4}{20}$	$\frac{60}{200}$	$\frac{3}{4}$	$\frac{900}{1000}$

4 Wie viel Prozent der Fläche sind gefärbt?

a)
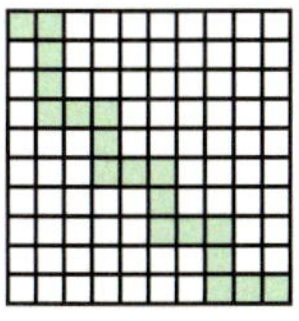

b)
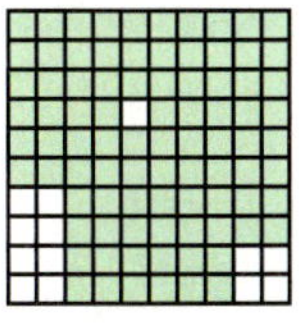

c)
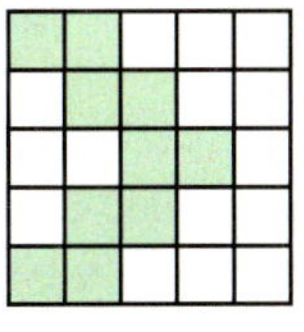

d)

e)

5 Drücke mit einem Bruch und in Prozent aus.

a) Jedes zwanzigste Los gewinnt.

b) Bei dem Unwetter wurde jedes vierte Haus beschädigt.

c) Am letzten Samstag fielen vier von fünf Bundesligaspielen aus.

d) Im Mittelalter verlangten die Grundherren von den Bauern den Zehnten.

6 Wie viel sind

a) 5 % von 10 kg,
60 % von 4000 €,
10 % von 3 km,

b) 20 % von 80 €,
4 % von 50 Dollar,
90 % von 1 kg,

c) 50 % von 25 000 Menschen,
12 % von 50 ct,
2 % von 10 €?

7 Die Tabelle zeigt das Ergebnis einer Schätzung der Klasse 6a.

Von 50 Ferientagen waren		
langweilig	gelungen	durchwachsen
30	15	5

Von 200 Schultagen waren		
langweilig	gelungen	durchwachsen
80	70	50

Finden die Schüler der 6a die Ferien oder die Schule besser?

Bist du sicher?

Alle Prozentangaben von Aufgabe 1b) addiert ergeben 195 %.

Alle prozentualen Anteile von Aufgabe 3 addiert ergeben 100 %.

1 a) Schreibe als Bruch und kürze.
2 %; 25 %; 70 %; 4 %; 44 %

b) Schreibe in Prozent.
$\frac{1}{5}$; $\frac{6}{10}$; $\frac{35}{100}$; $\frac{16}{40}$; $\frac{100}{250}$

2 Wie viel ergeben

a) 20 % von 20 €,
b) 11 % von 2 m,
c) 82 % von 1 kg?

3 Die Tabelle zeigt, wie die 80 Schülerinnen und Schüler der Klassenstufe 6 in die Schule kommen.
Bestimme die Anteile in Prozent und stelle sie in einer Tabelle zusammen.

zu Fuß	Fahrrad	Bus	Auto
8	28	40	4

In Deutschland besteht etwa zwei Drittel des Waldes aus Nadelbäumen und ein Drittel aus Laubbäumen.

8 Förster erstellen in regelmäßigen Abständen eine Bestandsaufnahme der von ihnen betreuten Wälder. Um einen Überblick darüber zu gewinnen, wie viele Bäume der verschiedenen Arten vorhanden sind, zählt der Förster z. B. 400 Bäume eines Waldstückes aus. Die Tabelle zeigt das Ergebnis.

Fichte	Kiefer	Buche	Eiche	Sonstige
160	80	100	40	20

Bestimme die prozentualen Anteile der Baumarten und stelle das Ergebnis in einer Tabelle und in einem Diagramm dar.

9 Welcher Geldbetrag ergibt sich,

a) wenn sich der Preis eines Autos von 12 000 € um 3 % erhöht,
b) wenn der Verkäufer die 40 € teure Hose 5 % billiger abgibt?

10 Wie viel sind a) 2 Promille von 1 kg, b) 1 Promille von 5000?

11 Überschrift in der Zeitung: „In der Stadt A gibt es vier Krankenhäuser, in der Stadt B dagegen nur drei." Welche Informationen sind noch notwendig, damit man die Frage beantworten kann, ob die Stadt A oder die Stadt B besser mit Krankenhäusern versorgt ist?

5 Dezimalschreibweise

Die rationalen Zahlen wurden bisher als ganze Zahlen bzw. mithilfe von Brüchen geschrieben. Es gibt noch eine andere Schreibweise. Bei ihr verwendet man ein Komma.

Im Alltag begegnet man z. B. beim Einkaufen sehr oft Zahlen, die mit einem Komma geschrieben werden. Diese Zahlen sind so zu verstehen:

0,**1** m = 1 dm = $\frac{1}{10}$ m; 0,1 bedeutet $\frac{1}{10}$;

0,**63** € = 63 ct = $\frac{63}{100}$ €; 0,63 bedeutet $\frac{63}{100}$;

0,**308** kg = 308 g = $\frac{308}{1000}$ kg; 0,308 bedeutet $\frac{308}{1000}$

0,63 liest man: null Komma sechs drei (nicht: null Komma dreiundsechzig).

Die Beispiele zeigen: Bei der Kommaschreibweise oder **Dezimalschreibweise** von Zahlen entscheidet die Anzahl der Stellen hinter dem Komma darüber, ob in der Bruchschreibweise der Nenner 10, 100 oder 1000 steht. Dies gilt auch, wenn vor dem Komma keine 0 steht: 1,53 € = 153 ct = $\frac{153}{100}$ €.

Hat eine Zahl in **Dezimalschreibweise** eine, zwei, drei ... Stellen hinter dem Komma, dann kann man sie als Bruch mit dem Nenner 10; 100; 1000 ... schreiben.

$0{,}7 = \frac{7}{10}$; $3{,}31 = \frac{331}{100}$; $8{,}039 = \frac{8039}{1000}$; $-10{,}05 = -\frac{1005}{100}$

Da man eine Zahl mit verschiedenen Brüchen angeben kann, wie z. B.

$\frac{3}{10} = \frac{30}{100}$ ($\frac{3}{10}$ erweitert mit 10)

$\frac{3}{10} = \frac{300}{1000}$ ($\frac{3}{10}$ erweitert mit 100),

kann man eine Zahl auch in unterschiedlichen Dezimalschreibweisen angeben.

$\frac{3}{10} = 0{,}3$; $\frac{30}{100} = 0{,}30$; $\frac{300}{1000} = 0{,}300$.

Also ist: 0,3 = 0,30 = 0,300.

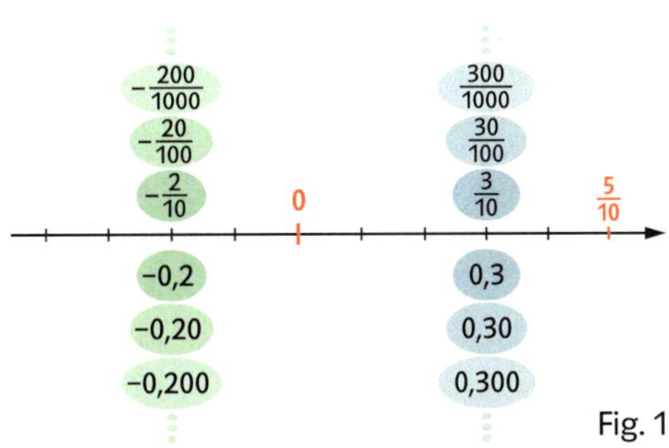

Fig. 1

Rationale Zahlen können in Bruchschreibweise und in Dezimalschreibweise angegeben werden. Für „rationale Zahl in Dezimalschreibweise" sagt man kurz: **„Dezimalzahl"**.

Abkürzungen

Eine Zahl, zwei Schreibweisen

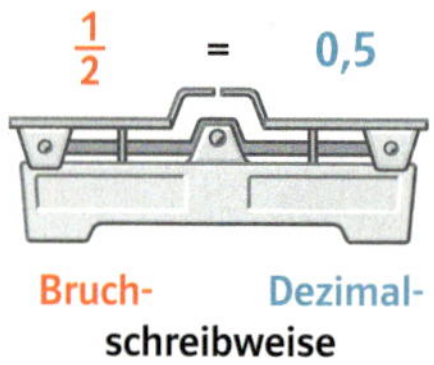

Fig. 1

Umwandeln in die Dezimalschreibweise:
Um eine Zahl wie $\frac{1}{4}$ in Dezimalschreibweise anzugeben, kann man den Bruch so erweitern, dass der Nenner 10 oder 100 oder 1000 oder … ist: $\frac{1}{4} = \frac{25}{100}$ und somit ist $\frac{1}{4} = 0{,}25$.
Eine Dezimalschreibweise für Zahlen wie $\frac{1}{3}$ erhält man auf diese Weise nicht, denn $\frac{1}{3}$ kann nicht als Bruch mit einem Nenner 10 oder 100 oder 1000 … geschrieben werden.

Umwandeln in die Bruchschreibweise:
Die Dezimalzahl 0,75 hat zwei Stellen hinter dem Komma. Man schreibt sie deshalb als Bruch mit dem Nenner 100. Es ist $0{,}75 = \frac{75}{100}$. Gekürzt erhält man $0{,}75 = \frac{75}{100} = \frac{3}{4}$.
Entsprechend gilt:
Die Zahl 2,050 hat drei Stellen hinter dem Komma. Man schreibt sie deshalb als Bruch mit dem Nenner 1000 (und kürzt den Bruch): $2{,}050 = \frac{2050}{1000} = \frac{205}{100} = \frac{41}{20}$.

In Beispiel 1b könnte man den Bruch $-\frac{48}{100}$ noch kürzen.

Beispiel 1 Eine Dezimalzahl als Bruch schreiben
Schreibe als Bruch.
a) 0,9 b) −0,48 c) 0,700 d) −8,030
Lösung:
a) $0{,}9 = \frac{9}{10}$ b) $-0{,}48 = -\frac{48}{100}$ c) $0{,}700 = \frac{700}{1000} = \frac{7}{10}$ d) $-8{,}030 = -\frac{8030}{1000} = -\frac{803}{100}$

Beispiel 2 Einen Bruch als Dezimalzahl schreiben
Schreibe als Dezimalzahl.
a) $\frac{71}{100}$ b) $-\frac{1}{5}$ c) $-\frac{18}{15}$ d) $\frac{5}{8}$
Lösung:
a) $\frac{71}{100} = 0{,}71$ b) $-\frac{1}{5} = -\frac{2}{10} = -0{,}2$ c) $-\frac{18}{15} = -\frac{6}{5} = -\frac{12}{10} = -1{,}2$ d) $\frac{5}{8} = \frac{625}{1000} = 0{,}625$

Aufgaben

1 Übertrage die Zahlengerade in dein Heft und trage unter die Brüche die entsprechenden Dezimalzahlen ein.

a)

b)
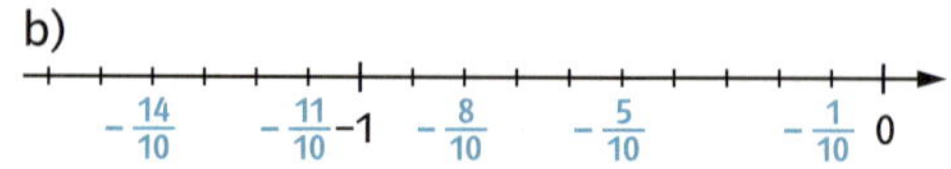

2 Schreibe als Bruchzahl.

a)	b)	c)	d)	e)	f)
0,3	−0,27	0,90	−0,4	0,67	−0,10
−0,06	0,84	0,11	0,60	−0,108	0,010
0,800	−0,006	0,012	−0,404	0,999	−1,001
−1,4	3,8	−2,90	4, 25	−10,80	10,100

Häufig verwendete Dezimalzahlen:
$0{,}1 = \frac{1}{10}$
$0{,}5 = \frac{1}{2}$
$0{,}25 = \frac{1}{4}$
$0{,}75 = \frac{3}{4}$
$0{,}2 = \frac{1}{5}$
$0{,}125 = \frac{1}{8}$

3 Schreibe als Dezimalzahl.

a)	b)	c)	d)	e)	f)
$\frac{1}{2}$	$-\frac{1}{5}$	$\frac{1}{4}$	$-\frac{3}{5}$	$\frac{7}{10}$	$-\frac{12}{100}$
$-\frac{10}{100}$	$\frac{25}{20}$	$-\frac{6}{1000}$	$\frac{7}{200}$	$-\frac{1}{8}$	$\frac{20}{25}$
$\frac{5}{4}$	$-\frac{3}{4}$	$\frac{11}{5}$	$-\frac{2}{8}$	$\frac{9}{18}$	$-\frac{24}{30}$

4 Schreibe für die Buchstaben in Aufgabe a) und b) die passende rationale Zahl in Bruchschreibweise und in Dezimalschreibweise.

a)

b)
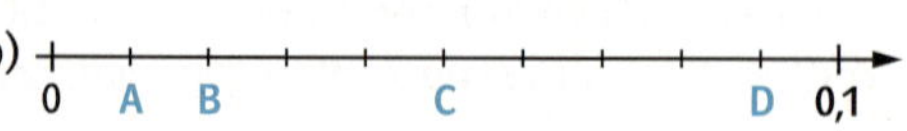

5 Trage die Zahlen auf einer Zahlengeraden ein.
a) 0,9; 0,6; 0,15; 1,1; −1,2 b) 0,25; 0,5; 0,75; −0,25 c) −0,75; −2,5; −1,25; −1,75

6 Zeichne die Schlange in dein Heft und zähle in jeder Richtung in gleichen Schritten weiter.

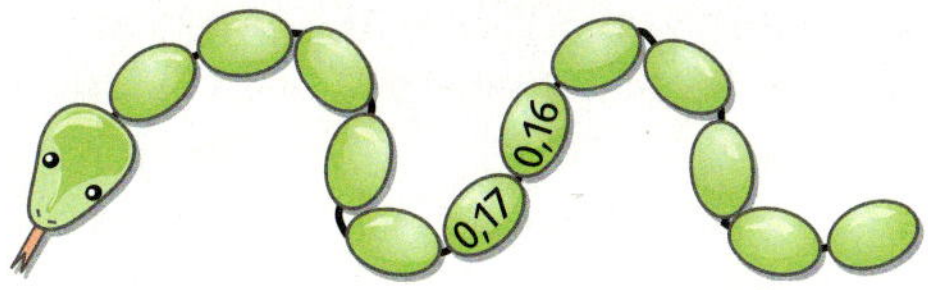

Tipp zu Aufgabe 6: Kopf und Schwanz der Schlange sind:

0,23 0,11

Bist du sicher?

1 Schreibe als Bruchzahl.
a) 0,8 b) −0,09 c) 0,25 d) −0,011 e) 0,4500

2 Schreibe als Dezimalzahl.
a) $\frac{3}{5}$ b) $-\frac{70}{100}$ c) $-\frac{3}{4}$ d) $\frac{7}{1000}$ e) $\frac{990}{1000}$

3 Schreibe für die Buchstaben die passende rationale Zahl in Bruchschreibweise und in Dezimalschreibweise.

Fig. 1

7 Zwei Flöhe springen von der Startzahl aus in beide Richtungen die angegebene Zahl von Sprüngen. Schreibe die Dezimalzahlen auf, bei denen sie landen.

Startzahl	Sprungweite	Anzahl der Sprünge
0,8	0,1	5
89,5	0,1	6
−0,4	0,1	6
0	0,01	20

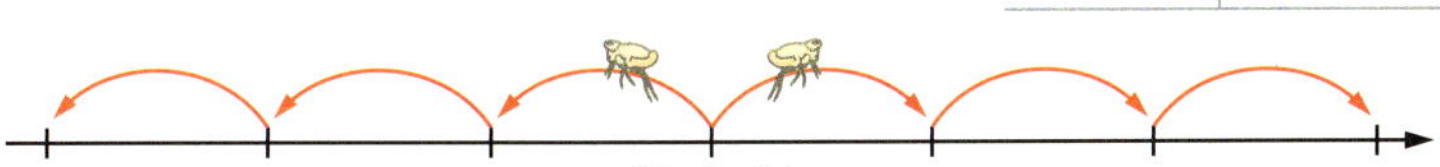

Fig. 2

8 **Milli und Mikro**
Bei Größen bedeutet das Beiwort **Kilo** „Tausend": 1 Kilometer = 1000 Meter. Solche Beiworte gibt es auch für „Tausendstel", „Million" usw. (siehe Tabelle).

Beiwort	Giga	Mega	Kilo	Milli	Mikro
Bedeutung	10^9	$1\,000\,000 = 10^6$	$1000 = 10^3$	$0{,}001 = \frac{1}{1000}$	$0{,}000\,001 = \frac{1}{1\,000\,000}$

Schreibe als Zahl.
a) eine Millisekunde b) ein Mikrometer c) ein Milliliter d) ein Gigabyte (1 GB)

Der Ausdruck 1 MB (Megabyte) bedeutet übersetzt 1 Million Bytes. Da bei Computern ein anderes Zahlensystem (das Zweiersystem) verwendet wird, ergibt sich die leicht abweichende Zahl 1 MB = 1 048 576 Bytes.

Info

Dezi ist ein lateinisches Wort mit der Bedeutung „Zehntel". Zum Beispiel bedeutet Dezimeter übersetzt Zehntelmeter. „Dezi" kommt auch in dem Wort „dezimieren" vor. Es wird verwendet, um starke Verluste auszudrücken und hat seinen Ursprung in einer grausamen Strafe der römischen Armee. Dabei mussten bei bestimmten Vergehen alle Soldaten einer Einheit in einer Reihe antreten. Dann wurde jeder zehnte Mann getötet.

Dezi
Wo kommt es her?
Was bedeutet es?

6 Dezimalschreibweise bei Größen

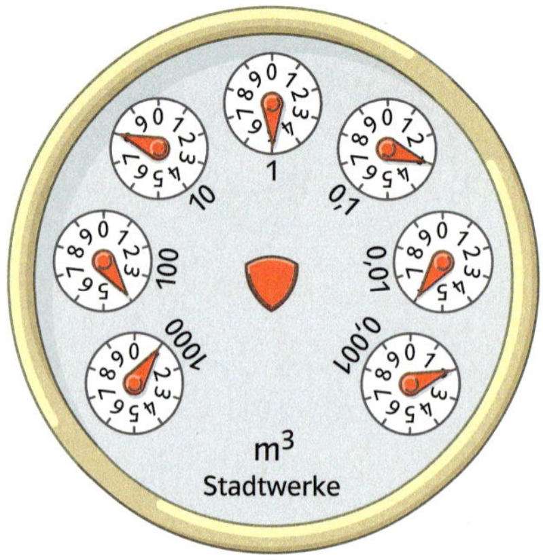

Jedes Haus hat eine Wasseruhr. Sie misst die Wassermenge, die entnommen wird. Am Ende jedes Jahres wird die Wasseruhr von den Stadtwerken abgelesen. Ein Vier-Personen-Haushalt verbraucht im Jahr etwa 120 000 l Wasser. Wasseruhren kann man auf ihre Genauigkeit prüfen. Dazu wird zunächst der Stand der Uhr aufgeschrieben. Anschließend werden in der Badewanne 1-l- und 10-l-Behälter gefüllt. Nachher kontrolliert man die Anzeige der Uhr.

Größenangaben kann man besonders gut von einer Einheit (z. B. kg) in eine andere Einheit (z. B. t) umrechnen, wenn sie mithilfe von Dezimalzahlen geschrieben werden.

Für Längen gilt:

Da $1\,\text{cm} = \frac{1}{10}\,\text{dm}$,

sind $17\,\text{cm} = \frac{17}{10}\,\text{dm} = 1{,}7\,\text{dm}$.

Das Komma wurde von 17,0 cm zu 1,7 dm um **eine Stelle** nach **links** verschoben.

Wo ist bei 14 dm ein Komma? Ganz einfach: 14 dm = 14,0 dm.

$1{,}4\,\text{m} = \frac{14}{10}\,\text{m} = 14\,\text{dm}$.

Das Komma wurde von 1,4 m zu 14,0 dm um **eine Stelle** nach **rechts** verschoben.

Für Gewichte gilt:

Da $1\,\text{kg} = \frac{1}{1000}\,\text{t}$,

sind $105\,\text{kg} = \frac{105}{1000}\,\text{t} = 0{,}105\,\text{t}$.

Das Komma wurde von 105,0 kg zu 0,105 t um **drei Stellen** nach **links** verschoben.

$0{,}045\,\text{kg} = \frac{45}{1000}\,\text{kg} = 45\,\text{g}$.

Das Komma wurde von 0,045 kg zu 45,0 g um **drei Stellen** nach **rechts** verschoben.

Für Flächeninhalte gilt:

Wie verschiebt man bei 16 das Komma um drei Stellen nach links? Man fügt Nullen dazu, verändert aber die Zahl nicht: 16 = 16,0 = 0016,0. Jetzt kann man das Komma nach links verschieben.

$9\,\text{mm}^2 = \frac{9}{100}\,\text{cm}^2 = 0{,}09\,\text{cm}^2$.

Das Komma wurde von 9,0 mm^2 zu 0,09 cm^2 um **zwei Stellen** nach **links** verschoben.

$0{,}02\,\text{dm}^2 = \frac{2}{100}\,\text{dm}^2 = 2\,\text{cm}^2$.

Das Komma wurde von 0,02 dm^2 zu 2,0 cm^2 um **zwei Stellen** nach **rechts** verschoben.

Für Rauminhalte gilt:

$16\,\text{mm}^3 = \frac{16}{1000}\,\text{cm}^3 = 0{,}016\,\text{cm}^3$.

Das Komma wurde von 16,0 mm^3 zu 0,016 cm^3 um **drei Stellen** nach **links** verschoben.

$0{,}68\,\text{m}^3 = \frac{68}{100} = \frac{680}{1000}\,\text{m}^3 = 680\,\text{dm}^3$.

Das Komma wurde von 0,68 m^3 zu 680,0 dm^3 um **drei Stellen** nach **rechts** verschoben.

Zur größeren Maßeinheit gehört die kleinere Maßzahl und umgekehrt.

Ist eine Größe mithilfe einer Dezimalzahl gegeben, so wird bei einer
- Umrechnung von einer kleineren Maßeinheit in eine größere Maßeinheit: das Komma nach links verschoben;
- Umrechnung von einer größeren Maßeinheit in eine kleinere Maßeinheit, das Komma nach rechts verschoben.

Beispiel 1 Kommaverschiebung beim Wechsel von Maßeinheiten

Schreibe in der angegebenen Einheit.

a) 8089 g (in kg) b) 2,68 m (in dm) c) 420 m^2 (in a) d) 34,2 m^3 (in l)

Lösung:

a) 8089 g = 8,089 kg *Größere Maßeinheit; 1 kg = 1000 g; Komma drei Stellen nach links*

b) 2,68 m = 26,8 dm *Kleinere Maßeinheit; 1 m = 10 dm; Komma eine Stelle nach rechts*

c) 420 m^2 = 4,20 a *Größere Maßeinheit; 1 a = 100 m^2; Komma zwei Stellen nach links*

d) 34,2 m^3 = 34 200 l *Kleinere Maßeinheit; 1 m^3 = 1000 l; Komma drei Stellen nach rechts*

Zur Erinnerung:

Flächen-einheiten	*Volumen-einheiten*
1 km^2	- -
1 ha	- -
1 a	- -
1 m^2	*1 m^3*
1 dm^2	*1 dm^3 (= 1 l)*
1 cm^2	*1 cm^3*
1 mm^2	*1 mm^3*

Beispiel 2 Größen mit natürlichen Zahlen angeben

Schreibe so, dass die Maßzahl eine natürliche Zahl ist.

a) 0,2 m^2 b) 0,371 m

Lösung:

a) 0,2 m^2 = 20 dm^2 *Wechsel zur kleineren Maßeinheit 1 dm^2; 1 m^2 = 100 dm^2; Komma zwei Stellen nach rechts*

b) 0,371 m = 371 mm *0,371 m = 3,71 dm = 37,1 cm = 371 mm*

Beispiel 3 Größenangaben mit Komma schreiben

Schreibe mit Komma.

a) 10 km 56 m b) 1 m^3 3 dm^3 c) $\frac{1}{20}$ m d) 6 % von 2 m^2

Lösung:

a) 10 km 56 m = 10 056 m = 10,056 km

b) 1 m^3 3 dm^3 = 1003 dm^3 = 1,003 m^3

c) $\frac{1}{20}$ m = $\frac{5}{100}$ m = 0,05 m

d) 2 m^2 = 200 dm^2;
$\frac{6}{100}$ von 200 dm^2 sind 12 dm^2 = 0,12 m^2.

Aufgaben

1 In der Schlange steht nach rechts immer die nächst größere Einheit. Übertrage in dein Heft und vervollständige.

a)

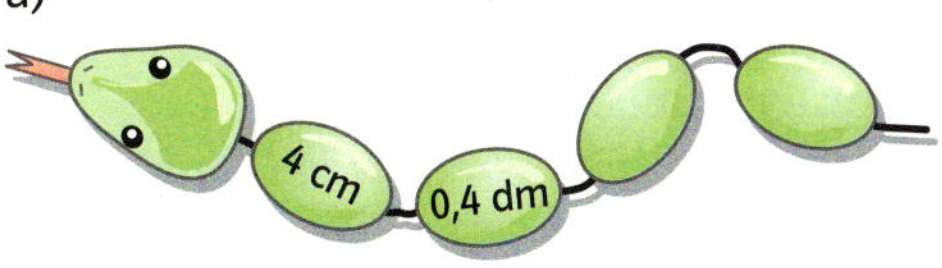

b)

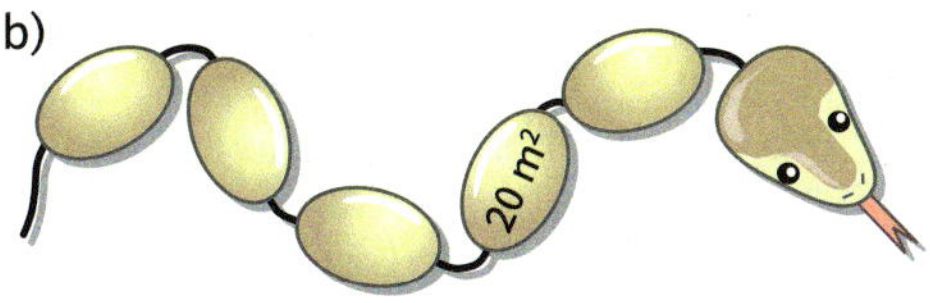

2 Schreibe mithilfe einer Dezimalzahl in der angegebenen Einheit.

a)	b)	c)	d)
2 cm (in dm)	30 g (in kg)	4,2 m (in cm)	1,06 t (in kg)
4,8 kg (in g)	3,09 km (in m)	104 m (in km)	560 mm (in dm)
6 ct (in €)	6,831 m (in cm)	17,3 € (in ct)	91,5 kg (in t)

3 Schreibe für das Kästchen die passende Zahl oder die passende Maßeinheit.

a)	b)	c)	d)
69 cm^2 = □ dm^2	400 mm^3 = □ cm^3	2,4 a = □ m^2	4900 cm^2 = □ m^2
120 l = 0,12 □	40 dm^2 = 0,4 □	75 cm^3 = □ l	3,7 m^3 = 3700 □
532 m^2 = □ a	3 a = 300 □	300 ha = □ m^2	8840 m^2 = 0,8840 □

4 Schreibe so, dass die Maßzahl eine natürliche Zahl ist.

a)	b)	c)	d)	e)	f)
5,07 t	0,078 km	0,60 m^3	1,2 ha	0,08 km^2	4,60 cm^2
0,03 m^2	10,70 €	8,930 kg	10,12 kg	3,2 m^3	405,70 l
0,1 cm^3	0,4 ha	8,04 km	10,5 m^3	5,05 €	4,8 cm

5 Schreibe mithilfe einer Dezimalzahl.

a) 30 m 20 cm
30 a 20 m^2
30 m^3 20 l

b) 2 m^3 200 dm^3
2 kg 200 g
2 km^2 20 ha

c) 40 km 40 m
40 l 40 cm^3
40 dm^2 40 cm^2

d) 8 m^2 1 dm^2
8 m 10 cm
8 cm^3 1 mm^3

e) 5 € 7 ct
5 ha 7 a
5 t 7 kg

6 Schreibe mithilfe einer Dezimalzahl in der Einheit, die in der Klammer steht.

a) 20 % von 600 g (in kg)
$\frac{3}{4}$ von 10 a (in a)
60 % von 12 € (in €)

b) $\frac{2}{5}$ von 20 dm^2 (in m^2)
5 % von 1 l (in l)
$\frac{1}{50}$ von 2 km^2 (in km^2)

c) 3 % von 900 l (in m^3)
$\frac{9}{10}$ von 25 m^2 (in dm^2)
4 % von 88 cm^3 (in cm^3)

Bist du sicher?

1 Schreibe mithilfe einer Dezimalzahl in der Einheit, die in Klammern steht .

a) 106 m (in km) b) 10 g (in kg) c) 0,4 m^2 (in dm^2) d) 8,03 a (in m^2) e) 45 l (in m^3)

2 a) 2 m^2 40 dm^2 (in dm^2) b) 30 m^3 30 dm^3 (in m^3) c) 7 ha 20 a (in ha)

3 a) 10 % von 0,5 m^2 (in m^2) b) $\frac{2}{5}$ von 0,01 m^3 (in l) c) 5 % von 1,2 cm^3 (in mm^3)

Zu Aufgabe 3:

60 4 0,05

7 Gib den Flächeninhalt in der Einheit 1 cm^2 an.

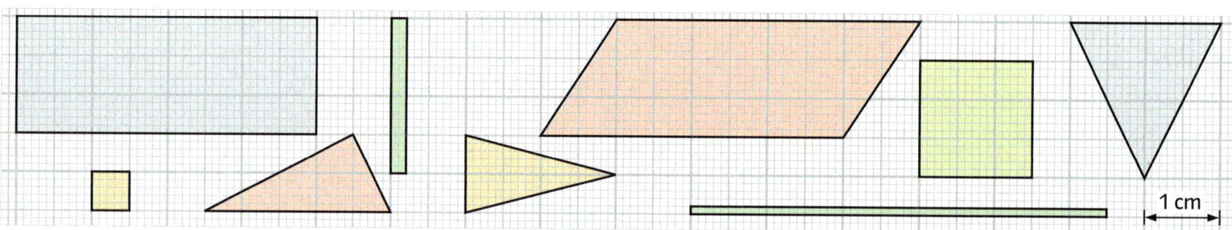

Fig. 1

8 Welches Volumen (in dm^3) hat ein Quader mit den Maßen 0,04 m x 5 cm x 0,8 dm?

9 Gib den Anteil in Bruchschreibweise und in Prozentschreibweise an.

a) 0,2 m von 80 cm
40 mm^2 von 1,60 cm^2

b) 50 m^2 von 2,5 a
400 g von 0,8 kg

c) 20 dm^3 von 0,1 m^3
0,01 m^2 von 20 dm^2

10 Hier siehst du für dieselbe Größe viele verschiedene Schreibweisen:

$2{,}5\,m^2 = 250\,dm^2 = \frac{25}{10}\,m^2 = 2\,m^2\,50\,dm^2 = 25\,000\,cm^2 = \frac{5}{2}\,m^2 = 0{,}025\,a = 2{,}50\,m^2 \ldots$

Wer findet dafür die meisten Schreibweisen? a) 6,02 kg b) 0,05 dm^3

Info

Warum schreibt man Zeitdauern selten in Kommaschreibweise?

Das Besondere an den Maßeinheiten der Zeitdauern ist die Umrechnungszahl **60**.
1 h = **60** min; 1 min = **60** sek. Diese Einteilung ist vor 4000 Jahren in Babylonien entstanden. Das bedeutet: **0,1 h** = $\frac{1}{10}$ h = 60 min : 10 = **6 min**.
Beim Wechsel der Maßeinheit erhält man die eine Maßzahl nicht durch Kommaverschiebung aus der anderen Maßzahl.

11 Schreibe mithilfe natürlicher Zahlen: a) 0,1 min, b) 1,5 h, c) 1,2 min, d) 0,25 h.

7 Vergleichen von rationalen Zahlen

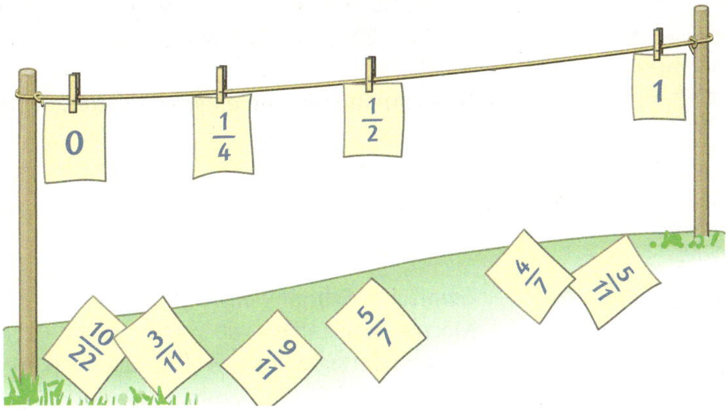

Die Zettel hängen der Größe ihrer Zahlen nach an der Wäscheleine. Wo sind die restlichen Zettel aufzuhängen?

Zwei Brüche lassen sich leicht vergleichen,
wenn sie gleiche Zähler besitzen: $\frac{3}{7} > \frac{3}{11}$, denn $\frac{1}{7} > \frac{1}{11}$.
oder wenn sie gleiche Nenner besitzen: $\frac{4}{5} > \frac{3}{5}$, denn 4 Fünftel > 3 Fünftel.

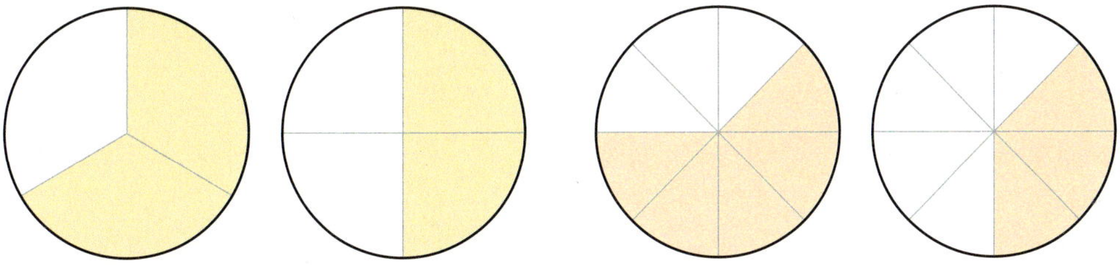

Fig. 1

Will man Brüche vergleichen, dann erweitert oder kürzt man die Brüche so, dass sie gleiche Zähler oder gleiche Nenner besitzen. Brüche mit gleichem Nenner nennt man **gleichnamig**. Zwei Dezimalzahlen lassen sich ebenso vergleichen, zum Beispiel:
Die Zahl 0,759 ist kleiner als die Zahl 0,76, denn
$0{,}759 = \frac{759}{1000}$ und $0{,}76 = \frac{76}{100} = \frac{760}{1000}$,
da $\frac{759}{1000} < \frac{760}{1000}$ ist auch $0{,}759 < 0{,}760$ und somit $0{,}759 < 0{,}76$.
Ebenso gilt $5{,}39 > 5{,}387$ denn $5{,}39 = 5{,}390$ und $5{,}390 > 5{,}387$

$>$

Die Spitze zeigt auf die kleinere Zahl.

Vergleichen von rationalen Zahlen
Um zwei Bruchzahlen zu vergleichen, kann man die Brüche gleichnamig machen und dann die Zähler vergleichen.
Um zwei Dezimalzahlen zu vergleichen, kann man beide Zahlen mit gleich vielen Stellen nach dem Komma aufschreiben. Hierzu werden bei der Zahl, die weniger Stellen hinter dem Komma besitzt, rechts Nullen hinzugefügt.

Vergleich negativer rationaler Zahlen

Erinnerung:
Von zwei Zahlen liegt die kleinere Zahl auf der Zahlengerade weiter links.
Von zwei Zahlen liegt die größere Zahl auf der Zahlengerade weiter rechts.

Ebenso wie beim Vergleich von ganzen Zahlen, zum Beispiel **−3 < −2** und **3 > 2**, gilt auch beim Vergleich von rationalen Zahlen zum Beispiel
−2,75 < −2,25 und 2,75 > 2,25
−1,5 < −0,5 und 1,5 > 0,5
Dies kann an der Zahlengerade verdeutlicht werden.

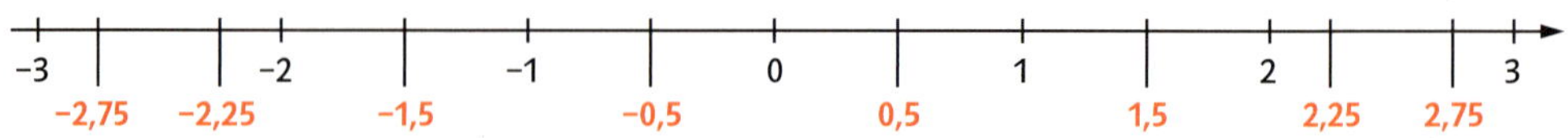

Fig. 1

Gemischte Schreibweise

*Die Schreibweise $4\frac{3}{5}$ heißt **gemischte Schreibweise**.*

Möchte man Zahlen wie $\frac{7}{3}$ oder $-\frac{15}{4}$ auf der Zahlengerade eintragen, so kann man sich zunächst überlegen, wie viele Ganze die jeweilige Zahl enthält.

Es ist $\frac{7}{3} = 2 + \frac{1}{3}$, also liegt $\frac{7}{3}$ zwischen 2 und 3.

Ebenso gilt: $-\frac{15}{4} = -3 + \left(-\frac{3}{4}\right)$, also liegt $-\frac{15}{4}$ zwischen −3 und −4.

Für $2 + \frac{1}{3}$ schreibt man kurz $2\frac{1}{3}$ und für $-3 + \left(-\frac{3}{4}\right)$ schreibt man kurz $-3\frac{3}{4}$.

Schreibweisen wie $2\frac{1}{3}$ und $-3\frac{3}{4}$ heißen gemischte Schreibweisen.

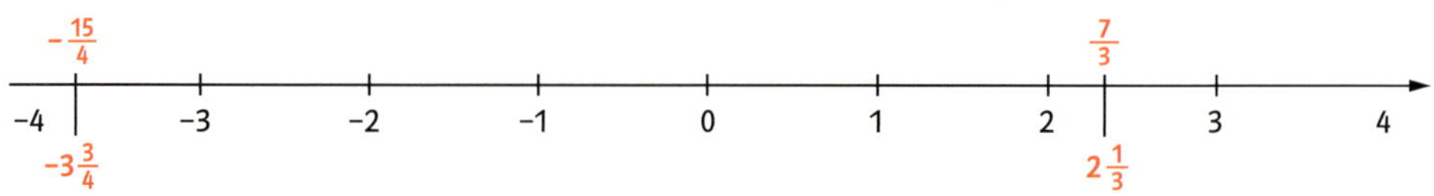

Beispiel 1 Vergleich von rationalen Zahlen
Vergleiche und schreibe mit dem Größerzeichen.

a) $\frac{5}{8}$; $\frac{7}{10}$ b) 0,4; $\frac{3}{7}$ c) −1,05; −1,22

Lösung:

a) $\frac{5}{8} = \frac{50}{80}$ und $\frac{7}{10} = \frac{56}{80}$. *Die Brüche werden auf den gemeinsamen Nenner 80 gebracht.*

Da $\frac{56}{80} > \frac{50}{80}$, ist $\frac{7}{10} > \frac{5}{8}$.

b) $0{,}4 = \frac{4}{10} = \frac{28}{70}$; $\frac{3}{7} = \frac{30}{70}$. *0,4 wird zunächst als Bruch geschrieben.*

Da $\frac{30}{70} > \frac{28}{70}$, ist $\frac{3}{7} > 0{,}4$.

c) 1,22 > 1,05; also −1,05 > −1,22. *Zuerst werden die Gegenzahlen verglichen.*

Bei Beispiel 1a hätte man auch den kleinsten gemeinsamen Nenner 40 nehmen können.

Beispiel 2 Vergleich von Anteilen
In welchem Gefäß ist der Anteil der Gewinnlose höher?

Lösung: Im linken Gefäß beträgt der Anteil der Gewinnlose 4 von 16, also $\frac{4}{16} = \frac{1}{4}$.
Im rechten Gefäß beträgt der Anteil der Gewinnlose 3 von 10, also $\frac{3}{10}$.
$\frac{1}{4} = \frac{10}{40}$; $\frac{3}{10} = \frac{12}{40}$. Der Anteil der Gewinnlose ist im rechten Gefäß höher.

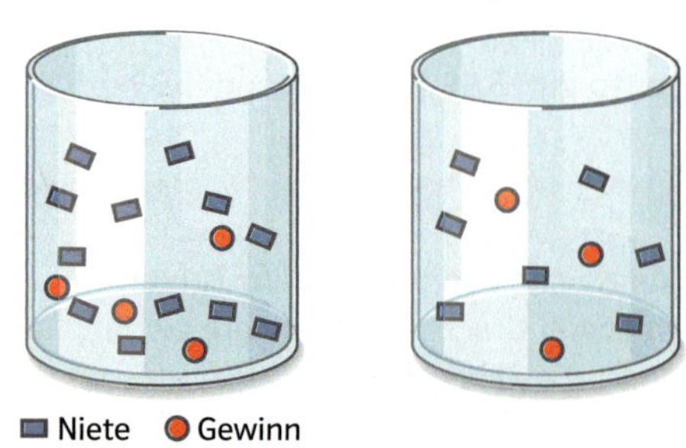

Fig. 3

Aufgaben

1 Ordne die beim Sporttag von den Mädchen der 6b erzielten Zeiten beim 50-m-Lauf:
Anita 8,93 s; Barbara 9,21 s; Franca 9,02 s; Doris 8,99 s; Fatma 8,96 s; Eleni 9,00 s;
Lisa 8,88 s; Marja 9,20 s; Sabina 8,78 s; Petra 9,03 s; Gina 8,98 s; Anne 9,04 s.

2 Vergleiche. Schreibe mit dem Kleinerzeichen.
a) $\frac{3}{5}$; $\frac{1}{5}$ b) $\frac{1}{3}$; $\frac{1}{2}$ c) $\frac{3}{4}$; $\frac{4}{5}$ d) $\frac{2}{7}$; $\frac{4}{10}$ e) $\frac{11}{6}$; 2 f) $\frac{5}{3}$; $\frac{3}{5}$
$2\frac{1}{5}$; 3 $\frac{8}{8}$; $\frac{8}{9}$ $\frac{18}{3}$; 5 $8\frac{1}{2}$; $\frac{80}{2}$ $\frac{1}{6}$; $\frac{2}{9}$ $\frac{12}{18}$; $\frac{8}{10}$

3 a) 0,4; 0,6 b) 0,76; 0,71 c) 1,45; 1,29 d) 6,958; 6,955 e) 5,09; 5,111
0,034; 0,04 2,98; 2,89 0,004; 0,010 3,900; 3,055 7,701; 7,107

4 In welchem Gefäß ist der Anteil der Gewinnlose größer?
a)

b)

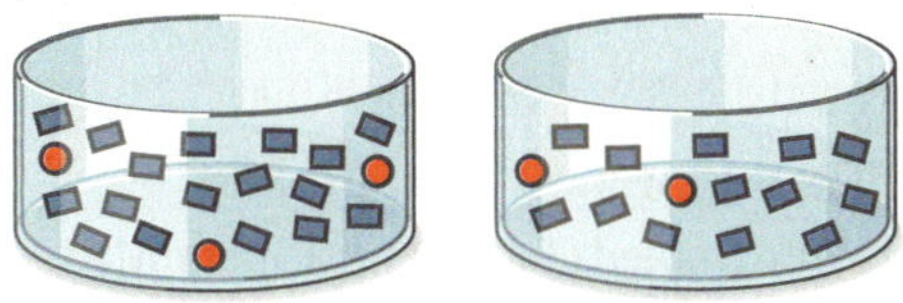

Niete
Gewinn

5 Setze im Heft für □ eines der Zeichen < oder > und für △ eine passende Ziffer ein.
a) 0,6 □ $\frac{4}{5}$ b) $\frac{1}{2}$ < 0,△9 c) $\frac{3}{4}$ □ 0,7 d) △,3 < $\frac{1}{3}$ e) $\frac{1}{8}$ < 0,△ f) $\frac{5}{6}$ □ 0,6
$3\frac{1}{4}$ > 3,△ $\frac{7}{5}$ □ 1,5 10,△ > $\frac{21}{2}$ $\frac{3}{3}$ □ 1,01 $\frac{7}{4}$ > △,5 8,8 □ $\frac{8}{1}$

6 a) −0,5 > −0,△ b) −2,2 < △,4 c) $-\frac{2}{5}$ □ $-\frac{1}{4}$ d) −2,1 □ $-\frac{18}{10}$ e) −0,△9 < $-\frac{1}{10}$
$-\frac{5}{2}$ □ $-\frac{8}{3}$ −0,010 □ −0,101 −0,△7 < $\frac{1}{7}$ $-\frac{1}{2}$ □ $-\frac{1}{3}$ $-3\frac{1}{3}$ □ −3,1

7 In den Klassen 6a und 6b des Einstein-Gymnasiums sind 30 bzw. 24 Schüler. Von diesen singen 12 bzw. 10 im Chor. In welcher Klasse ist dieser Anteil größer?

8 Zeichne in dein Heft je einen Stapel für Längen, Gewichte und Zeitdauern. Trage die Größen in den passenden Stapel ein.

4,81 m | 0,8 kg | $\frac{3}{4}$ h | 4,09 m | $\frac{3}{4}$ kg | 0,5 h | 2000 m | 1,3 km
0,790 kg | $\frac{1}{3}$ h | 50,01 dm | 0,001 t | 40 min | 3,90 m | 1,09 km | 1,02 km

Bist du sicher?

1 Setze < oder > passend im Heft ein.
a) 0,63 □ 0,71 b) $\frac{3}{5}$ □ $\frac{7}{10}$ c) 1,245 □ $\frac{126}{100}$ d) 8,051 □ 8,049 e) $\frac{8}{3}$ □ $1\frac{5}{6}$

2 a) −0,88 □ −0,59 b) $-\frac{6}{8}$ □ $-\frac{8}{10}$ c) −3,5 □ $\frac{30}{10}$ d) −5,05 □ −5,27 e) $-\frac{3}{10}$ □ $-\frac{7}{20}$

3 Von zwei gleichen Torten wird eine in 12 Stücke und die andere in 16 Stücke geschnitten. Welcher Anteil ist größer: 4 Stücke der ersten oder 6 Stücke der zweiten Torte?

Bei Aufgabe 1 gibt es dreimal <; zweimal >.

Bei Aufgabe 2 gibt es dreimal >; zweimal <.

9 Für das Kästchen soll die gleiche Ziffer eingesetzt werden. Gib, wenn möglich, eine Lösung an.

a) $10{,}5\square < 10{,}6 < 10{,}\square 5$ b) $5{,}\square 12 < 5{,}213 < 5{,}21\square$ c) $-1{,}5\square < -1{,}5 < -1{,}\square 9$

10 Welche ganze Zahlen können für das Kästchen stehen?

a) $1{,}6 < \frac{\square}{10}$ b) $\frac{6}{4} < \square{,}39$ c) $\frac{1}{\square} > 0{,}1$

11 Gib eine Zahl an, die zwischen den gegebenen Zahlen liegt.

a) 3,4; 3,5 b) $\frac{4}{8}$; $\frac{6}{10}$ c) −0,3; −0,34 d) $\frac{1}{4}$; $\frac{1}{5}$ e) 1,06; 1,07 f) −0,01; −0,011

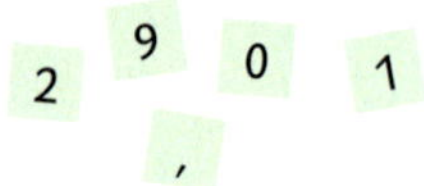

12 Lege aus den Kärtchen auf dem Rand alle möglichen Dezimalzahlen, die vor dem Komma die Ziffer 1 haben, und ordne sie nach der Größe.

13 Die Tabelle zeigt die Geburtenzahlen einer Klinik während einer Woche.

	Mo	Di	Mi	Do	Fr	Sa	So
Jungen	40	45	56	36	48	24	35
Mädchen	60	45	42	44	42	36	25

a) Wurden mehr Jungen oder mehr Mädchen geboren?

b) Der Anteil der Jungengeburten am Montag beträgt 40 %. An welchem Wochentag war der Anteil der Jungengeburten am größten?

14 Für Schachspieler

Auf einem sonst leeren Schachbrett steht nur die angegebene Figur. Wie groß ist der Anteil der Felder, die von der Figur in einem Zug erreicht werden können? Das Feld, auf dem die Figur steht, zählt nicht mit.

a) Der König steht auf B 2.

b) Ein Turm steht auf A 1.

c) Ein Läufer steht auf B 7.

d) Ein Pferd steht auf H 4.

Fig. 1

Kannst du das noch?

15 Zeichne das „Auge“, die „Blume“ und das „Kugellager“ mit dem Zirkel in dein Heft.

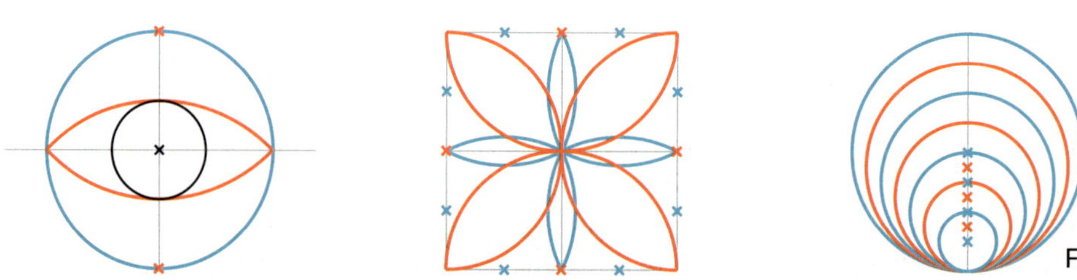

Fig. 2

8 Rationale Zahlen mit dem Taschenrechner

Im täglichen Leben nutzen wir vielerlei technische Geräte. Eines davon ist der Taschenrechner. In dessen Bedienung muss man sich einarbeiten.

→ Selbstständige Erarbeitung

Die in der Schule gebräuchlichen Taschenrechner können mit Brüchen und Dezimalzahlen rechnen. Dabei werden bei verschiedenen Typen von Taschenrechnern unterschiedliche Tasten verwendet. In der Bedienungsanleitung kann man nachlesen, wie man Rechnungen mit dem Taschenrechner löst. Manchmal hilft auch einfach ausprobieren.

Ziel	Tipps	Anzeige
Eine Dezimalzahl wie 0,25 eingeben	Das Komma wird bei den meisten Taschenrechnern als Punkt eingegeben	2.04 (selten 2,04)
Einen Bruch wie $-\frac{1}{4}$ eingeben	Die Vorzeichentaste [–] (oder [+/–]) benützen. Die Bruchrechentaste [a/b] (oder [a b/c]) benützen.	–1 ⌟ 4 oder 1/4 oder
Einen Bruch wie $5\frac{2}{3}$ eingeben.	Die Bruchrechentaste [a b/c] benützen 5 2/3	5 ⌟ 2 ⌟ 3 oder
Eine Dezimalzahl wie 0,47 in Bruchschreibweise umwandeln.	0.47 eingeben; die Bruchrechentaste [a/b] (oder [a b/c]) oder [> F] oder …) benützen.	47 ⌟ 100 oder 47/100
Einen Bruch wie $\frac{3}{25}$ in Dezimalschreibweise umwandeln	$\frac{3}{25}$ eingeben; die Bruchrechentaste [a/b] (oder [a b/c] oder [> D] oder …) benützen. Zweite Möglichkeit: 3 : 25 eingeben	0.12 0.12
Einen Bruch wie $\frac{18}{24}$ kürzen.	$\frac{18}{24}$ eingeben; die Taste [> Simp] benützen (manche Taschenrechner zeigen auch sofort den gekürzten Bruch an).	3 ⌟ 4 oder 3/4

Nicht vergessen: Für das Wort „Eingabe" (oder „eingeben") muss die [=]-Taste oder die [Enter]-Taste gedrückt werden.

Beispiel 1 Vergleich von Brüchen und ganzen Zahlen
Zwischen welchen ganzen Zahlen liegt die Zahl $\frac{781}{34}$?
Lösung:
$\frac{781}{34}$ = 22,97 … (mit TR)
Die Zahl liegt zwischen 22 und 23.

Der Bruch wird mit dem TR in Dezimalschreibweise umgewandelt.

Der Taschenrechner zeigt hier mehr Stellen an. Sie sind für die Lösung der Aufgabe nicht von Bedeutung.

Beispiel 2 Vergleich von Brüchen und Prozentangaben

Ist die Zahl $\frac{1431}{5000}$ größer als 20%?

Lösung:

$\frac{1431}{5000} = 0{,}2862$ (mit TR); $20\,\% = \frac{20}{100} = \frac{2}{10} = 0{,}2$; $0{,}2862 > 0{,}2$.

$\frac{1431}{5000}$ ist größer als 20%.

Aufgaben

1 Schreibe als Dezimalzahl.

a) $\frac{12}{50}$ b) $-\frac{56}{5}$ c) $\frac{362}{16}$ d) $-\frac{679}{14}$ e) $-\frac{255}{50}$

2 Schreibe mit einem vollständig gekürzten Bruch.

a) 0,56 b) −0,565 c) 0,125 d) −0,0125 e) 0,056 f) −0,0075

Zu Aufgabe 5:
Der Anteil 5 von 20 ist:
$\frac{5}{20} = \frac{1}{4}$ *in Bruchschreibweise*
0,25 in Dezimalschreibweise
25% in Prozentschreibweise

3 Zwischen welchen ganzen Zahlen liegt die Zahl?

a) $\frac{568}{45}$ b) $-\frac{67}{4}$ c) $\frac{677}{80}$ d) $-\frac{3400}{234}$ e) $\frac{34567}{2}$ f) $-\frac{1000000}{300}$

4 Welche Zahl ist größer?

a) $\frac{45}{3}$; $\frac{56}{4}$ b) $\frac{456}{3}$; 150,999 c) −3507; $-\frac{518620}{17}$ d) $\frac{45}{2000}$; $\frac{67}{3900}$

5 a) Ist die Zahl $\frac{2700}{6877}$ größer als die Zahl 50%?

b) Sind die Zahlen $\frac{756}{3024}$ und 25% gleich groß?

Bist du sicher?

1 Schreibe als Dezimalzahl.

a) $\frac{680}{16}$ b) $-\frac{21}{420}$ c) $6\frac{6}{8}$ d) $-10\frac{1}{50}$

2 Welche Zahl ist die kleinere? a) 6,89; $\frac{578}{87}$ b) $-\frac{5}{56}$; $-\frac{7}{73}$ c) $\frac{9}{405}$; $\frac{80}{4000}$

3 Welche Zahl ist die kleinere? a) 40% oder $\frac{21}{50}$ b) 80% oder $\frac{80}{110}$

6 a) Schreibe die Brüche $\frac{1}{4}$; $\frac{1}{40}$; $\frac{1}{400}$ ... in Dezimalschreibweise. Was beobachtest du? Beschreibe, wie sich die Dezimalschreibweise eines Bruches ändert, wenn man an ihren Nenner eine Null anhängt.

b) Bei welchen der Brüchen $\frac{1}{2}$; $\frac{2}{3}$; $\frac{3}{4}$..., bei denen der Zähler um eins kleiner ist als der Nenner, ist in Dezimalschreibweise die erste Stelle nach dem Komma 9?

7 a) Gib mithilfe des Taschenrechners $\frac{1}{6}$; $\frac{1}{9}$; $\frac{1}{11}$ in der Dezimalschreibweise an.

b) Gib 0,01111111... (0,010101010101...) als Bruch an.

Info

Periodische Dezimalzahlen

Der Taschenrechner wandelt auch einen Bruch wie $\frac{1}{3}$ in die Dezimalschreibweise 0,33333333333... um. Eine solche Dezimalzahl, die „nicht aufhört“, sondern „in gleicher Weise weiter geht“, nennt man eine periodische Dezimalzahl.

1 Der Punkt A des Pferdekopfes in Fig. 1 hat die Koordinaten A(−0,9 | 0,3). Gib die Koordinaten der Punkte B bis H an.

2 Zeichne in dein Heft ein Koordinatensystem und den Pferdekopf wie in Fig. 1. Spiegle den Pferdekopf an der y-Achse (in Fig. 1 ist der Spiegelpunkt A' von A eingezeichnet). Gib die Koordinaten der gespiegelten Punkte A' bis H' an.

3 Denke dir den Pferdekopf (Fig. 1) an der x-Achse gespiegelt. Gib ohne eine Zeichnung die Koordinaten der gespiegelten Punkte $\overline{A}$ bis $\overline{H}$ an.

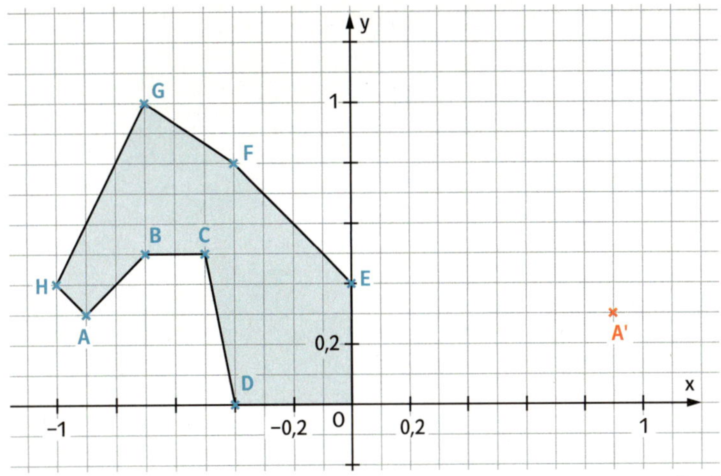

Fig. 1

4 Welcher Anteil der Fläche ist gefärbt? Gib das Ergebnis als Bruch und in Prozent an.

a)

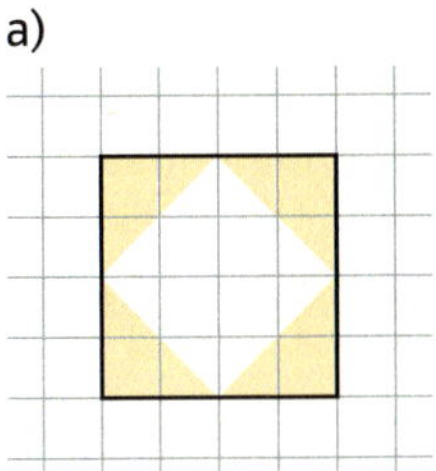

b)

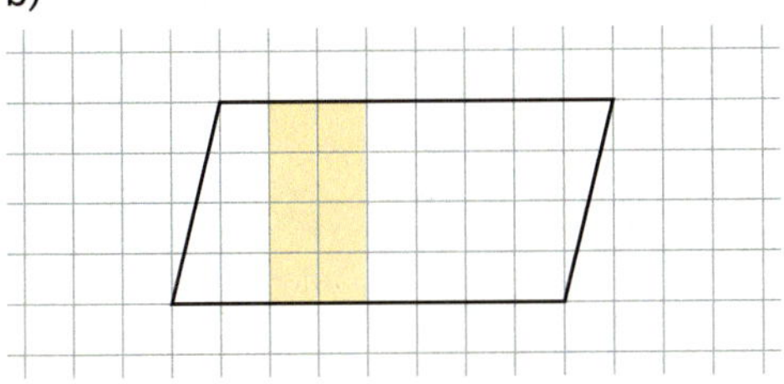

c)

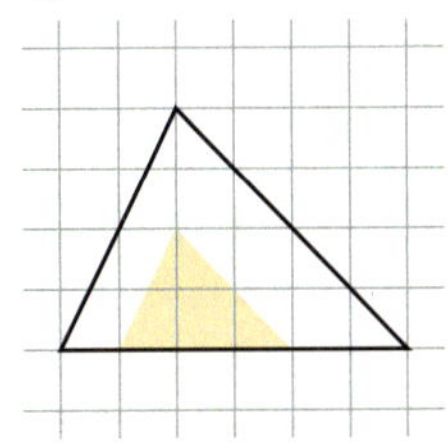

5 Zahlenvergleich mit Köpfchen

Versuche durch Nachdenken und ohne schriftliche Rechnung die größere Zahl anzugeben. Beschreibe deine Überlegung.

a) $\frac{5}{11}$; $\frac{5}{12}$ b) $\frac{8}{20}$; $\frac{8}{30}$ c) $\frac{15}{18}$; $\frac{19}{16}$ d) $\frac{7}{5}$; $\frac{19}{22}$ e) $\frac{13}{14}$; $\frac{8}{9}$ f) $\frac{25}{24}$; $\frac{7}{6}$

Fig. 2

6 In der Tabelle sind die acht bevölkerungsreichsten und die acht flächengrößten Bundesländer aufgeführt. Dabei bedeutet B 15; F 20: Der Bevölkerungsanteil beträgt 15 %, der Flächenanteil beträgt 20 %, bezogen auf Deutschland.

Bayern	Mecklenburg-Vorpommern	Baden-Württemberg	Niedersachsen	Hessen	Sachsen	Brandenburg	Nordrhein-Westfalen
B 15; F 20	B 2; F 7	B 12; F 10	B 10; F 13	B 7; F 6	B 6; F 5	B 4; F 8	B 22; F 10

a) Stelle eine Reihenfolge entsprechend den Bevölkerungsdichten auf.
b) Stelle eine Reihenfolge entsprechend der Flächengröße auf.
c) Erstelle für die Bevölkerungs- und die Flächenanteile ein Säulendiagramm wie in Fig 2.

7 Zum Forschen

a) Welcher Anteil an der Fläche des großen Dreiecks ist jeweils gefärbt? Gib den Anteil mit einem vollständig gekürzten Bruch an.
b) Angenommen, bei einem großen Dreieck sind 100 kleine Dreiecke gefärbt. Welcher Anteil ist dies vermutlich?

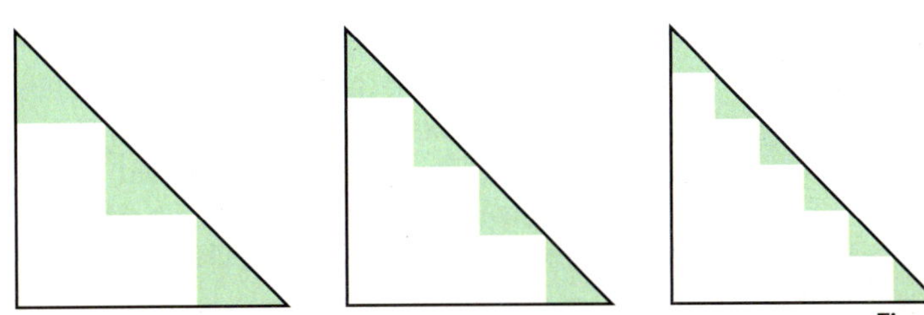

Fig. 3

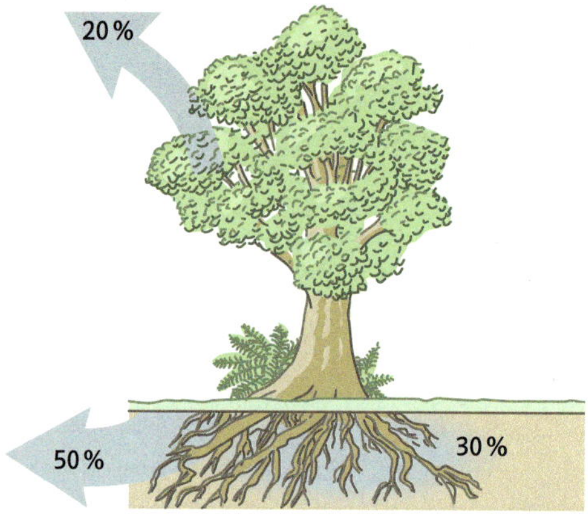

Fig. 1

8 Wenn es auf Blätter und Nadeln einer Baumkrone regnet, so verdunsten je nach Witterung etwa 20 % des Regenwassers. Das restliche Wasser tropft auf den Boden und versickert. Ungefähr 30 % des Regenwassers kann der Waldboden im Wurzelraum speichern und 50 % des Regenwassers gelangen ins Grundwasser.
a) Stelle die Prozentanteile in einem Diagramm dar.
b) Bei einem Landregen prasseln auf eine Baumkrone 8000 l Wasser. Wie viele Liter davon verdunsten, wie viele werden im Waldboden gespeichert?

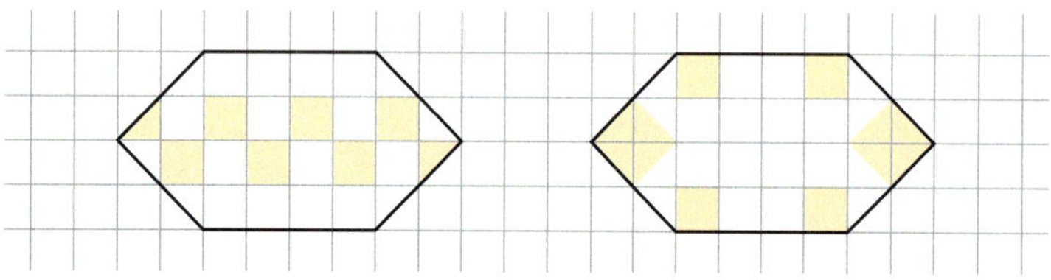
Fig. 2

9 Beim Schulfest darf man mit Wurfpfeilen auf eine der in Fig. 2 abgebildeten Scheiben schießen. Wenn man auf ein farbiges Feld trifft, erhält man einen Gewinn. Welche Zielscheibe würdest du nehmen?

Fig. 3

10 Prozentangaben kritisch verwenden
Bei einem Fernsehkanal wurde an sieben aufeinander folgenden Tagen die Zeitdauer (nicht die Anzahl der Sendungen) verschiedener Sparten aufgeschrieben. Die Tabelle zeigt das Ergebnis. Welche Aussagen sind durch die Tabelle belegt?
a) Mehr als die Hälfte der Sendezeit dient der Unterhaltung.
b) Etwa jede zweite Sendung ist eine Unterhaltungssendung.
c) Pro Stunde Sendezeit sind im Schnitt drei Minuten Musiksendungen.
d) Von 100 Sendungen waren 14 Sportsendungen.

Sparte	Anteil an der Sendezeit
Information	12 %
Unterhaltung (ohne Musik)	53 %
Natursendungen	8 %
Musiksendungen	5 %
Sport	14 %
Sonstiges	8 %

Knobeleien mit Eiern

11 Das Innere eines Hühnereis besteht zu etwa drei Viertel aus Wasser, zu 15 % aus Eiweiß und zu 10 % aus Fett. Wie viel Prozent Wasser enthalten zwei Hühnereier?

12 Ein Ei wird in $\frac{1}{10}$ h hartgekocht. Wie lange brauchen fünf Eier?

13 Auf der Eiergeraden steht bei 1 ein Ei mit der Spitze nach oben, bei 1,25 liegt ein Ei auf der Seite und bei 1,5 steht ein Ei auf der Spitze. Bei 1,75 steht wieder ein Ei mit der Spitze nach oben usw.
Wie stehen oder liegen die Eier bei –1 und 4?

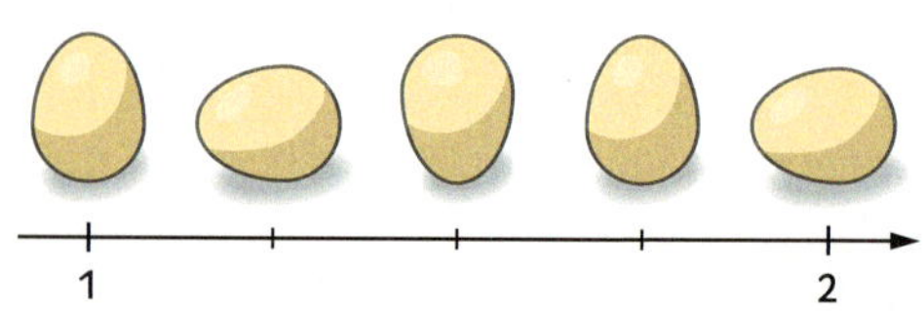

Fig. 4

Unendlich endlich: Hausnummer 0

Felicitas Hoppe

In Träumen, sagt man, ist alles möglich. Man schwimmt wie ein Fisch und ist frei wie ein Vogel. Man muss auch nicht erst ein Flugzeug besteigen, um endlich an anderen Orten zu sein. Mühelos kann man die Erde verlassen. Die Sterne sind zählbar und leicht zu haben. Man kann zu Fuß bis zur Sonne gehen und verbrennt sich dabei keinen Finger. Man kann die schwierigsten Aufgaben lösen, jede Rechnung geht auf. Problemlos erreicht man das Ende der Welt, obwohl niemand weiß, wo das wirklich ist. Denn was uns bei Tag kompliziert erscheint, wird im Traum plötzlich leicht.

Doch letzte Nacht war es umgekehrt. Ich träumte, ich sei längst erwachsen geworden. Ich trug eine Briefträgeruniform, ging schwitzend im Traum durch die Straßen der Stadt und warf den Leuten die Post in die Kästen. Nur ein Brief blieb übrig, der Brief mit der seltsamen Hausnummer 0. An Haus Nummer 1 war ich längst vorbei, doch die Straße schien trotzdem kein Ende zu nehmen, stattdessen schien sie nur länger zu werden. Häuser zur linken und rechten Seite, mit Nummern, die gar nicht zu Häusern passen. Halbe, viertel und sechzehntel Häuser, die sich niemand mehr vorstellen kann. Das nächste, dachte ich, das muss es sein, das nächste ist endlich das Haus Nummer 0. Doch so weit ich auch ging und so lange ich suchte, das Haus Nummer 0 war nirgends zu finden.

Langsam begann ich unruhig zu werden, die Häuser kamen mir unheimlich vor. „Wo bitte ist das Haus Nummer 0?“, fragte ich eine Frau, die vor ihrem Haus die Straße fegte. „Einfach zu finden“, sagte sie lachend, „ geradeaus, gleich am Ende der Straße“, dann fegte sie weiter. Ich ging weiter und weiter und immer schneller, nur das Haus Nummer 0 war nicht zu finden. „Wo bitte ist das Haus Nummer 0?“, fragte ich einen Mann mit Hund. „Am Ende der Straße, nur geradeaus“, sagte er lachend, „man kann es doch fast schon von weitem sehen!“ Doch so weit ich auch ging und so lange ich suchte, das Haus Nummer 0 war nicht zu finden.

Die Sonne stand schon hoch am Himmel, mir war sehr heiß in der Uniform. Trotzdem ging ich schneller und schneller und schließlich begann ich zu laufen, denn in Haus Nummer 0 wartet jemand auf Post! Und links und rechts fliegen Häuser vorüber, hundertstel, tausendstel, endlose Häuser, ich laufe und laufe und zähle und zähle, ich zähle endlose Zahlenreihen, ich zähle, bis mir schwindelig wird. Nur das Haus Nummer 0 ist nirgends zu finden.

Und so bleibe ich schließlich am Straßenrand sitzen. Erschöpft reiße ich mir die Mütze vom Kopf und schreie ein letztes Mal laut und verzweifelt: „Wo bist du, verfluchtes Haus Nummer 0?“ Und da spüre ich auf meinem Kopf eine Hand und höre die Stimme meiner Mutter, die neben mir auf der Bettkante sitzt und lachend sagt: „Das Haus Nummer 0 ist das Ende der Welt und nichts als Erfindung, nichts als ein Traum. Und heute ist Sonntag, da kommt keine Post, und niemand muss warten. Und Aufgaben musst du heut auch nicht lösen, denn sonntags haben die Menschen frei, hier und am Ende der Welt!“

Rückblick

Prozent, Bruch und Dezimalschreibweise
1 % ist eine andere Schreibweise für $\frac{1}{100}$ bzw. 0,01.
Statt 1 % sagt man umgangsprachlich: „1 von Hundert" oder „jeder Hundertste".

4 von 10 Karos sind gefärbt. Das ist ein Anteil von $\frac{4}{10}$ oder $\frac{40}{100}$ oder 40 % oder 0,4.

Brüche
Bei einem Bruch heißt die Zahl auf dem Bruchstrich der Zähler und die Zahl unter dem Bruchstrich der Nenner des Bruches.

Bei dem Bruch $\frac{8}{12}$ ist 8 der Zähler und 12 der Nenner.

Ein Bruch wird erweitert, indem man den Zähler und den Nenner mit derselben Zahl multipliziert.

$\frac{8}{12}$ mit 3 erweitert ergibt $\frac{24}{36}$.

Ein Bruch wird gekürzt, indem man den Zähler und den Nenner durch dieselbe Zahl dividiert.

$-\frac{8}{12}$ mit 4 gekürzt ergibt $-\frac{2}{3}$.

Eine rationale Zahl kann man mit vielen verschiedenen Brüchen angeben.

$-\frac{8}{12} = -\frac{2}{3}$

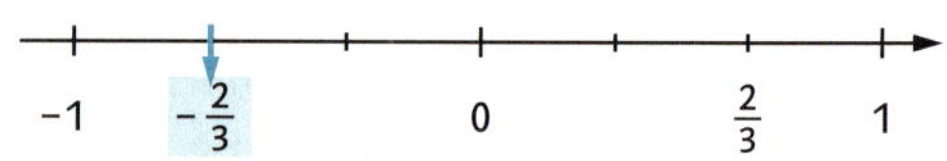

Dezimalzahlen
Dezimalzahlen mit einer, zwei, drei ... Stellen nach dem Komma sind eine andere Schreibweise für Brüche mit dem Nenner 10, 100, 1000 ...

$0{,}3 = \frac{3}{10}$; $1{,}06 = \frac{106}{100}$; $-0{,}391 = -\frac{391}{1000}$
$\frac{3}{4} = \frac{75}{100} = 0{,}75$; $-\frac{7}{200} = -\frac{35}{1000} = -0{,}035$

Kommaverschiebung bei Größen
Wechselt man bei einer Größe die Maßeinheit, muss bei der Maßzahl das Komma verschoben werden. Es gilt

bei Längen	1 mm = 0,1 cm = 0,01 dm = 0,001 m	*14,8 cm = 1,48 dm; 14,8 cm = 148,0 mm*
bei Gewichten	1 g = 0,001 kg = 0,000 001 t	*578,9 kg = 0,5789 t; 578,9 kg = 578 900 g*
bei Flächeninhalten	$1\,mm^2 = 0{,}01\,cm^2 = 0{,}0001\,dm^2 = 0{,}000\,001\,m^2$ $1\,m^2 = 0{,}01\,a = 0{,}0001\,ha = 0{,}000\,001\,km^2$	*$45\,dm^2 = 0{,}45\,m^2$; 3,4 ha = 340 a*
bei Rauminhalten	$1\,mm^3 = 0{,}001\,cm^3 = 0{,}000\,001\,dm^3$ $1\,dm^3 = 1\,l = 0{,}001\,m^3$	*$78\,cm^3 = 0{,}078\,dm^3$; $0{,}05\,m^3 = 50\,l$*

Größer und kleiner bei rationalen Zahlen
Dezimalzahlen vergleicht man, indem man die Ziffern stellenweise miteinander vergleicht.
Bruchzahlen vergleicht man, indem man sie gleichnamig macht.

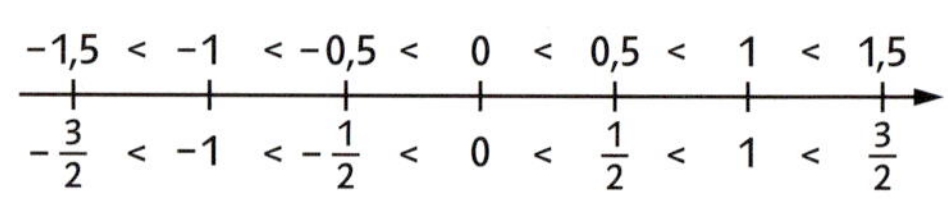

Training

Runde 1

1 Schreibe als Bruch und kürze vollständig.
a) 4 % b) 60 % c) 0,2 d) −0,3 e) −2,6

2 Schreibe als Dezimalzahl.
a) $\frac{7}{10}$ b) $-\frac{4}{5}$ c) $\frac{21}{4}$ d) $\frac{230}{1000}$ e) $3\,\frac{6}{100}$

3 Gib ausschließlich mit ganzen Zahlen an.
a) $\frac{3}{5}$ kg b) $\frac{1}{20}$ von 4 km c) $2{,}6\,m^2$ d) 25 % von 80 € e) 3 % von 1 Liter

4 Welcher Anteil in Fig. 1 ist jeweils gefärbt? Schreibe mit einem vollständig gekürzten Bruch und in Prozent.

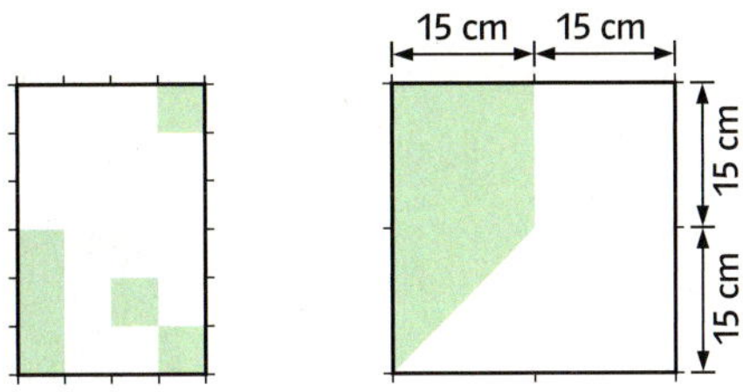

Fig. 1

5 Schreibe in der angegebenen Einheit.
a) 280 m (in km) b) $3{,}45\,m^3$ (in dm^3)
c) 20 % von 1,5 t (in t) d) $\frac{3}{100}$ von 3 a (in a)

6 Setze im Heft passend < oder > ein.
a) 2,786 ▢ 2,699 b) $\frac{7}{9}$ ▢ $\frac{8}{12}$ c) −0,34 ▢ $-\frac{9}{25}$

7 Schreibe die zu dem Buchstaben in Fig. 2 gehörende Zahl in Dezimal- und Bruchschreibweise.

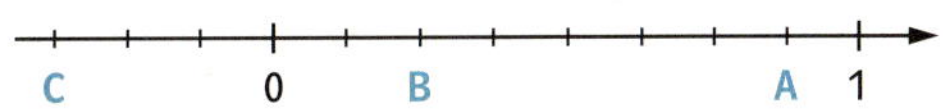

Fig. 2

8 Mit einem Wurfpfeil wird auf die schnell rotierenden Scheiben in Fig. 3 geschossen. Rot zählt als Treffer. Sind die Zielscheiben bei einem Wettkampf gleichwertig?

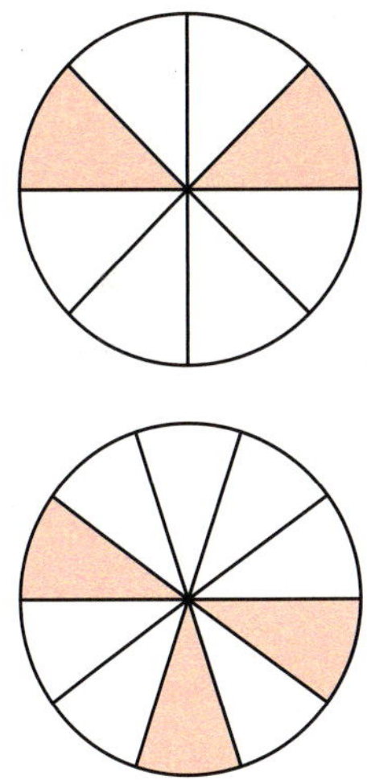
Fig. 3

Runde 2

1 Schreibe als Dezimalzahl und in Prozent.
a) $\frac{15}{100}$ b) $\frac{7}{10}$ c) $\frac{1}{5}$ d) $\frac{9}{12}$

2 Schreibe mit einem gekürzten Bruch.
a) 6,8 b) −0,18 c) 35 % d) −1,25

3 a) Schreibe $\frac{12}{18}$ und $-\frac{4}{6}$ mit dem Nenner 30. b) Kürze $\frac{24}{32}$ vollständig.

4 Gib ausschließlich mit ganzen Zahlen an.
a) $0{,}7\,m^2$ b) $\frac{12}{100}\,m^3$ c) 75 % von 10 € d) $\frac{3}{8}$ von 4 ha e) $2{,}66\,cm^3$

5 Zwischen welchen ganzen Zahlen liegt
a) $\frac{7}{2}$, b) −6,66, c) $-\frac{17}{5}$, d) 9,99?

6 Bei Vorgängen, bei denen eine bestimmte Zeitspanne nicht überschritten werden darf, verwendet man Uhren wie in Fig. 4. Wie viel Zeit steht noch zur Verfügung?

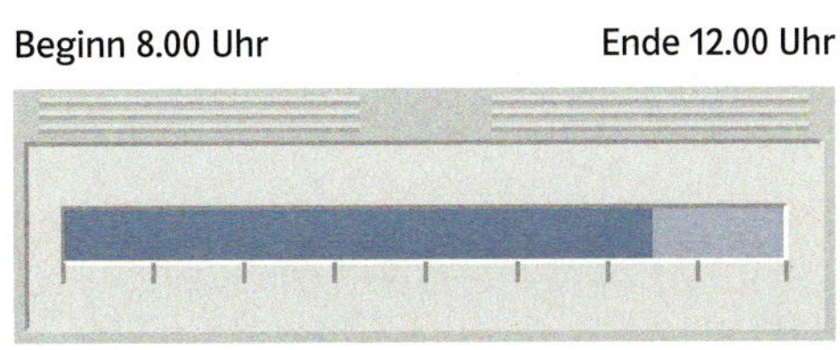

Fig. 4

Lösungen auf Seite 189.

Das kannst du schon

- Mit ganzen Zahlen rechnen
- Rationale Zahlen in Bruch- und Dezimalschreibweise darstellen
- Situationen mit rationalen Zahlen beschreiben
- Brüche kürzen und erweitern

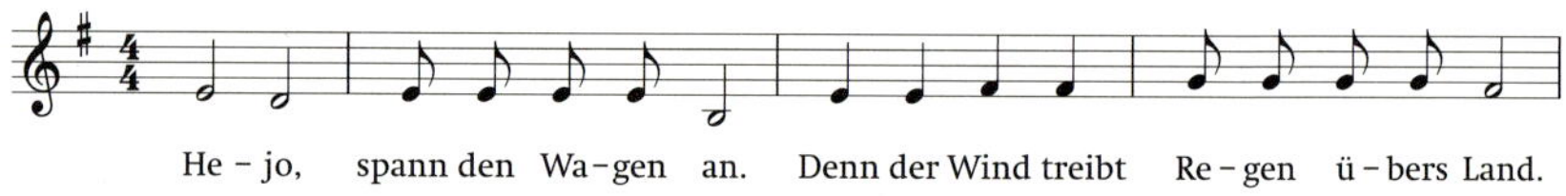

Erfrischungsdrink

$\frac{1}{2}$ l Mineralwasser
$\frac{2}{4}$ l naturtrüber Apfelsaft
$\frac{1}{8}$ l Orangensaft
$\frac{1}{4}$ l Ananassaft

Zutaten mischen.
Fertig!

Das kommt in den Rucksack

☐ Regenjacke	0,369 kg
☐ Regenhose	0,358 kg
☐ Gamaschen, Überschuhe	–
☐ Fleece-Jacke	0,650 kg
☐ Beinlinge	0,125 kg
☐ Armlinge	0,117 kg
☐ Windstopper-Weste	0,148 kg

Zahl und Zahlbereiche

Daten und Zufall

Funktionaler Zusammenhang

Messen und Größen

Raum und Form

Mit Brüchen muss man rechnen ... mit Kommas aber auch!

Der Mathematiker

Es war sehr kalt, der Winter dräute,
da trat – und außerdem war's glatt –
Professor Wurzel aus dem Hause,
weil er was einzukaufen hat.

Kaum tat er seine ersten Schritte,
als ihn das Gleichgewicht verließ,
er rutschte aus und fiel und brach sich
die Beine und noch das und dies.

Jetzt liegt er nun, völlig gebrochen,
im Krankenhaus in Gips und spricht:
„Ich rechnete schon oft mit Brüchen,
mit solchen Brüchen aber nicht!“

Heinz Erhardt

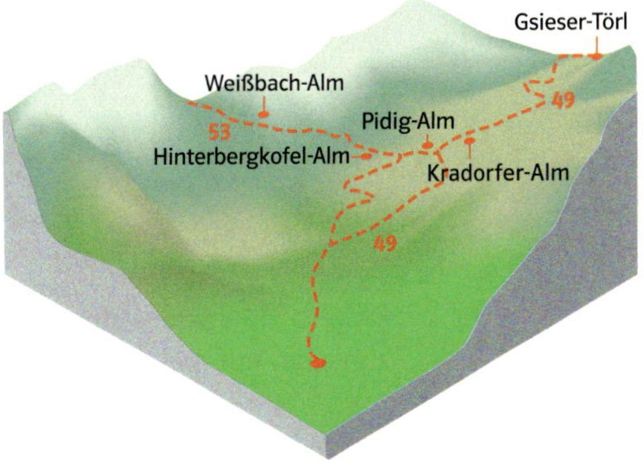

Das kannst du bald

- Rationale Zahlen addieren und subtrahieren
- Rationale Zahlen runden und eine Überschlagsrechnung durchführen

1 Addieren und Subtrahieren von positiven Bruchzahlen

Fläche Australiens: Ca. 7,7 Mio. km²

Zum Vergleich: Fläche Deutschlands: ca. 357 000 km²

Mit rationalen Zahlen kann man ebenso rechnen wie mit ganzen Zahlen. Es gibt Situationen, in denen man sie in der Bruchschreibweise addieren oder subtrahieren muss.

Australien besteht zu $\frac{1}{25}$ aus Ackerland, zu $\frac{1}{20}$ aus Wald, zu $\frac{3}{5}$ aus Weideland. Der Rest ist Ödland, vor allem Wüste.

Addieren und Subtrahieren von Brüchen ist leicht, wenn die Brüche **gleiche Nenner** haben.

Addieren von Brüchen mit gleichem Nenner.

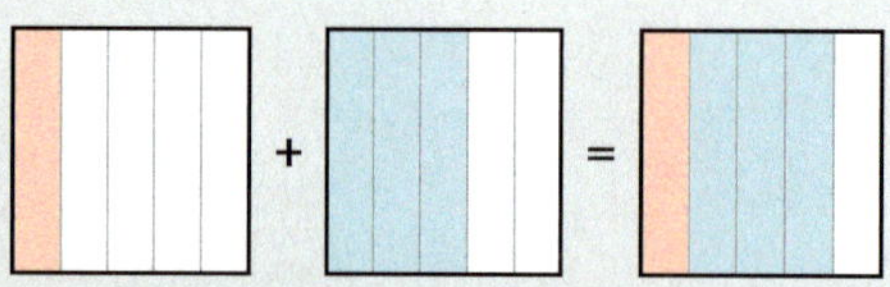

$\frac{1}{5} + \frac{3}{5} = \frac{1+3}{5} = \frac{4}{5}$

Fig. 1

Subtrahieren von Brüchen mit gleichem Nenner.

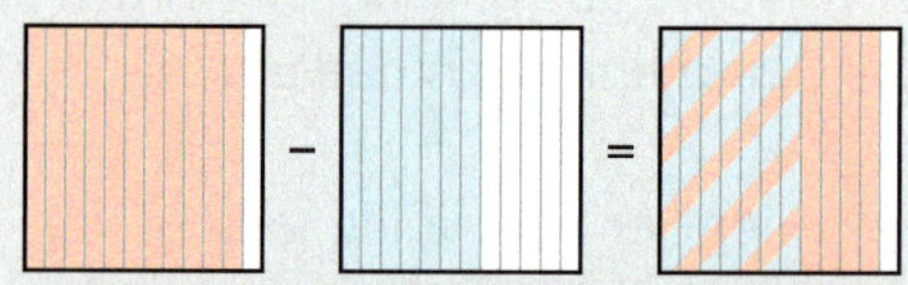

$\frac{11}{12} - \frac{7}{12} = \frac{11-7}{12} = \frac{4}{12}$

Fig. 2

Brüche mit **verschiedenen Nennern** kann man addieren, wenn man sie durch Erweitern zunächst auf gleiche Nenner bringt.

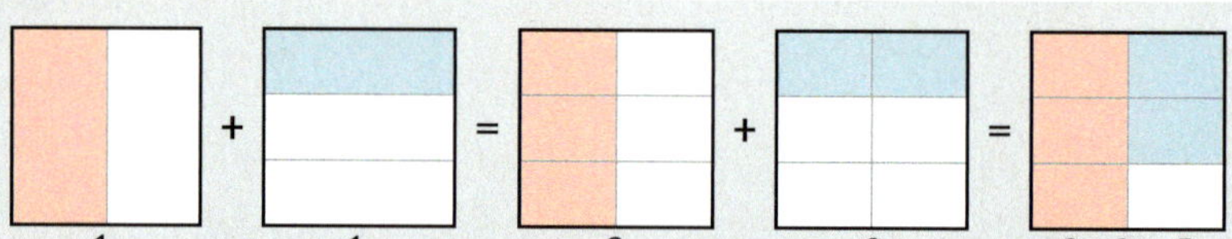

$\frac{1}{2} + \frac{1}{3} = \frac{3}{6} + \frac{2}{6} = \frac{3+2}{6} = \frac{5}{6}$

Fig. 3

Entsprechend geht man bei der Subtraktion vor: $\frac{5}{6} - \frac{4}{9} = \frac{15}{18} - \frac{8}{18} = \frac{15-8}{18} = \frac{7}{18}$

Ergebnis kürzen nicht vergessen!

Addieren bzw. subtrahieren von positiven Brüchen:

1. Mache die Brüche gleichnamig.
2. Addiere bzw. subtrahiere die Zähler.
3. Behalte den gemeinsamen Nenner bei.

In Aufgabe 1 erfährst du, woran Uta gerade denkt. Schreibe dazu die zughörigen Buchstaben in der Reihenfolge der Aufgabenspalte auf.

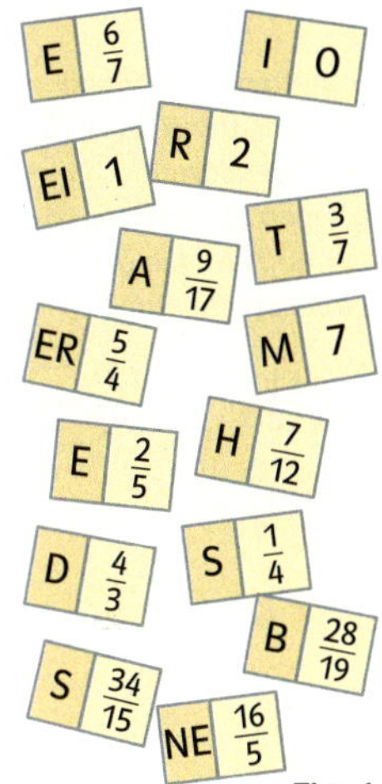

Fig. 1

Beispiel 1 Gleichnamige Brüche

Berechne und gib das Ergebnis mit einem vollständig gekürzten Bruch an.

a) $\frac{3}{8} + \frac{1}{8}$ b) $\frac{3}{7} - \frac{1}{7}$

Lösung:

a) $\frac{3}{8} + \frac{1}{8} = \frac{3+1}{8} = \frac{4}{8} = \frac{1}{2}$ b) $\frac{3}{7} - \frac{1}{7} = \frac{3-1}{7} = \frac{2}{7}$

Beispiel 2 Ungleichnamige Brüche

a) $\frac{3}{4} + \frac{1}{6}$ b) $\frac{5}{6} - \frac{1}{2}$

Lösung:

a) $\frac{3}{4} + \frac{1}{6} = \frac{9}{12} + \frac{2}{12} = \frac{9+2}{12} = \frac{11}{12}$ b) $\frac{5}{6} - \frac{1}{2} = \frac{5}{6} - \frac{3}{6} = \frac{5-3}{6} = \frac{2}{6} = \frac{1}{3}$

Aufgaben

1 Berechne und gib das Ergebnis mit einem vollständig gekürzten Bruch an. Die Lösungen findest du auf dem Rand.

a)	b)	c)	d)	e)
$\frac{3}{4} + \frac{2}{4}$	$\frac{1}{7} + \frac{5}{7}$	$\frac{5}{3} - \frac{2}{3}$	$\frac{11}{5} - \frac{11}{5}$	$\frac{2}{17} + \frac{7}{17}$
$\frac{5}{3} - \frac{1}{3}$	$\frac{7}{10} - \frac{3}{10}$	$\frac{21}{15} + \frac{13}{15}$	$\frac{5}{28} + \frac{7}{28}$	$\frac{12}{12} - \frac{5}{12}$
$\frac{9}{19} + \frac{19}{19}$	$\frac{31}{8} - \frac{15}{8}$	$\frac{13}{6} + \frac{29}{6}$	$\frac{17}{16} - \frac{13}{16}$	$\frac{0}{5} + \frac{16}{5}$

2 Schreibe in dein Heft und berechne.

a) Startzahl $\frac{5}{8}$, plus $\frac{6}{8}$, minus $\frac{3}{8}$, minus 5 Achtel, plus $\frac{20}{8}$, minus dreizehn Achtel.

b) Startzahl $\frac{19}{10}$, minus $\frac{13}{10}$, plus $\frac{7}{10}$, plus $\frac{7}{10}$, plus $\frac{15}{10}$, minus 7 Zehntel, minus $\frac{3}{10}$.

3 Welche Summe ist durch die gefärbten Flächen dargestellt?
Welcher Anteil der Fläche ist ungefärbt?

a) b) c) d)

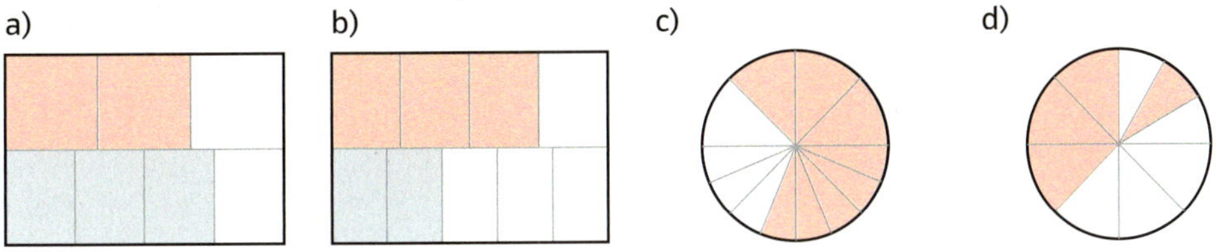

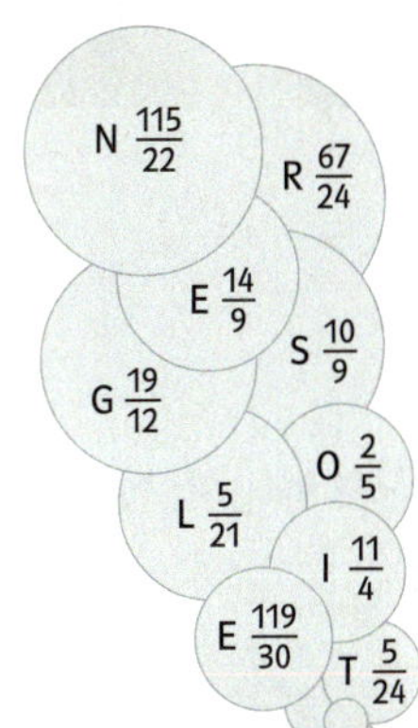

4 Schreibe in dein Heft und ergänze.

a) $\frac{\triangle}{14} + \frac{3}{14} = \frac{9}{14}$ b) $\frac{11}{6} - \frac{\triangle}{6} = \frac{5}{6}$ c) $\frac{6}{17} + \frac{5}{\triangle} = \frac{11}{17}$ d) $\frac{\triangle}{22} - \frac{5}{22} = \frac{22}{22}$

5 Wohin geht die Reise?

Fig. 2

6 Von zwei Brüchen sind die Nenner bekannt. Gib mehrere gemeinsame Nenner an.

a) 4; 5 b) 4; 6 c) 4; 8 d) 15; 25 e) 12; 15
f) 8; 10 g) 8; 12 h) 7; 35 i) 6; 9 j) 6; 14

7 In einem Rechteck sollen die Anteile $\frac{1}{3}$, $\frac{1}{5}$ und $\frac{1}{15}$ in verschiedenen Farben gefärbt werden. Welche Maße für das Rechteck sind günstig? Welcher Anteil des Rechtecks bleibt ungefärbt?

8 a) Vermindere dreizehn Zehntel um zwei Drittel.
b) Wie viel fehlt von einem Fünftel bis einundzwanzig Hundertstel?
c) Wie viel muss man von zweiunddreißig abziehen, um hundert Sechstel zu erhalten?

In Aufgabe 9 erfährst du Toms Berufswunsch. Schreibe dazu die zugehörigen Buchstaben in der Reihenfolge der Aufgabenspalte auf.

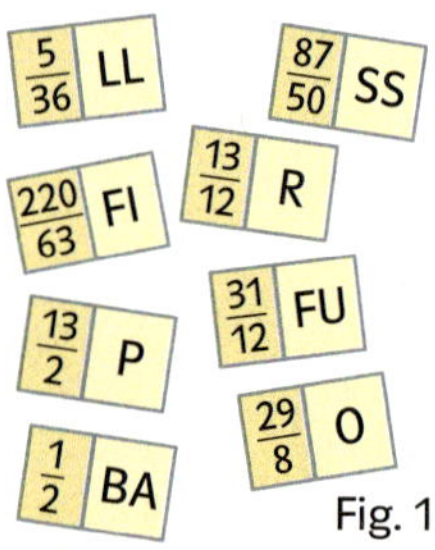

Fig. 1

9 Berechne und gib das Ergebnis als vollständig gekürzten Bruch an.

a) $\frac{1}{3}+\frac{3}{4}+\frac{3}{2}$
$\frac{6}{25}+\frac{7}{10}+\frac{4}{5}$

b) $\frac{8}{3}-\frac{1}{6}-\frac{2}{1}$
$\frac{11}{12}-\frac{2}{9}-\frac{5}{9}$

c) $\frac{30}{4}+\frac{20}{30}-\frac{10}{6}$
$\frac{1}{2}-\frac{5}{12}+\frac{8}{8}$

d) $\frac{11}{8}+\frac{11}{5}+\frac{1}{20}$
$4-\frac{9}{7}+\frac{7}{9}$

10 Vor dem Rechnen kann Kürzen nützlich sein.
a) $\frac{45}{60}+\frac{9}{72}$ b) $\frac{30}{36}-\frac{32}{80}$ c) $\frac{105}{150}+\frac{24}{144}$ d) $\frac{190}{240}-\frac{96}{256}$

11 Gib das Ergebnis als ganze Zahl an.
a) $\frac{2}{5}\text{m}+\frac{1}{2}\text{m}$ b) $\frac{3}{4}\text{kg}-\frac{1}{2}\text{kg}$ c) $\frac{5}{2}\text{km}-\frac{2}{5}\text{km}$ d) $\frac{1}{4}\text{h}+\frac{1}{6}\text{h}$
e) $\frac{1}{2}\text{m}^2+\frac{1}{4}\text{m}^2$ f) $5\,\text{cm}-\frac{5}{2}\text{cm}$ g) $\frac{5}{2}\text{g}-\frac{5}{10}\text{g}$ h) $\frac{1}{10}\text{m}^3+\frac{3}{5}\text{m}^3$

12 a) In der Zahlenmauer (Fig. 2) steht über zwei Zahlen stets die Summe. Übertrage die Figur in dein Heft und ergänze die fehlenden Zahlen.
b) Gehe so durch das Labyrinth (Fig. 3), dass du eine möglichst große Summe erhältst.

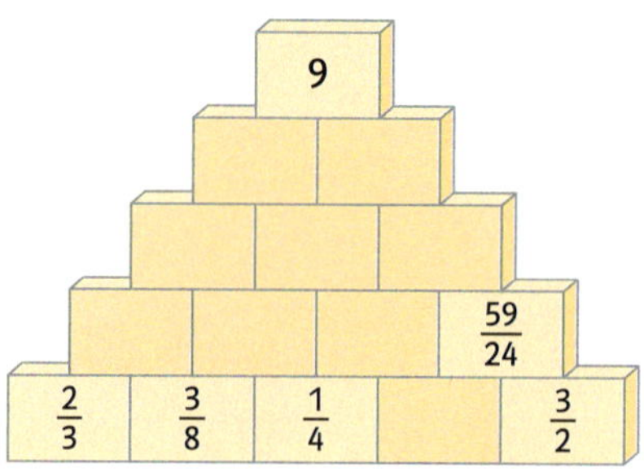

Fig. 2

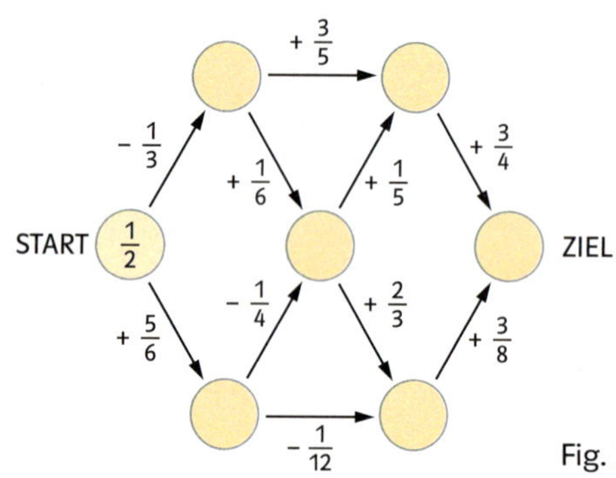

Fig. 3

Bist du sicher?

1 Berechne und gib das Ergebnis mit einem vollständig gekürzten Bruch an.

a) $\frac{7}{8}+\frac{5}{12}$
$\frac{7}{8}-\frac{5}{12}$

b) $\frac{17}{5}-\frac{9}{20}$
$\frac{11}{15}+\frac{13}{20}$

c) $3-\frac{4}{9}+\frac{7}{6}$
$\frac{7}{6}-\frac{4}{9}+3$

d) $\frac{24}{27}-\frac{20}{24}$
$\frac{36}{36}-\frac{25}{30}$

2 a) Subtrahiere ein Achtel von einem Fünftel.
b) Wie viel fehlt von einem Hundertstel zu einem Zehntel?

13 a) Schreibe $\frac{3}{4}$ auf drei verschiedene Arten als Summe.
b) Schreibe $\frac{1}{2}$ als Summe von Brüchen, deren Nenner alle größer als 10 sind.

14 Frau Mall berichtet: „Von meinem Monatseinkommen brauche ich ein Drittel für die Miete und ein Achtel für mein Auto. Dann ist bereits mehr als die Hälfte weg.“ Stimmt das?

15 Peter möchte gerne ein neues Mountainbike kaufen. Die Hälfte des Kaufpreises hat er bereits gespart. Von seinen Eltern erhält er $\frac{1}{4}$ des Preises. Die Großeltern beteiligen sich mit 20 %. Welchen Rabatt muss der Händler gewähren, damit Peter es sofort kaufen kann?

Fig. 1

16 Jan mixt ein Getränk nach einem Rezept (Fig. 1). Hat er den richtigen Krug gewählt?

17 Die Hälfte der Kinder der Klasse 6a sind im Klassenzimmer. Es kommen noch 4 Kinder der 6a dazu. Jetzt fehlt nur noch ein Drittel aller Kinder der 6a. Wie viele Kinder besuchen diese Klasse?

18 Ein Lastwagen kann $11\frac{1}{2}$ t laden. Er wird nacheinander mit $2\frac{1}{8}$ t, 600 kg, $1\frac{3}{4}$ t, 900 kg und $3\frac{3}{4}$ t beladen. Stelle mit diesen Angaben drei Aufgaben, die dein Tischnachbar lösen soll.

19 Was meinst du dazu?

Fig. 2

20 Sind folgende Aussagen wahr? Begründe deine Antwort.

a) Die Differenz zweier verschiedener Brüche ergibt nie eine natürliche Zahl.

b) Addiert man mehrmals den gleichen positiven Bruch, so ergibt sich irgendwann eine natürliche Zahl.

c) Der Nenner einer Summe von zwei positiven Brüchen ist stets größer als die Nenner der Summanden.

21 Zum Knobeln

Ein alter Araber bestimmte vor seinem Tode, dass der erste seiner Freunde die Hälfte, der zweite den vierten und der dritte den fünften Teil seiner Kamele erben sollte. Da der Alte 19 Kamele hinterließ, konnten sich die drei Freunde nicht einigen.
Warum konnten sich die Freunde nicht einigen? Wie würdest du teilen?
Sie wandten sich an einen Derwisch, der auf einem alten Kamel dahergeritten kam, und baten ihn um Hilfe. Dieser sagte: „Ich will euch mein Kamel leihen.“ Nun nahm sich der Erste die Hälfte von den 20 Kamelen heraus, der Zweite $\frac{1}{4}$ und der Dritte ein Fünftel. Zum Schluss blieb das Kamel des Derwischs übrig. Der Derwisch bestieg es wieder und ritt davon. Alle waren zufrieden. Rechne nach.

2 Addieren und Subtrahieren von negativen Brüchen

„Wetten, dass es mir gelingt, in fünf Minuten mehr Differenzen und Summen mit diesen Zahlen zu berechnen als du?“

„Das wollen wir sehen! AUF DIE PLÄTZE – FERTIG – LOS!“

Erinnerung:
$5 + (-3) = 5 - 3 = 2$

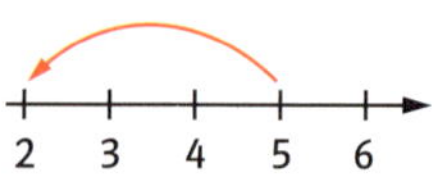

Fig. 1

$5 - (-3) = 5 + 3 = 8$

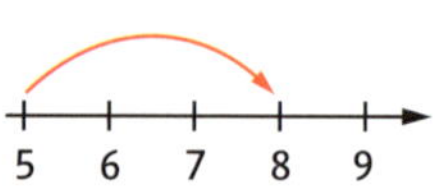

Fig. 1

Beim Addieren und Subtrahieren von negativen Bruchzahlen kann man genau so vorgehen wie beim Addieren und Subtrahieren ganzer Zahlen. Dies wird durch die Darstellung an der Zahlengerade deutlich.

Addieren negativer Bruchzahlen
Eine negative Bruchzahl zu addieren ist dasselbe, wie ihre Gegenzahl zu subtrahieren.
Zum Beispiel:

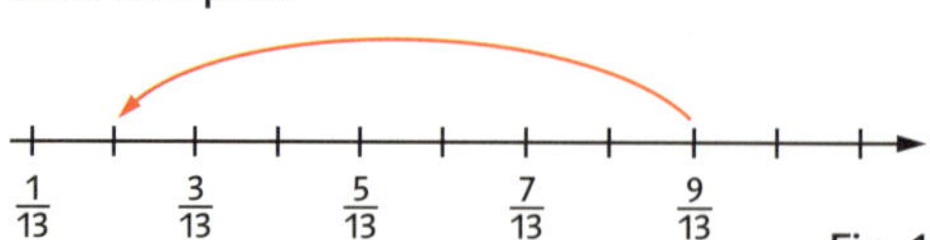

Fig. 1 $\frac{9}{13} + \left(-\frac{7}{13}\right) = \frac{9}{13} - \frac{7}{13} = \frac{9-7}{13} = \frac{2}{13}$

Subtrahieren negativer Bruchzahlen
Eine negative Bruchzahl zu subtrahieren ist dasselbe, wie ihre Gegenzahl zu addieren.
Zum Beispiel:

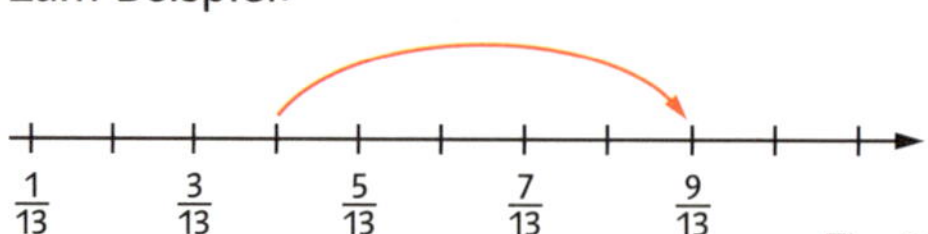

Fig. 2 $\frac{4}{13} - \left(-\frac{5}{13}\right) = \frac{4}{13} + \frac{5}{13} = \frac{4+5}{13} = \frac{9}{13}$

Ebenso gilt: $\left(-\frac{4}{5}\right) + \left(-\frac{2}{3}\right) = \frac{-4}{5} - \frac{2}{3} = \frac{-12}{15} - \frac{10}{15} = \frac{-12-10}{15} = \frac{-22}{15} = -\frac{22}{15} = -1\frac{7}{15}$

und: $\left(-\frac{4}{5}\right) - \left(-\frac{2}{3}\right) = \frac{-4}{5} + \frac{2}{3} = \frac{-12}{15} + \frac{10}{15} = \frac{-12+10}{15} = \frac{-2}{15} = -\frac{2}{15}$

Addieren bzw. Subtrahieren negativer Bruchzahlen

Addition einer negativen Bruchzahl:	Subtrahiere ihre Gegenzahl
Subtraktion einer negativen Bruchzahl:	Addiere ihre Gegenzahl

Beispiel

Berechne und gib das Ergebnis als vollständig gekürzten Bruch an.

a) $-\frac{7}{9}+\frac{4}{9}$ b) $-\frac{3}{4}-\frac{1}{10}$ c) $\frac{3}{11}+\left(-\frac{9}{11}\right)$

Lösung:

a) $-\frac{7}{9}+\frac{4}{9}=\frac{-7}{9}+\frac{4}{9}=\frac{-7+4}{9}=\frac{-3}{9}=-\frac{3}{9}=-\frac{1}{3}$

b) $-\frac{3}{4}-\frac{1}{10}=-\frac{15}{20}-\frac{2}{20}=\frac{-15-2}{20}=-\frac{17}{20}$

c) $\frac{3}{11}+\left(-\frac{9}{11}\right)=\frac{3}{11}-\frac{9}{11}=\frac{3-9}{11}=-\frac{6}{11}$

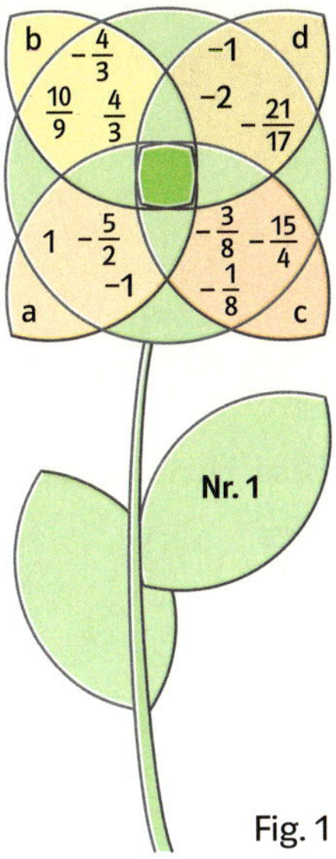

Fig. 1

Aufgaben

1 Rechne im Kopf und gib das Ergebnis als vollständig gekürzten Bruch an.

a) $\frac{3}{4}-\frac{7}{4}$ b) $\frac{1}{9}+\frac{11}{9}$ c) $-\frac{11}{8}-\frac{19}{8}$ d) $\frac{4}{17}-\frac{21}{17}$

$-\frac{3}{4}-\frac{7}{4}$ $-\frac{1}{9}+\frac{11}{9}$ $-\frac{8}{8}+\frac{5}{8}$ $-\frac{0}{17}-\frac{21}{17}$

$-\frac{3}{4}+\frac{7}{4}$ $-\frac{1}{9}-\frac{11}{9}$ $1\frac{1}{8}-\frac{10}{8}$ $\frac{1}{17}-2\frac{1}{17}$

2 Schreibe in dein Heft und berechne.

a) Startzahl $\frac{7}{10}$, plus $\frac{5}{10}$, minus $\frac{14}{10}$, minus achtzehn Zehntel, plus $\frac{20}{10}$.

b) Startzahl $\frac{5}{9}$, minus $\frac{15}{9}$, minus $\frac{10}{9}$, plus $\frac{8}{9}$, plus fünfzehn Neuntel.

3 Berechne und gib das Ergebnis als vollständig gekürzten Bruch an.

a) $-\frac{4}{3}+\frac{5}{4}$ b) $\frac{3}{5}-\frac{9}{7}$ c) $1-\frac{9}{5}$ d) $\frac{1}{3}-\frac{3}{1}$

$-\frac{4}{3}-\frac{5}{4}$ $-\frac{5}{12}+\frac{1}{8}$ $\frac{9}{5}-1$ $\frac{0}{9}-\frac{1}{17}$

$\frac{4}{3}-\frac{5}{4}$ $\frac{2}{7}+\frac{4}{9}$ $-1+\frac{9}{5}$ $-\frac{7}{2}+\frac{7}{3}$

4 Flipp, der Zahlenfloh, springt vorwärts und rückwärts. Nenne jeweils die nächsten fünf Landeplätze.

a)

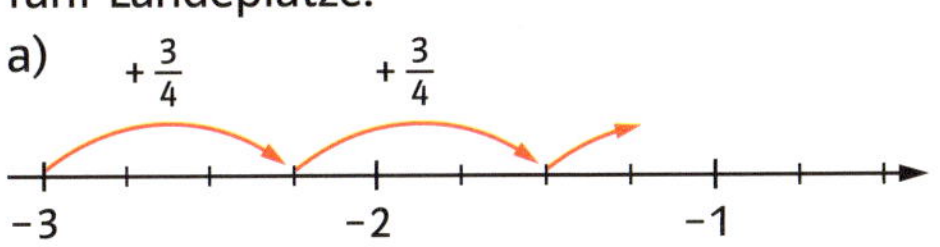

b)

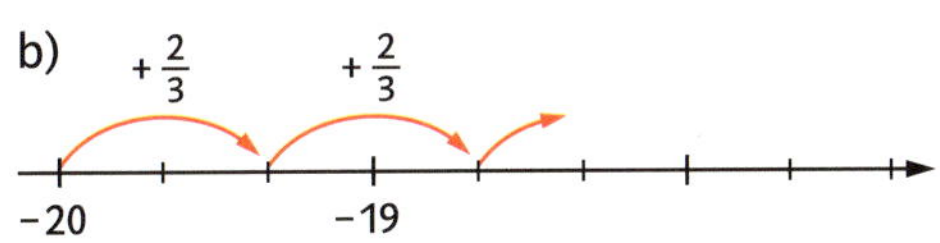

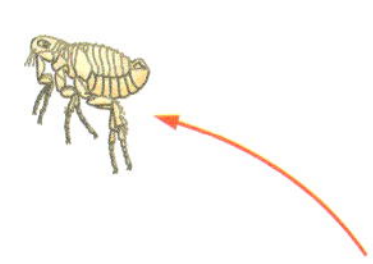

c)

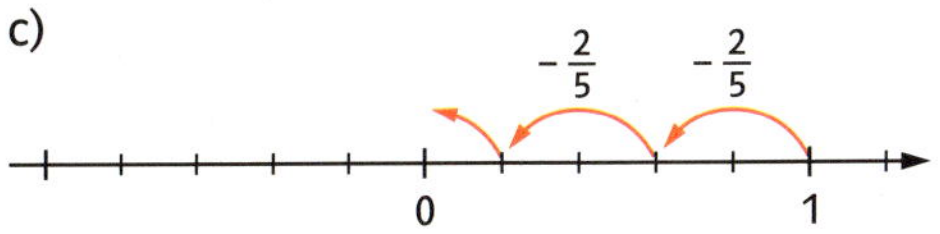

d)

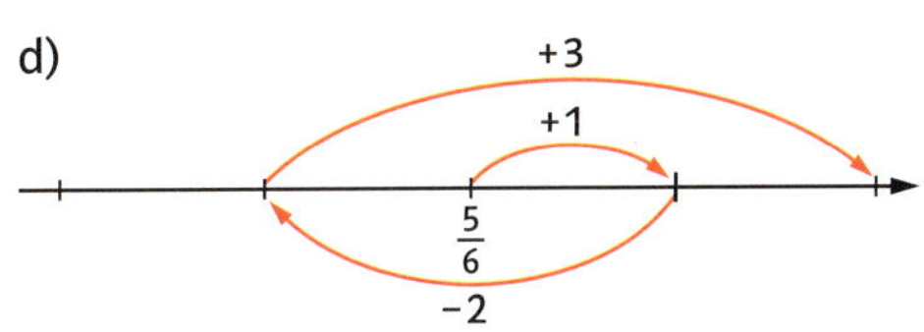

5 Vereinfache die Schreibweise und berechne.

a) $\frac{4}{45}+\left(-\frac{4}{90}\right)$ b) $-\frac{3}{4}-\left(-\frac{4}{5}\right)$ c) $\frac{3}{5}-\left(-\frac{1}{2}\right)$ d) $-\frac{1}{6}+\left(-\frac{1}{9}\right)$

$-\frac{1}{6}-\left(-\frac{1}{9}\right)$ $-\frac{5}{6}+\left(-\frac{1}{2}\right)$ $-\frac{1}{5}+\left(+\frac{1}{2}\right)$ $-\frac{1}{6}-\left(+\frac{1}{9}\right)$

$-\frac{11}{18}+\left(-\frac{5}{36}\right)$ $-\frac{0}{7}-\left(-\frac{1}{13}\right)$ $1-\left(-\frac{1}{7}\right)$ $\frac{1}{6}-\left(+\frac{1}{9}\right)$

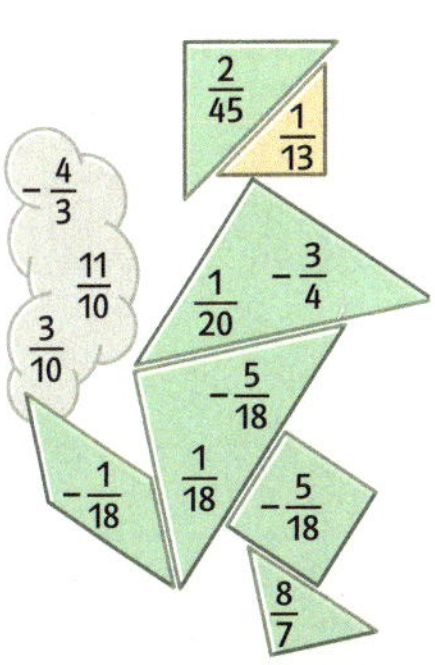

Fig. 2

In Aufgabe 7 erfährst du, wohin der Ballon fliegt.

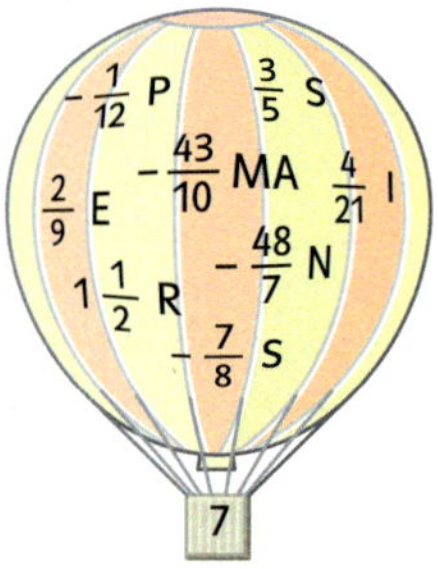

Fig. 1

6 Subtrahiere benachbarte Zahlen.

a)

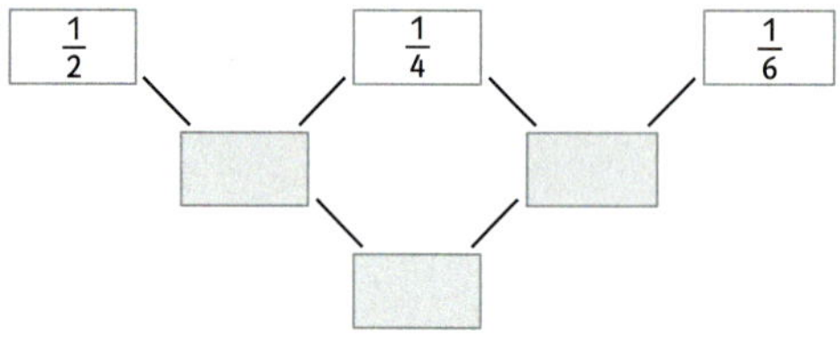

b)

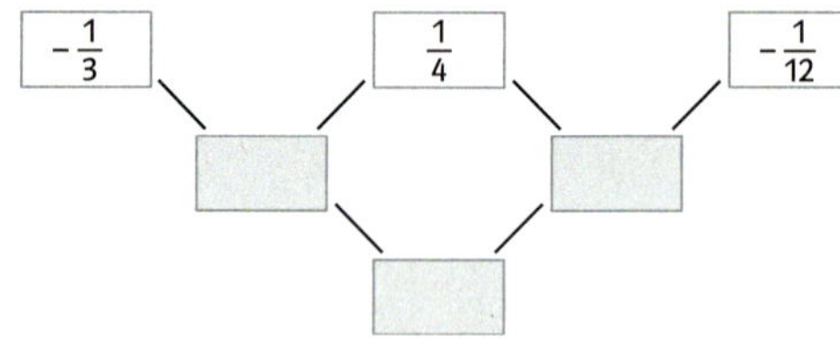

7 Ergänze die fehlenden Zahlen.

a) $-\frac{5}{12} + \frac{1}{3} = \square$ b) $\frac{3}{7} - \frac{5}{21} = \square$ c) $\frac{4}{3} - \square = -\frac{1}{6}$ d) $\square + \frac{17}{10} = -\frac{13}{5}$

e) $-\frac{5}{8} - \square = \frac{1}{4}$ f) $\frac{1}{9} + \square = \frac{1}{3}$ g) $\frac{1}{7} - \frac{7}{1} = \square$ h) $\square - \frac{3}{5} = 0$

Bist du sicher?

$-\frac{13}{24}$ $-\frac{1}{2}$ $-\frac{1}{6}$ $-\frac{11}{18}$ $\frac{31}{21}$ $\frac{31}{30}$ $-\frac{17}{21}$ $-\frac{1}{15}$

1 Berechne und kürze.

a) $\frac{7}{3} - \frac{13}{10}$ b) $\frac{5}{18} - \frac{7}{9}$ c) $-\frac{11}{12} + \frac{3}{8}$ d) $\frac{9}{14} - \left(-\frac{5}{6}\right)$

2 Ergänze die fehlenden Zahlen.

a) $\square + \frac{5}{12} = -\frac{7}{36}$ b) $-\frac{1}{6} + \square = -\frac{7}{30}$ c) $\square - \frac{3}{10} = -\frac{7}{15}$ d) $\frac{1}{7} - \square = \frac{20}{21}$

8 a) Subtrahiere $\frac{17}{13}$ von 1. b) Wie viel fehlt von $-\frac{27}{10}$ bis $\frac{4}{15}$?

c) Ergänze $-3\frac{5}{9}$ auf $2\frac{1}{3}$. d) Addiere $-\frac{2}{17}$ zu $\frac{2}{17}$.

e) Ist die Differenz oder die Summe der Zahlen $-\frac{4}{9}$ und $-\frac{5}{9}$ größer?

9 a) Entscheide ohne Rechnung, ob das Ergebnis positiv oder negativ ist: $\frac{2}{3} - \frac{1}{4}$; $\frac{1}{12} - \frac{1}{6}$.

b) Subtrahiere den größeren vom kleineren Bruch: $\frac{4}{5}, \frac{8}{9}$; $-\frac{4}{5}, \frac{8}{9}$; $-\frac{4}{5}, -\frac{8}{9}$; $\frac{2}{3}, \frac{7}{8}$; $\frac{5}{8}, \frac{5}{11}$.

c) Welchen Abstand haben die beiden Zahlen auf der Zahlengeraden?
$\frac{1}{6}, \frac{7}{15}$; $-\frac{1}{6}, \frac{7}{15}$; $\frac{1}{6}, -\frac{7}{15}$.

10 Wo steckt der Fehler?

a) $\frac{1}{2} + \frac{1}{3} = \frac{2}{5}$ b) $-\frac{4}{5} + \frac{2}{5} = -\frac{6}{5}$ c) $-\frac{1}{2} - \frac{1}{3} = -\frac{2}{6}$

11 Experimente mit Brüchen.
Setze die Zahlenreihen fort.
Sage die Rechnung und das Ergebnis der zehnten Zeile vorher.
Erfinde eine eigene Zahlenreihe, bei der man Vorhersagen machen kann.
Stelle die Aufgabe deinem Partner

$\frac{1}{3} - \frac{1}{2}$	$\frac{3}{5} - \frac{3}{4}$
$\frac{1}{4} - \frac{1}{3}$	$\frac{3}{7} - \frac{3}{6}$
$\frac{1}{5} - \frac{1}{4}$	$\frac{3}{9} - \frac{3}{8}$
…	…

12 Bruchbuden
In den Bruchbuden ist heute was los (Fig. 2)!
Im Erdgeschoss sind die Startzahlen eingezogen.
Im 1. Stock wohnt links die Summe der Erdgeschossbewohner und rechts deren Differenz.
Im 2. Stock wohnt links die Summe der Bewohner aus dem 1. Stock und rechts deren Differenz. Baue weitere Bruchbuden. Was stellst du fest?

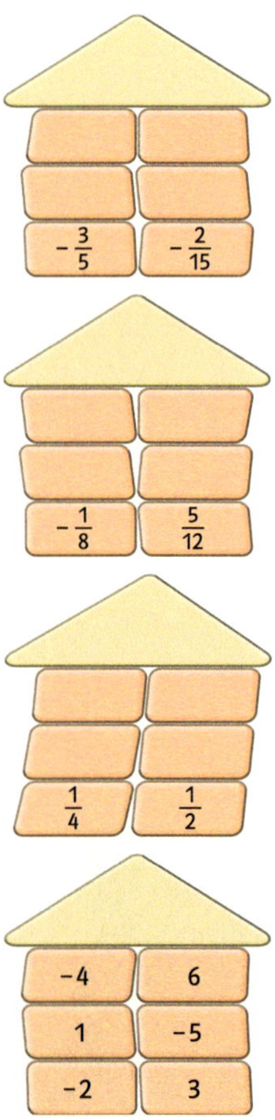

Fig. 2

3 Addieren und Subtrahieren von Dezimalzahlen

Läuferin	1. Durchgang	2. Durchgang
Anja Pärson	51,88 s	50,37 s
Line Viken	53,62 s	50,25 s
Marlies Schild	51,13 s	51,46 s
Martina Ertl	52,42 s	50,28 s
Monika Bergmann-Schmuderer	51,82 s	50,88 s
Kristina Koznick	53,23 s	50,65 s

Zwei deutsche Dritte drängen sich aufs Podest
Überlegene Siegerin auf der tückischen Piste Radaz in den französischen Alpen war die Schwedin Anja Pärson, die mit einem fulminanten zweiten Lauf doch noch auf den 1. Platz kam ...

Slalom Damen, Megève, 5. Januar 2004

Beim Slalom gibt es zwei Durchgänge. Die Summe der benötigten Zeiten entscheidet über die Platzierung.

Um Dezimalzahlen zu addieren, wie zum Beispiel 0,5 + 0,36, kann man
zunächst die Zahlen mit Brüchen schreiben $0{,}5 + 0{,}36 = \frac{5}{10} + \frac{36}{100}$
dann die Brüche gleichnamig machen und addieren $0{,}5 + 0{,}36 = \frac{5}{10} + \frac{36}{100} = \frac{50}{100} + \frac{36}{100} = \frac{86}{100}$
und schließlich das Ergebnis als Dezimalzahl schreiben $0{,}5 + 0{,}36 = \frac{50}{100} + \frac{36}{100} = \frac{86}{100} = 0{,}86$
Um Schreibarbeit zu sparen, kann man auch die Dezimalzahlen sofort mit gleich vielen Stellen hinter dem Komma aufschreiben und anschließend stellenweise addieren:
0,5 + 0,36 = 0,50 + 0,36 = 0,86.
Ebenso geht man bei der Subtraktion von Dezimalzahlen vor:
0,5 − 0,36 = 0,50 − 0,36 = 0,14.
Dezimalzahlen kann man besonders übersichtlich addieren und subtrahieren, wenn man sie stellengenau untereinander schreibt.

Dezimalzahlen mit gleich vielen Nachkommastellen entsprechen gleichnamigen Brüchen. Zum Beispiel
$0{,}3 = \frac{3}{10}$ und $1{,}7 = \frac{17}{10}$
$2{,}76 = \frac{276}{100}$ und $0{,}67 = \frac{67}{100}$

Addieren und Subtrahieren von Dezimalzahlen
1. Schreibe die Zahlen stellengenau untereinander.
2. Addiere bzw. subtrahiere stellenweise.
3. Achte auf Überträge.

```
   1 2,5 3 4          1 2,5 3 4
+    8,9 1 0       -    8,9 1 0
   1 1                1 1
   ---------          ---------
   2 1,4 4 4            3,6 2 4
```

Für Dezimalzahlen gilt:
Addieren einer negativen Dezimalzahl bedeutet subtrahieren ihrer Gegenzahl.
−5,9 + (−2,7) = −5,9 − 2,7 = −8,6 (Fig. 1).
Subtrahieren einer negativen Dezimalzahl bedeutet addieren ihrer Gegenzahl
−5,9 − (−2,7) = −5,9 + 2,7 = −3,2 (Fig. 2).

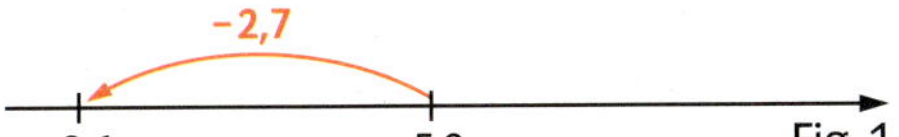

Fig. 1

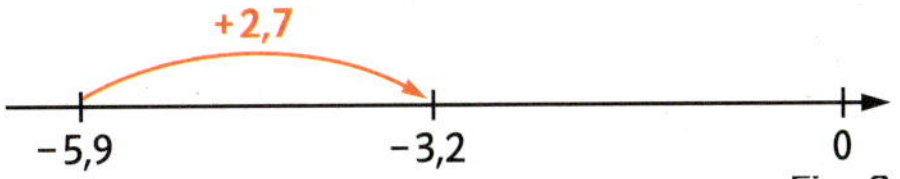

Fig. 2

Beispiel 1 Kopfrechnen

Berechne im Kopf. Überlege zuerst, ob das Ergebnis positiv oder negativ ist.

a) 5,8 − 1,9 b) −6,2 + 8,4 c) −1,05 − 7,3 d) 17,3 − (−18,5)

Lösung:

a) Von 5,8 geht man 1,9 nach links; Ergebnis positiv. 5,8 − 1,9 = 3,9

b) Von −6,2 geht man 8,4 nach rechts; Ergebnis positiv. −6,2 + 8,4 = 2,2

c) Von −1,05 geht man 7,3 nach links; Ergebnis negativ. −1,05 − 7,3 = −8,35

d) 17,3 − (−18,5) = 17,3 + 18,5 = 35,8

Beispiel 2 Schriftliches Rechnen

Berechne.

a) 7,89 − 5,63 b) 38,9 + 19,57 c) −13,28 + (−55,19) d) 6,708 − 10,31

Lösung:

a)
```
   7,89
 − 5,63
 ------
   2,26
```
Komma unter Komma schreiben.

b)
```
  38,90
+ 19,57
 ------
  58,47
```
Komma unter Komma schreiben; eventuell „Endnull" ergänzen.

Bei der Aufgabe 2 kannst du eine Ergebniskontrolle durch die Quersummenprobe machen.

c) *Ergebnis negativ.*

Nebenrechnung:
```
  13,28
+ 55,19
 ------
  68,47
```
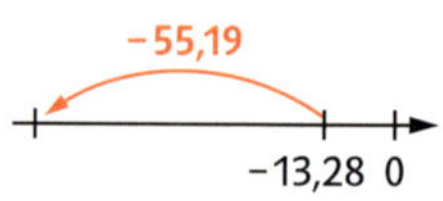

Also ist −13,28 − 55,19 = −68,47.

d) *Ergebnis negativ.*

Nebenrechnung:
```
  10,310
−  6,708
 -------
   3,602
```
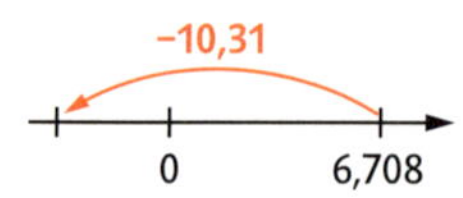

Also ist 6,708 − 10,31 = −3,602.

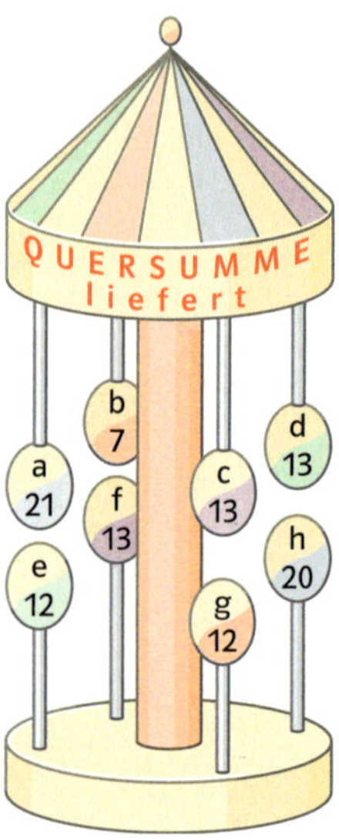

Fig. 1

Aufgaben

1 Rechne im Kopf. Bestimme zunächst das Vorzeichen des Ergebnisses.

a) 1,4 + 0,6	b) 9,8 − 7	c) 1,9 + 2,3	d) −0,5 + 1,7
0,8 + 2,1	2 − 1,3	1,9 − 2,3	12,3 − 15
3,7 + 1,7	−4,2 − 2,4	−1,9 − 2,3	−25 − 13,3

2 Berechne schriftlich.

a) 5,22 + 2,73	b) 2,03 + 1,28	c) 4,27 + 16,2	d) 0,021 + 5,23
e) 3,45 − 1,89	f) 0,473 − 0,289	g) 1 − 0,097	h) 3,999 − 3,7

3

a) −16,5 − 23,2	b) −16,5 + 23,2	c) 16,5 + 23,2	d) 16,5 − 23,2
e) −1,2 + 25,2	f) 12,3 − 23,9	g) −1,5 − 2,33	h) 7 − 10,6

4 a) Um wie viel sind die Zahlen größer als 1? 1,5; 1,04; 1,33; 2,22; 1,001; 10,01

b) Wie viel fehlt noch bis 1? 0,5; 0,7; 0,36; −1,5; −0,15; −10,5

c) Wie groß ist der Abstand von der 15-km-Marke? 9,7 km; 9270 m; 16,64 km; 17866 m

5 Übertrage in dein Heft und setze im Ergebnis das Komma an die richtige Stelle.

a) 4,4 + 0,8 = 52 b) 1,04 + 0,4 = 144 c) 2,55 − 7,6 = −505 d) −3,2 − 4,1 = −73

6 Berechne jeweils die Summe und die Differenz der Zahlen.

a) 5,7; 3,6 b) −1,8; 0,9 c) 99,9; 9,99 d) −10,01; −1,1

7 Welche Zahl musst du einsetzen?

a) 7,2 + □ = 9,6 b) −1,6 + □ = 9,6

c) 5 − □ = −5,1 d) □ − 18,7 = −18,7

e) □ − 18,7 = 18,7 f) □ + 18,7 = −18,7

8 □□,□ − 0,□ = ?

Setze die Ziffern 4; 5; 6; 7 so ein, dass das Ergebnis

a) möglichst groß wird,

b) möglichst klein wird,

c) genau 55,7 beträgt.

9 Berechne. Überlege dir zu jeder Aufgabe eine passende Sachsituation.

a) 610 m + 0,45 km − 0,05 km

b) $3{,}2\,m^3$ + 255 l − $3300\,dm^3$

Info

Welchen Wert hat eigentlich jede einzelne Stelle hinter dem Komma?

Es ist $0{,}73 = \frac{73}{100} = \frac{70}{100} + \frac{3}{100} = \frac{7}{10} + \frac{3}{100}$.

Bei der Dezimalschreibweise bedeutet die 1. Stelle hinter dem Komma Zehntel, die 2. Stelle Hundertstel, …

Der Wert der Ziffer hängt also von der Stelle ab, an der sie steht.

7 5 , 7 3

7 Zehner, 5 Einer, 7 Zehntel, 3 Hundertstel

Bist du sicher?

1 a) Berechne im Kopf: 5,2 + 2,4 −2,7 − 3,8 1,5 − 10,2.

b) Berechne schriftlich: 6,59 + 13,8 −3,608 + 2,22 6,97 − 10,5.

c) Berechne: 15,8 kg + 6,3 kg 27,2 kg − 1100 g $47{,}8\,m^3 - 800\,dm^3$.

2 a) Welche Zahl vermindert um 3,55 ergibt 7,99?

b) Welche Zahl muss man zu −6,57 addieren, um 17,22 zu erhalten?

10 3,5 □ 5,6 □ 2,1 □ 4,3

a) Setze + und − in die Kästchen. Wie viele Möglichkeiten gibt es?

b) Welcher Rechenausdruck liefert das größte Ergebnis, welcher das kleinste? Berechne.

c) Welcher Rechenausdruck liefert ein Ergebnis, das möglichst nahe bei 0 liegt?

11 Welche Zahlen ergeben die Summe 1? Versuche es zunächst mit zwei, dann mit drei bzw. vier Zahlen.

0,6 0,2 0,3715 0,0285 0,5 0,8 0,1715 0,3 0,6285

12 Tim hat am Fahrrad einen Kilometerzähler, der eine Nachkommastelle anzeigt.

a) Was bedeutet die Nachkommastelle?

b) Gib die Längen der gefahrenen Strecken zwischen den einzelnen Zählerständen an.

c) Wie viele km muss Tim noch fahren, bis die erste Ziffer auf 4 springt?

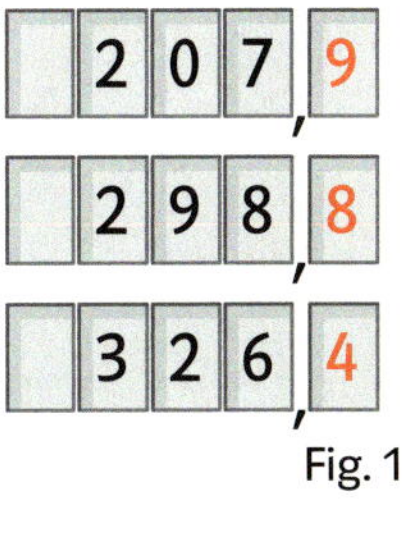

Fig. 1

13 a) Im Laufe eines Jahres ist die Sonne verschieden weit von der Erde entfernt. Die größte Entfernung beträgt 152,099 Mio. km, die kleinste 147,096 Mio. km. Um wie viele Millionen Kilometer ändert sich der Abstand Sonne – Erde maximal?

b) Der Erdumfang über die Pole gemessen beträgt 40 008,006 km und entlang des Äquators 40 075,161 km. Wie groß ist der Unterschied? Woran liegt das?

14 Der Regierungsbezirk Köln hat eine Gesamtfläche von $7365\,km^2$, davon werden $3527{,}77\,km^2$ landwirtschaftlich genutzt. $19{,}31\,km^2$ bestehen aus Wald- und Grünland. Der Rest sind Ödland, Wasserflächen, Verkehrs- und Siedlungsflächen. Wie viele km^2 sind das?

4 Runden und Überschlagen bei Dezimalzahlen

Beim Bau eines Schrankes muss ein Schreiner die Einzelteile auf Millimeter genau zusägen, damit beim Zusammenbauen keine Probleme entstehen. Manchmal jedoch werden nur ungefähre Werte benötigt, um das Wichtige einer Infomation mitzuteilen.

Beim Runden von positiven und negativen Dezimalzahlen geht man wie beim Runden von natürlichen Zahlen vor.

*Die Stellen nach dem Komma nennt man auch **Dezimalen**.*

Rundungsstelle (z. B. Zehntel) — Steht direkt rechts von der Rundungsstelle eine 5, 6, 7, 8, 9, so wird **aufgerundet**.

3,5761 ≈ 3,6000

Rundungsstelle (z. B. Zehntel) — Steht direkt rechts von der Rundungsstelle eine 0, 1, 2, 3, 4, so wird **abgerundet**.

3,5261 ≈ 3,5000

Rundet man 1,099 auf Hundertstel, so erhält man 1,099 ≈ 1,10. Durch die Null verdeutlicht man, dass auf zwei Dezimalen gerundet wurde.

Eine wichtige Anwendung des Rundens ist der **Überschlag**. Bei umfangreichen Rechnungen kann man mit einer Überschlagsrechnung für das Ergebnis schnell einen Näherungswert finden oder kontrollieren, ob das Ergebnis der genauen Rechnung ungefähr stimmt. Dabei werden die Zahlen so gerundet, dass der Überschlag im Kopf gerechnet werden kann:

	123,86 + 37,41 = 161,27	1,736 − 0,497 = 1,239
Überschlag:	120 + 40 = 160	1,7 − 0,5 = 1,2

Fig. 1

Messwerte sind im Allgemeinen Näherungswerte. Johanna hat zum Beispiel ihre Körpergröße in Zentimeter gemessen und erzählt: „Ich bin 142 cm groß". Genau genommen meint sie damit, dass ihre Körpergröße gerundet 142 cm beträgt. Sie kann also tatsächlich zum Beispiel 142,4 cm oder auch 141,7 cm groß sein.
Auch beim **Rechnen mit Messwerten** muss man beachten, dass man mit Näherungswerten rechnet. Ein Geschäft für Bastelzubehör bietet zum Beispiel zwei Stäbe mit den Längenangaben 1,2 m und 0,68 m an. Um anzugeben wie lang die beiden Stäbe zusammen sind, richtet man sich nach der ungenaueren Angabe und rechnet 1,2 m + 0,7 m = 1,9 m und sagt: Legt man die Stäbe hintereinander, so sind sie zusammen ungefähr 1,9 m lang.

Beispiel 1 Runden

a) Runde 3,029 auf Zehntel.

b) Runde 3,029 m auf cm.

Lösung:

a) 3,029 ≈ 3,0 *Die Ziffer 2 an der Hundertstelstelle entscheidet für Abrunden.*

b) 3,029 m ≈ 3,03 m *Die Ziffer 9 an der mm-Stelle entscheidet für Aufrunden.*

Beispiel 2 Überschlagen

a) Überschlage zuerst. Rechne dann genau: 47,47 + 52,52 − 19,19 − 63,63.

b) 1,03 + 10,11 + 100,01 − 0,05

Welcher Wert ist dem richtigen Ergebnis am nächsten: +90; −90; +100; −100; +110; −110?

Lösung:

a) Überschlag: 50 + 50 − 20 − 60 = 20 Genaues Ergebnis: 17,17

b) Überschlag: 1 + 10 + 100 − 0 = 111, also liegt +110 dem richtigen Wert am nächsten.

Was ist denn hier los?
1,455 ≈ 1,5 ≈ 2
aber
1,455 ≈ 1

Was sagst du dazu?
0,02549 ≈ 0

Aufgaben

1 a) Runde auf Zehntel: 3,24; −1,346; −30,96; 0,99; 1,001; 1,009; 1,01; 1,09

b) Runde auf Hundertstel: −2,837; 0,608; −0,905; 6,998; 9,995; 9,994; 9,999; 10,004

2 a) Runde auf Tausendstel: 0,4451; 0,0516; 8,86471; −13,50069; 0,0097; −3,9999

b) Um wie viel weicht der gerundete Wert vom exakten Wert ab?

3 a) Runde auf kg: 7,52 kg; 4963 g; 0,7537 t. b) Runde auf min: 4 min 20 s; 1 min 42 s.

Vorsicht!
2 h 41 min ≈ 3 h

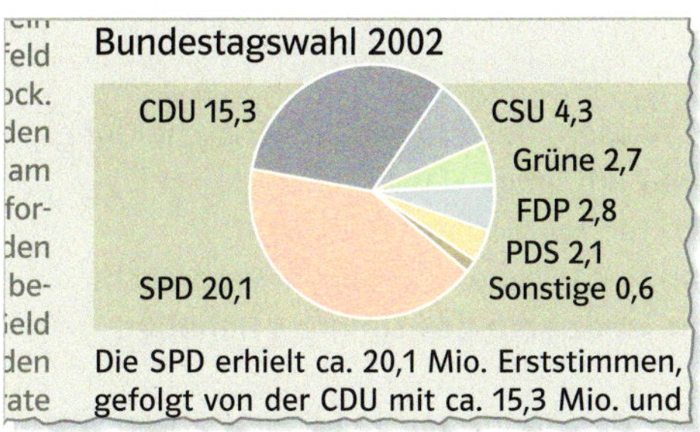

Fig. 2

4 Zwischen welchen Euro-Beträgen lagen die genauen Kosten für die Schule (Fig. 1)?

5 a) Wie viele Erststimmen hat jede Partei mindestens bzw. höchstens erhalten?

b) Sammle Zeitungsnotizen, in denen gerundete Zahlenangaben verwendet werden. Wie könnte jeweils die nicht gerundete Zahl gelautet haben?

Die Kosten für den Umbau der Schule betrugen 9,5 Mio. €.

Fig. 1

6 Nenne fünf Zahlen, die gerundet 5,3 ergeben.

7 Überschlage zuerst und berechne dann genau.

a) 23,91 + 136,69 b) 520,49 − 89,51 c) $10 + \frac{1}{4} - 123 + 7,6$ d) $-6,9 - 3,5 + 12\frac{1}{2}$

8 Es ist 2,7 + 4,2 + 6,1 + 12,0 = 25,0. Gib vier Zahlen mit je zwei Dezimalen an, die auf Zehntel gerundet jeweils gerade die Summanden 2,7; 4,2 usw. ergeben und die ungerundet eine möglichst große bzw. kleine Summe ergeben.

9 Beim letzten Sturm wurde das Dach des Hauses von Familie Kern beschädigt. Der Schaden wurde vom Dachdecker beseitigt.

Frau Kern hat 150 € Bargeld zu Hause. Überschlage, ob sie die Rechnung (Fig. 3) sofort bezahlen kann. Ermittle anschließend den exakten Rechnungsbetrag.

Dachdecker Freiluft

Rechnung
Familie Kern

Dachplatten	47,42
Kleinteile	9,04
Lohn (3 h)	76,95
MwSt.	21,35

Fig. 3

Bist du sicher?

1 Runde jeweils auf eine bzw. zwei Dezimalen: 1,2543; 1,5991; −0,58739; −199,0099.

2 Überschlage zuerst und rechne dann genau. a) 1122,7 + 3,9 − 0,75 b) −7,66 − 5,9 − 4,8

3 Reicht Carola ein 50-€-Schein zum Bezahlen an der Kasse des Centi-Marktes?

Centi-Markt
2,45 €
12,99 €
9,56 €
23,98 €

Wie macht es dein Taschenrechner?

10 Runde mit dem Taschenrechner
a) auf eine Dezimale: 2,74; 2,75; −5,666,
b) auf m^3: 19,81 m^3; 22 561 dm^3; 2 156 122 cm^3.
c) Forschungsauftrag: Wie rundet dein Taschenrechner negative Zahlen?

Info

Auf vielen Taschenrechnern bestimmt man mit den beiden Tasten [2nd] [FIX], auf wie viele Dezimalen eine Zahl angezeigt werden soll. Die Zahl wird dazu auf- oder abgerundet.

11 a) Schätze, wie schwer deine volle Schultasche ist. Wiege sie anschließend.
b) Katja hat ihre Schultasche ausgepackt und den Inhalt gewogen.

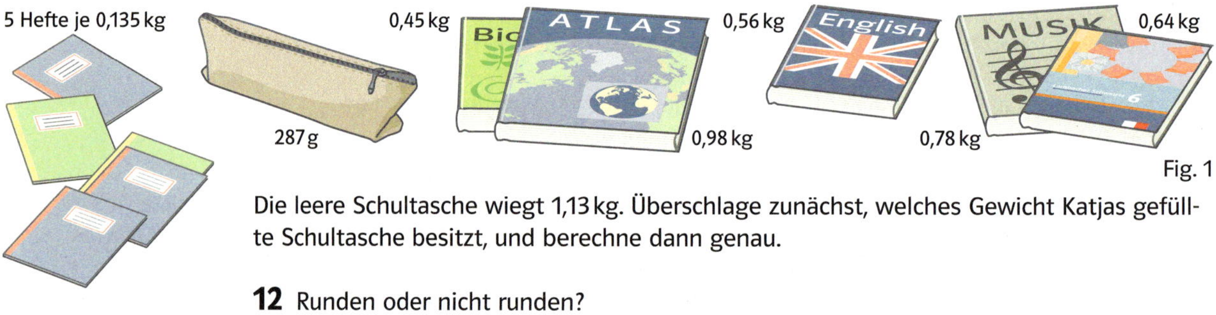

Fig. 1

Die leere Schultasche wiegt 1,13 kg. Überschlage zunächst, welches Gewicht Katjas gefüllte Schultasche besitzt, und berechne dann genau.

12 Runden oder nicht runden?
Überlege, ob es sinnvoll ist, in jeder Situation zu runden. Begründe deine Entscheidung.
a) Der Rundwanderweg für einen Ausflug ist 17,462 km lang.
b) Der Futtervorrat für Coras Hamster reicht noch für 1,5 Monate.
c) Timo sagt, dass das Auto seiner Eltern im Schnitt 8,162 Liter pro 100 km verbraucht.
d) Martin hat errechnet, dass man $4\frac{1}{4}$ Rollen zum Tapezieren des Zimmers benötigt.

13 Die ältesten Steinbrücken stammen aus der Steinzeit. Die Römer bauten vor 2000 Jahren die ersten großen Brücken in Europa. Die Technik des Brückenbaus wurde stets verbessert; anstelle der Baumaterialien Stein und Holz traten später Eisen und Beton. Die Geschichte des Tunnelbaus ist dagegen sehr jung. Die ersten längeren Tunnel wurden erst im vorigen Jahrhundert gebaut, als es Tunnelbaumaschinen gab.

Gotthard-Tunnel, Schweiz, 16 289 m
Elb-Tunnel, Hamburg, 3342 m
Simplon-Tunnel, Schweiz-Italien, 9803 m
Rhein-Brücke, Düsseldorf, 590 m
Golden Gate Bridge, San Francisco 2150 m
Europa-Brücke, Innsbruck, 785 m
Ärmelkanal-Tunnel, Engl.-Frankr., 50 532 m
Frejm-Tunnel, Italien-Schweiz, 12 832 m
Bosporus-Brücke, Istanbul, 1560 m
Köhlbrand-Brücke, Hamburg, 3940 m
Pont du Gard, Frankreich, 273 m
Seikan-Tunnel, Japan, 53 788 m

Fig. 2

Informiert euch über die Geschichte des Brücken- und Tunnelbaus. Sammelt Bilder von bedeutenden Bauwerken. Gestaltet damit ein Wandplakat und stellt es euren Mitschülerinnen und Mitschülern vor. Überlegt euch, wie man die Längen der Brücken bzw. der Tunnel veranschaulichen könnte, und führt eure Idee durch.

Kannst du das noch?

14 a) Benenne die Vierecke (Fig. 3) und untersuche sie auf Punkt- und Achsensymmetrie.
b) Zeichne ein Viereck, das sowohl punkt- als auch achsensymmetrisch ist.

15 Gegeben ist das Viereck ABCD mit A(0|−3), B(1|0), C(0|1), D(−1|0). Ergänze es zu einer punktsymmetrischen Figur durch Spiegelung an D. Gib die Bildpunkte an.

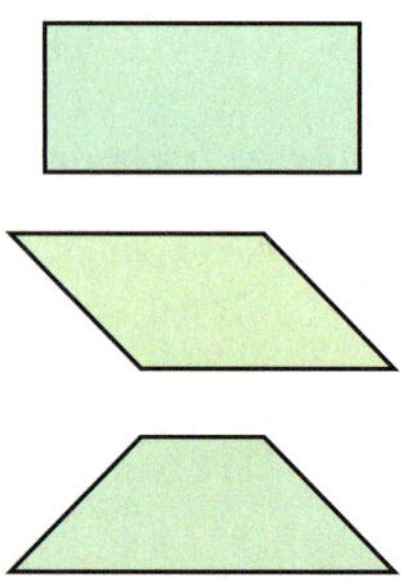
Fig. 3

5 Geschicktes Rechnen

Hans verwaltet die Klassenkasse der Klasse 6b. Am Ende des Schuljahres muss er über die Einnahmen und Ausgaben Bilanz ziehen.

15.9.	Übertrag aus Klasse 5	+115,23 Euro
10.12.	Deko für die Party	− 43,20 Euro
20.12.	Weihnachtsbazar	+ 150,71 Euro
13.5.	Verkauf der Klassenzeitung	+ 273,10 Euro
20.6.	Bus für Ausflug	− 540,00 Euro
28.6.	Spende der Fa. Trico	+ 50,00 Euro
3.7.	Kuchenverkauf	+ 75,20 Euro

Man kann einen Rechenausdruck von links nach rechts, so wie er auf dem Papier steht, berechnen. Man kann einen Rechenausdruck oft leichter berechnen, wenn man geschickt Rechenregeln anwendet. Bei der Berechnung eines Rechenausdrucks mit rationalen Zahlen gelten die **gleichen Rechenregeln** wie bei ganzen Zahlen, z. B.:

Statt Rechenausdruck sagt man auch Term.

Rechenausdruck mit Klammer: Klammern zuerst ausrechnen $-7{,}3 - 0{,}8 + 7{,}3 - (13{,}7 + 1{,}5)$

Minus- und Pluszeichen beim Vertauschen mitnehmen $= -7{,}3 - 0{,}8 + 7{,}3 - 15{,}2$

Von links nach rechts rechnen: $= -7{,}3 + 7{,}3 - 0{,}8 - 15{,}2$

$= 0 - 0{,}8 - 15{,}2$

$= -16$

Manchmal ist es sinnvoll, wenn man zuerst die Zahlen zusammenfasst, die subtrahiert werden sollen.

Statt von links nach rechts zu rechnen,

$17{,}4 - 8{,}5 - 1{,}5$
$= 8{,}9 - 1{,}5$
$= 7{,}4$

kann man auch so vorgehen:

$17{,}4 - 8{,}5 - 1{,}5$
$= 17{,}4 - (8{,}5 + 1{,}5)$
$= 17{,}4 - 10$
$= 7{,}4$

Werden in einem Rechenausdruck **mehrere Zahlen subtrahiert**, so kann man diese **zusammenfassen**: $21{,}7 - 14{,}9 - 0{,}1 - 5 = 21{,}7 - (14{,}9 + 0{,}1 + 5)$.

Kombiniert man mehrere Rechenregeln, so hat man oft Rechenvorteile:

$15{,}3 - 21{,}7 + 4{,}2 - 8{,}3$ Vertauschen der Reihenfolge
$= 15{,}3 + 4{,}2 - 21{,}7 - 8{,}3$ Zusammenfassen
$= (15{,}3 + 4{,}2) - (21{,}7 + 8{,}3)$
$= 19{,}5 - 30$
$= -10{,}5$

Hier lohnt sich Umformen nicht:
$15{,}3 - 5{,}3 + 6 - 4{,}2$

Beispiel Rechenvorteile nutzen

Fasse geschickt zusammen und berechne.

a) $15{,}9 - 29{,}2 - 0{,}8$ b) $4{,}3 - 13{,}4 + 2{,}7 - 0{,}6$

Lösung:

a) $15{,}9 - 29{,}2 - 0{,}8 = 15{,}9 - (29{,}2 + 0{,}8)$
$= 15{,}9 - 30 = -14{,}1$

b) $4{,}3 - 13{,}4 + 2{,}7 - 0{,}6 = (4{,}3 + 2{,}7) - (13{,}4 + 0{,}6)$
$= 7 - 14 = -7$

Aufgaben

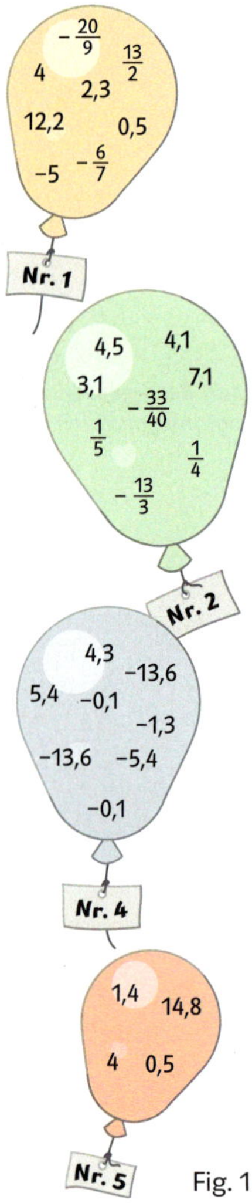

Fig. 1

1 Fasse geschickt zusammen und rechne im Kopf.

a) $5{,}5 - 1{,}5 - 2{,}5 - 1$ b) $6{,}3 + 1{,}7 - 2{,}4 - 3{,}3$ c) $5{,}6 - 4{,}5 + 6{,}4 - 3{,}5$ d) $9 + 0{,}9 - 0{,}9 + 3{,}2$

e) $\frac{3}{4} - \frac{7}{4} - \frac{11}{4} - \frac{5}{4}$ f) $\frac{1}{7} + \frac{9}{7} - \frac{12}{7} - \frac{4}{7}$ g) $\frac{2}{9} - \frac{5}{9} + \frac{8}{9} - \frac{25}{9}$ h) $\frac{8}{3} - \frac{7}{6} + \frac{13}{3} + \frac{2}{3}$

2 Überlege, ob sich durch das Anwenden von Rechenregeln die Berechnung vereinfachen lässt. Berechne anschließend.

a) $34{,}5 - 23{,}2 - 6{,}8$ b) $25{,}9 - 35{,}9 + 17{,}1$ c) $-5{,}9 + 6{,}3 - 6{,}3 + 9$ d) $-5{,}9 + 6{,}3 - 6 + 9{,}7$

e) $\frac{12}{5} - \frac{9}{10} - \frac{11}{10} - \frac{2}{10}$ f) $\frac{7}{6} + \frac{7}{4} - \frac{11}{6} - \frac{5}{6}$ g) $\frac{7}{9} - \frac{13}{9} - \frac{11}{3}$ h) $\frac{1}{8} + \frac{3}{10} - \frac{5}{4}$

3 Von je zwei Aufgaben musst du nur eine rechnen. Welche wählst du?

a) $-3{,}6 + 25{,}8 + 3{,}6 - 1{,}2 - 25{,}8$ b) $\frac{1}{4} - \frac{8}{5} + \frac{17}{10} - \frac{3}{5}$ c) $-0{,}5 + \frac{3}{4} + 10{,}38 - 0{,}75 + \frac{1}{2}$

$3{,}6 + 25{,}8 + 3{,}6 - 1{,}2$ $\frac{1}{4} - 0{,}3 + \frac{3}{10} - 0{,}25$ $-0{,}5 + 2{,}83 + 10{,}38 - 0{,}75 + 2{,}9$

4 Berechne.

a) $2{,}8 - (1{,}3 - 2{,}8)$ b) $-2{,}6 - (8{,}2 + 2{,}8)$ c) $5{,}3 - 2{,}3 - 8{,}4$ d) $-4{,}2 + (8{,}3 - 4{,}2)$

$2{,}8 - 1{,}3 - 2{,}8$ $-2{,}6 - 8{,}2 - 2{,}8$ $-5{,}3 + 2{,}3 + 8{,}4$ $-4{,}2 + 8{,}3 - 4{,}2$

5 Welche Zahl musst du für das Kästchen einsetzen?

a) $4{,}25 + 3{,}75 + \square = 8{,}5$ b) $14{,}4 + 5{,}6 - \square = 5{,}2$ c) $2{,}9 + \square - 1{,}9 = 5$ d) $\square - \frac{1}{10} - \frac{7}{10} = \frac{3}{5}$

6 Schreibe zuerst einen entsprechenden Rechenausdruck und rechne anschließend.

a) Addiere 4,6 zu der Differenz von 17,4 und 3,9.

b) Subtrahiere von −29,8 die Summe von 9,3 und 0,35.

c) Subtrahiere die Differenz der Zahlen 19,3 und 5,1 von deren Summe.

7 Welche Zahl ist kleiner?

$\frac{7}{8}$, vermindert um die Differenz von 0,4 und $\frac{1}{4}$, oder die Summe von $\frac{7}{8}$ und 0,25, vermindert um $\frac{2}{5}$?

8 100 g Buttermilch enthalten 3,3 g Eiweiß, 4,0 g Kohlenhydrate, 0,7 g Mineralstoffe und 0,5 g Fett. Der Rest ist Wasser. Stelle einen Rechenausdruck zur Berechnung der Wassermenge auf und rechne.

Bist du sicher?

Die Summe aller Lösungen ist 24.

1 Berechne.

a) $7 - 0{,}7 - 1{,}3 - 2{,}9$ b) $16{,}9 - 0{,}6 - 0{,}3 + 0{,}6$ c) $-3{,}1 + 5{,}8 + 8{,}2 - 4{,}1$ d) $\frac{3}{4} - \frac{8}{3} - \frac{7}{3} + \frac{11}{4}$

9 Tricks mit Köpfchen

a) Frau Nagel kauft gerne günstig ein. Als sie die Preise addieren will, ärgert sie sich über die Rechnerei. Ihre Tochter Simone hat das genaue Ergebnis sofort. Wie rechnet sie (Fig. 2)?

b) Rolf rechnet 87,581 − 0,999 fix im Kopf. Wie geht er vor?

c) Findet selbst entsprechende Aufgaben, die man mit kleinen Tricks schnell im Kopf rechnen kann. Erfindet dazu ein Wettspiel!

Fig. 2

10 **Ein Wettspiel für die ganze Klasse**

Durch Addieren und Subtrahieren der Zahlen auf den Kärtchen sollt ihr die Zahl 1 erreichen. Wer findet die meisten Möglichkeiten? AUF DIE PLÄTZE – FERTIG – LOS!

0,3	0,44	0,9	−0,6	0,444	$-\frac{1}{100}$	$\frac{7}{10}$	$\frac{2}{50}$	0,09	$-\frac{1}{10}$	0,4

Fig. 1

Info

Beim Rechnen mit dem Taschenrechner ist es manchmal geschickt, Zwischenergebnisse einer langen Rechnung in einem Speicher abzulegen.

Ziele:	**Tipps:**
Eine Zahl wie 0,51 speichern.	0,51 eingeben, die Taste [STO ->] benutzen (eventuell den Speichernamen hinzufügen).
Den Speicherwert aufrufen.	Die Taste [RCL] benutzen.
Den Speicher löschen.	Die Taste heißt z. B. [CLRVAR].

Hat dein Taschenrechner mehrere Speicher? Wie kannst du sie aufrufen? Durch welchen Speichernamen unterscheiden sie sich?

11 Überlege, wie du die Speicher günstig einsetzen kannst, und berechne dann.

	11,79	+ (−12,3)	= □
+	3,051	+ 8,7	= □
+	(−3,2)	+ 128,05	= □
	□	+ □	= □

	$\frac{3}{10}$	$+\frac{5}{9}$	= □
+	$\frac{5}{6}$	$+\left(-\frac{1}{12}\right)$	= □
+	$\left(-\frac{11}{15}\right)$	$+\frac{7}{16}$	= □
	□	+ □	= □

12 Daniela sammelt jeden Monat alle Kassenzettel ihrer Einkäufe. Ihr monatliches Taschengeld von 25 € bessert sie durch verschiedene kleine Tätigkeiten auf. Von den Monaten März (Fig. 2) und April (Fig. 3) hat sie folgende Notizen und Kassenzettel:

Minigolf 3,60 €
Cola −,79 €
Babysitten 6,80 €
Süßigkeiten 6,98 €
T-Shirt 23,99 €
Fahrrad putzen 5 €

Fig. 2

Stelle mithilfe der Angaben aus Fig. 2 und 3 verschiedene Berechnungen an, bei denen du die Speicher geschickt nutzen kannst. Formuliere zu den Berechnungen passende Fragestellungen. Stelle sie deinem Partner.

Notizen und Kassenzettel Ende April:

Pulli 32,90 €
Kino 6,50 €
Eis 2,50 €
Babysitten 5,20 €
Süßigkeiten 2,79 €
Fensterputzen 7,60 €
Oma helfen 5 €

Fig. 3

13 Beim Unterstufenfest ist die Klasse 6c für die Bewirtung der Gäste zuständig. Sie richtet 5 verschiedene Stände ein. Das eingenommene Bargeld wird stündlich von jedem Stand zur Hauptkasse gebracht. Der Kassierer notiert (Angaben in €):

	Pizza	Waffeln	Fleischkäse	Limo	Milchshake
18 Uhr	52,50	7,70	27,00	17,00	40,50
19 Uhr	67,50	3,50	40,50	25,00	22,50
20 Uhr	47,50	7,00	35,10	33,00	15,00
21 Uhr	25,00	14,70	8,10	45,00	13,50

a) Entnimm der Tabelle möglichst viele Informationen. Arbeite dabei mit den Speichern.
b) In der Schülerzeitung erscheint ein Artikel über das Fest. Was könnte der Berichterstatter darin über die Bewirtung berichten? Verfasse einen Abschnitt für den Artikel.

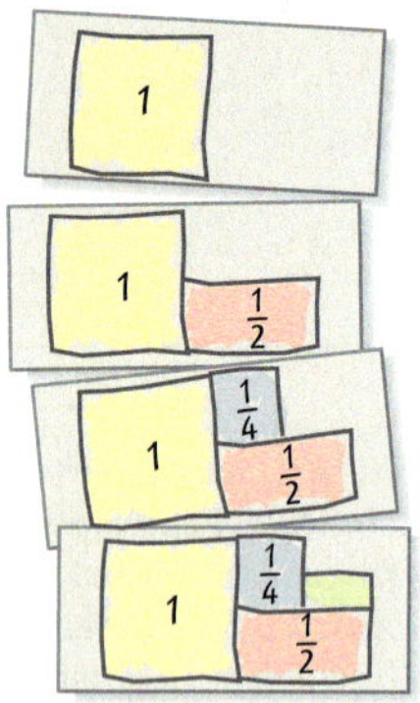

Fig. 1

1 Kann das sein? Auf Entdeckung mit dem Taschenrechner und einer Zeichnung

Kai bildet die Zahlenreihe $1+\frac{1}{2}$; $1+\frac{1}{2}+\frac{1}{4}$; $1+\frac{1}{2}+\frac{1}{4}+\frac{1}{8}$ ... und zeichnet dazu Bilder (Fig. 1).
Erkennst du den Zusammenhang zwischen den Bildern und der Zahlenreihe? Kai sagt: „Ich glaube, dass mir das Zeichenblatt nicht ausgeht, auch wenn es 30 Summanden sind."

2 Bruchschreibweise oder Dezimalschreibweise?

In den folgenden Rechenausdrücken kommen sowohl Brüche als auch Dezimalzahlen vor. Bei welchem Rechenausdruck würdest du mit Brüchen rechnen, bei welchem mit Dezimalzahlen? Kann man jeden Rechenausdruck auf beide Weisen berechnen?

(1) $1{,}7+\frac{7}{10}-2{,}5$ (2) $\frac{7}{9}-0{,}3-\frac{5}{6}$ (3) $2{,}25+\frac{3}{20}-\frac{7}{5}$ (4) $1{,}5+2{,}2-0{,}4-\frac{1}{6}$

Auch in der Zeitung wird die Bruchschreibweise und die Dezimalschreibweise nebeneinander verwendet.

3 Beim alpinen Weltcup-Slalom in Flachau am 4.1.04 siegte der Finne Kale Palander in 1:42,24 Minuten mit einem Vorsprung von 0,54 s vor dem Österreicher Manfred Pranger. Dieser verwies Giogio Rocca aus Italien mit nur 2 Hundertstel Sekunden Vorsprung auf Rang 3.
Gib die Zeiten von Manfred Pranger und Giorgio Rocca an.

4 Mathematische Fachsprache in der Umgangssprache

Spanien im Plus
Spanien hat 2003 einen Haushaltsüberschuss von ...

Smart erreicht erst 2006 die Gewinnzone
Der Kleinwagenhersteller Smart schreibt offenbar länger rote Zahlen als geplant...

Plötzliches Aus fürs Kinderturnen
„Völlig überraschend musste ich die Arbeit beim Turnverein aufgeben", teilte Frau Maier mit. Für den hohen Zeitaufwand wollte sie besser bezahlt werden. „Wir sind aber auf keinen gemeinsamen Nenner gekommen", sagt sie. Die Sportlehrerin ist enttäuscht, dass sich der Verein nicht weiter um eine Lösung bemüht hat...

Lego entlässt seinen Chef
Die Konkurrenz von Computerspielen hat dem dänischen Spielwarenkonzern Lego einen Verlust von 1,4 Milliarden Kronen beschert. Auch das schwache Weihnachtsgeschäft hat sich negativ ausgewirkt.

Viel versprochen, wenig gehalten
Das gemeinsame Steuerkonzept von CDU und CSU ist ein Kompromiss auf kleinstem gemeinsamem Nenner. Anstatt aus zwei Reformentwürfen ein Konzept aus einem Guss zu machen, drücken sich die Schwesterparteien vor den eigentlichen Hausaufgaben...

Vorzeichen haben sich geändert
Die Nachricht, dass Pausa stillgelegt werden soll, hat jetzt auch das Landesdenkmalamt auf den Plan gerufen. Gestern hat der Konservator ein Schreiben an die Stadt abgeschickt, in der er sie auffordert, die Fabrikgebäude zu erhalten. Mit seinem Schreiben revidiert er eine Stellungnahme vom vergangenen Jahr, in der er eine Abbruchgenehmigung in Aussicht gestellt hatte...

Sucht selbst entsprechende Artikel. Gibt es mathematische Begriffe, die sehr häufig verwendet werden?

In jedem dieser Zeitungsartikel wird die mathematische Fachsprache dazu verwendet, um einen nicht-mathematischen Sachverhalt zu beschreiben.
Bildet mehrere Gruppen. Jede Gruppe wählt einen Artikel aus.
Erklärt, worum es in diesem Artikel geht. Beschreibt, wie man den Begriff in der Mathematik verwendet. Erläutert, warum man ihn in diesem Zusammenhang in der Umgangssprache verwenden kann. Stellt eure Ergebnisse der Klasse vor.

5 Gemischte Zahlen

Mirko mischt $1\frac{1}{2}$ l Zitronenlimo mit $1\frac{3}{4}$ l Mineralwasser und $2\frac{1}{4}$ l Orangensaft.

a) Wie viel l Mixgetränk erhält er?

b) Gib verschiedene Möglichkeiten an, die Aufgabe $2\frac{1}{8} + 5\frac{3}{4}$ zu lösen.

c) Wie kann man bei der Subtraktion $8\frac{5}{6} - 4\frac{1}{12}$ vorgehen?

Überprüfe, ob man bei deinem Taschenrechner gemischte Zahlen eingeben kann.

6 Schlangenrekord

Im indonesischen Dorf Curugsewu auf der Insel Java ist seit kurzem eine Rekordschlange zu bestaunen. Der Python misst nach Behördenangaben 14,85 Meter und wiegt 447 Kilogramm. Damit ist das Tier die größte jemals gefangene Schlange, denn der Guinnessrekord liegt bei 9,75 Metern. Sie frisst einer Zeitung zufolge drei bis vier Hunde pro Monat. Stelle Informationen über andere Schlangen zusammen und vergleiche mit den Angaben aus dem Artikel.

7 Musik und Brüche

In der Musik wird durch die Noten neben der Tonhöhe auch die Dauer eines Tones angegeben (Notenwert).

Addiert man die Notenwerte eines Taktes, so erhält man die Taktart eines Musikstücks. Er wird zu Beginn der 1. Notenzeile angegeben.

$\frac{3}{4}$-Takt:

$\frac{3}{4} = \frac{1}{4} + \frac{1}{4} + \frac{1}{8} + \frac{1}{8}$

Fig. 1

Fig. 2

a) Ein Punkt hinter einer Note verlängert den Notenwert um seine Hälfte (Punktierung). Gib die Notenwerte an und berechne den Takt.

Fig. 3

Fig. 4

Fig. 5

b) Drei passen zusammen (Fig. 6): Titel, Noten und Notenwerte eines Takts. Findest du sie? Gib zu jedem Lied den Takt an.

Fig. 6

c) Hier siehst du ein berühmtes Werk von W. A. Mozart. Versuche es auf einem Instrument zu spielen. Erkennst du es?

3. Satz: Menuetto. Allegretto

Fig. 7

Gib die Notenwerte verschiedener Takte an. Das Zeichen 𝄽 steht für $\frac{1}{4}$-Pause. In welchem Takt steht dieser Satz?

Bruchrechnung ägyptisch

In Hieroglyphenschrift auf ägyptisch

= 1
= 10
= 100
= 1000
= 10 000
= 100 000
= 1 000 000

Die Ägypter hatten vor 4000 Jahren Zeichen für die Zahlen 1, 10, 100, … bis 1 000 000, die sie einfach nebeneinander setzten:

123 = 

Ein Bericht von einer Schlacht in Ägypten um 2900 v. Chr. enthält Angaben über die erbeuteten Rinder, Ziegen und Gefangenen. Es handelte sich um 400 000 Rinder, 1 422 000 Ziegen und 120 000 Gefangene. An welcher Stelle hat der Berichterstatter dies vermerkt?

Neben den natürlichen Zahlen haben die Ägypter auch Brüche verwendet, allerdings nur solche mit dem Zähler 1, also $\frac{1}{2}, \frac{1}{3}, \frac{1}{4}, \ldots$ Diese Brüche nennt man Stammbrüche. Durch die Hieroglyphe  signalisierten sie, dass ein Stammbruch zu bilden ist. Eine Zahl, die darunter geschrieben ist, gibt dann den Nenner des Stammbruchs an:

 $= \frac{1}{3}$  $= \frac{1}{10}$  $= \frac{1}{100}$

Nur für besonders häufig verwendete Brüche gab es ein eigenes Zeichen, z. B.

 $= \frac{1}{2}$

Da die Ägypter nicht für jeden Bruch ein eigenes Zeichen einführen konnten, stellten sie alle Brüche als Summe von Stammbrüchen dar. Dabei durfte kein Stammbruch doppelt vorkommen.

$$\frac{2}{19} = \frac{1}{12} + \frac{1}{76} + \frac{1}{114} \qquad \frac{4}{15} = \frac{1}{5} + \frac{1}{15}$$

1 Wie kommt man nun auf die „ägyptische Schreibweise" eines Bruches?
Experimentiere zunächst mit deinem Taschenrechner und suche eine „ägyptische Schreibweise" für $\frac{3}{11}$. Beachte dabei, dass $\frac{3}{11} = \frac{1}{11} + \frac{1}{11} + \frac{1}{11}$ bei den alten Ägyptern nicht erlaubt war.
Welche Entdeckungen kannst du dabei machen?
Findest du verschiedene Möglichkeiten, den Bruch als Summe darzustellen?

2 Ist es einfacher, eine Darstellung zu finden, wenn ein Stammbruch mehrmals vorkommen darf?

3 Wäre es für dich geschickter, wenn man auch subtrahieren könnte?

Bruchrechnung ägyptisch

Wenn man nicht lange forschen will, kann man auch mit einem systematischen Vorgehen zum Ziel kommen.

Gesucht ist die ägyptische Schreibweise für $\frac{5}{9}$.
1. Schritt: Suche den größten Stammbruch, der in $\frac{5}{9}$ enthalten ist: $\frac{5}{9} = \frac{1}{2} + \ldots$
2. Schritt: Berechne die Differenz der beiden Brüche:
$\frac{5}{9} - \frac{1}{2} = \frac{10}{18} - \frac{9}{18} = \frac{1}{18}$.
Somit ist also $\frac{5}{9} = \frac{1}{2} + \frac{1}{18}$ oder wie die Ägypter schreiben würden: 
Liefert der 2. Schritt keinen Stammbruch, so musst du für die Differenz die beiden Schritte wiederholen.

4 Findest du für $\frac{5}{9}$ auch noch eine andere Darstellung? Nimm ruhig den Taschenrechner zur Hand.

Suchst du bei diesem Vorgehen nicht gleich den größten Stammbruch im 1. Schritt, so siehst du, dass man für eine Zahl verschiedene Darstellungen erhalten kann.
So ist z. B. $\frac{5}{7} = \frac{1}{2} + \frac{1}{5} + \frac{1}{70}$ und $\frac{5}{7} = \frac{1}{4} + \frac{1}{5} + \frac{1}{7} + \frac{1}{10} + \frac{1}{70} + \frac{1}{140}$.
Du kannst das mit deinem Taschenrechner schnell überprüfen.

Du hast nun gesehen, dass es sehr aufwändig sein kann, einen Bruch auf „ägyptisch“ darzustellen. Daher kann man gut verstehen, dass ein normaler ägyptischer Schreiber manchmal Probleme hatte, diese Summanden zu finden. Er benutzte daher eine Tabelle, in der die Quotienten 2 : 5; 2 : 7 usw. schon ausgerechnet waren.

$2:3 = \frac{1}{2} + \frac{1}{6}$	
$2:5 = \frac{1}{3} + \frac{1}{15}$	$2:7 = \frac{1}{4} + \frac{1}{28}$
$2:9 = \frac{1}{6} + \frac{1}{18}$	$2:11 = \frac{1}{6} + \frac{1}{66}$
$2:13 = \frac{1}{8} + \frac{1}{52} + \frac{1}{104}$	$2:15 = \frac{1}{10} + \frac{1}{30}$
usw. bis $2:101 = \frac{1}{101} + \frac{1}{202} + \frac{1}{303} + \frac{1}{606}$	

Lege jetzt deinen Taschenrechner beiseite und versetze dich in die Lage eines ägyptischen Schreibers.

5 Die Tabelle ist nicht vollständig. Notiere die fehlenden „Zweierquotienten“ wie 2 : 6 usw. Wie gehst du vor, wenn du sie „ägyptisch“ darstellen sollst?

6 Nun erhältst du als Schreiber den Auftrag, auch „Dreierquotienten“ zu schreiben. Was tust du?

7 Damit du bei einem weiteren Auftrag keine Überraschungen erlebst, hast du beschlossen, vorsorglich zu überlegen, wie du Brüche mit dem Zähler 4 oder 5 schreiben könntest. Welche Idee ist dir dabei gekommen?

Zum Abschluss noch ein paar Fragen, die sich die Schreiber vielleicht auch schon gestellt haben.

8 Kann man eigentlich jeden Bruch zwischen 0 und 1 als Summe von Stammbrüchen darstellen?

9 Kann man jeden Stammbruch selbst wieder als Summe von Stammbrüchen schreiben?

Zu welchem Ergebnis sind sie wohl gekommen?
Experimentiere dazu ruhig mit deinem Taschenrechner – auch wenn die Schreiber vor 4000 Jahren ihn nicht zur Verfügung hatten!

Rückblick

Addieren und Subtrahieren von rationalen Zahlen
Sollen rationale Zahlen addiert bzw. subtrahiert werden, so unterscheidet man, ob sie in Bruchdarstellung oder in Dezimaldarstellung vorliegen.

1. Addieren und Subtrahieren von **Bruchzahlen**
- Vereinfachen der Schreibweise.
- Brüche gleichnamig machen.
- Zähler addieren bzw. subtrahieren.
- Den Nenner beibehalten.
- Ergebnis, falls möglich, kürzen.

$-\frac{3}{8} + \left(-\frac{5}{6}\right) + \frac{1}{3}$
$= -\frac{3}{8} - \frac{5}{6} + \frac{1}{3}$
$= -\frac{9}{24} - \frac{20}{24} + \frac{8}{24}$
$= \frac{-9 - 20 + 8}{24}$
$= -\frac{21}{24}$
$= -\frac{7}{8}$

2. Addieren und Subtrahieren von **Dezimalzahlen**
- Über das Vorzeichen des Ergebnisses und die zugehörige Nebenrechnung entscheiden.
- Entsprechende Stellen der Dezimalzahlen addieren bzw. subtrahieren.
- Beim schriftlichen Rechnen Komma unter Komma schreiben.

25,366 – 136,5
Vorzeichen negativ
Nebenrechnung:
136,500
– 25,366
11
111,134
Also ist 25,366 – 136,5 = –111,134.

Berechnen eines Rechenausdrucks
1. Was in der Klammer steht, muss zuerst ausgerechnet werden.
2. Minus- und Pluszeichen beim Vertauschen mitnehmen.
3. Wenn mehrere Zahlen subtrahiert werden, kann man diese zusammenfassen.
4. Wenn keine Klammer vorkommt, von links nach rechts rechnen.

Beim Einsatz des Taschenrechners kann die Verwendung der Speicher sinnvoll sein.

$-0{,}5 + 10{,}7 - (8{,}5 - 7{,}2)$
$= -0{,}5 + 10{,}7 - 1{,}3$
$= 10{,}7 - 0{,}5 - 1{,}3$
$= 10{,}7 - (0{,}5 + 1{,}3)$
$= 10{,}7 - 1{,}8$
$= 8{,}9$

Runden und Überschlagen bei Dezimalzahlen
Steht rechts von der Rundungsstelle eine 5, 6, 7, 8 oder 9, so wird aufgerundet.

$5{,}79 \approx 5{,}8$

Steht rechts von der Rundungsstelle eine 0, 1, 2, 3 oder 4, so wird abgerundet.

$5{,}74 \approx 5{,}7$

Bei umfangreichen Rechnungen kann man mit einer Überschlagsrechnung schnell einen Näherungswert des Ergebnisses finden oder kontrollieren, ob das Ergebnis einer genauen schriftlichen Rechnung oder einer Taschenrechnerrechnung ungefähr stimmt. Die Überschlagsrechnung wird im Kopf gerechnet.

$-10{,}75 + 8{,}69 - 22{,}8 + 0{,}1$
$\approx -11 + 9 - 23 + 0$
$= -25$

Training

Runde 1

104. nationale Titelkämpfe in Braunschweig 10./11.7. 2004

1 Berechne.

a) $\frac{3}{5} + \frac{7}{3}$ b) $\frac{3}{10} - \frac{5}{2}$ c) $\frac{3}{10} + \left(-\frac{2}{15}\right)$ d) $-\frac{5}{8} - \frac{7}{12}$
e) $2 - 0{,}7$ f) $-5{,}1 - 2{,}6$ g) $8{,}6 - 10{,}5$ h) $2{,}5 - 10{,}9$

2 Welche Zahl musst du einsetzen?

a) $\square + \frac{4}{9} = \frac{16}{15}$ b) $\frac{2}{15} - \square = \frac{1}{25}$ c) $\square + 2{,}8 = -14{,}7$ d) $\square - 0{,}6 = 4{,}9$

3 Der Läufer Filmon Ghirmai erzielte beim Hindernislauf im Jahr 2003 mit 8:20,50 Minuten seine Bestzeit. Obwohl er bester Deutscher über diese Strecke ist, muss er die Hoffnung auf eine Olympiateilnahme in Athen 2004 begraben, da er in Braunschweig mit 8:38,91 Minuten deutlich über der Olympianorm (8:21,00 Minuten) geblieben ist.
a) Um wie viel müsste er für eine Olympia-Qualifikation seine Zeit steigern?
b) Wie groß ist der Unterschied zwischen seinen Läufen von 2003 und 2004?

3000-m-Hindernisläufer Filmon Ghirmai holte sich den Titel bei den deutschen Meisterschaften.

4 Tanja notiert auf ihrer Radtour bei der Ankunft an jedem Abend den Kilometerstand des Fahrradtachos. Leider sind ihr die Zettel durcheinander geraten.

2715,7   2869,0   2795,2   2688,4   2909,3

Fig. 1

a) Wie viele km ist sie an den einzelnen Tagen gefahren, wie viele km bisher insgesamt?
b) Insgesamt möchte sie ca. 400 km zurücklegen. Wie viele Kilometer muss sie noch fahren? Was zeigt der Tacho dann an? Schätze, wie viele Tage sie noch unterwegs ist.

5 Berechne geschickt.

a) $23{,}9 + 7{,}1 - 6 - 23{,}9$ b) $5{,}3 - 0{,}8 + 3{,}2 + 1{,}5 - 12{,}2$ c) $-0{,}75 + 0{,}3 - 12{,}5 + \frac{3}{4} + \frac{7}{10}$

Runde 2

1 Berechne.

a) $\frac{3}{4} - \frac{7}{6}$ b) $-\frac{5}{6} + \frac{3}{8}$ c) $\frac{17}{10} - \frac{8}{15} - \frac{3}{5}$ d) $-5{,}9 - 10{,}1$
e) $-5{,}9 + 10{,}1$ f) $8 - (5{,}2 + 3{,}9)$ g) $(5{,}7 - 8{,}9) - (3{,}2 - 4)$ h) $13{,}9 - (-12{,}6 + 2{,}9)$

2 Wie wachsen die Unterschiede? Setze die Zahlenreihe fort.

a) 1,1; 2,2; 3,4; 4,7; 6,1 … b) 0,01; 0,02; 0,12; 1,12; 11,12 … c) 0,1; 1,11, 3,13; 6,16; 10,20 …

3 Runde. a) auf m: 31,57 m; 125,6 dm; 0,511 m b) auf l: 26,81 l; 15,46 dm^3; 0,8432 m^3

4 Führe zuerst eine Überschlagsrechnung durch und berechne anschließend genau.

a) $(100{,}75 - 15{,}9) - (-13{,}83 + 5{,}2)$ b) $200{,}9 - 63{,}5 - 123{,}6$ c) $(-13{,}5 - 3{,}9) - (18{,}9 + (-13{,}2))$

5 Stelle einen Rechenausdruck auf und berechne.

a) Addiere die Differenz der Zahlen −5,5 und 13,2 zur Summe aus −6,2 und 13,2.
b) Subtrahiere die Summe der Zahlen 15,9 und 6,8 von der Differenz der beiden Zahlen.
c) Welche Zahl muss man zur Differenz von −13,4 und 8,5 addieren, um 10 zu erhalten?

6 Familie Flüssig hatte im vergangenen Jahr folgenden Wasserverbrauch (vgl. Fig. 2).

a) Berechne den Jahresverbrauch.
b) Wie groß ist der Unterschied zwischen dem geringsten und dem höchsten Verbrauch?
c) Nenne Gründe, warum der Wasserverbrauch der Familie im Sommer stark schwankte.

Januar	15,8 m^3
Februar	16,2 m^3
März	15,9 m^3
April	16,5 m^3
Mai	16,7 m^3
Juni	24,6 m^3
Juli	26,5 m^3
August	1,6 m^3
September	16,8 m^3
Oktober	16,5 m^3
November	15,9 m^3
Dezember	16,0 m^3

Fig. 2

Lösungen auf Seite 190.

Das kannst du schon

- Längen, Gewichte, Flächen, Volumen, Zeitspannen schätzen und messen
- Mit Größen rechnen
- Anteile bestimmen

Zahl und Zahlbereiche

Daten und Zufall

Funktionaler Zusammenhang

Messen und Größen

Form und Raum

Rechnen bei 10°

Etwa 150 v. Chr. gingen die Astronomen davon aus, dass die Erde ruht und die Sterne und der Mond sich auf Kreisbahnen um die Erde bewegen. In der Vorstellung bestand die Kreisbahn aus 12 Teilen von 30 Tagen Länge, etwa der Dauer eines Mondzyklus.

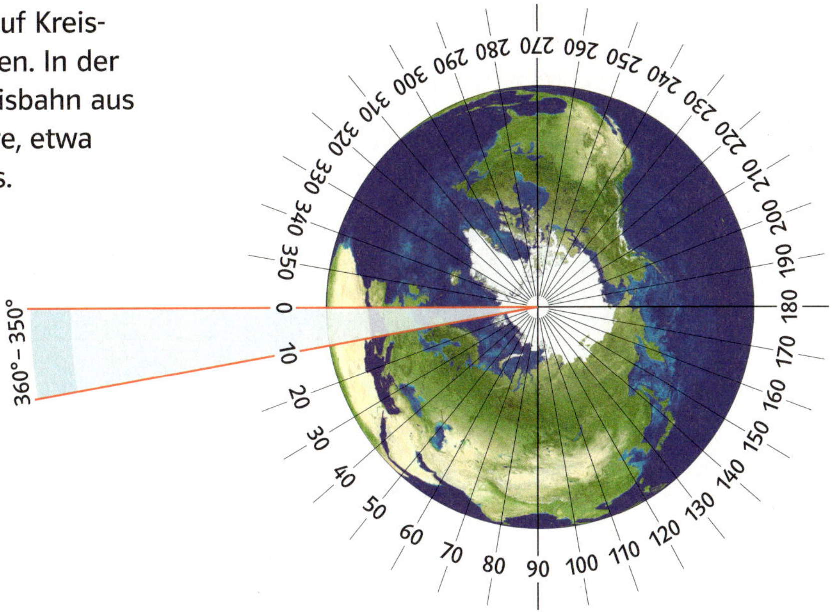

Deutschland 10° ö. L. Indien 80° ö. L. Mexiko 100° w. L.

Das kannst du bald

- Die Größe von Winkeln schätzen und messen
- Winkel nach Vorgabe zeichnen

1 Kreise und Kreisfiguren

In Umwelt und Technik haben Kreise eine besondere Bedeutung.

Räder, Rollen usw. müssen gleichmäßig rund sein, sie müssen „kreisrund" sein. Die Kreisform des Rades erkennt man daran, dass jeder Punkt auf dem Radrand den gleichen Abstand von der Radmitte hat.

Alle Punkte eines **Kreises** haben von seinem **Mittelpunkt** den gleichen Abstand. Dieser Abstand heißt **Radius** des Kreises. Um einen bestimmten Kreis zeichnen zu können, muss man den Mittelpunkt und den Radius kennen.

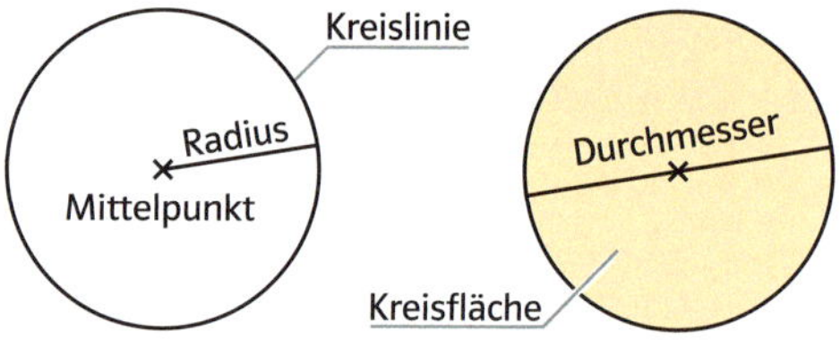

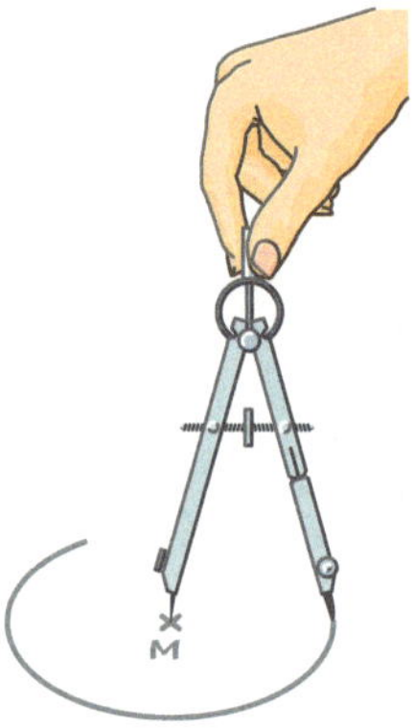

Kreise können mit dem Zirkel gezeichnet werden.

Vergiss nicht, den Mittelpunkt zu markieren.

Beispiel 1
Zeichne einen Kreis um M und trage bei einem Punkt A beginnend mit dem Zirkel den Radius sechsmal auf der Kreislinie ab. Was stellst du fest? Verbinde die entstandenen Punkte auf dem Kreis miteinander.
Lösung:
Nach sechsmaligem Abtragen trifft man wieder auf den Anfangspunkt A (Fig. 1).

Beispiel 2
Zeichne in dein Heft einen Punkt A.
a) Bestimme alle Punkte, die von A weniger als 6 cm entfernt sind.
b) Bestimme alle Punkte, die von A mindestens 6 cm entfernt sind.
Lösung:
a) Die Punkte liegen innerhalb des Kreises um A mit dem Radius 6 cm (rote Fläche in Fig. 2).
b) Die Punkte liegen auf dem Kreis um A mit dem Radius 6 cm und außerhalb des Kreises (rote Fläche in Fig. 3).

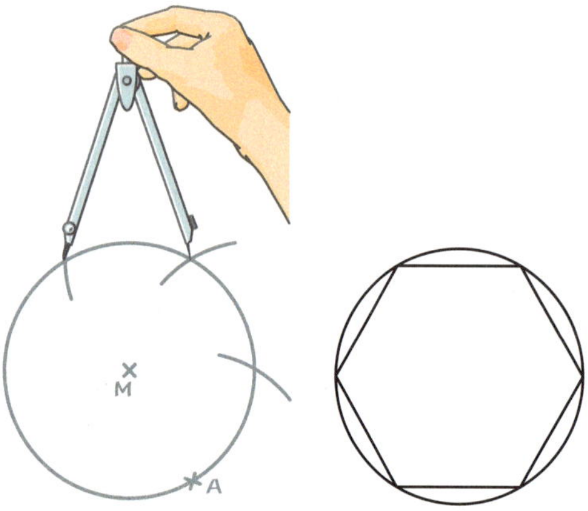

Fig. 1

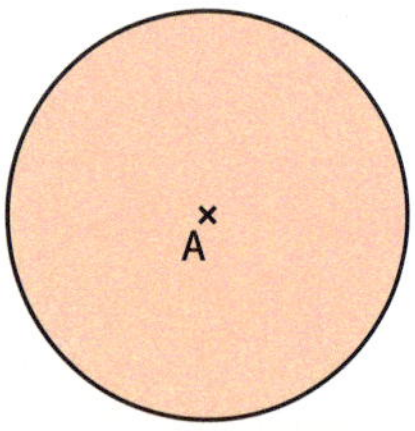

Fig. 2

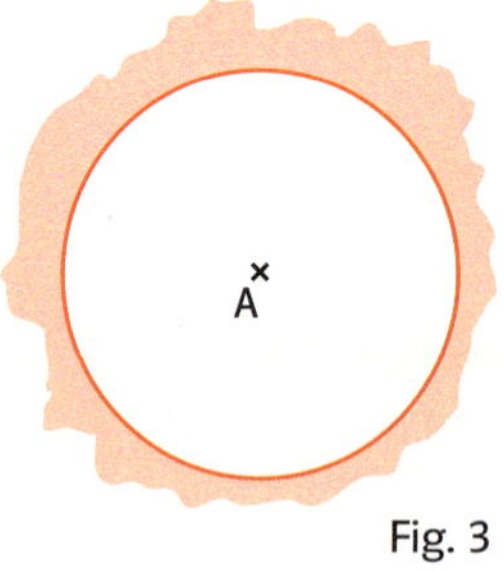

Fig. 3

Beispiel 3
Zeichne in dein Heft zwei Punkte A und B mit einem Abstand von 5 cm.
a) Bestimme alle Punkte, die von A 4 cm und zugleich 3 cm von B entfernt sind.
b) Welche Punkte sind von A weniger als 4 cm und zugleich von B weniger als 3 cm entfernt?
c) Welche Punkte sind von A weniger als 4 cm und zugleich von B mehr als 3 cm entfernt?

Lösung:
a) Die Punkte P und Q in Fig. 1.
b) Die Punkte der grünen Fläche in Fig. 1.
c) Die Punkte der blauen Fläche in Fig. 1.

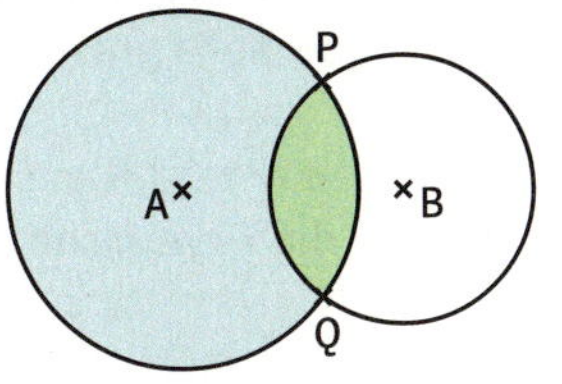

Fig. 1

Aufgaben

1 Beim Basketball erfolgt das Anspiel durch zwei Spieler aus einem Kreis in der Mitte des Spielfeldes heraus. Alle anderen Spieler dürfen den Kreis dabei nicht betreten.
Warum wird hier ein Kreis und kein Rechteck benutzt?

2 Markiere einen Punkt M. Zeichne um M Kreise mit einem
a) Radius von 3,5 cm (4,5 cm; 5,5 cm),
b) Durchmesser von 6 cm (8 cm; 10 cm)

3 a) Zeichne das Kreismuster aus Fig. 2 in dein Heft. Nimm als Radius 4 cm.
b) Erfinde selbst zwei weitere Muster.

Fig. 2

4 Inge will im Garten ihrer Eltern ein kreisförmiges Blumenbeet anlegen. Dafür kann sie ihren Zirkel natürlich nicht verwenden. Wie kann Inge das Problem lösen?

5 Zeichne drei Kreise ohne Hilfsmittel. Überprüfe deine Versuche mit dem Zirkel.

6 Zeichne die Kreismuster in dein Heft.

a)

b)

c)

7 Entwirf selbst schöne Kreismuster:
a) eine sechsblättrige Blüte,
b) eine vierblättrige Blüte,
c) einen Propeller mit 3 Blättern,
d) ein vierblättriges Kleeblatt.

8 a) Eine Ziege und ein Schaf sind an den Stellen M und N angepflockt. Zeichne die Flächen, die die Tiere abgrasen.
b) Umfahre mit einem Farbstift die gesamte Fläche, die die Tiere abgrasen können.
c) Wo können beide Tiere grasen? Färbe diese Fläche.
d) Wie weit müssen M und N auseinander liegen, damit sich die Tiere nicht ins Gehege kommen?

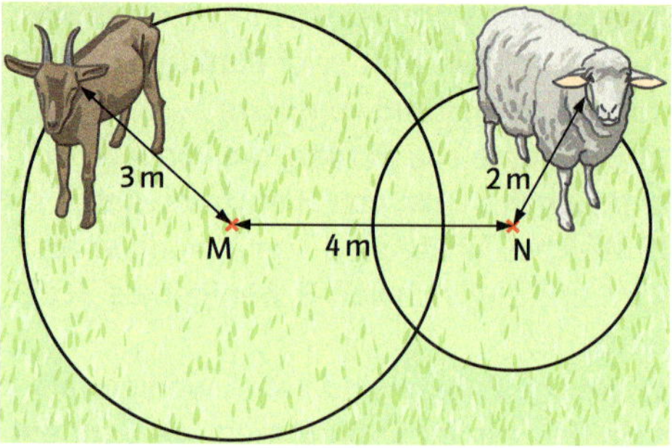

9 Zeichne die Kreismuster mit den angegebenen Maßen in dein Heft.

a)

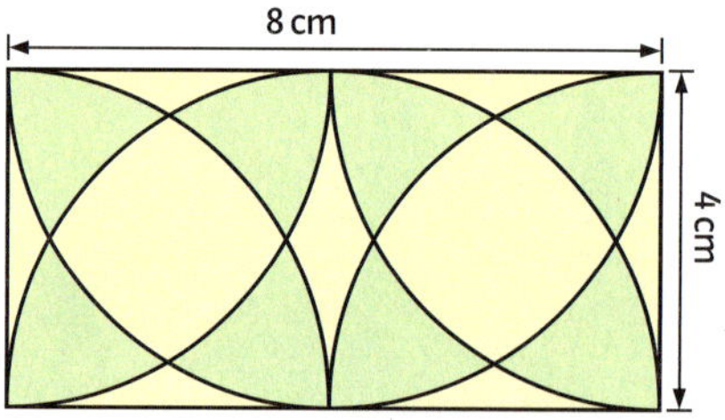

b)

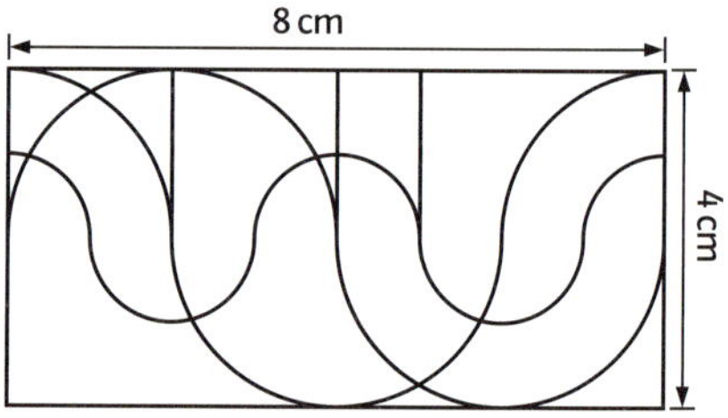

10 Zeichne ein Koordinatensystem mit der Längeneinheit 1 cm. Zeichne um M(6|5) einen Kreis mit dem Radius 5 cm. Welche der Punkte A(3|0), B(3|1), C(3|2), D(3|3), …, L(3|10) liegen auf der Kreislinie (im Inneren des Kreises, außerhalb des Kreises)?

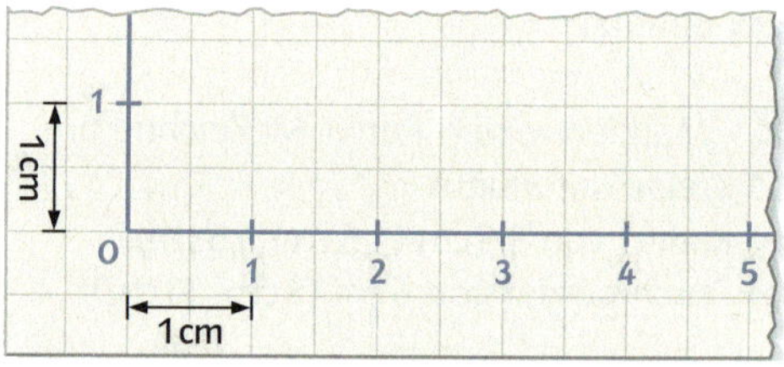

11 Zeichne die Punkte A(2|2) und B(4|4) in ein Koordinatensystem mit der Längeneinheit 1 cm.
a) Zeichne um A und um B je einen Kreis mit dem Radius 2 cm. Bestimme die Schnittpunkte der beiden Kreise.
b) Zeichne einen Kreis mit dem Mittelpunkt M(6|2), der mit dem Kreis um A nur einen Punkt gemeinsam hat.

12 Zeichne in ein Koordinatensystem mit einem Kästchen als Längeneinheit einen Kreis um den Punkt M(8|8), dessen Inneres
a) einen b) fünf c) neun d) 25
Gitterpunkte enthält.

13 Zeichne zwei Punkte A und B mit dem Abstand 4 cm. Wo befinden sich alle Punkte, die
a) von A 3 cm und von B mehr als 2 cm entfernt sind,
b) von A weniger als 3 cm und von B mehr als 2 cm entfernt sind,
c) von A mehr als 3 cm und von B mehr als 2 cm entfernt sind?
Kennzeichne die Menge der gesuchten Punkte jeweils mit einer anderen Farbe.

14 Zeichne um einen Punkt R einen Kreis mit dem Radius 4 cm.
a) Färbe alle Punkte rot, die von R den Abstand 4 cm haben.
b) Färbe alle Punkte blau, die weniger als 4 cm von R entfernt sind.

2 Winkel

Frau Möller fährt mit ihrem Auto auf der Bundesstraße 1 von Hildesheim nach Braunschweig. Sie beobachtet, wie sich die Tachonadel bewegt.

Herr Krause geht in den Keller seines Hauses, um am Manometer der Warmwasserheizung den Wasserdruck zu überprüfen. Er stellt eine Veränderung zum Vortag fest.

Der Begriff Winkel wird in vielen Situationen gebraucht.

Ein Flugzeug erreicht seine Flughöhe durch das Starten mit einem **Steigungswinkel**.

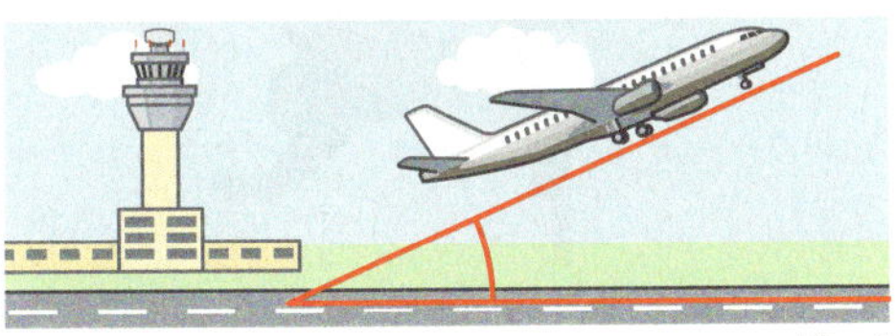

Fig. 1

An einer Straßenkreuzung tritt ein **Kreuzungswinkel** auf.

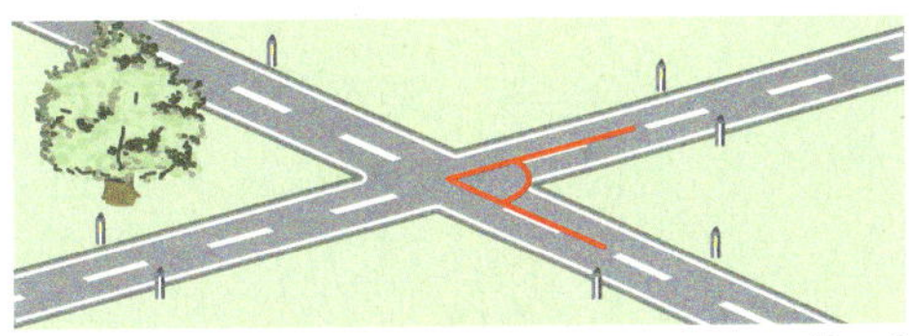

Fig. 2

Deiche an der Meeresküste baut man mit einem bestimmten **Böschungswinkel**.

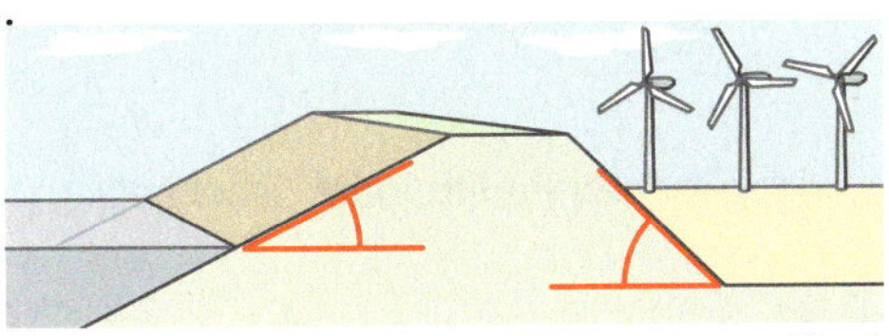

Fig. 3

Ein Dach besitzt einen **Neigungswinkel**.

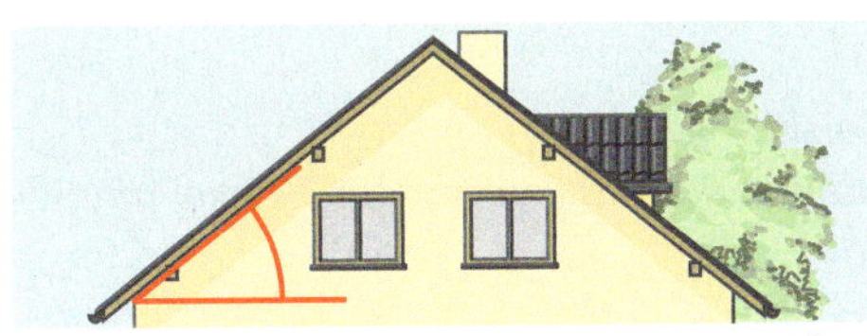

Fig. 4

Dreht man eine Halbgerade um ihren Anfangspunkt S, so entsteht ein **Winkel**. S heißt **Scheitelpunkt** oder **Scheitel** des Winkels, g und h heißen **Schenkel** des Winkels.

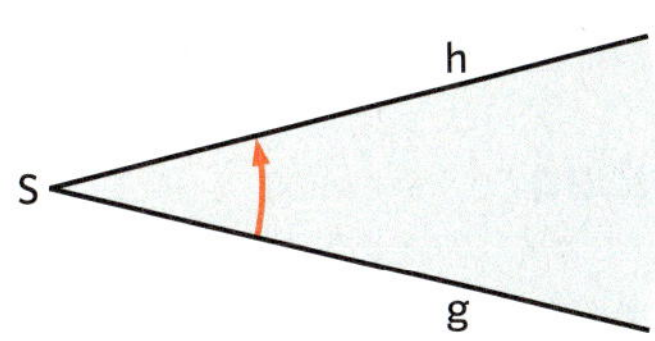

In der Mathematik werden Drehungen, wenn nichts anderes gesagt wird, gegen den Uhrzeigersinn ausgeführt.

Winkel bezeichnet man meist mit griechischen Buchstaben. Die ersten fünf griechischen Buchstaben sind:

α	β	γ	δ	ε
alpha	beta	gamma	delta	epsilon

Der Pfeil hilft dir bei der Reihenfolge der Bezeichnungen.

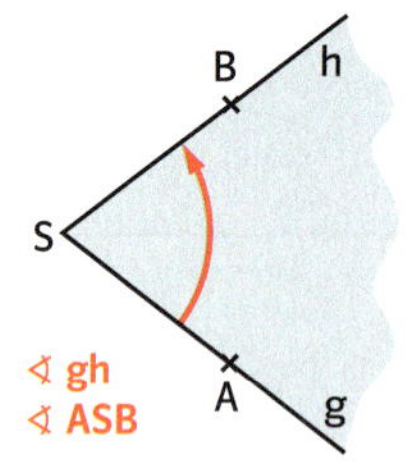

Fig. 1

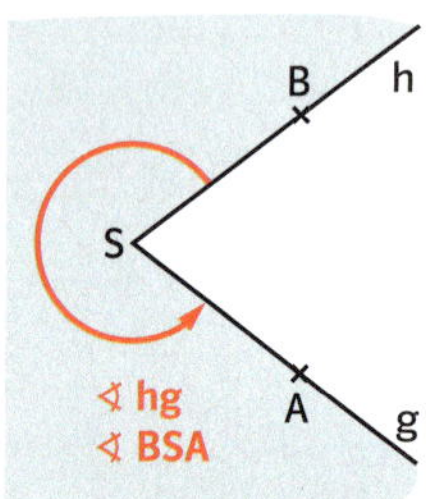

Fig. 2

Bezeichnung von Winkeln durch Schenkel oder Punkte:
Geht bei einer Linksdrehung der **Schenkel g** in den **Schenkel h** über (Fig. 1), so schreibt man: ∢ **gh** (lies: Winkel gh).
Geht der Schenkel h in den Schenkel g über (Fig. 2), so schreibt man: ∢ hg.
Geht der erste Schenkel g durch einen Punkt A und der zweite Schenkel h durch einen Punkt B (Fig. 1), so kann man den Winkel durch **drei Punkte** bezeichnen:
∢ **ASB** (lies: Winkel ASB).
Der Winkel ∢ hg in Fig. 2 wird durch ∢ BSA bezeichnet. Beachte die Reihenfolge der Punkte. Der mittlere Buchstabe bezeichnet immer den Scheitel des Winkels.

Beispiel 1
Bei der Briefwaage zeigt ein Winkel das Gewicht des darauf liegenden Briefes an.
a) Skizziere die Briefwaage und zeichne den Messwinkel ein.
b) Welche Bedeutung hat ein größerer oder kleinerer Messwinkel?
Lösung:

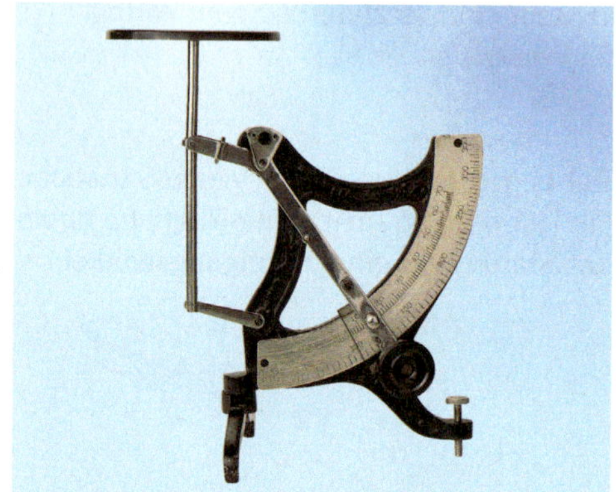

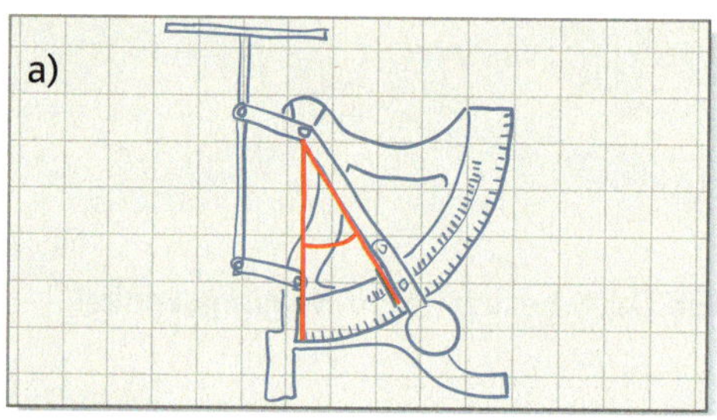

Fig. 3

b) Wird der Messwinkel größer, so liegt ein größeres Gewicht auf der Waage, wird der Winkel kleiner, so ist auch das Gewicht auf der Waage kleiner (s. Fig. 3).

Beispiel 2
Notiere die eingezeichneten Winkel mithilfe der angegebenen Punkte oder Schenkel.

a)
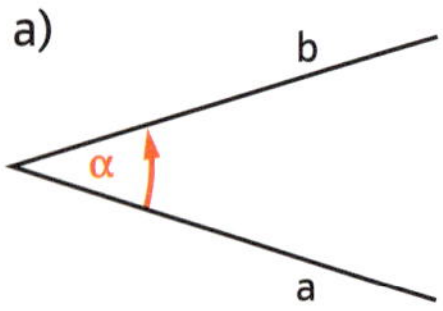

b)
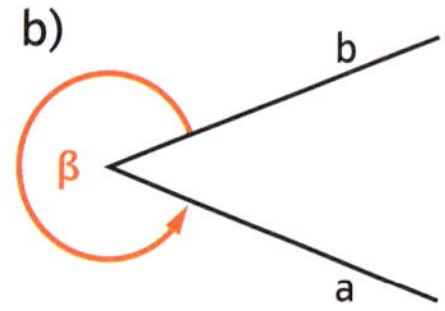

c)
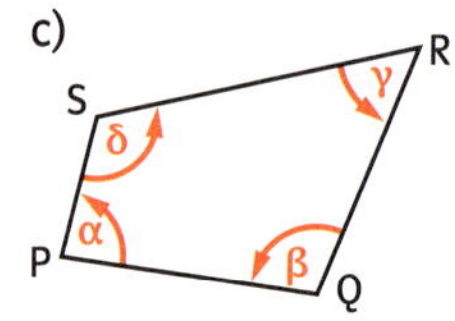

Lösung:
a) α = ∢ ab
b) β = ∢ ba
c) α = ∢ QPS, β = ∢ RQP
γ = ∢ SRQ, δ = ∢ PSR

Aufgaben

1 Im Auto werden wichtige Informationen für den Fahrer durch Drehwinkel angezeigt.

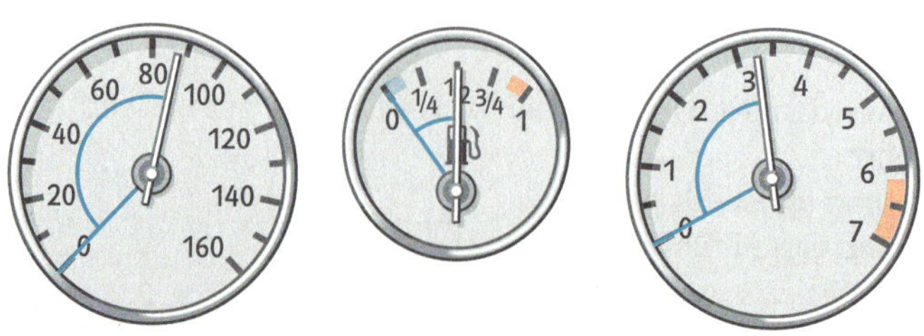

a) Welche Bedeutung haben die angezeigten Winkel?
b) Welches Fahrverhalten führt zu einer Änderung?

2 Beim Handball grenzt die Torraumlinie den Bereich ab, der von den Feldspielern nicht betreten werden darf. Entscheide, welche Wurfposition am günstigsten ist. Begründe die Entscheidung mit dem Torwinkel. Stelle den Sachverhalt in einer Skizze dar.

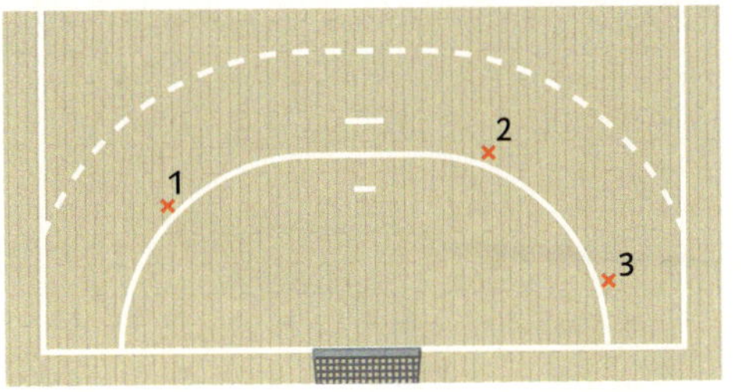

Fig. 1

3 Laura sieht einen Turm unter einem bestimmten Blickwinkel. Wie ändert sich dieser Blickwinkel, wenn Laura auf den Turm zugeht bzw. sich vom Turm entfernt.

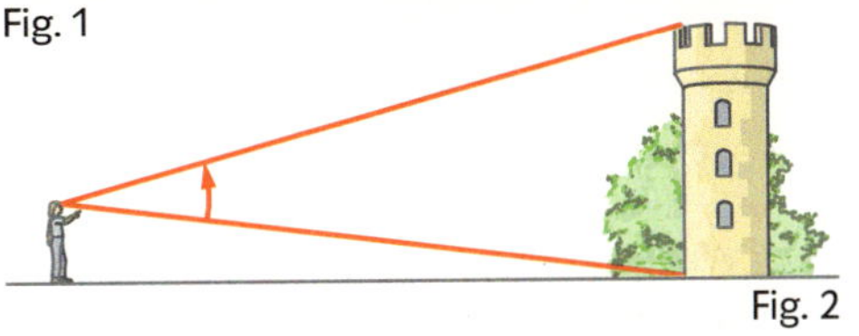
Fig. 2

4 Übertrage Fig. 3 in dein Heft.
Trage mit farbigen Pfeilen die folgenden Winkel ein und bezeichne sie mit den griechischen Buchstaben.
$\alpha = \sphericalangle\, gh$, $\beta = \sphericalangle\, hk$, $\gamma = \sphericalangle\, kl$,
$\delta = \sphericalangle\, lh$, $\varepsilon = \sphericalangle\, kh$

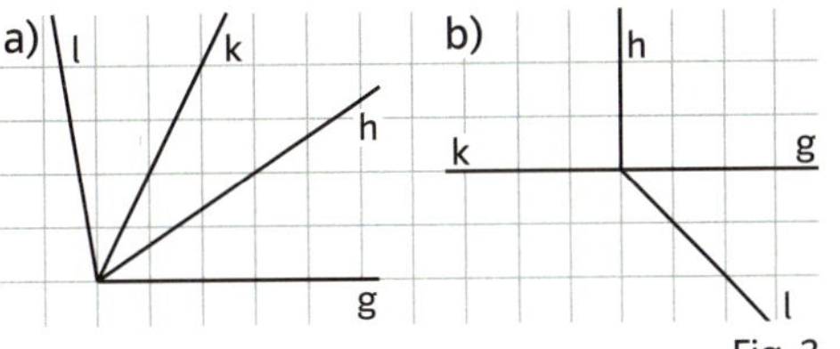

Fig. 3

5 Übertrage Fig. 4 in dein Heft.
Trage mit farbigen Pfeilen die folgenden Winkel ein und bezeichne sie mit den griechischen Buchstaben.
$\alpha = \sphericalangle\, BAE$, $\beta = \sphericalangle\, AEB$, $\gamma = \sphericalangle\, CBE$,
$\delta = \sphericalangle\, CFD$, $\varepsilon = \sphericalangle\, CDF$

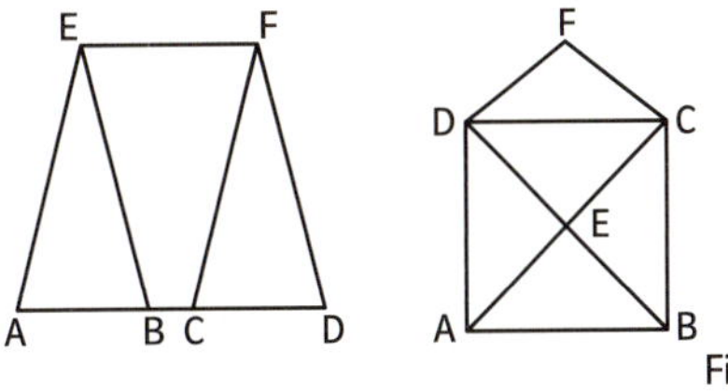

Fig. 4

6 Notiere alle Winkel mithilfe der Eckpunkte.

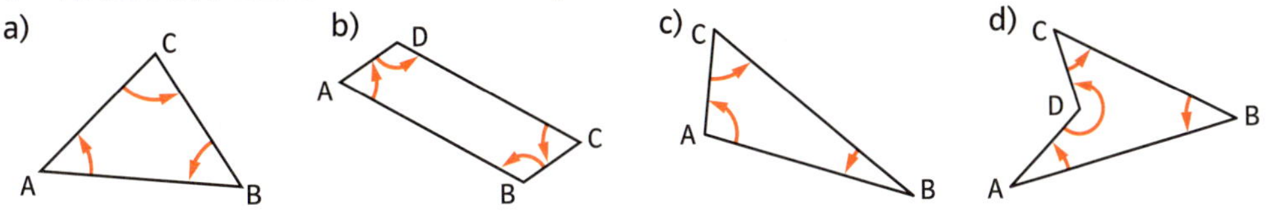

7 Notiere die in Fig. 5 und Fig. 6 eingezeichneten Winkel mithilfe der angegebenen Punkte oder Schenkel.

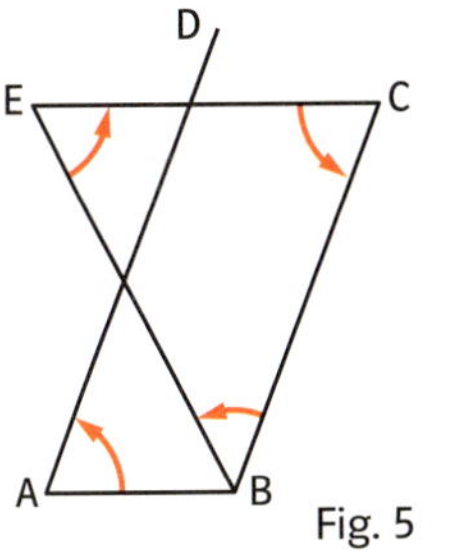

Fig. 5

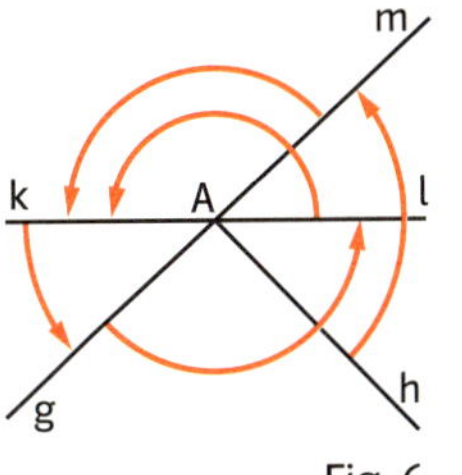

Fig. 6

8 Detektiv Emil Puchmeyer beobachtet aus einer Garageneinfahrt die gegenüberliegende Straßenseite.
a) Übertrage ins Heft.
b) Welche der Personen kann er sehen?
c) Wo sollte er sich in der Einfahrt hinstellen, damit er ein möglichst großes Stück der gegenüberliegenden Straßenseite sehen kann?
Zeichne verschiedene Möglichkeiten. Trage jeweils sein Blickfeld ein.

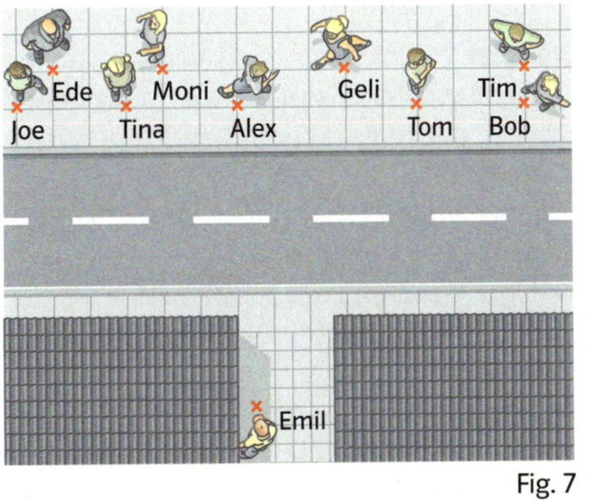

Fig. 7

3 Winkelgrößen

Tor!!!
Das Tor zu treffen, kann einfach, schwierig oder fast unmöglich sein.

*Die Aufteilung des Kreises in **360** gleich große Winkel kann dadurch erklärt werden, dass das babylonische und auch das ägyptische Jahr einst 360 Tage hatten.*
Nach damaliger Vorstellung bewegte sich die Sonne in 360 Tagen auf einer Kreisbahn einmal um die Erde.

Zwei Winkel könnte man miteinander vergleichen, indem man sie übereinander legt wie in Fig. 1. Beim größeren Winkel sind die beiden Schenkel weiter auseinander gedreht als beim kleineren.
Um Winkel einfacher zu vergleichen, misst man ihre Größe: Dazu wird ein Kreis vom Mittelpunkt aus in 360 gleich große Winkel geteilt. Die Größe eines solchen Winkels wird mit 1 Grad (kurz: 1°) bezeichnet.

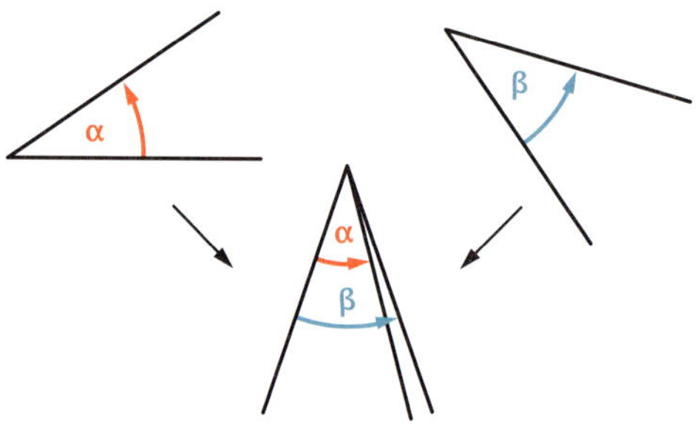

Fig. 1

Um die Größe eines beliebigen Winkels anzugeben, bestimmt man die Anzahl der kleinen 1°-Winkel, die man in den Winkel einzeichnen könnte.

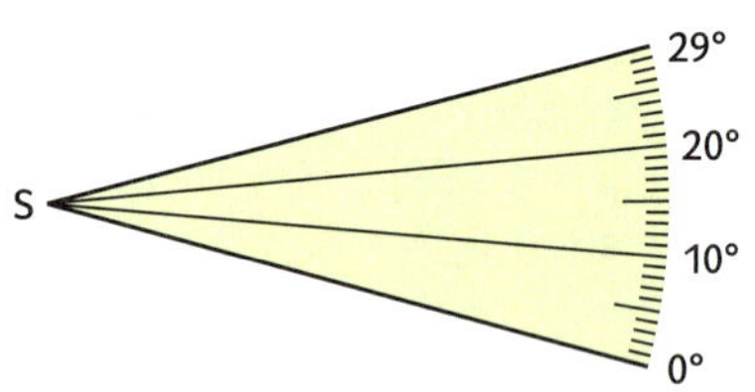

Fig. 2

So wie für die Längenmessung z.B. Meter und Zentimeter als Maßeinheiten verwendet werden, ist Grad die Maßeinheit für die Winkelmessung.

Die **Größe** von Winkeln wird in **Grad** angegeben.
Ein Winkel von 1 Grad (kurz: **1°**) entsteht, wenn ein Kreis in 360 gleiche Kreisausschnitte geteilt wird.

Beispiel 1 Winkel von Kreisausschnitten bestimmen
In Fig. 3 wird ein Kreis in acht, in Fig. 4 in vier gleiche Teile geteilt. Welche Größe hat der Winkel, der zu dem roten Bereich gehört?
Lösung:
Zum gesamten Kreis gehört ein Winkel von 360°.
In Fig. 3 gehören zu jedem Teil:
$360° : 8 = 45°$. Der rote Bereich hat einen Winkel von 45°.
In Fig. 4 gehören zu jedem Teil:
$360° : 4 = 90°$. Der rote Bereich hat einen Winkel von $3 \cdot 90° = 270°$.

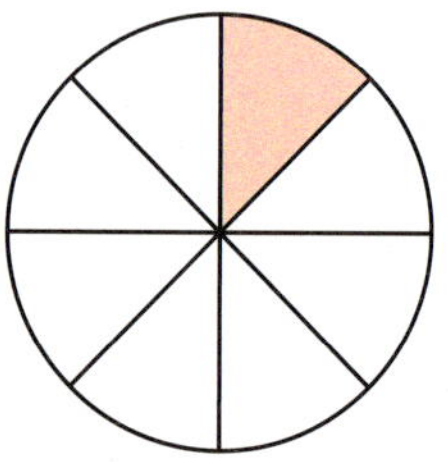

Fig. 3

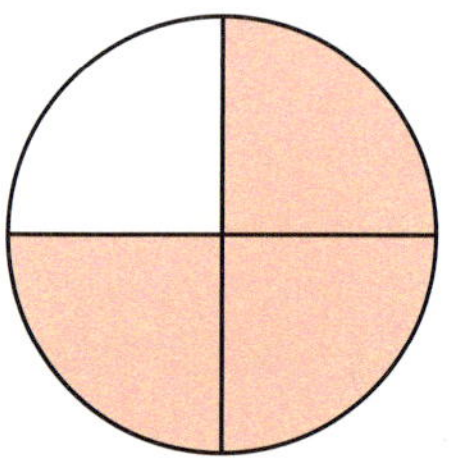

Fig. 4

Beispiel 2
Die Uhr in Fig. 1 zeigt die Zeit 4 Uhr an.
a) Es vergeht eine Zeit von 5 Minuten. Welchen Winkel hat der große Zeiger überstrichen?
b) Wie groß ist der Winkel des gefärbten Bereiches zwischen kleinem und großen Zeiger?

Fig. 1

Lösung:
a) Die Minuteneinteilung teilt den Kreis in 60 gleiche Teile. Zu jedem Teil (jeder Minute) gehören $360°:60 = 6°$. Zu 5 Minuten gehört dann der Winkel $5 \cdot 6° = 30°$.

b) Die Stundeneinteilung teilt den Kreis in 12 gleiche Teile. Zu jedem Teil (jeder Stunde) gehören $360°:12 = 30°$. Zu 4 Stunden gehört dann der Winkel $4 \cdot 30° = 120°$.

Aufgaben

1 Der abgebildete Kreis in Fig. 2 ist in gleich große Teile unterteilt.
a) Um wie viel Grad dreht sich der Zeiger, wenn er um ein Feld weiterrückt?
b) Der Zeiger soll jeweils von „Start" aus nach A, B, …, F gedreht werden. Welchen Winkel überstreicht der Zeiger dabei?

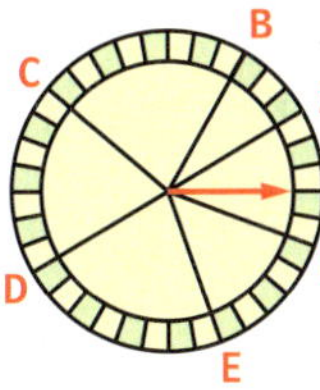

Fig. 2

2 a) Der Wind kommt von Westen (W). Er dreht über Nord-West (NW) nach Norden (N). Um wie viel Grad hat sich der Wind gedreht?
b) Der Wind dreht sich von Süd (S) über Ost (O) nach Nord-Ost (NO). Um wie viel Grad hat sich der Wind gedreht?
c) Um wie viel Grad dreht der Wind, wenn er sich von Süd-Ost (SO) über Süd (S) nach West-Süd-West (WSW) dreht?
d) Der Wind kam aus Süd-Süd-West und hat sich um 135° Richtung Westen gedreht. Aus welcher Richtung bläst er jetzt?

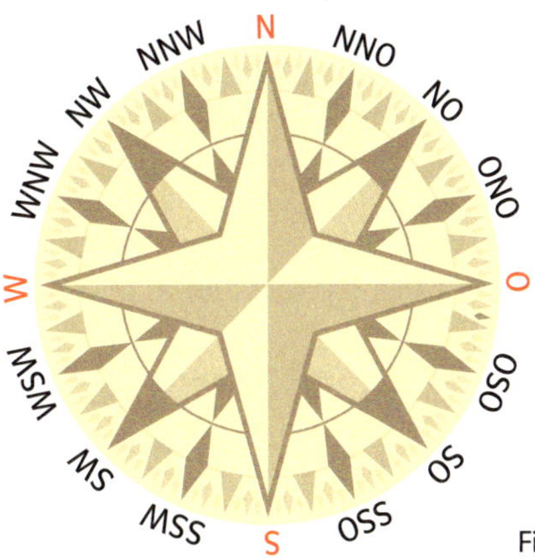

Fig. 3

3 Die Torte ist in gleiche Teile zerschnitten. Welche Größe hat der Winkel bei einem Tortenstück?

a)

b)

c)

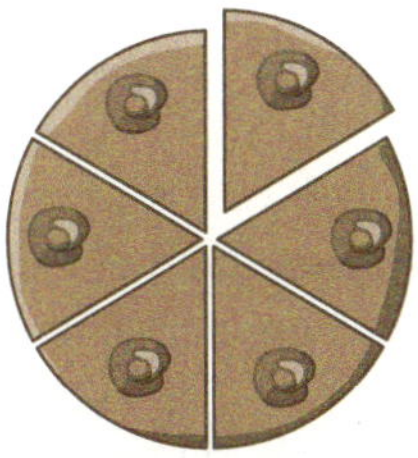

4 Messen und Zeichnen von Winkeln

„Ich kann mein Maul weiter aufreißen!"

Die Länge einer Strecke kannst du mit einem Lineal oder Maßband messen. Wie bei Strecken möchte man auch bei Winkeln ihre genaue Größe mithilfe eines Messinstrumentes bestimmen.

Die **Größe eines Winkels** misst man mit einer Kreisskala, wie sie auf dem Geodreieck zu finden ist.
Die Größe des Winkels gibt an, wie weit man den ersten Schenkel drehen muss, um den zweiten zu erreichen.

Messen eines Winkels:

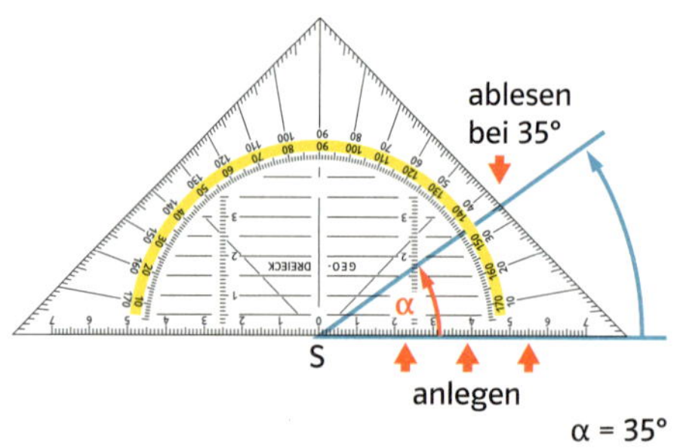

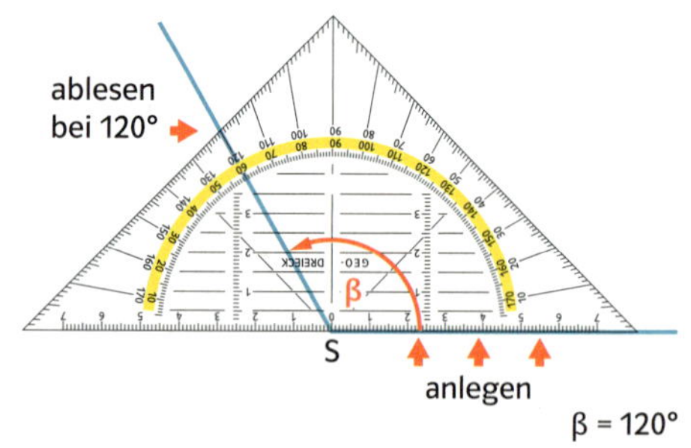

Zeichnen eines Winkels, z. B. ∢ gh = 55°:

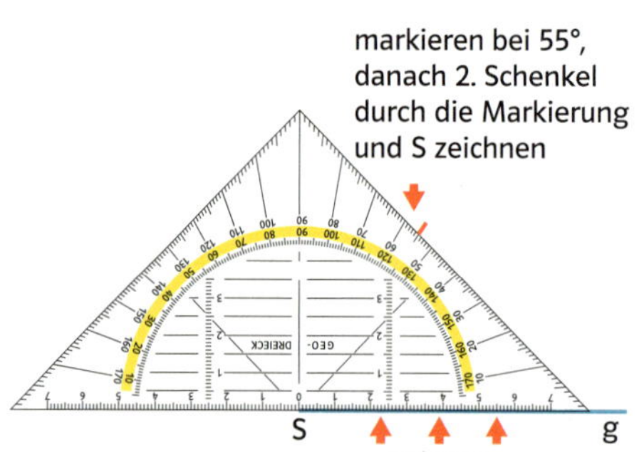

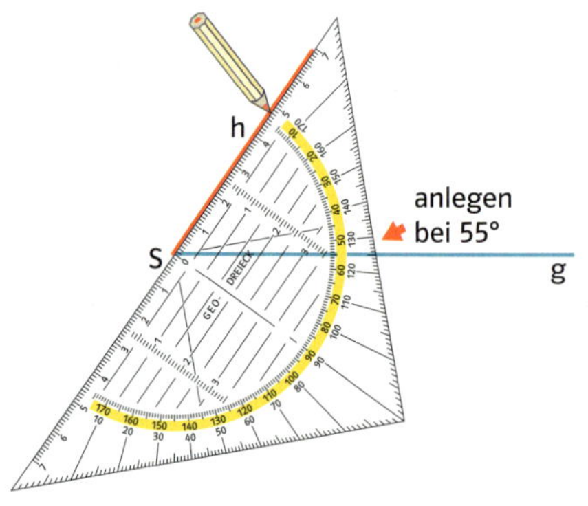

Beachte: Die meisten Geodreiecke haben zwei Skalen. Du musst die Skala benutzen, die bei einem der Schenkel mit 0° beginnt.

Bisher wurden Winkel mit Pfeilen gekennzeichnet. Jetzt wird statt des Pfeils außer bei Drehungen nur noch ein Bogen eingezeichnet.

Einteilung der Winkel

α zwischen 0° und 90° | β = 90° | γ zwischen 90° und 180° | δ = 180° | ε zwischen 180° und 360°

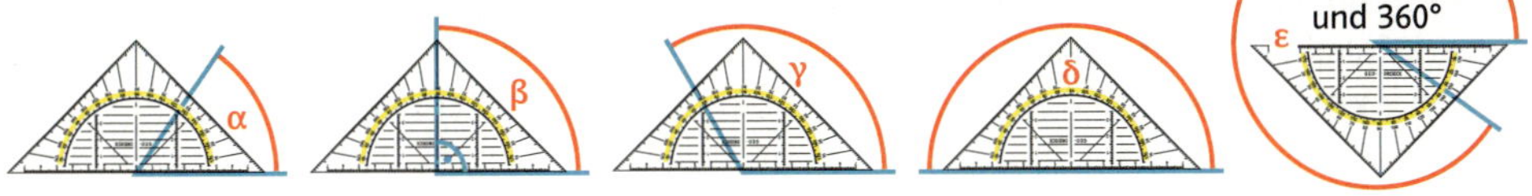

spitzer Winkel | rechter Winkel | stumpfer Winkel | gestreckter Winkel | überstumpfer Winkel

Einen Winkel von 360° nennt man Vollwinkel.

Beachte:
Mit den griechischen Buchstaben bezeichnet man sowohl den Winkel selbst als auch seine Größe.

Tipp:
Zur genauen Messung eines Winkels ist es oft zweckmäßig, die Schenkel länger zu zeichnen.

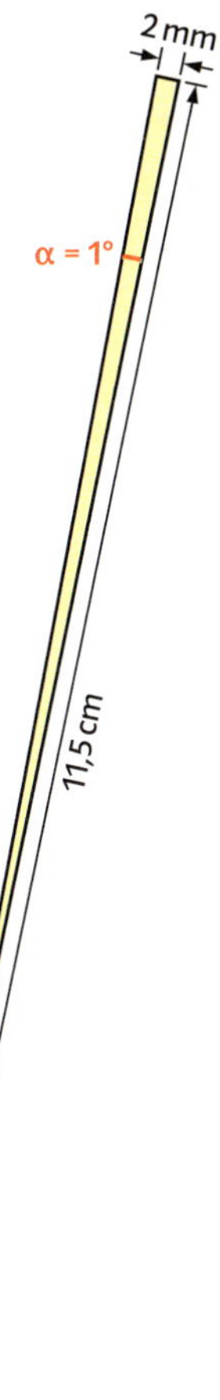

Zwei Winkel, die wie α und β in Fig. 1 nebeneinander liegen und deren Schenkel a und c dabei zusammen eine Gerade bilden, nennt man **Nebenwinkel**. Nebenwinkel sind zusammen 180° groß.

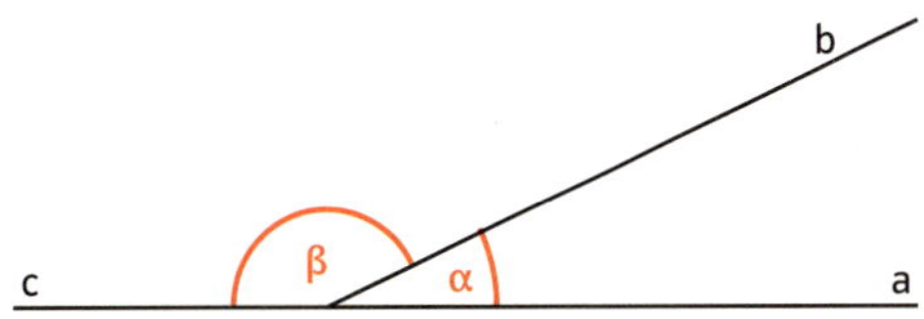

Aufgaben

1 Bestimme mit dem Geodreieck die Größe der Winkel, α, β, γ und δ.

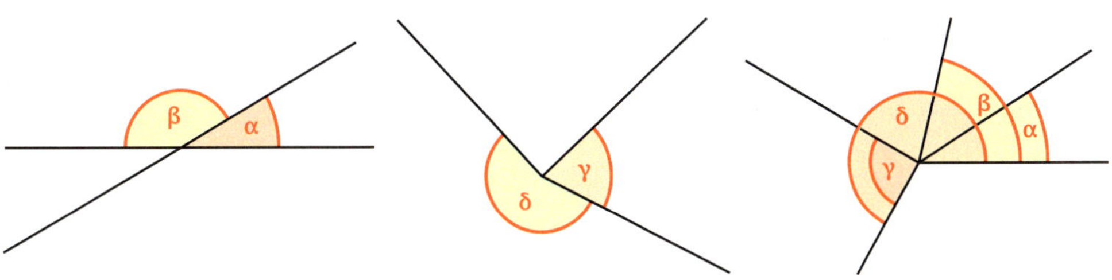

2 Bestimme mit dem Geodreieck die Größe der markierten Winkel.

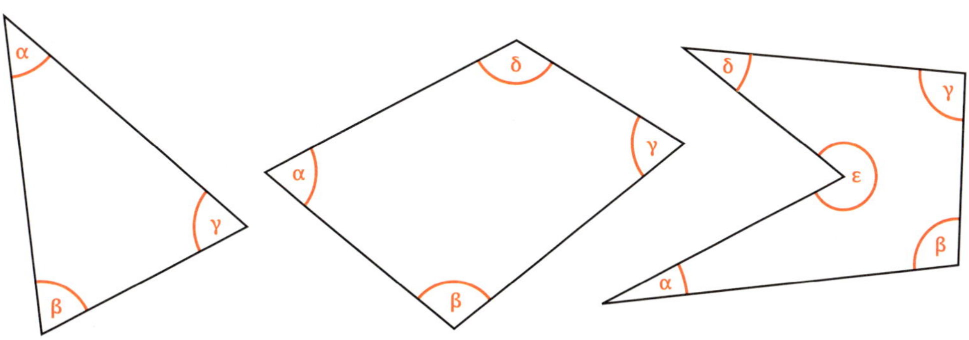

3 Zeichne Winkel mit der angegebenen Größe. Schreibe dazu, von welcher Art der Winkel ist (z. B. spitzer Winkel).

a) 75° b) 90° c) 125° d) 160°
e) 180° f) 237° g) 270° h) 315°

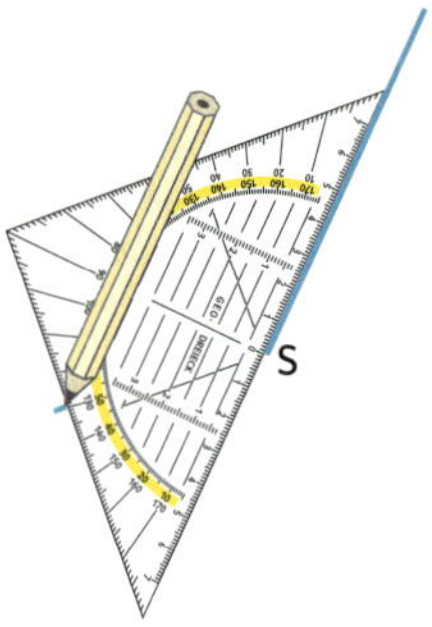

Horst soll einen Winkel von 50° zeichnen. Was macht er falsch?

4 Übertrage Fig. 1 in dein Heft und miss den Winkel α. Berechne die Größe von β. Überprüfe dein Ergebnis durch Messung.

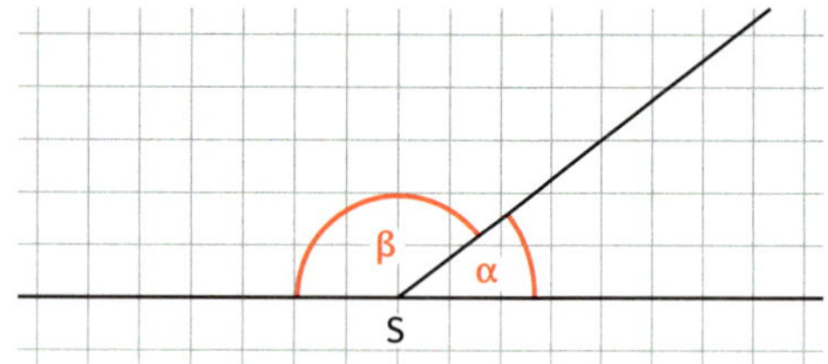

Fig. 1

5 Ein Winkel α ist um 20° größer als sein Nebenwinkel β. Wie groß sind die beiden Winkel jeweils?

6 a) Welche der folgenden Winkelgrößen lassen sich den Winkeln in Fig. 2 zuordnen? Entscheide, ohne zu messen.
16°; 51°; 90°; 42°; 112°; 5°; 27°; 77°; 110°
b) Miss die Größen der Winkel in Fig. 2 und vergleiche mit den in a) angegebenen Werten.

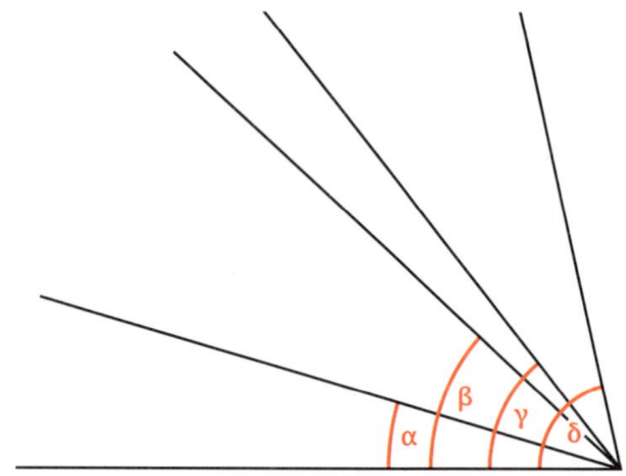

Fig. 2

7 Zeichne nur durch Abschätzen, ohne Verwendung eines Winkelmessers, einen Winkel, der die angegebene Größe hat. Dein Partner misst die Größe, berechnet die Abweichung und überträgt anschließend die Ergebnisse in eine Tabelle wie die unten stehenden.

a)

verlangte Größe	45°	30°	135°	10°	90°
gezeichnete Größe					
Abweichung					

b)

verlangte Größe	56°	120°	7°	153°	98°
gezeichnete Größe					
Abweichung					

Fig. 3

8 Trage in ein Koordinatensystem die Punkte S und A ein. Zeichne einen Winkel mit dem Scheitel S und der Größe α, bei dem ein Schenkel durch den Punkt A geht.
a) S(3|1); A(7|3); α = 50°
b) S(7|4); A(1|9); α = 20°
c) S(6|7); A(1|2); α = 175°
d) S(5|5); A(10|1); α = 5°
e) S(1|5); A(4|1); α = 123°
f) S(5|5); A(0|1); α = 102°

Bist du sicher?

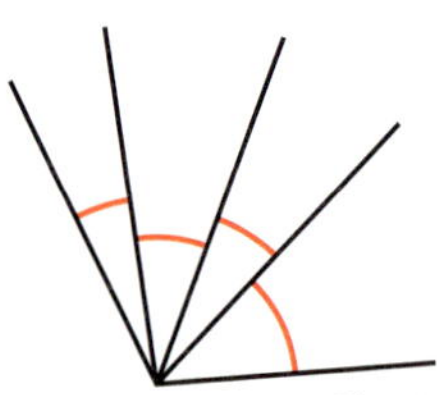
Fig. 4

1 Übertrage die Zeichnung aus Fig. 5 ins Heft. Bestimme die Größe der Winkel.

2 Zeichne vier Winkel der Größen 12°; 33°; 127° und 8° mit gemeinsamem Scheitelpunkt aneinander. Welcher Gesamtwinkel entsteht?

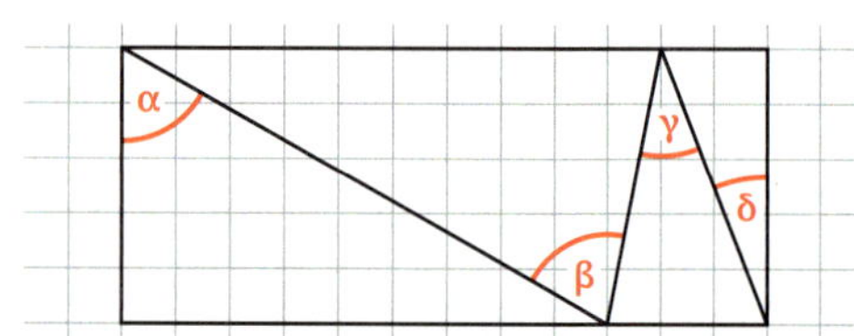

Fig. 5

9 In Fig. 6 sind zwei gleich große Winkel vorgegeben. Übertrage die Figur in dein Heft und ergänze sie so, dass neun dieser Winkel aneinander gereiht sind. Miss den Gesamtwinkel.

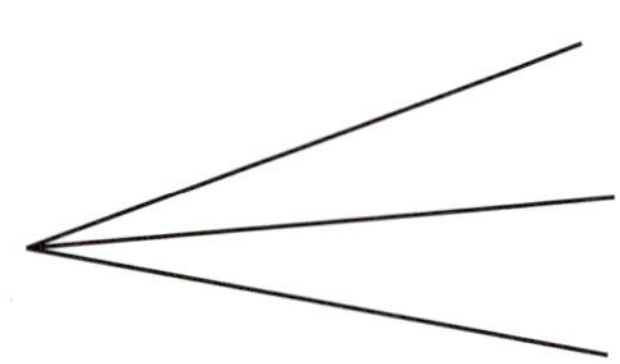
Fig. 6

10 Zeichne die Strecke $\overline{AB}$. Trage im Punkt A den Winkel α und im Punkt B den Winkel β so an, dass ein Dreieck entsteht. Miss den dritten Winkel γ des Dreiecks.

a) $\overline{AB} = 6\,cm$; $\alpha = 30°$; $\beta = 70°$
$\overline{AB} = 6\,cm$; $\alpha = 20°$; $\beta = 50°$

b) $\overline{AB} = 4\,cm$; $\alpha = 25°$; $\beta = 125°$
$\overline{AB} = 9\,cm$; $\alpha = 12°$; $\beta = 62°$

Winkelgymnastik

11 Eine Ameise läuft um das Viereck ABCD in Fig. 1. Sie startet bei A und ändert in B, C, D und A ihre Richtung um die Winkel β, γ, δ und α.
Zeichne das Viereck in dein Heft und miss die Größen der vier Winkel. Berechne die Summe der Winkelgrößen.

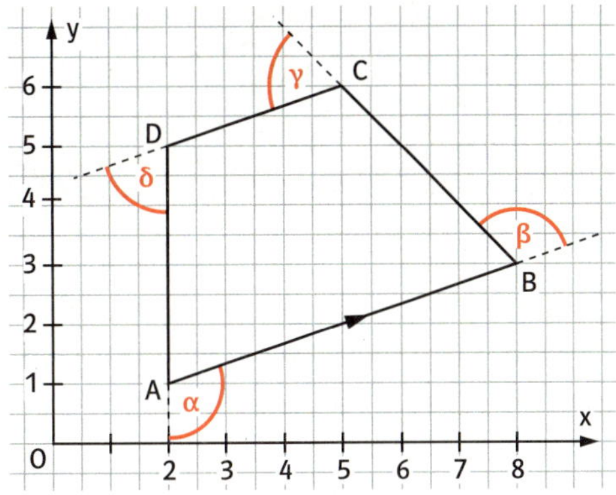

Fig. 1

12 Zeichne ein Viereck
a) mit zwei rechten Winkeln,
b) mit zwei stumpfen und zwei spitzen Winkeln.

13 Zeichne das Dreieck ABC in ein Koordinatensystem. Miss die Größen der Winkel $\sphericalangle BAC$; $\sphericalangle CBA$; $\sphericalangle ACB$.

a) A(1|2); B(6|4); C(3|6)
b) A(2|6); B(4|2); C(8|2)
c) A(1|1); B(5|2); C(6|8)
d) A(0|3); B(12|3); C(12|8)

14 Fig. 2 zeigt die Seitenansicht eines Satteldaches mit dem Neigungswinkel α. Bei C liegt der First des Daches, CD nennt man daher Firsthöhe. Die Breite AB des Daches beträgt 8 m.

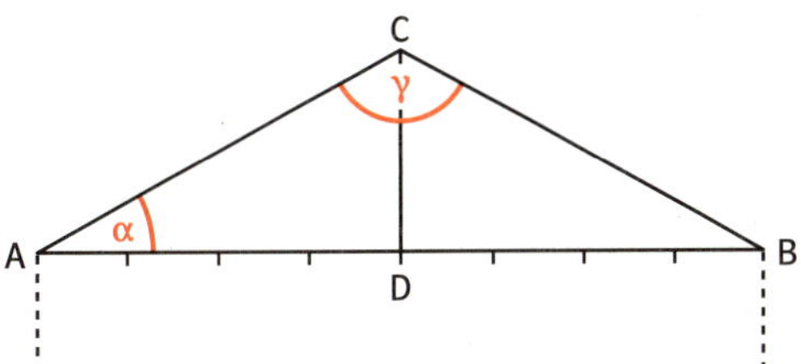

Fig. 2

a) Zeichne das Dreieck ABC mit $\alpha = 28°$ in dein Heft. Wähle 1 cm für 1 m. Miss den Winkel γ und die Firsthöhe $\overline{CD}$.
b) Zeichne ebenso Seitenansichten für Satteldächer mit den Neigungswinkeln 38° und 48°. Wähle als Breite $\overline{AB} = 8\,m$. Miss jeweils den Winkel γ und die Firsthöhe $\overline{CD}$.
c) Welchen Neigungswinkel muss ein 121 m breites Satteldach mindestens haben, damit die Firsthöhe $\overline{CD}$ größer als 2 m ist? Zeichne und miss α.

15 Zum Basteln
a) Stelle aus zwei Kreisen mit 5 cm Radius eine Winkelscheibe her.

Hinweis:
Wenn du auf der gelben Scheibe eine Winkelskala in 10°-Schritten abträgst, kann man die Größe eines eingestellten Winkels schnell ablesen.

b) Stelle unterschiedlich große Winkel mit dem blauen Bereich ein. Lass deinen Partner die Winkelgröße schätzen. In einem Wettbewerb sollen immer 10 Winkel nacheinander von einem Partner geschätzt werden. Ein Schätzwert kann als richtig gelten, wenn er auf 10° genau angegeben wurde.

5 Figuren aus Kreisen und Winkeln

Den Kreis als regelmäßige Figur hast du schon kennen gelernt. Mithilfe von Kreisen und Winkeln kann man besondere Kreisfiguren erzeugen, die man häufig bei Mandalas, Kirchenfenstern und Verzierungen an Schmuckstücken findet.

Zum Zeichnen von regelmäßigen Vielecken kann ein Kreis gleichmäßig aufgeteilt werden. Es entstehen gleich große Kreisausschnitte als Grundlage des Vielecks.
In Fig. 1 ist ein Kreis in sechs gleiche Teile geteilt. Dabei ergeben sich Winkel der Größe $360°:6 = 60°$. Durch Verbinden benachbarter Punkte entsteht ein regelmäßiges Sechseck (Fig. 2).

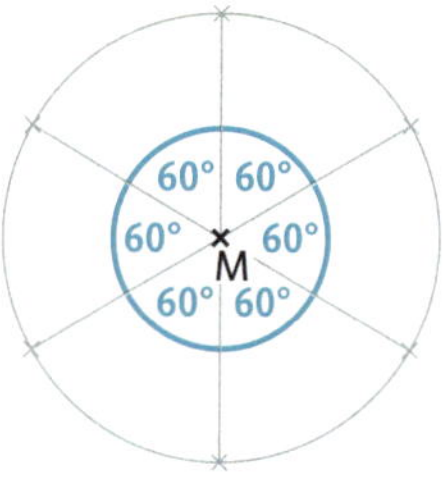

Fig. 1

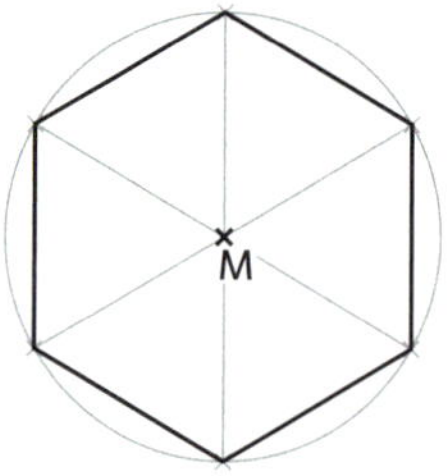

Fig. 2

Teilt man einen Kreis in gleiche Teile auf und verbindet die benachbarten Teilpunkte miteinander, so erhält man ein **regelmäßiges Vieleck**.
Den Winkel α eines der gleich großen Kreisausschnitte nennt man **Mittelpunktswinkel**. Beim regelmäßigen 10-Eck ist der Mittelpunktswinkel
$\alpha = 360°:10 = 36°$ groß.

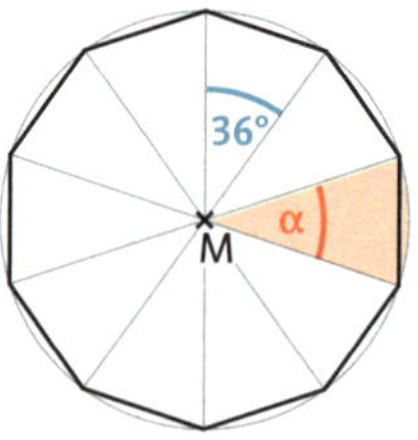

Fig. 3

Beispiel Mittelpunktswinkel und Grundstruktur einer Kreisfigur
a) Welche Aufteilung liegt dem Kirchenfenster in Fig. 5 zugrunde? Wie groß ist der Mittelpunktswinkel?
b) Zeichne die Grundstruktur des Fensters.
Lösung:
a) Das Fenster besteht aus fünf gleichartigen Teilen.
Mittelpunktswinkel: $\alpha = 360°:5 = 72°$
b)

Fig. 4

Fig. 5

Aufgaben

1 Zeichne in einen Kreis mit dem Radius 5 cm ein regelmäßiges
a) Dreieck, b) Viereck, c) 8-Eck, d) 10-Eck.

2 Zeichne Fig. 1 in dein Heft. Beginne mit einem Quadrat der Seitenlänge 6 cm. Zeichne dann die vier Viertelkreise um die Eckpunkte des Quadrats. Die entstehenden Punkte A bis H ergeben ein regelmäßiges 8-Eck. Überprüfe dies mit einem Zirkel und durch Messen der Winkel.

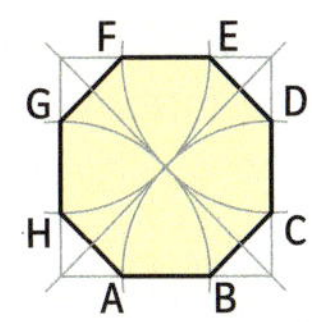

Fig. 1

3 Zeichne Sterne wie in Fig. 2 in dein Heft. Wähle als Kreisradius 5 cm.

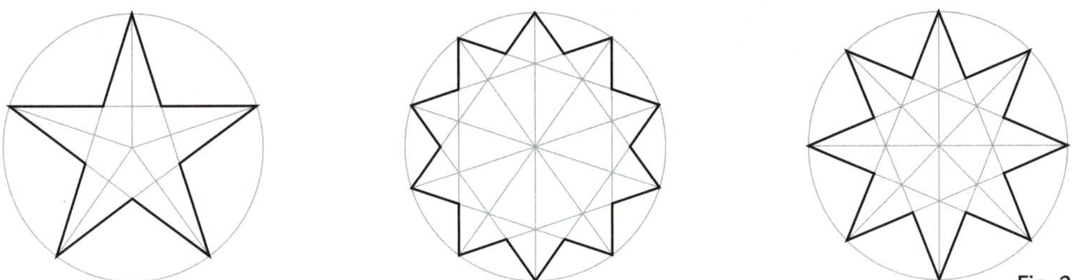
Fig. 2

4 Fig. 3 besteht aus 108°-Winkeln und 4 cm langen Strecken. Übertrage die Figur ins Heft und zeichne sie weiter. Wenn man genau zeichnet, so ergibt sich ein regelmäßiges Vieleck.
a) Bestimme die Anzahl der Ecken des Vielecks.
b) Welchen Mittelpunktswinkel hat die zugehörige Kreisfigur?
c) Zeichne entsprechende Vielecke für 135° und 140° große Winkel.

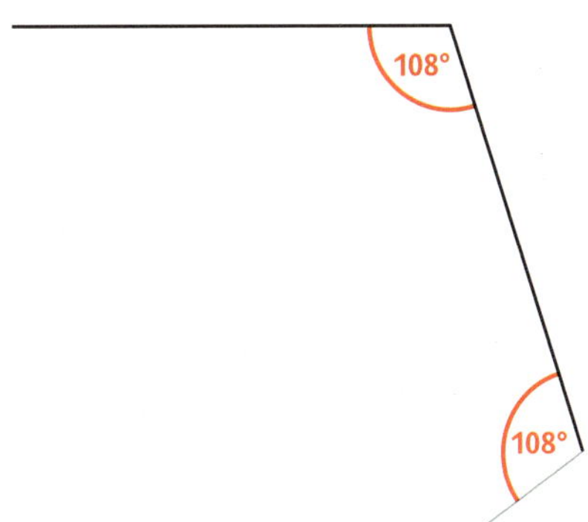

Fig. 3

5 In Kirchen und alten Klöstern findet man besonders gestaltete Fenster, in denen Kreise und Kreisfiguren zu finden sind.
a) Zeichne die Grundfigur aus Fig. 4 ins Heft.
b) Entwirf mit der Grundfigur ein eigenes Kirchenfenster.

Fig. 4

Mandala *(sanskritisch): Kreis*

6 Mandalas zeichnen und ausmalen ist eine alte indische Form, sich zu konzentrieren und Ruhe zu finden. Dabei steht der Kreis durch seine Form ohne Anfang und Ende für das Symbol der Mitte.
a) Zeichne die Form der Mandalas in Fig. 5 auf ein großes Blatt ab und male sie bunt aus.
b) Entwirf eigene Mandalas.

Fig. 5

Info

Es gibt Figuren, deren Aussehen sich nicht ändert, wenn man sie um einen Punkt dreht.
Solche Figuren heißen drehsymmetrisch.
Der Punkt, um den gedreht wird, heißt Drehzentrum und der Winkel, um den gedreht wird, heißt Drehwinkel.

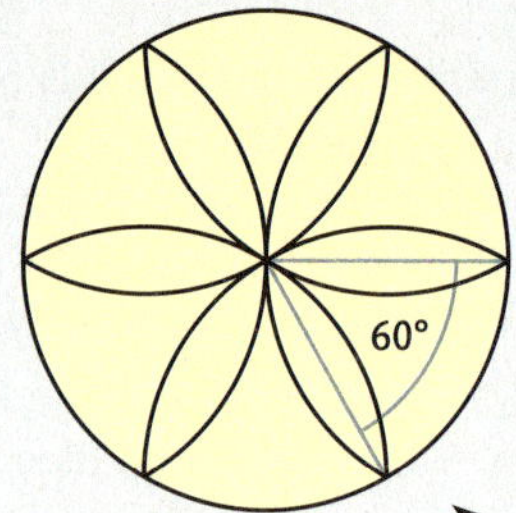

Die beiden Figuren sind drehsymmetrisch. Das Drehzentrum ist jeweils der Punkt in der Mitte.
Bei der oberen Figur kann als Drehwinkel z. B. 60° oder 120° gewählt werden.
Bei der unteren Figur kann als Drehwinkel z. B. 72° oder 144° gewählt werden.

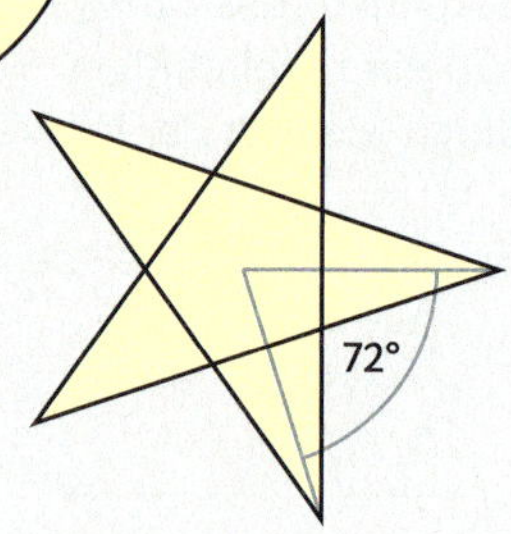

7 Die Figuren sind drehsymmetrisch. Wo liegt das Drehzentrum? Gib zu jeder Figur zwei mögliche Drehwinkel an.

8 Auf dem Rand sind verschiedene Zeichen von Automarken abgebildet.
a) Welche dieser Zeichen sind drehsymmetrisch?
b) Wo liegt jeweils das Drehzentrum?
c) Gib jeweils einen möglichen Drehwinkel an.

„Drei Hasen und der Löffel drei – und doch hat jeder Hase zwei."

9 Übertrage die Figuren in dein Heft und ergänze sie so, dass drehsymmetrische Figuren entstehen.

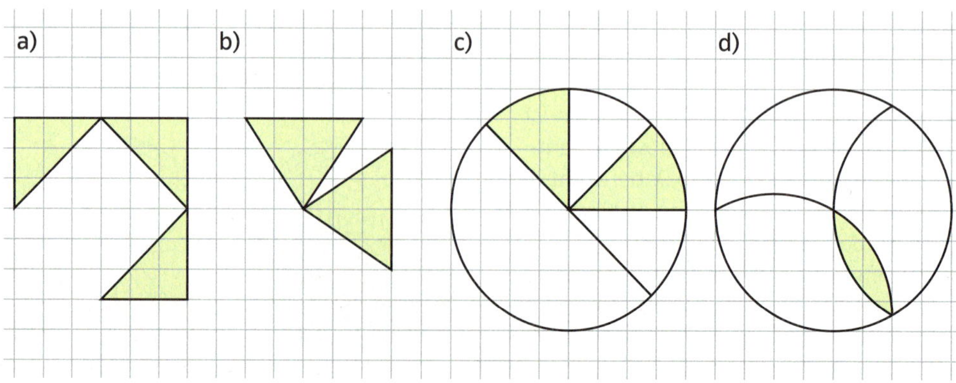

1 Zeichne die Rosetten aus Fig. 1 in dein Heft.

2 Zeichne einen Punkt A. Bestimme alle Punkte, die mehr als 3 cm und weniger als 4 cm von A entfernt sind. Beschreibe ihre Lage.

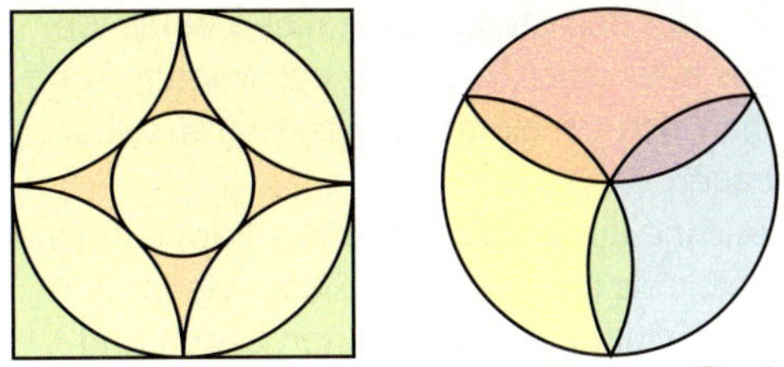

Fig. 1

Fig. 2

3 Wie groß ist bei einer Uhr wie in Fig. 2 der Winkel zwischen den Zeigern um
a) 6.00 Uhr, b) 8.00 Uhr, c) 17.30 Uhr?

4 Zeichne Winkel mit den Größen 15°, 30°, 55°, 76°, 110°, 142° und 178°.

5 Übertrage das Dreieck aus Fig. 3 ins Heft.
a) Bezeichne die Winkel im Dreieck mit griechischen Buchstaben. Notiere die Winkel auch mithilfe der Eckpunkte.
b) Miss die Größe der Winkel.

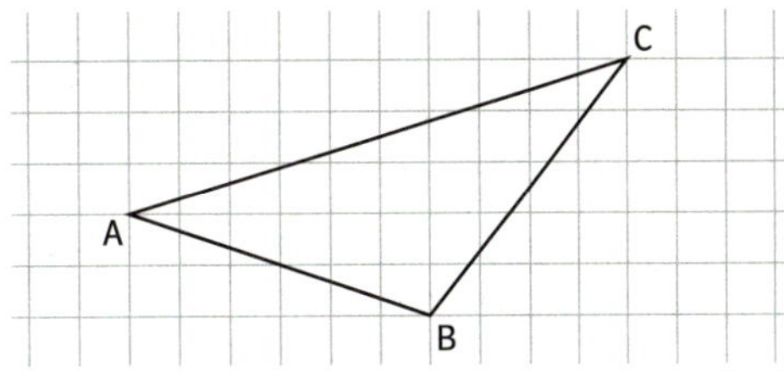

Fig. 3

6 Wenn man, ohne den Kopf zu drehen, geradeaus schaut, so überblickt man vor sich ein bestimmtes Sehfeld, dessen Größe durch den Sehwinkel beschrieben wird. Verschiedene Lebewesen haben ganz unterschiedlich große Sehwinkel.
a) Fertige eine Zeichnung an, in der die Sehwinkel aus Fig. 5 miteinander verglichen werden.
b) Bestimmt eure eigenen Sehwinkel. Fixiert mit den Augen einen Gegenstand. Bittet einen Klassenkameraden, erst von links hinten und dann von rechts hinten einen Gegenstand in euren Sehbereich hinein zu bewegen. Markiert jeweils die Stelle, wo ihr den Gegenstand zum ersten Mal erkennt. Messt den Sehwinkel. Benutzt dazu das große Geodreieck von eurem Lehrer.

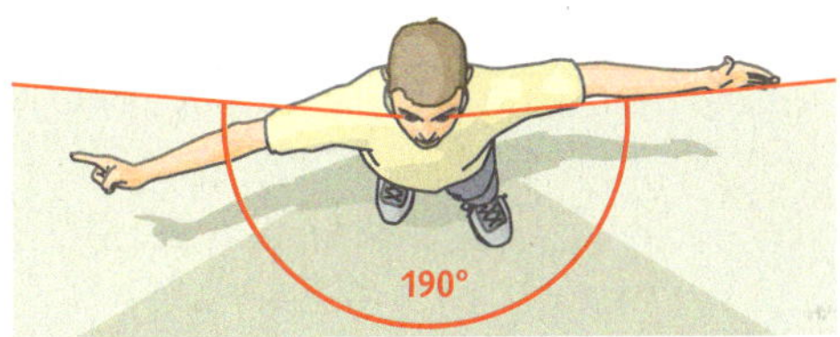

Fig. 4

Fig. 5

7 Wie groß ist der Winkel an der Spitze eines Tortenstücks, wenn die Torte
a) in 8, b) in 10, c) in 12, d) in 18
gleich große Stücke geteilt wurde?

8 Durch Vertauschen der x-Koordinate und der y-Koordinate erhält man zu einem Punkt A einen zugehörigen Punkt B. Zum Beispiel ergibt sich zum Punkt A(7|3) der zugehörige Punkt B(3|7). Durch das Verbinden von A und O und von B mit O erhält man den Winkel ∢ AOB.
a) Übernimm die Tabelle in dein Heft und ergänze die fehlenden Angaben. Zeichne dazu den Punkt A, seinen zugehörigen Punkt B, den Punkt O(0|0) und den Winkel ∢ AOB in ein Koordinatensystem. Miss die Größe des Winkels.

A	(7|3)			(10|1)
B		(1|6)	(3|5)	
∢ AOB				

b) Wie muss der Punkt A gewählt werden, damit ein rechter Winkel entsteht?

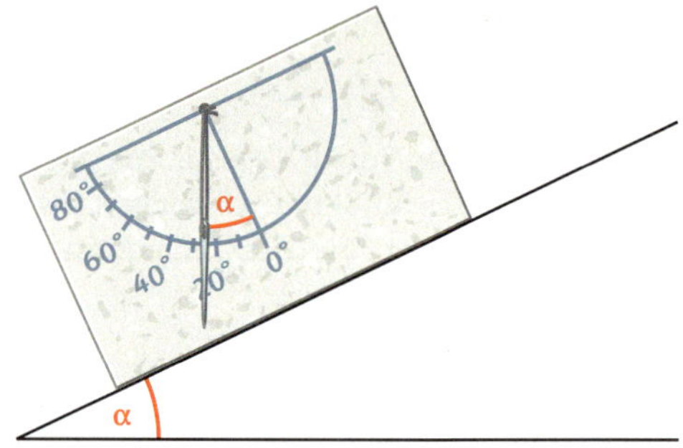

Fig. 1

9 Um den Steigungswinkel α eines Weges oder einer Straße zu bestimmen, kann man sich ein einfaches Messgerät selbst bauen.
Zeichne auf ein Rechteck aus Pappe einen Halbkreis und trage die Skala wie im Bild dargestellt auf. Bringe einen Faden und eine Nadel als Zeiger im Mittelpunkt des Halbkreises an. Der Faden wird auf der Rückseite der Scheibe mit einem Klebestreifen befestigt.
Stellt man das Gerät auf eine geneigte Ebene, so zeigt α den Steigungswinkel an.
a) Baue dir ein solches Messgerät.
b) Welchen Anstieg hat die Treppe in deiner Schule?
c) Miss auf einem Weg, der einen Höhenunterschied überwindet, den Steigungswinkel an verschiedenen Stellen.

10 Um Windenergie nutzbar zu machen, wird die „geradlinige" Bewegung der Luft in eine Drehbewegung umgewandelt. Durch die regelmäßige kreisförmige Anordnung der Windmühlenflügel wird bei Wind eine gleichmäßige Kreisbewegung erzeugt.

Fig. 2

a) In welchem Winkel stehen jeweils zwei benachbarte Windmühlenflügel bei den abgebildeten Windmühlen zueinander?
b) Entwürfe zu möglichen Windmühlenrotoren (Fig. 2) entstehen als Kreisbilder. Zeichne die Windmühlenrotoren in dein Heft. Entwirf selbst einen möglichen Windmühlenrotor.

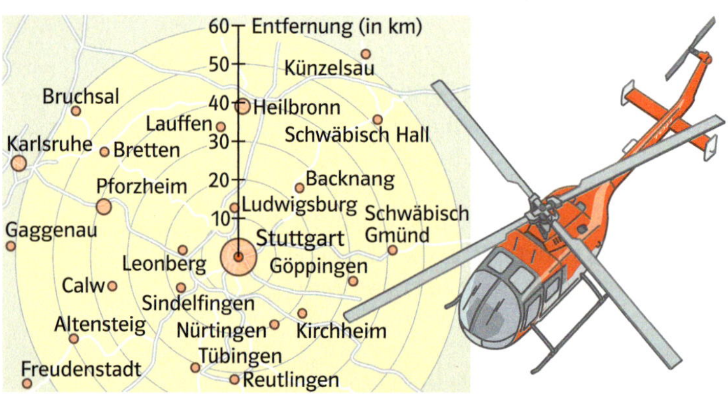

Fig. 3

11 In Stuttgart ist ein Rettungshubschrauber stationiert, der im Umkreis von 60 km alle Notfälle anfliegen kann.
a) Welche größeren Orte liegen im Einsatzgebiet des Helikopters?
b) Der Hubschrauber fliegt von Stuttgart nach Kirchheim und dann weiter nach Tübingen. Um welchen Winkel muss der Hubschrauber über Kirchheim drehen?
c) In welche Himmelsrichtung muss der Hubschrauber starten, wenn sein Einsatzgebiet in Reutlingen, Göppingen bzw. Ludwigsburg liegt?
d) Der Helikopter startet in Stuttgart und fliegt 50 km Richtung Norden. Nach einer Drehung um 60° Richtung Osten werden 18 Flug-km absolviert. Dann wird um 50° in gleicher Richtung gedreht und ungefähr 20 km geflogen. Wo befindet sich der Hubschrauber?

Winkelmesser früher

Im Jahr 1727 veröffentlichte Jacob Leupold, Mathematico und Mechanico, sein Buch Theatrum Arithmetico-Geometricum, im Cap. XXII., von Winkelmaaß, heißt es:

Eines von denen allernöthigſten und nützlichſten Inſtrumenten iſt der Transporteur.

Denn vermittelſt deſſelben werden die Gröſſen aller Winckel erkennet, und abgenommen. Nun ſind aber die Winckel die vornehmſten Stücke, darum wir in Geometricis, und andern darauf gegründeten Wiſſenſchafften, am meiſten bekümmert ſeyn müſſen,

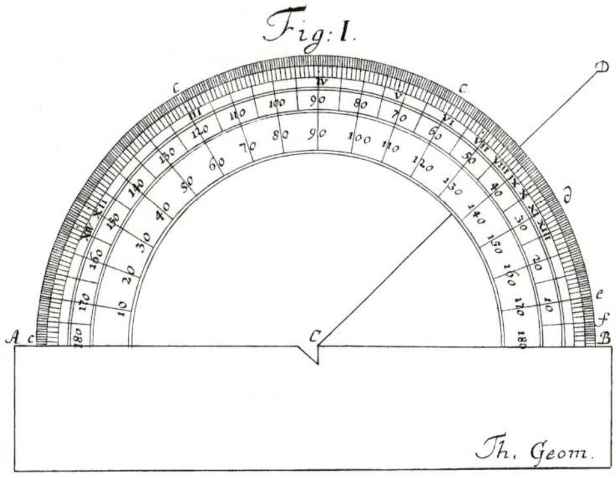

Was aber ist ein „Transporteur"? Nun, ein Winkelmesser, wie er bis vor 30 Jahren noch üblich war, gelegentlich gibt es ihn auch heute noch (Fig. I).

Die anschließend vorgestellten „Winckel-Messer" sind alle am Punkt C beweglich, und zwar so, dass mit den Linealen A und B der zu messende Winkel eingestellt werden kann. Am „Transporteur", also an der Kreisskala, kann dann bei i die Größe des Winkels abgelesen werden.

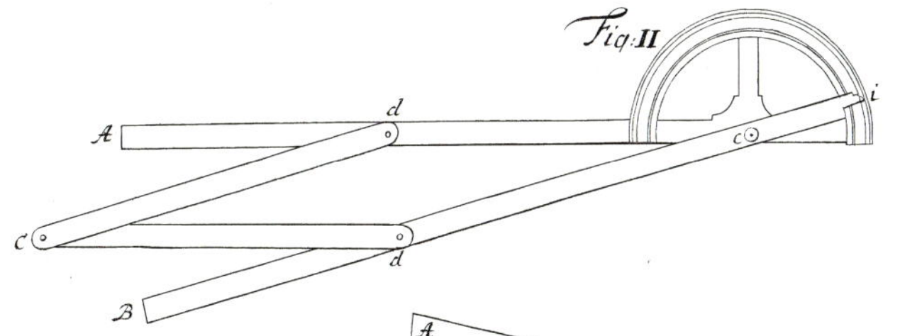

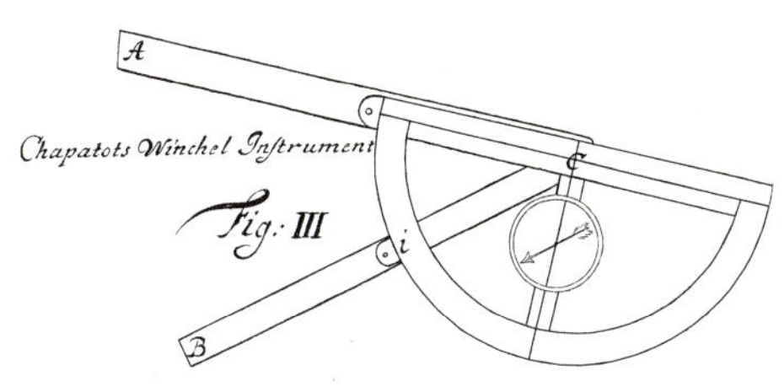

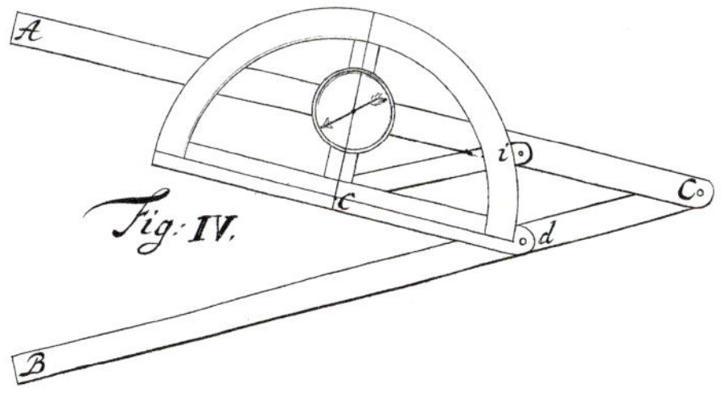

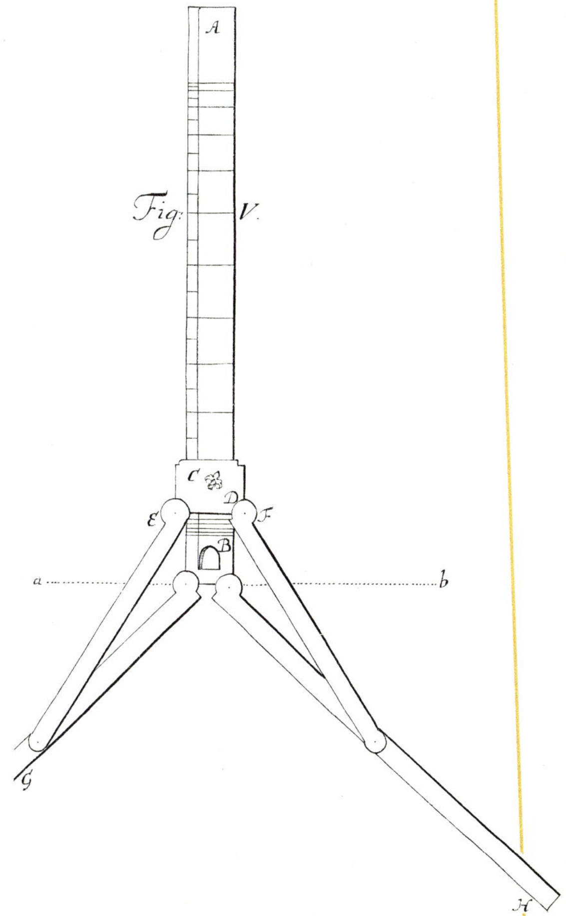

Ein interessantes Gerät zeigt Fig. V. Es ist besonders für Winkel zwischen 90° und 270° geeignet. Die Lineale G und H sind bei B drehbar befestigt. Wenn man sie auf den zu messenden Winkel einstellt, dann verschiebt sich das Teil C längs der Skala A, auf der dann die Größe des Winkels abgelesen werden kann.

Geometrie mit dem Computer

Winkel und Figuren mit Winkeln kann man auch am Computer zeichnen. Dazu benötigt man ein Geometrieprogramm. Im Unterschied zu einer Zeichnung auf Papier kann bei einer Konstruktion mit einem Geometrieprogramm die Lage von Punkten jederzeit geändert werden. Die Programme werden Dynamische Geometrie Systeme (DGS) genannt.

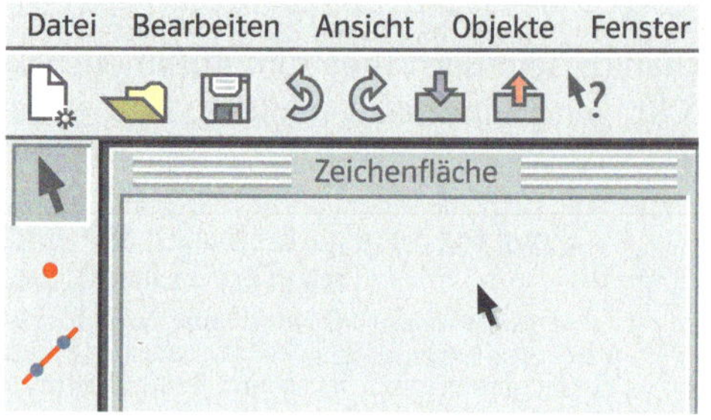

Fig. 1

Eine neue Zeichenfläche erzeugen.

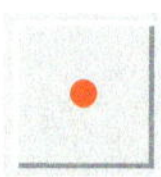

Einen Punkt zeichnen.

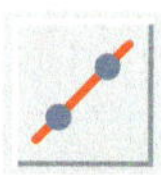

Eine Gerade durch zwei Punkte zeichnen.

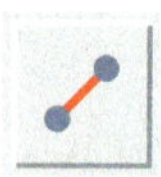

Zwei Punkte durch eine Strecke verbinden.

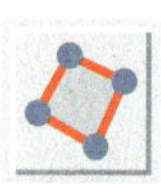

Ein Vieleck zeichnen.

Einen Kreis zeichnen.

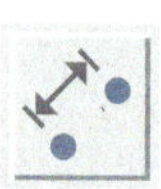

Den Abstand zwischen zwei Punkten messen.

Die Zeichnung speichern.

Eine gespeicherte Zeichnung aktivieren.

Bei einem Dynamischen Geometrie System sind neben der Arbeitsfläche Icons (kleine Bildchen) angebracht, die zum Ausführen von Arbeitsschritten dienen. Diese Schaltflächen werden erklärt, sobald man den Mauszeiger über das entsprechende Icon zieht. Die wichtigsten Schaltflächen sind auf dem Rand zusammengestellt. Durch doppeltes Anklicken eines Icons werden alle Icons angezeigt, die zu einer Gruppe zusammengefasst sind. In Fig. 2 sieht man zum Beispiel die Gruppe der Linien.

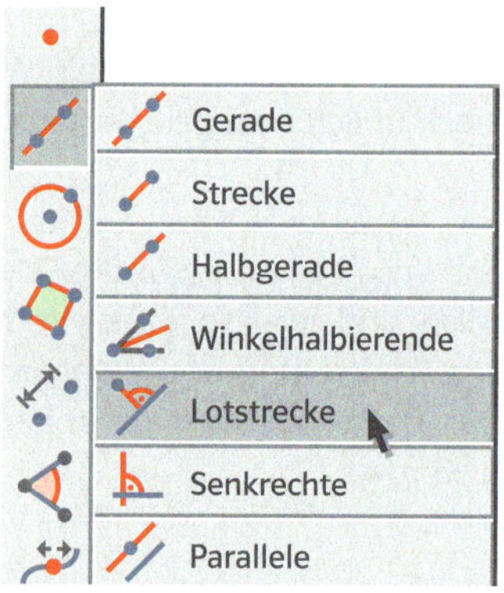

Fig. 2

Nach dem Erzeugen einer Zeichenfläche kann man mit wenigen Schritten eine kleine Zeichnung erstellen. Durch das Anklicken eines Icons wählt man die gewünschte Zeichenfunktion aus. Die blau gekennzeichneten Elemente sind auf der Zeichenfläche mit dem Mauszeiger festzulegen. Die rot gekennzeichneten Elemente werden durch den Computer erzeugt. Ist ein Punkt nicht wie gewünscht auf dem Zeichenfeld positioniert, so kann er jederzeit an eine andere Stelle verschoben werden. Hierzu ist das Icon „Bewegen" zu aktivieren. Durch Festhalten mit der linken Maustaste kann dann ein Punkt bewegt werden.

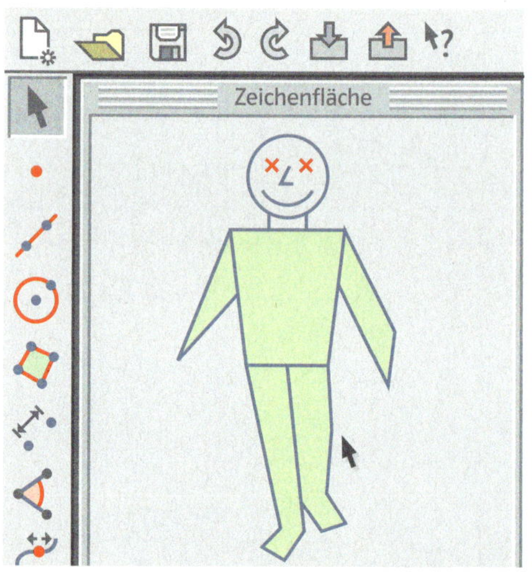

Fig. 3

1 Zeichne eine Figur (Person, Auto, Haus, Baum ...) nach deiner Wahl. Probiere dabei die verschiedenen Funktionen eines Dynamischen Geometrie Systems aus.

Geometrie mit dem Computer

Falsch gezeichnete geometrische Objekte können nach dem Aktivieren der Löschfunktion durch Anklicken von der Zeichenfläche entfernt werden.

Nach der Beendigung einer Konstruktion können Teile einer Zeichnung als Hilfslinien gekennzeichnet werden. Die Übersichtlichkeit der Zeichnung wird dadurch erhöht.

Messen und Beobachten eines Winkels

Um einen Winkel zu messen, werden nach dem Aktivieren der entsprechenden Schaltfläche drei Punkte angegeben, die den zu messenden Winkel bestimmen. Dabei ist auf die Reihenfolge der Punkte zu achten.

Einen Winkel messen.

Den Winkel markieren.

2 Das Bild in Fig. 1 zeigt ein Dreieck, in welchem der Winkel ∢ ACB gekennzeichnet und gemessen ist. Bewegt man den Punkt C, so können die Winkelgrößen in Abhängigkeit von der Lage des Punktes C beobachtet werden.

a) Zeichne ein Dreieck wie in Fig. 1 mit einem Dynamischen Geometrie System.

b) Bestimme für verschiedene Lagen von C den Winkel ∢ ACB.

c) Wo liegt der Punkt C, wenn der beobachtete Winkel eine Größe von 180° hat?

d) Wo muss der Punkt C liegen, damit der Winkel besonders klein wird?

e) Gibt es Positionen von C, bei denen ∢ ACB = 90° ist?

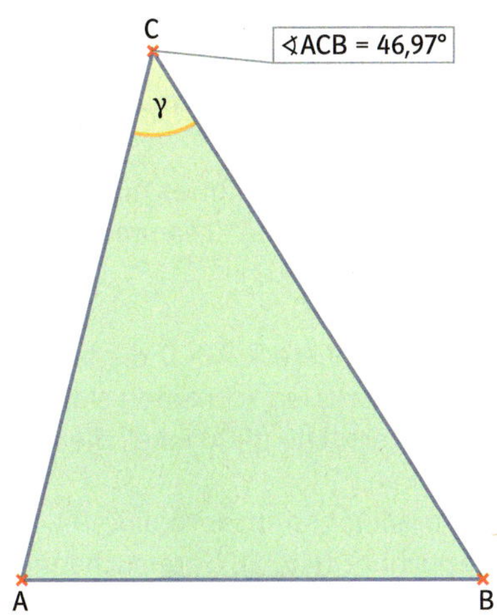

Fig. 1

3 Zu der Strecke AB verläuft die Gerade g parallel. Auf der Geraden liegt ein Punkt D (Gleiter auf der Geraden; Fig. 2). Untersuche den Winkel ∢ ADB.

a) Wie ändert sich der Winkel in Abhängigkeit von der Lage des Punktes C auf der Geraden?

b) Wo muss sich D befinden, damit der Winkel ∢ ADB am größten ist?

c) Wie ändert sich der Winkel, wenn der Abstand zwischen Strecke und Parallele verändert wird?

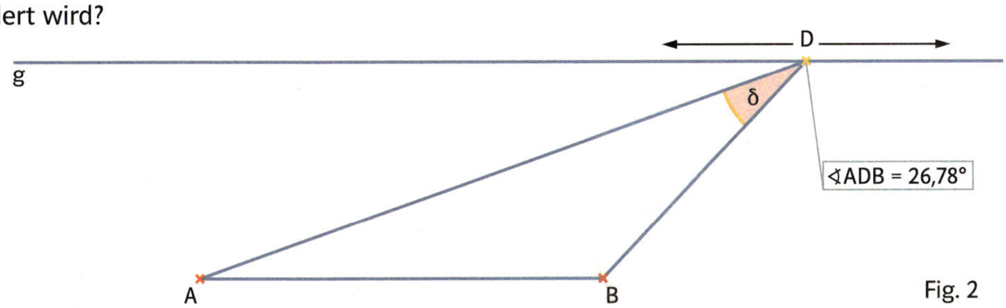

Fig. 2

(Gleiter)
Einen verschiebbaren Punkt auf einer Linie festlegen.

Geometrie mit dem Computer

4 Auf einem Kreis werden zwei Punkte E und F festgelegt. Der Punkt D kann beliebig eingezeichnet werden (Fig. 1). Welche Aussage kann man über den Winkel ∢ EDF treffen? Nutze zur Beschreibung Fallunterscheidungen. Zum Beispiel:
- Der Punkt D liegt außerhalb des Kreises, innerhalb des Kreises oder auf dem Kreis.
- Der Punkt D liegt oberhalb der Geraden durch E und F, unterhalb der Geraden durch E und F oder auf der Geraden durch E und F.

Hinweis: Um die Winkel zu untersuchen, wenn der Punkt D auf dem Kreis liegt, kann man den Punkt als Gleiter auf dem Kreis festlegen.

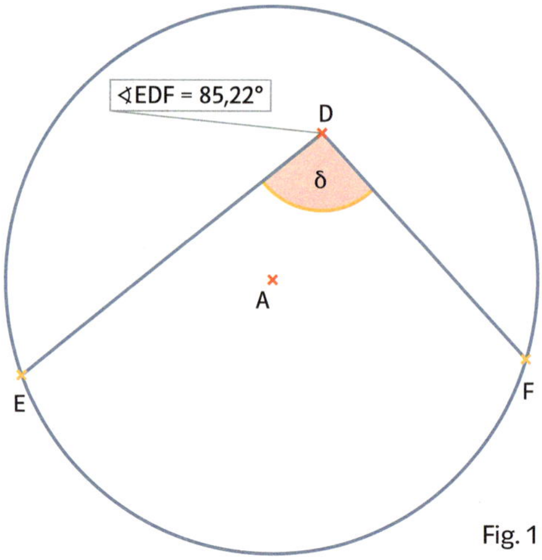

Fig. 1

Untersuchung von Winkeln in Figuren

Bei Figuren und Körpern gibt es meist mehrere Winkel, die oft in einem Zusammenhang zueinander stehen. Solche Zusammenhänge zwischen Winkeln kann man bei der Arbeit mit einem DGS entdecken.

5 Zeichne in ein Viereck ABCD die beiden Diagonalen ein. Liegen die Diagonalen im Inneren des Vierecks, so schneiden sie sich. Der Schnittpunkt der Diagonalen wird mit E bezeichnet. Untersuche die Winkel, die im Schnittpunkt E entstehen.

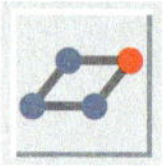

Zu drei Punkten einen Parallelogrammpunkt zeichnen.

6 In ein Parallelogramm wird eine Diagonale eingezeichnet (Fig. 2). Untersuche die Winkel in der Figur und versuche Zusammenhänge zwischen den Winkeln herzustellen.

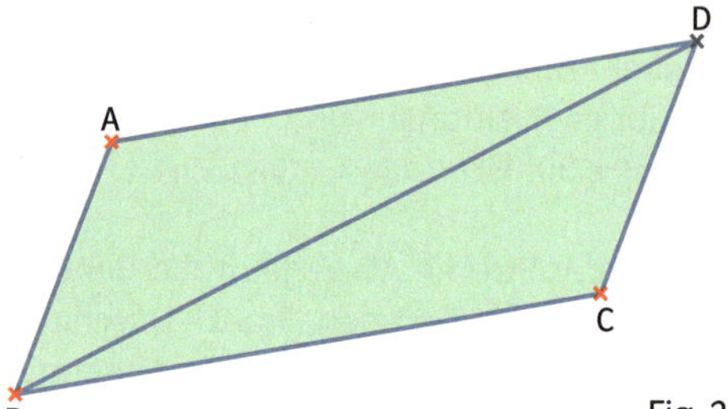

Fig. 2

Den Mittelpunkt einer Strecke festlegen.

7 Zeichne ein beliebiges Viereck ABCD. Halbiere die Viereckseiten (Fig. 3) und verbinden sie zu einem neuen Viereck EFGH.
a) Welches besondere Viereck entsteht?
b) Zeige durch das Messen von Winkeln und das Verändern der Ausgangsfigur, dass es sich tatsächlich um ein besonderes Viereck handelt.

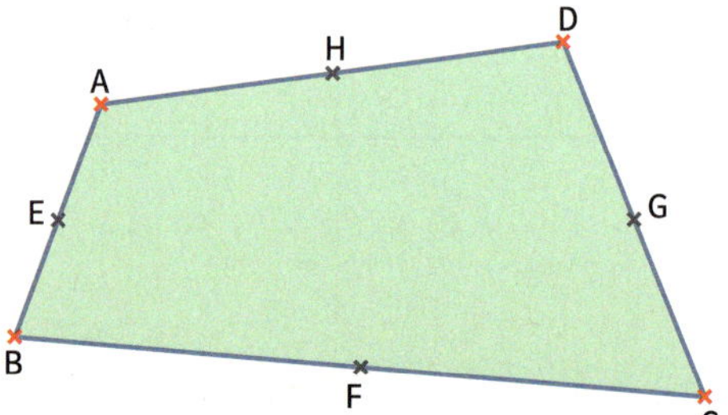

Fig. 3

Geometrie mit dem Computer

Zeichnen mit vorgegebenen Längen und Winkelweiten

Längen werden mit einem Dynamischen Geometrie System meistens über den Radius eines Kreises eingegeben. Für eine Strecke der Länge 4 cm wird zuerst ein Kreis mit dem Radius 4 cm gezeichnet. Durch das Verbinden des Kreismittelpunktes mit einem Punkt auf dem Kreis erhält man die Strecke der Länge 4 cm.

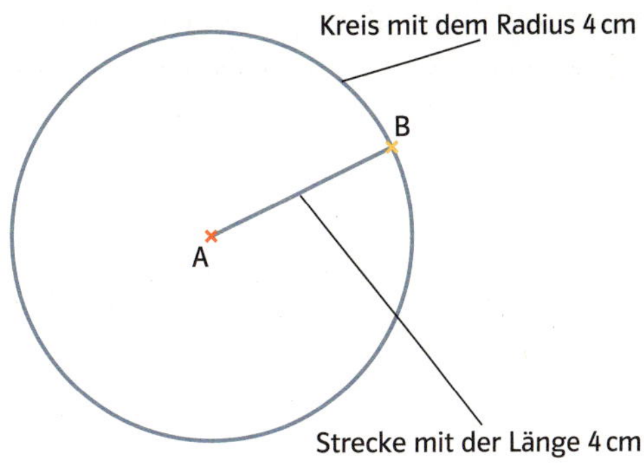

Fig. 1

Zeichnen eines Kreises mit vorgegebenem Radius.

Winkel vorgegebener Größe können direkt erzeugt werden. Durch die Vorgabe des Scheitelpunktes, eines Punktes auf dem ersten Schenkel und der Winkelgröße zeichnet ein Dynamisches Geometrie System einen Punkt, der auf dem zweiten Schenkel des Winkels liegt. Dabei ist der Winkel entgegen der Uhrzeigerrichtung gedreht. Der Winkel kann auch in Uhrzeigerrichtung gedreht werden, dazu ist die Winkelgröße mit einem negativen Vorzeichen zu versehen.

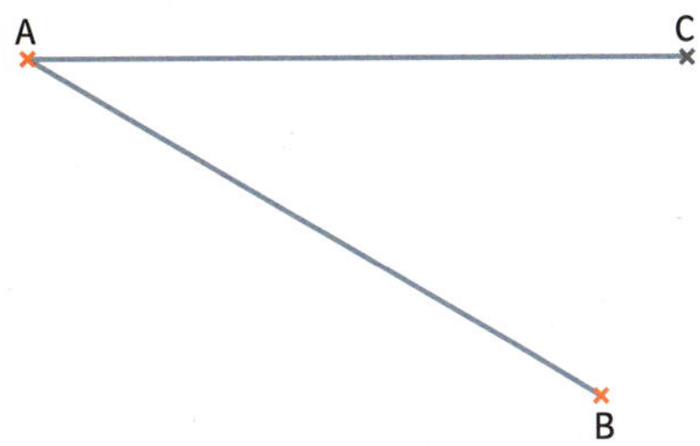

Fig. 2

Zeichnen eines Winkels mit vorgegebener Weite.

Ein Winkel von 30° wurde erzeugt durch die Vorgabe der Punkte A und B und der Größe 30°. Den Punkt C hat der Computer festgelegt.

8 Konstruiere mit einem Dynamischen Geometrie System ein Dreieck mit $\overline{AB} = 5\,cm$ und den Winkeln $\sphericalangle$ BAC = 35° und $\sphericalangle$ CBA = 56°. Orientiere dich an der Zeichnung in Fig. 3. Bei einer richtigen Konstruktion kannst du $\overline{AC} \approx 4{,}15\,cm$ und $\overline{BC} \approx 2{,}87\,cm$ messen.

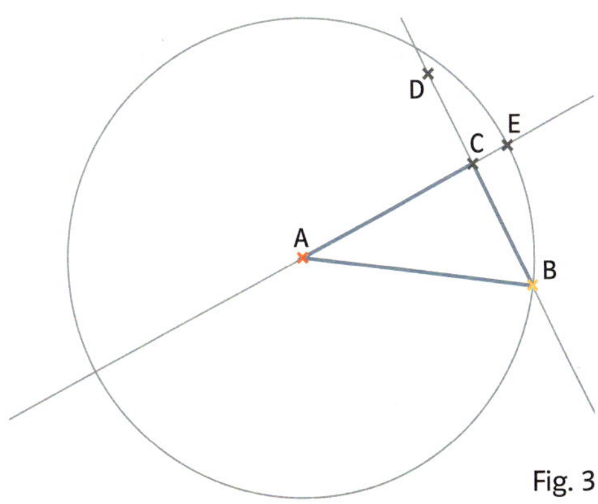

Fig. 3

9 Konstruiere ein Dreieck mit $\overline{AB} = 4{,}5\,cm$, $\overline{AC} = 2\,cm$ und $\sphericalangle$ CBA = 40°. Wie viele Dreiecke gibt es?

10 Konstruiere das Dreieck ABC mit den Seiten a = 3 cm, b = 4 cm und c = 5 cm.
a) Miss die Winkel des Dreiecks.
b) Versuche andere rechtwinklige Dreiecke zu konstruieren. Gib die Seitenlängen der Dreiecke an.

Rückblick

Kreis
Ein Kreis wird durch Angabe seines Mittelpunktes und seines Radius eindeutig festgelegt.
Alle Punkte eines Kreises haben von seinem Mittelpunkt den gleichen Abstand.
Der Durchmesser ist doppelt so lang wie der Radius.

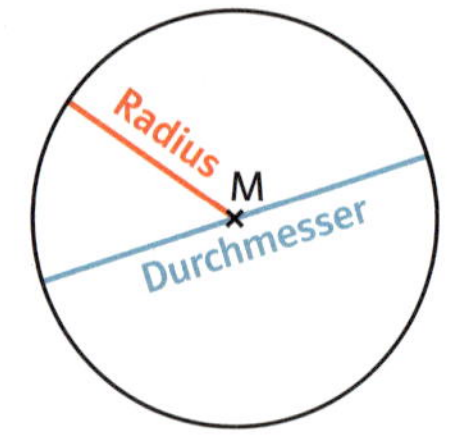

Winkel
Dreht man eine Halbgerade um ihren Anfangspunkt S, so entsteht ein Winkel.
S heißt Scheitel des Winkels, g und h heißen Schenkel des Winkels.

Winkelbezeichnung
Winkel bezeichnet man
- mit griechischen Buchstaben: α, β, γ, δ, ε;
- durch die Schenkel: $\sphericalangle$ gh;
- durch drei Punkte: $\sphericalangle$ ASB.

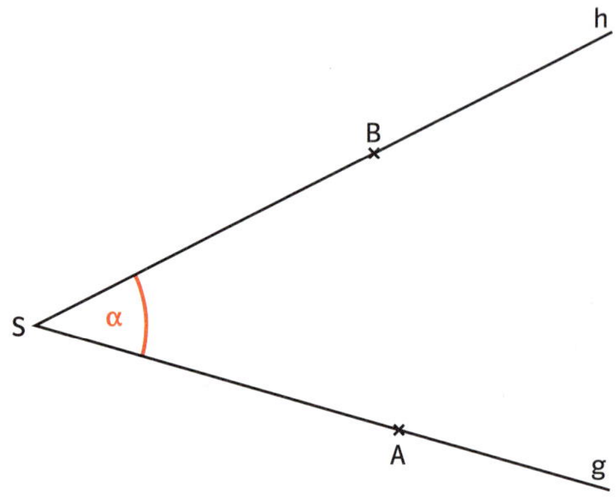

Winkel messen – Winkel zeichnen
Zum Messen von Winkeln benutzt man Kreisskalen, wie man sie auf dem Geodreieck findet.
Die Größe von Winkeln misst man in Grad. 1° entsteht, wenn ein Kreis in 360 gleich große Kreisausschnitte geteilt wird.

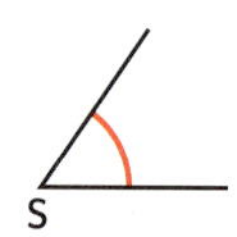

spitzer Winkel

rechter Winkel

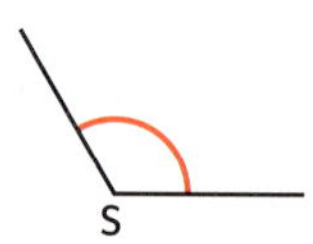

stumpfer Winkel

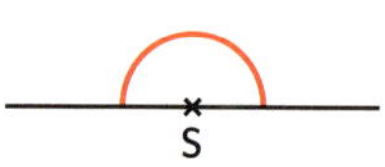

gestreckter Winkel

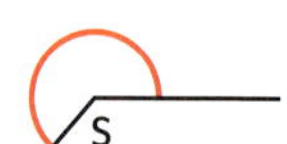

überstumpfer Winkel

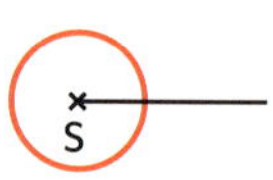

Vollwinkel

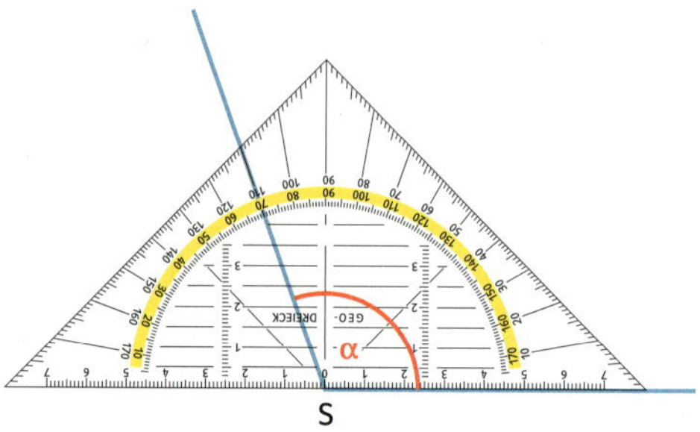

Training

Runde 1

1 Die Uhr in Fig. 1 zeigt die Zeit 6:15 Uhr.
a) Es vergehen 17 min. Gib die Größe des Winkels an, den der große Zeiger überstreicht.
b) Der Minutenzeiger der Uhr bewegt sich um einen Winkel von 240° weiter. Welche Uhrzeit zeigt die Uhr jetzt an? Wie viel Zeit ist vergangen?

Fig. 1

2 Zeichne das Bild aus Fig. 2 in dein Heft.
a) Gib die eingezeichneten Winkel mithilfe der Punkte A, B, C, D, E und F an.
b) Miss die Größe der Winkel.

3 Zeichne die Punkte A(3|7); B(12|6); C(7|4) und D(6|1) in ein Koordinatensystem. Bestimme die Größe der Winkel ∢ABC, ∢DAB, ∢BDC und ∢DCA.

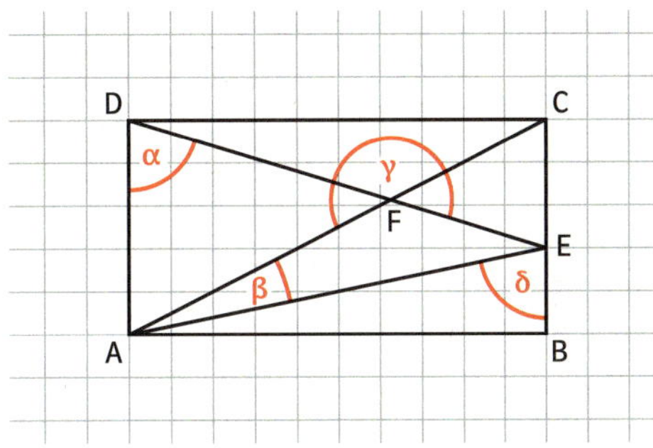

Fig. 2

4 Zeichne zwei parallele Geraden g und h. Lege auf der Geraden g zwei Punkte A und B fest, die eine Entfernung von 6 cm haben. Zeichne auf der Geraden h einen Punkt C ein. Bestimme die Größe des Winkels ∢ACB. Gibt es eine Stelle für C auf der Geraden h, bei der der Winkel ∢ACB am größten ist?

Runde 2

1 Zeichne die Winkel α, β, γ und δ:
α = 37°; β = 135°; γ = 215°; δ = 321°.

2 Auf vielen Kirchtürmen findet man einen Wetterhahn. Der Hahn wird je nach Windrichtung vom Wind gedreht.
Um wie viel Grad dreht sich der Hahn, wenn sich die Windrichtung von Nordost auf Südost (Süden nach Osten) ändert?

Fig. 3

3 Zeichne eine Strecke $\overline{AC}$ mit der Länge 4 cm. Trage im Punkt B den Winkel β = 110° und im Punkt A den Winkel α = 50° so an, dass ein Dreieck entsteht. Miss den Winkel γ bei C.

4 Zeichne das Dreieck ABC mit A(1|5), B(5|1) und C(7|3) ins Heft. Miss an jeder Dreiecksecke die großen, außerhalb des Dreiecks liegenden Winkel. Wie groß ist die Summe dieser drei Winkel?

5 Zeichne die Punkte M(5|5); A(2|1); B(8|3); C(9|8); D(6|8) und E(2|6) in ein Koordinatensystem. Zeichne die folgenden Winkel und miss ihre Größe.

a) ∢AMB	b) ∢BMC	c) ∢CMB	d) ∢BMD
e) ∢AMD	f) ∢CMA	g) ∢AMC	h) ∢DMB

Lösungen auf Seite 191.

Das kannst du schon

- Rationale Zahlen in Bruch- und Dezimaldarstellung addieren und subtrahieren
- Ganze Zahlen multiplizieren und dividieren

Verbrauchszeitraum vom 06.01.2004 bis 01.02.2004							
Identifikations-nummer	Zählerstand alt	Zählerstand neu	Differenz	Multi-plikator	Verbrauch	Tage	
4.534.232.31	81.645.000	82.112.000	467.000	1	467 kWh	26	
Arbeitspreisberechnung		11.210 ct/kWh	x	467.00	kWh		52.35 EUR
Grundpreisberechnung		93.100 EUR/jährlich		für 26	Tage		6.63 EUR
					Nettobetrag		58.98 EUR
					MWSt. 16 %		9.44 EUR
					Bruttobetrag		68.42 EUR
Stromsteuer:	2.050 ct/kWh	im Arbeitspreis auf	467.000 kWh	=	9.57 EUR		

Aus einem Bauantrag

Grundstücksfläche
ca. $0{,}5 \cdot (12{,}5 + 3{,}0) \cdot 30{,}5 = 236{,}38$

GRZ $\frac{82{,}37}{236{,}38} = 0{,}35$

GFZ $\frac{159{,}02}{236{,}38} = 0{,}67$

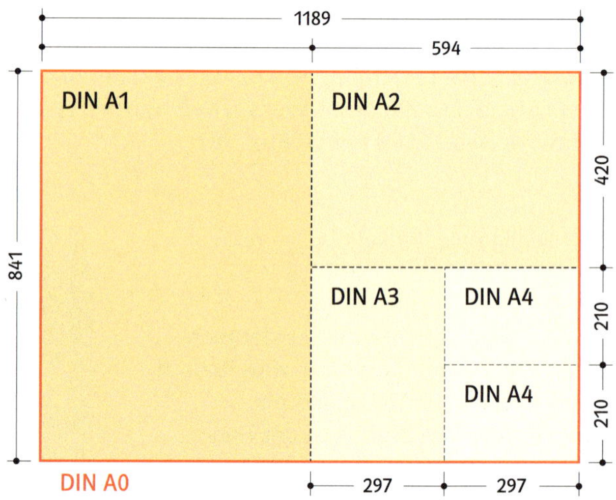

Zahl und Zahlbereiche

Daten und Zufall

Funktionaler Zusammenhang

Messen und Größen

Raum und Form

Jetzt musst du mit allem rechnen!

Nach einer Verkehrskontrolle in Landau gab die Polizei bekannt: Ein Drittel aller Autofahrer fuhren mit defektem Licht. Die Hälfte davon wusste es nicht. Im Mittel ist also bei 16 von 100 Autos die Beleuchtung defekt.

Das kannst du bald

- Brüche und Dezimalzahlen multiplizieren und dividieren
- Brüche in Dezimalzahlen umwandeln
- Mittelwerte bestimmen

1 Multiplizieren und Dividieren von Bruchzahlen mit ganzen Zahlen

Bei einem Zeitfahren beteiligen sich 61 Radfahrer. Die Teilnehmer starten um 10 Uhr im Abstand von $2\frac{1}{4}$ Minuten. Der langsamste Fahrer benötigt für die Rennstrecke ca. eine $\frac{3}{4}$ Stunde.
Der Fernsehredaktion Sport wurden $2\frac{1}{2}$ Stunden für die Übertragung des Rennens genehmigt.

$3 \cdot \frac{3}{7} = \frac{9}{7}$
$3 \cdot \frac{2}{7} = \frac{6}{7}$
$3 \cdot \frac{1}{7} = \frac{3}{7}$
$3 \cdot \frac{0}{7} = \frac{0}{7} = 0$
$3 \cdot \left(-\frac{1}{7}\right) = 3 \cdot \frac{-1}{7} = \frac{-3}{7}$
$3 \cdot \left(-\frac{2}{7}\right) = 3 \cdot \frac{-2}{7} = \frac{-6}{7}$

$3 \cdot \frac{2}{5} = \frac{6}{5}$
$2 \cdot \frac{2}{5} = \frac{4}{5}$
$1 \cdot \frac{2}{5} = \frac{2}{5}$
$0 \cdot \frac{2}{5} = \frac{0}{5} = 0$
$(-1) \cdot \frac{2}{5} = \frac{-2}{5}$
$(-2) \cdot \frac{2}{5} = \frac{-4}{5}$

Das Produkt aus einer natürlichen Zahl und einer Bruchzahl bedeutet, die Bruchzahl mehrfach zu addieren.

$$5 \cdot \frac{3}{4} = \frac{3}{4} + \frac{3}{4} + \frac{3}{4} + \frac{3}{4} + \frac{3}{4} = \frac{5 \cdot 3}{4} = \frac{15}{4}$$

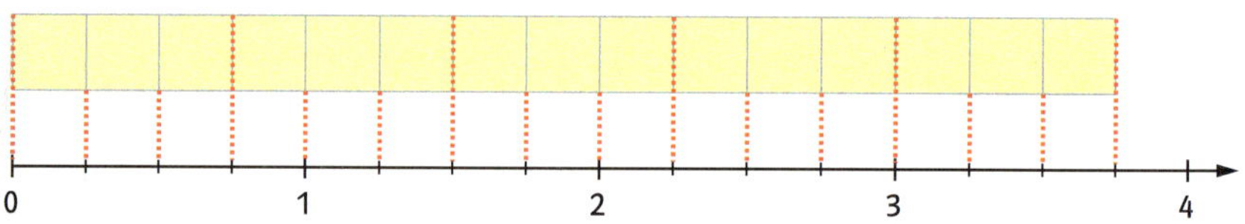

Fig. 1

Bei der Multiplikation von ganzen Zahlen mit Bruchzahlen gelten die gleichen Vorzeichenregeln wie bei der Multiplikation von ganzen Zahlen mit ganzen Zahlen, zum Beispiel:

$$-5 \cdot \left(-\frac{2}{3}\right) = -5 \cdot \left(\frac{-2}{3}\right) = \frac{(-5) \cdot (-2)}{3} = \frac{10}{3} = 3\frac{1}{3}$$

Multiplikation einer Bruchzahl mit einer ganzen Zahl
1. Falls die Bruchzahl negativ ist, schreibt man das Minuszeichen in den Zähler des Bruches.
2. Man multipliziert den Zähler des Bruches mit der ganzen Zahl und behält den Nenner bei.

Eine Bruchzahl kann durch jede natürliche Zahl (außer Null) geteilt werden. Man multipliziert hierbei den Nenner des Bruches mit der natürlichen Zahl.

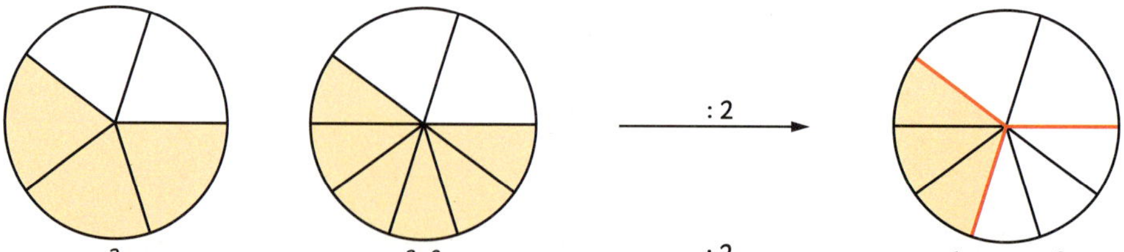

$$\frac{3}{5} = \frac{3 \cdot 2}{5 \cdot 2} \qquad \frac{6}{5 \cdot 2} : 2 = \frac{3}{5 \cdot 2}$$

Fig. 1

Bei der Division von Bruchzahlen durch ganze Zahlen gelten die gleichen Vorzeichenregeln wie bei der Division von ganzen Zahlen durch ganze Zahlen, zum Beispiel:

$$-\frac{3}{5} : (-2) = \frac{3}{-5} : (-2) = \frac{3}{(-5) \cdot (-2)} = \frac{3}{10}$$

Division einer Bruchzahl durch eine ganze Zahl (außer Null)

Division einer Bruchzahl durch eine ganze Zahl (außer Null)
1. Falls die Bruchzahl negativ ist, schreibt man das Minuszeichen in den Nenner des Bruches.
2. Man multipliziert den Nenner des Bruches mit der ganzen Zahl und behält den Zähler bei.

Erweitern ist nicht Multiplizieren!

Erweitern:

$\frac{2}{6}$ = $\frac{4}{12}$

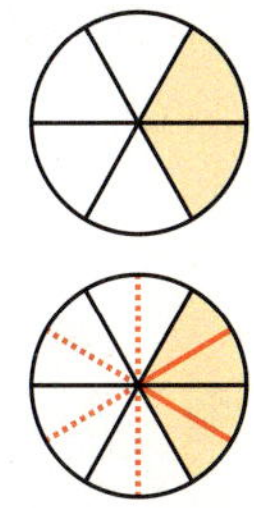

Multiplizieren:

$\frac{2}{6} \cdot 2 = \frac{4}{6}$

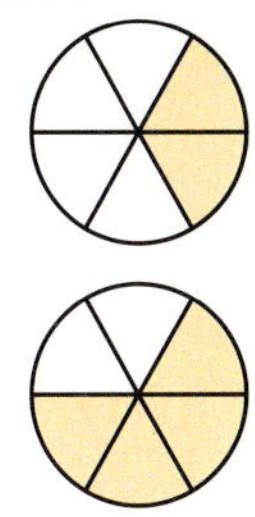

Bevor man im Zähler oder Nenner des Bruches multipliziert, ist es sinnvoll zu überprüfen, ob man kürzen kann.

Beispiel 1 Multiplikation
Multipliziere a) $5 \cdot \frac{3}{10}$ und b) $\frac{8}{27} \cdot 18$.
Lösung:
a) $5 \cdot \frac{3}{10} = \frac{5 \cdot 3}{10} = \frac{5 \cdot 3}{5 \cdot 2} = \frac{3}{2}$ b) $\frac{8}{27} \cdot 18 = \frac{8 \cdot 18}{27} = \frac{8 \cdot 2}{3} = \frac{16}{3}$ *Es wurde mit 9 gekürzt.*

Beispiel 2 Division
Berechne. a) $\frac{2}{3} : 5$ b) $\frac{3}{7} : 5$ c) $\frac{8}{11} : 4$
Lösung:
a) $\frac{2}{3} : 5 = \frac{2}{3 \cdot 5} = \frac{2}{15}$ b) $\frac{3}{7} : 5 = \frac{3}{7 \cdot 5} = \frac{3}{35}$ c) $\frac{8}{11} : 4 = \frac{8}{11 \cdot 4} = \frac{2 \cdot 4}{11 \cdot 4} = \frac{2}{11}$

Beispiel 3 Multiplikation und Division mit negativen Vorzeichen
Berechne. a) $-4 \cdot \frac{3}{8}$ b) $\frac{-5}{8} \cdot (-12)$
Lösung:
a) $-4 \cdot \frac{3}{8} = -4 \cdot \frac{3}{8} = -\frac{4 \cdot 3}{8} = -\frac{3}{2}$ b) $\frac{-5}{8} \cdot (-12) = \frac{5}{8} \cdot 12 = \frac{5 \cdot 12}{8} = \frac{15}{2}$

Aufgaben

$\frac{10}{11}$ 8 $\frac{4}{9}$ $-\frac{3}{11}$ $-\frac{7}{12}$ $\frac{3}{7}$ $\frac{1}{10}$ $-\frac{1}{6}$ $\frac{3}{5}$ -4

1 Rechne im Kopf. Die Ergebnisse findest du auf dem Rand.

a) $4 \cdot \frac{1}{9}$ b) $7 \cdot \frac{1}{-12}$ c) $\frac{-2}{11} \cdot (-5)$ d) $32 \cdot \left(-\frac{1}{8}\right)$ e) $-28 \cdot \frac{-2}{7}$
$\frac{1}{5} : 2$ $\frac{-1}{2} : 3$ $\frac{-9}{5} : (-3)$ $\frac{6}{11} : (-2)$ $\frac{15}{-7} : (-5)$

Zu Aufgabe 2:

$\frac{16}{33}$ L $\frac{63}{4}$ O 2 L $\frac{8}{59}$ A $\frac{1}{96}$ N $-\frac{5}{27}$ T $-\frac{1}{2}$ F $-\frac{2}{33}$ L $\frac{1}{31}$ U -48 B

2 Kürze so früh wie möglich. Die Ergebnisse ergeben ein Lösungswort.

a) $4 \cdot \frac{1}{2}$ b) $15 \cdot \frac{1}{-30}$ c) $-64 \cdot \frac{3}{4}$ d) $320 \cdot \frac{1}{660}$ e) $108 \cdot \frac{7}{48}$
$\frac{4}{31} : 4$ $\frac{-25}{27} : 5$ $\frac{56}{59} : 7$ $-\frac{68}{11} : 102$ $\frac{23}{24} : 92$

3 Setze die Zahlen 2; 5 und 12 in die Kästchen so ein, dass
a) eine ganze Zahl, b) eine Zahl kleiner als 1 entsteht.

$\square \cdot \frac{\square}{\square}$

Fig. 1

4 Ergänze. Es gibt mehrere Möglichkeiten.

a) $7 \cdot \frac{\square}{\square} = \frac{56}{11}$ b) $11 \cdot \frac{\square}{12} = \frac{77}{\square}$ c) $\frac{6}{\square} \cdot 8 = \frac{\square}{7}$ d) $\square \cdot \frac{13}{15} = \frac{78}{\square}$ e) $\frac{\square}{14} \cdot 20 = \frac{90}{\square}$

5 Nach dem Training stürzen sich alle auf den Kasten mit der Apfelsaftschorle.
a) Wie viele Liter sind es insgesamt?
b) Peter und seine Freunde trinken nach dem Sport davon 5 Flaschen. Wie viel Liter haben sie zusammen getrunken?

Fig. 1

6 Petra betrachtet winzige Pflanzenzellen nacheinander unter einem Mikroskop mit 20facher, 25facher und 75facher Vergrößerung.
Wie groß sehen die Zellen unter dem Mikroskop jeweils aus, wenn sie $\frac{1}{5}$ mm, $\frac{1}{10}$ mm und $\frac{1}{15}$ mm groß sind?

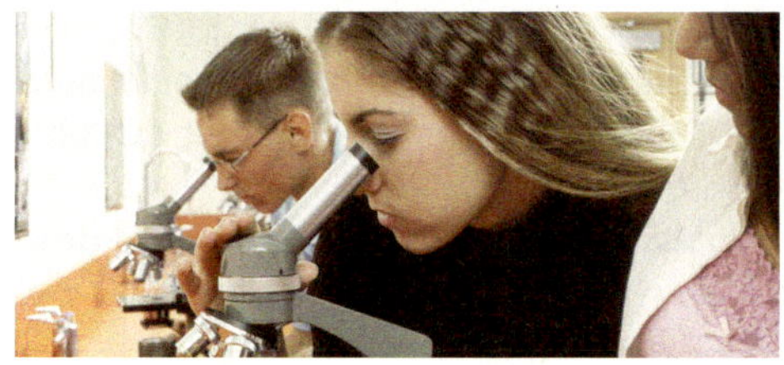

7 In der Metzgerei werden aus $1\frac{3}{4}$ kg Schweinefleisch 14 etwa gleich große Schnitzel geschnitten.
a) Wie viel wiegt ein Schnitzel im Durchschnitt?
b) Peters Vater kauft sechs dieser Schnitzel. Wie viel wiegen sie zusammen?
c) 1 kg Schnitzelfleisch kostet 10,80 €. Wie viel € hat Peters Vater ungefähr zu zahlen?

8 Sebastian und Thomas vergleichen ihre Laufleistungen.
Sebastian läuft $3\frac{1}{2}$ km in 15 Minuten, Thomas $5\frac{1}{4}$ km in 21 Minuten. Wer läuft schneller?

Bist du sicher?

1 Berechne.
a) $4 \cdot \frac{2}{11}$ b) $\frac{5}{46} \cdot 23$ c) $\frac{15}{23} : (-5)$ d) $\frac{3}{4} : 51$ e) $\frac{-2}{21} \cdot 7$

2 In einem Kasten sind 6 Flaschen mit Apfelsaft. Jede Flasche enthält $\frac{3}{4}$ l Saft. Wie viel Liter Apfelsaft sind dies insgesamt?

3 Anika möchte das Kaffee-Eis für sich und ihre Freundin Janine machen. Welche Menge benötigt sie, wenn das Rezept für vier Personen ist?

Fig. 1

9 Setze die Zahlen 3; 5 und 15 in die Kästchen so ein, dass
a) das größtmögliche Ergebnis entsteht.
b) das kleinstmögliche Ergebnis entsteht.

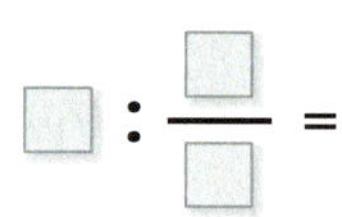
Fig. 2

10 a) Teile durch 5 und kürze mit 5. Vergleiche.
$\frac{5}{45}$; $\frac{25}{90}$; $\frac{100}{135}$; $\frac{185}{10}$
b) Erläutere den Unterschied zwischen Kürzen mit 4 und Dividieren mit 4.

11 Setze in die Kästchen drei verschiedene passende Zahlen ein.
a) $\frac{\square}{\square} \cdot \square = \frac{2}{5}$ b) $\square \cdot \frac{\square}{\square} = -\frac{7}{9}$ c) $\frac{\square}{\square} : \square = 4$ d) $\frac{\square}{\square} : \square = -\frac{1}{12}$

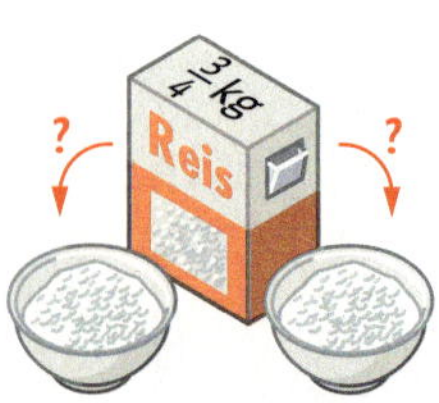

Fig. 3

12 Gib das Ergebnis in der nächstkleineren Einheit an.
a) Wie viel ist die Hälfte von $\frac{3}{4}$ kg?
b) Wie viel ist ein Viertel von einer halben Stunde?
c) Wie viel ist ein Zehntel von einem halben Kilometer?
d) Wie viel ist der achte Teil von $\frac{1}{5}$ Liter?

2 Multiplizieren von Bruchzahlen

Der Schulgarten wird neu angelegt. Von der Gesamtfläche soll $\frac{3}{4}$ bepflanzt werden. Die Klasse 6a soll $\frac{2}{3}$ der Beete pflegen, der andere Teil wird von der Klasse 6b versorgt. Die Klasse 6a möchte auf der Hälfte ihrer Fläche Radieschen und Bohnen und auf der restlichen Fläche Erdbeeren pflanzen. Die Klasse 6b plant, auf $\frac{3}{4}$ ihrer Beete Erdbeeren und auf dem Rest Zucchini anzupflanzen.

Bruchteile von Bruchteilen kann man in zwei Schritten berechnen, z.B. $\frac{3}{2}$ von $\frac{4}{5}$ der Kreisfläche.

Zur Erinnerung:
$\frac{2}{3}$ von 4 ist $\frac{2}{3} \cdot 4 = \frac{2 \cdot 4}{3}$.

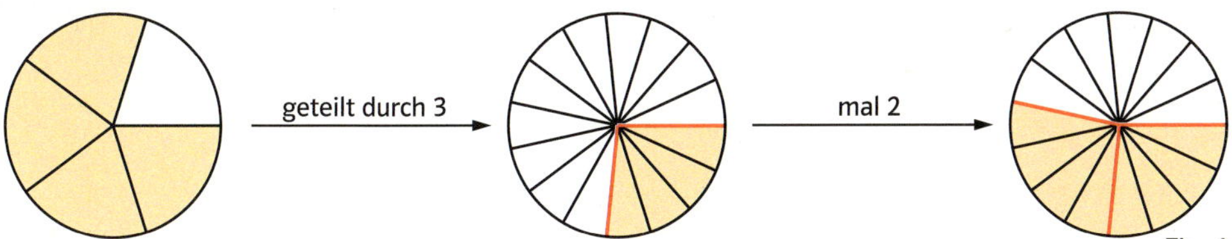

Fig. 1

$\frac{1}{3}$ von $\frac{4}{5}$ ist $\frac{4}{5} : 3$, also $\frac{4}{5 \cdot 3}$.

$\frac{2}{3}$ von $\frac{4}{5}$ ist $\left(\frac{4}{5 \cdot 3}\right) \cdot 2$, also $\frac{4 \cdot 2}{5 \cdot 3}$.

Berechnet man Bruchteile von Bruchteilen, so wird Zähler mit Zähler und Nenner mit Nenner multipliziert. Man sagt: Die beiden Brüche werden multipliziert.
Man berechnet $\frac{2}{3}$ von $\frac{4}{5}$ so: $\frac{2}{3} \cdot \frac{4}{5} = \frac{2 \cdot 4}{3 \cdot 5} = \frac{8}{15}$.

Bei der Multiplikation zweier Bruchzahlen gelten die gleichen Vorzeichenregeln wie bei der Multiplikation zweier ganzer Zahlen, zum Beispiel: $\frac{5}{9} \cdot \left(-\frac{2}{3}\right) = \frac{5}{9} \cdot \frac{(-2)}{3} = \frac{5 \cdot (-2)}{9 \cdot 3} = \frac{-10}{27} = -\frac{10}{27}$

Vorzeichenregeln:
$+ \cdot + = +$
$+ \cdot - = -$
$- \cdot + = -$
$- \cdot - = +$

Multiplikation von Bruchzahlen
1. Man multipliziert Nenner mit Nenner und Zähler mit Zähler.
2. Man achtet auf die Regeln für die Vorzeichen.

Erinnerung
$3^4 = 3 \cdot 3 \cdot 3 \cdot 3 = 81$

ebenso ist
$\left(\frac{2}{3}\right)^3 = \left(\frac{2}{3}\right) \cdot \left(\frac{2}{3}\right) \cdot \left(\frac{2}{3}\right) = \frac{8}{27}$

Beispiel 1 Multiplikation von Brüchen
Berechne.
a) $\frac{2}{3} \cdot \frac{5}{7}$ b) $\frac{5}{12} \cdot \frac{-8}{25}$ c) $-2\frac{3}{4} \cdot \frac{2}{3}$ d) $\left(\frac{2}{5}\right)^2$
Lösung:
a) $\frac{2}{3} \cdot \frac{5}{7} = \frac{2 \cdot 5}{3 \cdot 7} = \frac{10}{21}$
b) $\frac{5}{12} \cdot \frac{-8}{25} = -\frac{5 \cdot 8}{12 \cdot 25} = -\frac{1 \cdot 2}{3 \cdot 5} = -\frac{2}{15}$
c) $-2\frac{3}{4} \cdot \frac{2}{3} = -\frac{11}{4} \cdot \frac{2}{3} = -\frac{11}{6}$
d) $\left(\frac{2}{5}\right)^2 = \frac{2}{5} \cdot \frac{2}{5} = \frac{4}{25}$

Ist ein Faktor eine natürliche Zahl, so kann man auch diese als Bruch schreiben und dann multiplizieren:
$\frac{3}{8} \cdot 4 = \frac{3}{8} \cdot \frac{4}{1} = \frac{3 \cdot 1}{2 \cdot 1} = \frac{3}{2}$.

*Berechnet man $\frac{2}{5}$ von $\frac{3}{4}$ kg so sagt man auch: Man wendet den **Operator** $\frac{2}{5}$ auf $\frac{3}{4}$ kg an.*

Beispiel 2 Anteile von Größen

Berechne $\frac{2}{5}$ von $\frac{3}{4}$ kg.

Lösung: $\frac{2}{5}$ von $\frac{3}{4}$ kg: $\left(\frac{2}{5} \cdot \frac{3}{4}\right)$ kg $= \frac{2 \cdot 3}{5 \cdot 4}$ kg $= \frac{3}{10}$ kg.

Beispiel 3 Multiplikation

Berechne $4\frac{2}{3} \cdot 3\frac{4}{7}$.

Lösung: $4\frac{2}{3} \cdot 3\frac{4}{7} = \frac{14}{3} \cdot \frac{25}{7} = \frac{14 \cdot 25}{3 \cdot 7} = \frac{2 \cdot 25}{3} = \frac{50}{3} = 16\frac{2}{3}$

Aufgaben

In welcher Stadt liegt diese Brücke?

Ordne dazu die Ergebnisse von Aufgabe 5.

$-\frac{5}{3}$ X | $\frac{8}{3}$ D | $\frac{11}{10}$ B | $\frac{7}{3}$ O | $\frac{4}{5}$ E | $-\frac{5}{6}$ A | $-\frac{6}{17}$ R | $\frac{45}{68}$ U

Die Lösungsstadt von Aufgabe 5 liegt im Lösungsland von Aufgabe 4.

$-\frac{5}{12}$ N | $\frac{2}{3}$ C | $\frac{1}{6}$ F | $\frac{5}{48}$ K | $-\frac{12}{35}$ A | $\frac{4}{15}$ H | $\frac{6}{35}$ R | $\frac{27}{56}$ R | $\frac{20}{63}$ I | $-\frac{6}{35}$ E

1 Welche Multiplikation ist dargestellt?

a)

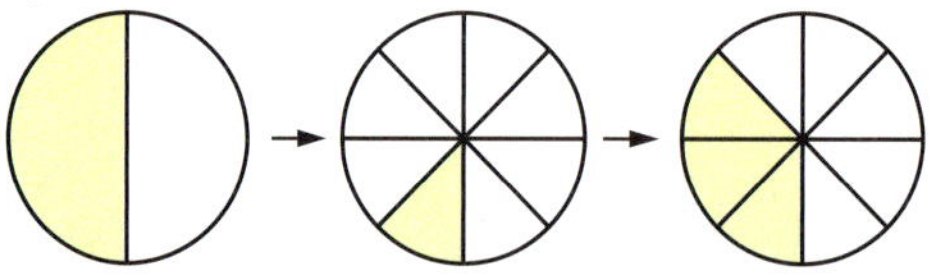

b)

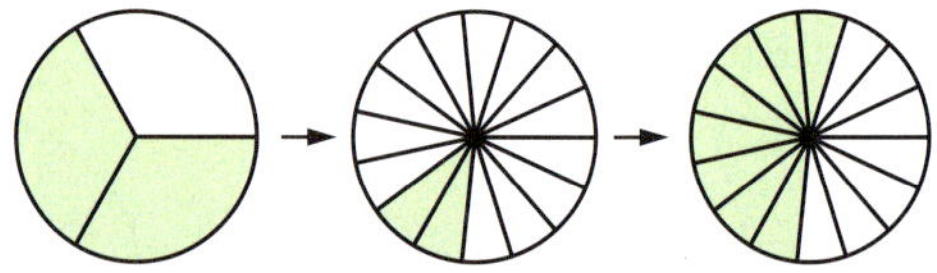

2 Veranschauliche mit einem Kreisbild wie in Aufgabe 1.

a) $\frac{3}{4}$ von $\frac{4}{9}$ b) $\frac{1}{6}$ von $\frac{2}{3}$ c) $\frac{5}{4}$ von $\frac{2}{5}$ d) $\frac{1}{6}$ von $\frac{5}{6}$

3 Berechne.

a) $\frac{2}{5}$ von $\frac{5}{3}$ kg b) $\frac{1}{4}$ von $\frac{2}{3}$ km c) $\frac{1}{2}$ von $\frac{1}{4}$ h d) $\frac{3}{4}$ von $2\frac{1}{2}$ l

4 Rechne im Kopf.

a) $\frac{1}{3} \cdot \frac{1}{2}$ b) $-\frac{4}{5} \cdot \frac{3}{7}$ c) $\frac{5}{8} \cdot \frac{1}{6}$ d) $-\frac{3}{7} \cdot \frac{2}{5}$ e) $\frac{3}{4} \cdot \frac{8}{9}$

$\frac{2}{5} \cdot \frac{3}{7}$ $\frac{1}{2} \cdot \left(-\frac{5}{6}\right)$ $\frac{3}{7} \cdot \frac{9}{8}$ $\frac{4}{7} \cdot \frac{5}{9}$ $-\frac{4}{5} \cdot \frac{-1}{3}$

5 Berechne. Kürze, wenn möglich.

a) $\frac{5}{8} \cdot \frac{44}{25}$ b) $\frac{-3}{8} \cdot \frac{48}{51}$ c) $\frac{13}{14} \cdot \frac{56}{65}$ d) $-\frac{48}{51} \cdot \left(-\frac{45}{64}\right)$

$3\frac{1}{3} \cdot \frac{7}{10}$ $5 \cdot \frac{8}{15}$ $2\frac{1}{2} \cdot \frac{-1}{3}$ $-4\frac{1}{6} \cdot \frac{2}{5}$

6 a) Wie viel sind zwei Drittel von einem halben Liter?

b) Wie viel sind drei Viertel von einem halben Liter?

c) Wie viel sind vier Fünftel von drei viertel Kilometer?

d) Wie viel sind zwei Drittel von einer Dreiviertelstunde?

7 Ergänze die Rechenpyramiden. Über zwei Zahlen steht immer deren Produkt.

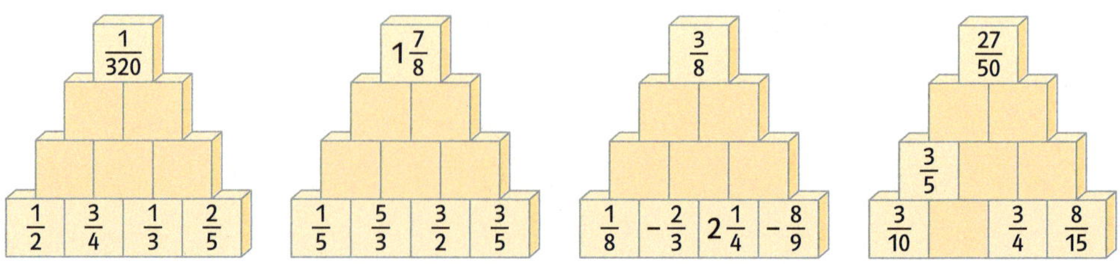

Fig. 1

8 In Michaels Heft steht:
Zeige durch eine Überschlagsrechnung, dass er nicht richtig gerechnet hat. Beschreibe, welchen Fehler er gemacht hat und bestimme das richtige Ergebnis.

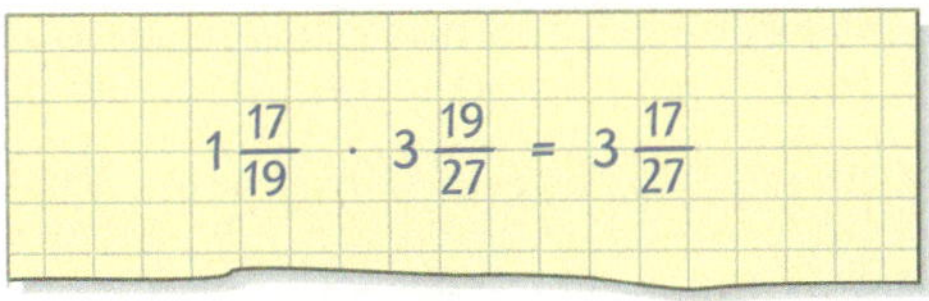

Fig. 1

Bist du sicher?

1 Berechne.
a) $\frac{2}{3}$ von $\frac{1}{2}$kg b) $\frac{2}{5}$ von $\frac{7}{8}$t c) $\frac{3}{2}$ von $\frac{3}{4}$km d) $\frac{5}{6}$ von $9\,m^3$

2 Berechne.
a) $\frac{4}{3} \cdot \frac{2}{3}$ b) $\frac{-6}{3} \cdot \frac{10}{3}$ c) $\frac{98}{68} \cdot \frac{51}{21}$ d) $\frac{15}{2} \cdot \frac{-2}{5}$ e) $\frac{7}{9} \cdot 2\frac{7}{8}$

3 Die Ernte eines Bauernhofes besteht zu drei Fünftel aus Getreide, davon sind zwei Drittel Weizen. Welchen Anteil macht der Weizen an der gesamten Ernte aus?

9 Den Goldanteil von Schmuck und Besteck erkennt man an einer eingestempelten Zahl. Ist der Stempeldruck z. B. 585, so besteht der Gegenstand zu $\frac{585}{1000}$ aus reinem Gold. Wie viel Gold enthält
a) ein Ring: $2\frac{1}{4}$g; Stempel 750. b) eine Kette: $28\frac{1}{5}$g; Stempel 585?

10 Rechenspiel mit vier Würfeln
Würfle und bilde aus den vier Augenzahlen zwei Brüche und multipliziere sie.
a) Wer hat ein Ergebnis, das am nächsten an der Zahl 1 liegt?
b) Wer hat das größte, wer das kleinste Ergebnis?

Fig. 2
Beispiel: $\frac{5}{2} \cdot \frac{4}{6} = \frac{20}{12}$

11 a) Die Erdoberfläche ist zu etwa $\frac{7}{10}$ mit Meeren bedeckt. $\frac{3}{10}$ der Meeresflächen entfallen auf den Atlantischen Ozean, $\frac{1}{5}$ auf den Indischen Ozean und der Rest auf den Pazifischen Ozean. Welchen Anteil der Erdoberfläche nehmen die drei Meere jeweils ein?
b) Der Rest der Erdoberfläche ist Festland, das sich wie folgt auf die Kontinente verteilt: $\frac{1}{5}$ Afrika, $\frac{4}{25}$ Nord-, $\frac{3}{25}$ Südamerika, $\frac{7}{75}$ Antarktis, $\frac{3}{10}$ Asien, $\frac{3}{50}$ Ozeanien und $\frac{1}{15}$ Europa. Welchen Anteil der Erdoberfläche nehmen die Kontinente jeweils ein?
c) Der afrikanische Kontinent ist zu $\frac{3}{5}$ mit Wüsten oder Halbwüsten bedeckt. Die Wüste Sahara nimmt $\frac{5}{12}$ davon ein. Welcher Teil des Kontinents entfällt auf die Sahara?

Fig. 3

Die beiden Gläser sind je zu $\frac{2}{3}$ gefüllt. Man gießt aus dem linken die Hälfte in das rechte Glas, dann die Hälfte aus dem rechten in das linke Glas, nun wieder die Hälfte aus dem linken ins rechte Glas usw. Wann läuft welches Glas beim Umfüllen über?

12 Max, Bettina und Kim teilen sich eine Schale Erdbeeren so, dass jeder gleich viel erhält. Als Bernd hinzukommt, geben ihm Max und Bettina jeweils ein Drittel ihrer Portionen ab. Kim gibt ihm von ihren Erdbeeren ein Viertel. Welchen Anteil aller Erdbeeren hat jetzt jedes der Kinder? Wer hat die größte, wer hat die kleinste Portion?

13 Jakob meint: Multipliziert man zwei Zahlen, dann ist das Ergebnis stets größer als jeder der beiden Faktoren. Hat er Recht? Begründe deine Antwort.

3 Dividieren von Bruchzahlen

Nach den Ferien unterhalten sich die Schülerinnen und Schüler über die Autofahrt zum Urlaubsort und wer schneller gefahren ist.
„Mein Vater hat für die Strecke von 400 km $3\frac{1}{2}$ Stunden benötigt", sagt Peter. „Meine Mutter ist in $4\frac{1}{4}$ Stunden die Strecke von 550 km gefahren", erwidert Petra.

Der Multiplikation in $x \cdot 13 = 65$ entspricht die Division in $x = 65 : 13$.
Wie man zur Berechnung von x in $x \cdot \frac{7}{9} = \frac{5}{11}$ vorgehen kann, zeigt das Pfeilbild:

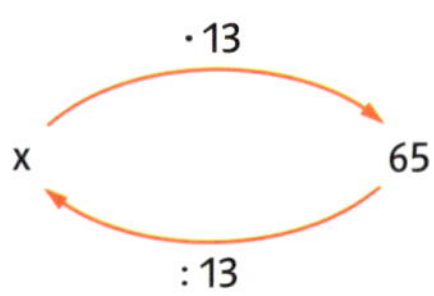

Fig. 2

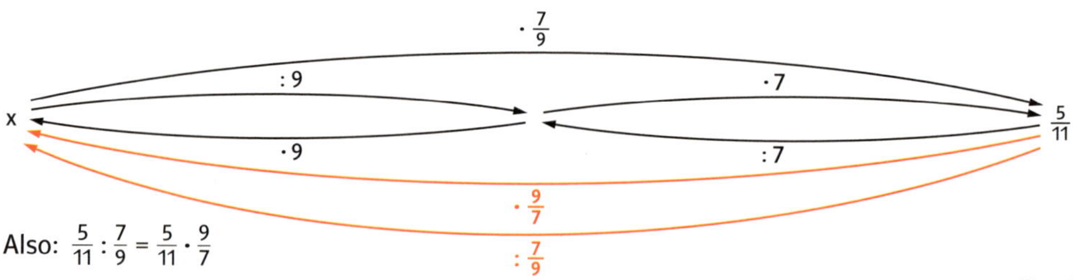

Also: $\frac{5}{11} : \frac{7}{9} = \frac{5}{11} \cdot \frac{9}{7}$

Fig. 1

Vertauscht man bei einem Bruch Zähler und Nenner, so erhält man seinen **Kehrbruch**:
$\frac{b}{a}$ ist der Kehrbruch des Bruches $\frac{a}{b}$ ($a \neq 0$; $b \neq 0$).
Bei der Division zweier Bruchzahlen gelten die gleichen Vorzeichenregeln wie bei der Division zweier ganzer Zahlen, zum Beispiel $\frac{5}{9} : \left(-\frac{3}{2}\right) = \frac{5}{9} : \frac{(-3)}{2} = \frac{5}{9} \cdot \frac{2}{(-3)} = \frac{5 \cdot 2}{9 \cdot (-3)} = \frac{10}{-27} = -\frac{10}{27}$

Vorzeichenregeln:
+ : + = +
+ : − = −
− : + = −
− : − = +

Division von Bruchzahlen
1. Multipliziere den ersten Bruch mit dem Kehrbruch des zweiten Bruches.
2. Achte auf die Regeln für die Vorzeichen.

Beispiel
Berechne.
a) $\frac{3}{5} : \frac{7}{8}$ b) $-\frac{6}{5} : \frac{9}{20}$ c) $2 : \left(-\frac{3}{8}\right)$ d) $\left(-\frac{3}{2}\right) : \left(-\frac{5}{7}\right)$.

Lösung:
a) $\frac{3}{5} : \frac{7}{8} = \frac{3}{5} \cdot \frac{8}{7} = \frac{3 \cdot 8}{5 \cdot 7} = \frac{24}{35}$
b) $-\frac{6}{5} : \frac{9}{20} = -\frac{6}{5} \cdot \frac{20}{9} = -\frac{6 \cdot 20}{5 \cdot 9} = -\frac{2 \cdot 4}{1 \cdot 3} = -\frac{8}{3}$
c) $2 : \left(-\frac{3}{8}\right) = 2 \cdot \left(-\frac{8}{3}\right) = -\frac{2 \cdot 8}{3} = -\frac{16}{3}$
d) $\left(-\frac{3}{2}\right) : \left(-\frac{5}{7}\right) = -\frac{3}{2} \cdot \left(-\frac{7}{5}\right) = \frac{21}{10}$

Bruch	*Kehrbruch*
$\frac{4}{3}$	$\frac{3}{4}$
$-\frac{2}{3}$	$-\frac{3}{2}$

Achte auf die Reihenfolge!

Als Produkt schreiben
↓
Kürzen
↓
Multiplizieren

Aufgaben

1 Rechne im Kopf.
a) $\frac{1}{2} : \frac{1}{8}$ $\quad \frac{2}{3} : \frac{1}{4}$
b) $-\frac{1}{2} : \frac{1}{3}$ $\quad \frac{3}{5} : \frac{6}{10}$
c) $\frac{1}{5} : \frac{1}{2}$ $\quad \frac{5}{7} : \left(-\frac{7}{15}\right)$
d) $-\frac{4}{5} : \left(-\frac{1}{10}\right)$ $\quad \frac{15}{21} : \frac{5}{7}$
e) $\frac{4}{9} : \frac{1}{6}$ $\quad -\frac{14}{25} : \frac{7}{5}$

2 Berechne und kürze, wenn möglich, vor dem Multiplizieren.

a) $\frac{5}{12} : \frac{15}{8}$ b) $\frac{10}{21} : \frac{15}{14}$ c) $\frac{22}{21} : \left(-\frac{11}{28}\right)$ d) $\frac{21}{12} : \frac{49}{16}$ e) $\frac{24}{49} : \frac{36}{56}$

$\frac{95}{24} : \frac{25}{36}$ $-\frac{36}{45} : \frac{24}{27}$ $\frac{33}{84} : \frac{11}{48}$ $-\frac{25}{49} : \left(-\frac{81}{35}\right)$ $\frac{18}{17} : \frac{90}{34}$

3 a) $2\frac{2}{5} : \frac{2}{5}$ b) $-10 : \frac{4}{5}$ c) $4 : \frac{3}{8}$ d) $\frac{3}{4} : \left(-1\frac{2}{3}\right)$ e) $-\frac{1}{5} : \frac{1}{3}$

$-\frac{3}{4} : \frac{6}{15}$ $\frac{2}{3} : \frac{4}{9}$ $-\frac{1}{3} : \frac{1}{6}$ $\frac{3}{5} : 5$ $5 : -\frac{7}{15}$

4 Welcher Bruch steht für ■?

a) $\frac{7}{5} : ■ = \frac{14}{25}$ b) $-\frac{8}{9} : ■ = \frac{4}{9}$ c) $■ : \frac{1}{4} = \frac{1}{2}$ d) $■ : \frac{7}{2} = -\frac{2}{21}$ e) $■ : \left(-2\frac{7}{8}\right) = -\frac{8}{23}$

5 Übertrage ins Heft und fülle aus.

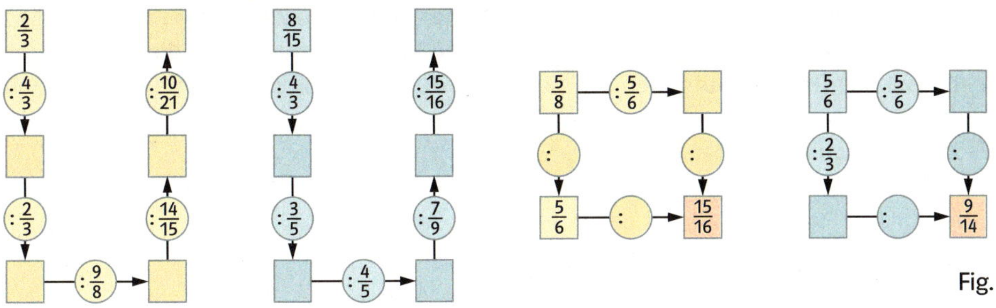

Fig. 1

Bist du sicher?

1 Berechne.

a) $\frac{3}{4} : \frac{6}{5}$ b) $\frac{21}{16} : \frac{7}{24}$ c) $-\frac{35}{36} : \frac{25}{54}$ d) $\frac{64}{75} : \frac{32}{95}$

2 Berechne.

a) $\frac{5}{7} : 2\frac{2}{5}$ b) $4 : \left(-\frac{1}{2}\right)$ c) $-\frac{4}{9} : \left(-\frac{3}{4}\right)$ d) $9\frac{1}{2} : 2\frac{1}{9}$

3 Ein Imker füllt seine Ernte von $77\frac{1}{2}$ kg Honig in Dosen zu $2\frac{1}{2}$ kg ab. Wie viele Dosen Honig erhält er?

6 Ein rechteckiges Grundstück hat den Flächeninhalt $730\,m^2$ und eine Seite mit der Länge $18\frac{1}{4}$ m. Berechne die Länge der anderen Seite.

7 Die Kästchen sollen in die Felder eingefügt werden. Gibt es mehrere Möglichkeiten?

Fig. 2

8 Die rechteckige Bodenfläche eines Schwimmbeckens von $800\,m^2$ soll mit quadratischen Fliesen der Seitenlänge $\frac{1}{4}$ m ausgelegt werden. Berechne die Materialkosten, wenn eine Fliese 12,50 € kostet.

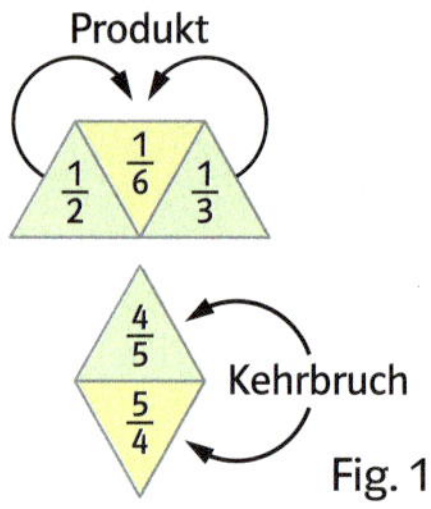

Fig. 1

9 In jedem gelben Dreieck steht das Produkt der Zahlen in den danebenstehenden grünen Dreiecken. In übereinander liegenden grünen und gelben Dreiecken stehen die Kehrbrüche. Übertrage die Dreiecke in dein Heft und ergänze sie.

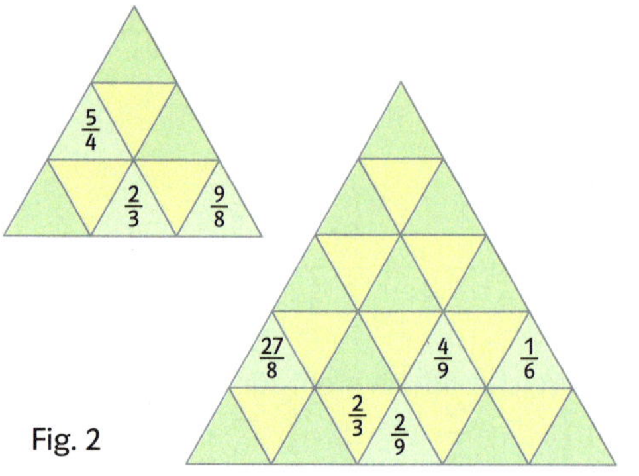

Fig. 2

10 Anika erhält $2\frac{1}{4}$-mal so viel Taschengeld wie ihr jüngerer Bruder Sebastian. Anika bekommt monatlich 9 Euro. Wie viel Taschengeld erhält Sebastian?

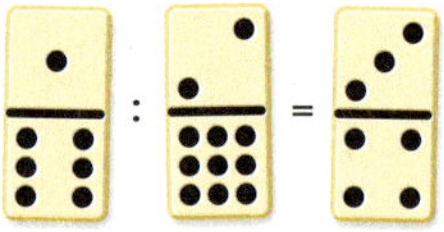
Fig. 3

11 Ein Dominospiel besteht aus verschiedenen Steinen, auf denen je zwei Zahlen zwischen 0 und 9 dargestellt sind. Entfernt alle Steine, welche die Zahl 0 oder zweimal die gleiche Zahl zeigen. Dreht dann alle verbleibenden Steine so, dass oben die kleinere Zahl steht. Gebt alle Divisionsaufgaben an, die ihr mit den verbleibenden Steinen legen könnt.

Fig. 4

Beispiel:
$\frac{2}{6} : \frac{3}{5} = \frac{5}{9}$

12 **Rechenspiel mit vier Würfeln**
Würfle und bilde aus den vier Augenzahlen zwei Brüche und dividiere sie.
a) Wer hat ein Ergebnis, das am nächsten an der Zahl 1 liegt?
b) Wer hat das größte, wer das kleinste Ergebnis?

13 Nach Auskunft eines Autohändlers verliert ein fabrikneues Auto im ersten Jahr $\frac{1}{4}$, im zweiten Jahr $\frac{1}{6}$ und im dritten Jahr $\frac{1}{8}$ seines Neupreises an Wert.
a) Welchen Wert hat ein Auto nach drei Jahren, wenn der Neupreis 14 400 Euro beträgt?
b) Welcher Anteil vom Neupreis ist der Wert nach drei Jahren?
c) Was kostet ein Auto fabrikneu, das drei Jahre alt ist und noch 8800 Euro wert ist?
d) Welchen Bruchteil seines Wertes zu Beginn des zweiten Jahres verliert das Auto im zweiten Jahr?

14 Ein Trainer lobt seine Mannschaft: „Heute seid ihr in Top-Form. Ihr habt drei Fünftel der Laufstrecke in nur fünf Sechstel der Zeit zurückgelegt, die ihr sonst für die ganze Strecke braucht." Was sagst du zu diesem Lob?

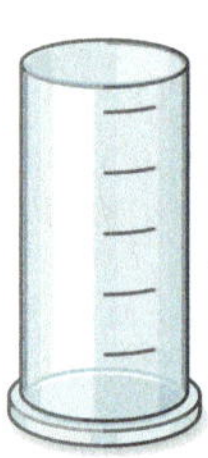
Fig. 5

15 An einem Becherglas sind fünf Markierungen in gleichen Abständen angebracht. Gießt man $\frac{3}{5}$ l Wasser in das Glas, so ist es genau bis zum zweiten Strich gefüllt. Mit welcher Zahl muss der oberste Strich beschriftet werden?

16 **Zum Knobeln**
Kann man mit zwei Gefäßen, die $\frac{3}{4}$ l und $\frac{2}{3}$ l fassen, eine Flüssigkeitsmenge von fünf Litern abmessen?

Kannst du das noch?

17 Multipliziere und schreibe in einer größeren Einheit.
a) 10 cm · 1000 b) 25 g · 10 000 c) 25 mm · 1 000 000 d) 12 kg · 1000

18 Schreibe in einer kleineren Einheit und dividiere dann.
a) 20 km : 1000 b) 12 t : 100 c) 2 m : 1000 d) 5 km : 10 000

4 Multiplizieren und Dividieren mit Zehnerpotenzen

Die Schüler der Klasse 6b in Schwäbisch Gmünd planen einen Tagesausflug mit Inlinern. Zur Planung benutzen sie die abgebildete Fahrradwanderkarte. Da nicht alle geübte Inline-Fahrer sind, soll jede der vier Etappen nicht länger als 5 km werden.

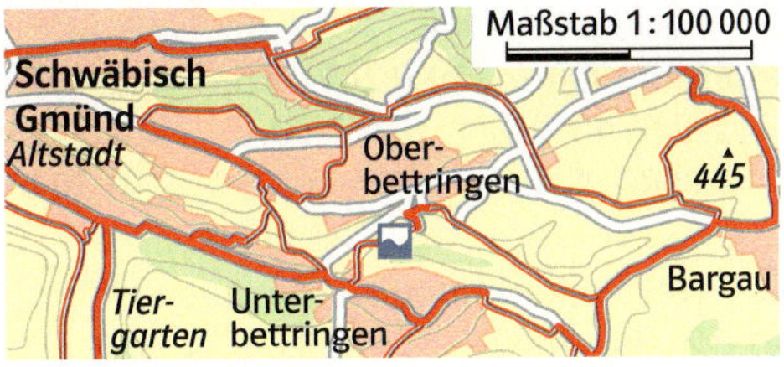

Die Zahlen 10; 100; 1000 heißen Zehnerpotenzen, weil
$10 = 10^1$
$100 = 10 \cdot 10 = 10^2$
$1000 = 10 \cdot 10 \cdot 10 = 10^3$
usw.

Für die Dezimalzahl 0,32 kann man auch $\frac{32}{100}$ schreiben. Multipliziert man diese Zahl mit 10, so erhält man: $\frac{32}{100} \cdot 10 = \frac{32}{10} = 3{,}2$.
Das Multiplizieren einer Dezimalzahl mit 10 entspricht also einer Verschiebung des Kommas um eine Stelle nach rechts.
Bei der Division durch 100 wird das Komma um zwei Stellen nach links verschoben, denn es gilt: $792{,}4 : 100 = \frac{7924}{10} : \frac{100}{1} = \frac{7924}{10} \cdot \frac{1}{100} = \frac{7924}{1000} = 7{,}924$.

Beim **Multiplizieren** einer Dezimalzahl mit 10; 100; 1000 … verschiebt sich das Komma der Dezimalzahl um 1; 2; 3 … Stellen **nach rechts**.
Beim **Dividieren** einer Dezimalzahl durch 10; 100; 1000 … verschiebt sich das Komma der Dezimalzahl um 1; 2; 3 … Stellen **nach links**.
Die Zahlen 10; 100; 1000 … heißen **Zehnerpotenzen**.

Bei der Division einer ganzen Zahl durch 100 muss die Zahl zuerst mit Komma geschrieben werden: 23 : 100 = 23,0 : 100 = 0,23.
Wenn die Anzahl der Ziffern zum Verschieben des Kommas nicht reichen, werden Nullen vorangesetzt oder angehängt.

Beispiel 1 Rechnen mit Kommaverschiebung
Berechne. a) $5{,}23 \cdot 10^3$ b) 834 : 1000 c) $2{,}74 : 10^4$
Lösung:
a) $5{,}23 \cdot 10^3 = 5{,}23 \cdot 1000 = 5230$ *Um das Komma um 3 Stellen nach rechts verschieben zu können, muss eine zusätzliche Null angehängt werden.*
b) 834 : 1000 = 834,0 : 1000 = 0,834 *Zuerst wird die Zahl mit Komma geschrieben.*
c) $2{,}74 : 10^4 = 2{,}74 : 10\,000 = 0{,}000\,274$ *Um das Komma 4 Stellen nach links verschieben zu können, müssen drei zusätzliche Nullen vorangesetzt werden.*

Beispiel 2 Bedeutung der Kommaverschiebung
Welche Rechnung wurde durchgeführt?
a) 0,0247 $\xrightarrow{\square}$ 24,7 b) 25,26 $\xrightarrow{\square}$ 0,002 526
Lösung:
a) Kommaverschiebung um 3 Stellen nach rechts; es wurde mit $10^3 = 1000$ multipliziert.
b) Kommaverschiebung um 4 Stellen nach links; es wurde durch $10^4 = 10\,000$ dividiert.

Aufgaben

1 Rechne im Kopf.

a) $65{,}42 \cdot 100$ b) $0{,}245 \cdot 10^2$ c) $100 \cdot 15$ d) $0{,}0004 \cdot 10^3$ e) $10000 \cdot 0{,}0041$
$272{,}6 : 10$ $0{,}6 : 100$ $21 : 10^3$ $4{,}321 : 100$ $3{,}07 : 10^3$
$0{,}0047 : 10$ $10^5 \cdot 0{,}0034$ $30{,}03 : 10$ $10^2 \cdot 21$ $700 : 10^4$

2 Welche Rechnung wurde durchgeführt?

a) $0{,}2 \xrightarrow{\square} 20$ b) $3{,}6 \xrightarrow{\square} 360$ c) $0{,}0001 \xrightarrow{\square} 1$ d) $0{,}0026 \xrightarrow{\square} 2600$
$1{,}3 \xrightarrow{\square} 0{,}13$ $75{,}2 \xrightarrow{\square} 0{,}752$ $1 \xrightarrow{\square} 0{,}00001$ $0{,}05 \xrightarrow{\square} 0{,}0005$

3 Gib die kleinste Zehnerpotenz an, mit der man multiplizieren muss, damit man eine natürliche Zahl erhält.

a) 0,04 b) 1,007 c) 0,0251 d) 1,414123
2,102 310,310 3,1413 0,600

4 Welche Angabe macht der Drehzahlmesser im nebenstehenden Foto?

5 Das Mikroskop vergrößert auf das Tausendfache.
a) Ein Faden von einem Spinnennetz erscheint unter dem Mikroskop 5 mm dick. Wie groß ist er in Wirklichkeit?
b) Ein Bazillus ist 0,004 mm lang. Wie lang erscheint er unter dem Mikroskop?

6 a) Ein Kilogramm Schinken kostet 18,50 €. Wie viel Euro kosten 100 g?
b) 10 g eines Gewürzes kosten 0,45 €. Wie viel Euro kostet ein Kilogramm?
c) 0,1 l Parfüm kostet 74,75 €. Wie viel Euro würde ein Liter kosten?

Bist du sicher?

1 Berechne.

a) $0{,}045 \cdot 100$ b) $10^5 \cdot 0{,}000\,31$ c) $0{,}07 : 10^2$ d) $5{,}07 : 10^3$ e) $230 : 10\,000$

2 Welche Rechnung wurde durchgeführt?

a) $1{,}441 \xrightarrow{\square} 1441$ b) $0{,}387 \xrightarrow{\square} 0{,}003\,87$ c) $0{,}07 \xrightarrow{\square} 7$ d) $111{,}1 \xrightarrow{\square} 0{,}1111$

3 Eine 1-Euro-Münze ist 2,125 mm dick und 7,5 g schwer. Wie hoch und wie schwer ist ein Stapel aus 10; 100; 1000 Münzen?

7 Findest du die Ergebnisse der Rechnungen ohne die Zwischenergebnisse aufzuschreiben?

a) $(53{,}2 \cdot 100) : 10$ b) $(0{,}08 \cdot 1000) : 100$ c) $1000 \cdot (4 : 100)$
$0{,}31 \cdot 100 \cdot 10 \cdot 10$ $((1736{,}2 : 10) : 100) : 100$ $((22{,}83 : 100) \cdot 1000) : 10$

8 Lege 100 Blätter Zeitungspapier übereinander und bestimme die Höhe und das Gewicht des Stapels.
a) Wie dick ist ein einzelnes Blatt? Gib die Dicke in cm und in mm an.
b) Wie schwer ist ein einzelnes Blatt? Gib das Gewicht in kg und g an.

5 Multiplizieren von Dezimalzahlen

Rebecca, Max und Bettina lesen die nebenstehende Aufstellung. Plötzlich fängt Rebecca an zu lachen. Als sich die anderen wundern, sagt sie: „Ich stelle mir gerade vor, aus wie vielen Flaschen Wasser, Eiern und Paketen Butter ich bestehe."

Aus der Medizin

„1 kg Mensch" besteht aus ca.
0,65 kg Wasser
0,1 kg Fett
0,15 kg Eiweiß
0,05 kg Mineralien
0,05 kg Kohlenhydrate

Um die Dezimalzahlen 2,3 und 1,34 miteinander zu multiplizieren, kann man sie als Bruchzahlen schreiben: $2{,}3 \cdot 1{,}34 = \frac{23}{10} \cdot \frac{134}{100} = \frac{23 \cdot 134}{10 \cdot 100} = \frac{3082}{1000} = 3{,}082$.

Der Zähler 3082 des Bruches $\frac{3082}{1000}$ ist das Produkt der Dezimalzahlen ohne Berücksichtigung des Kommas.
Der Nenner 1000 zeigt an, dass das Ergebnis drei Nachkommastellen haben muss.
Das heißt, das Ergebnis hat genauso viele Stellen nach dem Komma wie die beiden Faktoren zusammen.
Bei der Multiplikation zweier Dezimalzahlen gelten die gleichen Vorzeichenregeln wie bei der Multiplikation zweier ganzer Zahlen, zum Beispiel $2{,}5 \cdot (-0{,}2) = -0{,}50$.

Multiplizieren von Dezimalzahlen
1. Multipliziere zunächst, ohne auf Kommas zu achten.
2. Setze das Komma so, dass das Ergebnis ebenso viele Stellen nach dem Komma hat, wie beide Faktoren zusammen.
3. Achte auf die Vorzeichenregeln.

Vorzeichenregeln:
$+ \cdot + = +$
$+ \cdot - = -$
$- \cdot + = -$
$- \cdot - = +$

Beispiel 1

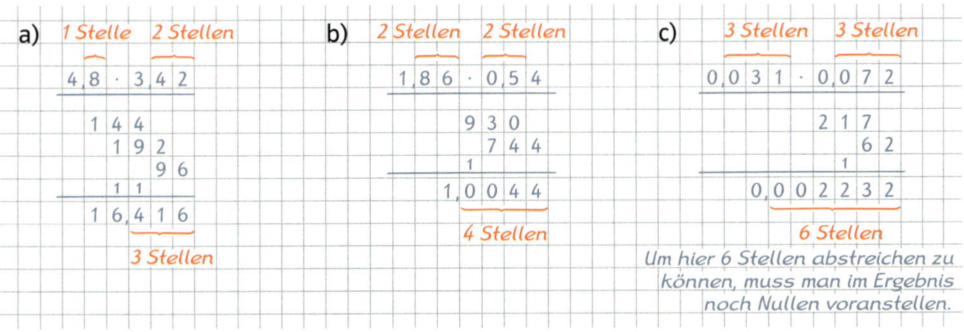

Fig. 1

Beispiel 2
Berechne.
a) $1{,}51 \cdot (-0{,}1)$ b) $(-1{,}51) \cdot 0{,}1$ c) $(-1{,}51) \cdot (-0{,}1)$
Lösung:
a) $1{,}51 \cdot (-0{,}1) = -0{,}151$
b) $(-1{,}51) \cdot 0{,}1 = -0{,}151$
c) $(-1{,}51) \cdot (-0{,}1) = 0{,}151$

3 , 2 5 · 1 8 , 7

= 3 2 , 5 · 1 , 8 7

Fig. 1

Die Produkte 3,25 · 18,7 und 32,5 · 1,87 haben die gleiche Ziffernfolge und jeweils gleich viele Nachkommastellen. Also müssen beide Produkte gleich sein:
3,25 · 18,7 = 32,5 · 1,87.
Ein Produkt ändert sich nicht, wenn man bei einem Faktor das Komma nach rechts und bei dem anderen Faktor das Komma um ebenso viele Stellen nach links verschiebt **(gegensinnige Kommaverschiebung)**. Dies kann bei Überschlagsrechnungen nützlich sein.

Beispiel 3
Überschlage. a) 17,9 · 3,4 b) 381,5 · 0,021
Lösung:
a) 17,9 · 3,4 ≈ 20 · 3 = 60
b) *Beachte die Kommaverschiebung.*
381,5 · 0,021 = 3,815 · 2,1 ≈ 4 · 2 = 8

Beispiel 4
Überschlage 6,63 · 14,53.
Beim Überschlagen eines Produktes ist es meistens günstig, einen Faktor aufzurunden und einen abzurunden, auch wenn dies nicht dem normalen Runden entspricht.
Lösung:
6,63 · 14,53 ≈ 6 · 15 = 90
90 liegt dichter am richtigen Ergebnis 96,3339 als 7 · 15 = 105.

Aufgaben

1 Wo musst du beim zweiten Faktor das Komma setzen, damit das Ergebnis stimmt?

	1. Faktor		2. Faktor	Ergebnis
a)	8,3	·	25	20,75
b)	70,4	·	56	39,424
c)	0,23	·	79	0,01817
d)	0,076	·	48	0,3648
e)	120,3	·	62	7,4586

2 Multipliziere im Kopf.

a) 0,2 · 4; 0,02 · 4; 0,002 · 4
b) 0,3 · 6; 0,03 · 6; 6 · 0,003
c) 1,2 · 3; 3 · 0,12; 0,012 · 3
d) 7 · 1,3; 0,13 · 7; 7 · 0,013
e) 2,1 · 8; 8 · 0,21; 0,021 · 8

3
a) 0,01 · (−7); (−7) · (−0,01); 0,7 · 0,1
b) 0,03 · 5; 3 · 0,05; −0,3 · 0,5
c) 8 · (−0,04); 0,08 · (−4); −0,8 · (−0,4)
d) 0,2 · 0,3; (−0,02) · (−3); 0,03 · 0,2
e) 0,12 · 0,4; 0,04 · 1,2; 0,012 · 0,04

4 Berechne.

a) 10,8 · 4,5; 1,32 · 0,25
b) −3,25 · 4,2; −1,52 · 0,48
c) 0,75 · 12,5; 0,02 · (−0,06)
d) −5,6 · (−2,25); 25,2 · 4,25

Die Lösung von Aufgabe 4 ergibt eine Insel, die im Mittelmeer liegt.

−13,65 Z	*0,33 I*
9,375 L	*48,6 S*
−0,7296 I	*107,1 N*
12,6 E	*−0,0012 I*

5 Hier wurde mehrfach falsch gerechnet. Suche die Fehler und schreibe die Rechnung richtig in dein Heft.

80 · 0,3 = 2,4	0,7 · 0,05 = 0,0063
12 · 0,4 = 10,8	0,05 · 1,11 = 5,555
4 · 0,06 = 4,06	0,33 · 0,33 = 0,1089

Fig. 2

6 Gib jeweils drei Aufgaben an, die das Ergebnis haben.
a) 32,6, b) 96,4, c) −16,4

7 Berechne den Flächeninhalt und den Umfang des Rechtecks.

	a)	b)	c)	d)
Länge	3,2 m	4,6 dm	17,9 cm	1,1 m
Breite	0,5 m	4,2 dm	17,9 cm	7,2 dm

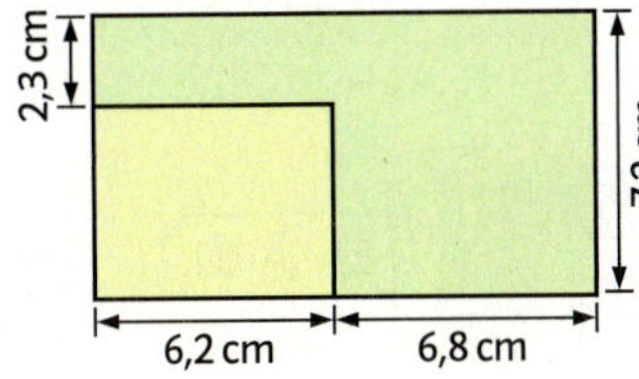

Fig. 1

8 Berechne den Flächeninhalt und den Umfang der grünen Fläche (Fig. 1).

9 Ein Liter Luft wiegt 1,29 g. Wie schwer ist die Luft in einem Zimmer, das 8,75 m lang, 6,84 m breit und 2,5 m hoch ist?

10 Zwei Dezimalzahlen werden multipliziert. Wie ändert sich das Ergebnis, wenn man
a) bei einer Dezimalzahl das Komma um eine Stelle nach links verschiebt,
b) bei beiden Dezimalzahlen das Komma um eine Stelle nach rechts verschiebt?

Bist du sicher?

1 Berechne.
a) $0{,}03 \cdot 5$ b) $0{,}12 \cdot (-4)$ c) $-0{,}02 \cdot 0{,}06$ d) $0{,}8 \cdot 0{,}8$ e) $-1{,}2 \cdot (-0{,}005)$

2 Führe eine Überschlagsrechnung durch und vergleiche dann mit dem genauen Ergebnis.
a) $82{,}5 \cdot 0{,}29$ b) $832 \cdot 3{,}03$ c) $0{,}045 \cdot 485$ d) $0{,}049 \cdot 65{,}4$ e) $14{,}8 \cdot 19{,}3$

3 Ein rechteckiges Grundstück ist 15,5 m lang und 9,80 m breit. Die Erschließungskosten für einen Quadratmeter betragen 49,20 €. Wie viel Euro muss der Besitzer bezahlen?

11 Manchmal begegnet man dem Längenmaß Zoll, das mit ″ abgekürzt wird.
Es ist 1″ = 2,54 cm.
a) Welche Länge hat die Diagonale des Monitors (der Durchmesser der Diskette) in cm?
b) Suche weitere Gegenstände, bei denen Abmessungen in Zoll angegeben werden. Schreibe sie auf und rechne jeweils um.

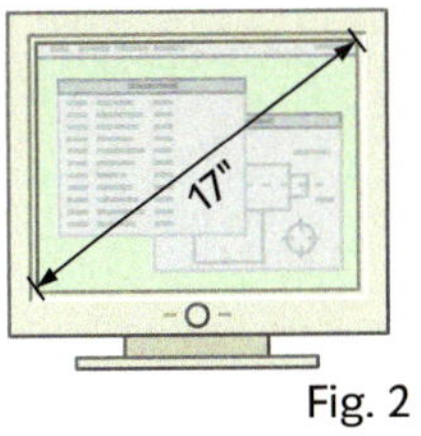

Fig. 2

12 Der Aufzug in einem Hochhaus fährt 2,6 m in einer Sekunde hoch.
a) Wie viel m fährt er in einer Minute hoch?
b) Wie lange dauert eine Fahrt von der 12. in die 25. Etage, wenn die Stockwerkshöhe 4,2 m beträgt?

Fig. 3

13 Tobias hat ausgerechnet, dass alle Einwohner Deutschlands auf einer Fläche so groß wie der Chiemsee Platz hätten, wenn eine Person 0,2 m² Standfläche benötigt.
a) Schätze ab, ob er Recht haben könnte. Bestimme dazu anhand der Karte einen ungefähren Wert für die Fläche des Chiemsees.
b) Überprüfe die Behauptung, indem du einen genaueren Wert für die Fläche ermittelst und damit rechnest.

Fig. 4

6 Dividieren einer Dezimalzahl durch eine ganze Zahl

Die Klasse 6c plant für das nächste Schulfest einen Saftstand und Petra und Felix sollen dafür die Preisschilder malen. Die Klasse hat sich darauf verständigt, dass pro 0,1-l-Glas ein Gewinn von 50 Cent für die Klassenkasse erzielt werden soll.

Ging eine schriftliche Division natürlicher Zahlen nicht auf, so wurde bisher ein Rest angegeben. Mithilfe der Dezimalschreibweise kann man jedoch an die natürliche Zahl ein Komma und noch Nullen anfügen und so die Division fortsetzen.
Beim Umwandeln des Einerrestes in Zehntel entstehen im Ergebnis ebenfalls Zehntel, im Ergebnis ist also ein Komma zu setzen.

	Z	E,	z	h		E,	z	h
	1	5			: 4 =	3,	7	5
−	1	2						
		3	0					
	−	2	8					
			2	0				
		−	2	0				
				0				

→ *Jetzt Komma setzen, denn 30 Zehntel werden durch 4 dividiert.*

Entsprechend kann man eine Dezimalzahl durch eine natürliche Zahl dividieren. Beim Übergang von den Einern zu den Zehnteln muss im Ergebnis das Komma gesetzt werden.

	Z	E,	z	h		E,	z	h
	1	5,	7	6	: 4 =	3,	9	4
−	1	2						
		3	7					
	−	3	6					
			1	6				
		−	1	6				
				0				

→ *Jetzt Komma setzen!*

Bei der Division einer Dezimalzahl durch eine ganze Zahl gelten die gleichen Vorzeichenregeln wie bei der Division zweier ganzer Zahlen, zum Beispiel $-2{,}4 : 2 = -1{,}2$.

Division einer Dezimalzahl durch eine ganze Zahl
1. Dividiere die Dezimalzahl wie eine natürliche Zahl.
2. Setze beim Überschreiten des Kommas auch im Ergebnis ein Komma.
3. Achte auf die Vorzeichenregeln.

Aufgepasst:
$\frac{1}{3} = 1 : 3 = 0{,}\overline{3}$
aber
$\frac{3}{10} = 3 : 10 = 0{,}3$

Es ist möglich, dass die Division einer Dezimalzahl durch eine ganze Zahl nie „aufgeht“, zum Beispiel $2{,}5 : 3 = 0{,}833\,333\,333\ldots$ oder $5{,}1 : 11 = 0{,}463\,636\,363\ldots$.
In diesen Fällen wiederholt sich im Ergebnis eine Ziffernfolge. Man sagt, das Ergebnis ist eine **periodische Dezimalzahl**. Der sich wiederholende Teil heißt Periode. Man kennzeichnet die Periode mit einem Querstrich und schreibt zum Beispiel statt $0{,}463\,636\,363\ldots$ kürzer $0{,}4\overline{63}$.
Mithilfe der Division lassen sich nun alle Bruchzahlen in Dezimalzahlen umwandeln. So ist zum Beispiel $\frac{2}{3} = 2 : 3 = 0{,}666\,666\,666\ldots = 0{,}\overline{6}$.

Beispiel Schriftliches Dividieren mit Komma

Berechne. a) 3 : 4 b) 9,2 : 8 c) 0,24 : (−6)

Lösung:

a)
```
 3 : 4 = 0,75
−0        ↑
 30 → Komma setzen
−28
  20
 −20
   0
```

b)
```
 9,2 : 8 = 1,15
−8          ↑
 12 → Komma setzen
−8
  40
 −40
   0
```

c)
```
 0,24 : (−6) = −0,04
−0                ↑
 02 → Komma setzen
−0
 24
−24
  0
```

Ergebnis ist negativ.

Aufgaben

1 Das Ergebnis von 245 : 7 ist 35. Damit kannst du die folgenden Divisionen leicht bestimmen.

a) 24,5 : 7; 2,45 : 7; 0,245 : 7; 0,0245 : 7

b) 245 : 70; 24,5 : 70; 2,45 : 70; 0,245 : 70

2 Hier wurde mehrfach falsch gerechnet. Suche und verbessere die Fehler.

0,5 : 5 = 0,01

0,21 : 7 = 0,3

6,06 : 6 = 1,1

5,6 : 8 = 7

0,99 : 9 = 0,9

0,144 : 12 = 1,2

Fig. 1

3 Rechne im Kopf.

a)	b)	c)	d)	e)
0,9 : 3	0,08 : (−4)	9,0 : 3	(−12,6) : 6	3,6 : 9
0,12 : (−6)	0,025 : 5	0,77 : 7	25,5 : 5	−0,36 : 9
8,24 : 4	6,18 : (−3)	18,27 : 9	0,039 : 13	0,084 : 12

4 Berechne.

a)	b)	c)	d)	e)
40,3 : 8	127,5 : 4	4,32 : (−16)	1016,6 : 13	40,5 : 110
6,05 : (−5)	322,8 : 5	54,3 : 12	−623,9 : 17	325,6 : 120
34,2 : 9	−337,8 : 6	100,5 : 15	1698,6 : 19	11,04 : 90

5 Die Bismarck-Schule bekommt für die Ausstattung der neuen Sporthalle die nebenstehende Lieferung von Bällen. Bestimme für jede Ballsorte das Gewicht eines einzelnen Balles.

Ballsorte	Menge	Gesamtgewicht
Fußball	25	10,500 kg
Handball	12	4,200 kg
Volleyball	15	4,050 kg
Basketball	16	9,792 kg
Gymnastikball	30	5,400 kg
Tischtennisball	144	0,144 kg
Badminton	72	0,252 kg
American Football	4	1,680 kg

6 Schreibe als Dezimalzahl.

a) $\frac{1}{5}$ b) $\frac{3}{8}$ c) $-\frac{7}{40}$ d) $\frac{51}{12}$

7 a) $\frac{2}{3}$ b) $-\frac{1}{6}$ c) $\frac{1}{9}$ d) $\frac{4}{9}$

Bist du sicher?

1 Berechne.

a) 0,25 : 5 b) 9,6 : (−12) c) 0,301 : 7 d) −19 : 5 e) −0,55 : (−4)

2 Schreibe als Dezimalzahl.

a) $\frac{1}{8}$ b) $-\frac{9}{20}$ c) $\frac{7}{16}$ d) $\frac{4}{3}$ e) $-\frac{5}{6}$

7 Dividieren von Dezimalzahlen

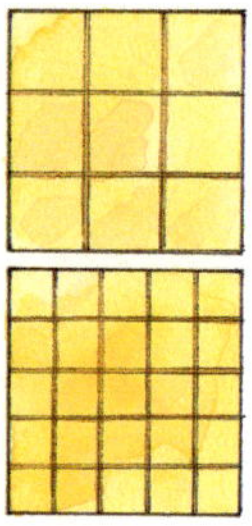

Familie Drechsler möchte ihre rechteckige Terrasse mit Steinplatten auslegen. Herr Drechsler möchte diese Arbeit selbst ausführen und da er weiß, dass beim Schneiden oft eine Platte zerbricht, möchte er möglichst wenig schneiden.
Zwei Sorten von quadratischen Platten gefallen der Familie. Die Kantenlängen betragen 0,28 cm bzw. 0,48 cm.

Auch mithilfe der Bruchrechnung erhält man die Regel:

$0{,}384 : 0{,}76 = \frac{384}{1000} : \frac{76}{100}$

$= \frac{384}{1000} \cdot \frac{100}{76} = \frac{384}{10} \cdot \frac{1}{76}$

$= \frac{384}{10} : \frac{76}{1} = 38{,}4 : 76.$

Es ist 1600 : 4000 = 0,4; 160 : 400 = 0,4; 16 : 40 = 0,4; 1,6 : 4 = 0,4.
Der Quotient zweier Zahlen ändert sich nicht, wenn man beide Zahlen mit 10; 100; 1000 … multipliziert oder beide Zahlen durch 10; 100; 1000 … dividiert.
Der Quotient zweier Zahlen ändert sich nicht, wenn man bei beiden Zahlen das Komma um die gleiche Stellenzahl in die gleiche Richtung verschiebt.

0,384 : 0,76 = 3,84 : 7,6 = 38,4 : 76,0

Durch gleichsinnige Kommaverschiebung will man erreichen, dass die Zahl, durch die geteilt wird, kein Komma mehr enthält. Danach bestimmt man den Quotienten wie bisher.

Bei der Division zweier Dezimalzahlen gelten die gleichen Vorzeichenregeln wie bei der Division zweier ganzer Zahlen, zum Beispiel: (−4,8) : (−0,3) = 16.

Division zweier Dezimalzahlen
1. Verschiebe das Komma bei beiden Zahlen so weit in die gleiche Richtung, bis der Divisor eine natürliche Zahl ist.
2. Führe die Division aus.
3. Achte auf die Vorzeichenregeln.

Hat der Divisor mehr Nachkommastellen als der Dividend, so muss man Nullen anhängen:
4,62 : 0,028 = 4620 : 28.
Bei der Division von Dezimalzahlen kann eine Überschlagsrechnung nützlich sein. Dabei bieten sich die folgenden zwei Schritte an:
1. Verschiebe das Komma so, dass der Divisor nur eine Stelle vor dem Komma hat.
2. Runde den Divisor auf die Einerstelle. Runde nun den Dividenden so, dass du die Division im Kopf ausführen kannst.

Beispiel 1
Berechne. a) 5,865 : (−1,7) b) 15 : 1,25
Lösung:

a) 5,865 : (−1,7) = 58,65 : (−17) = −3,45
```
 – 51
    76
  – 68
    85
  – 85
     0
```

b) 15 : 1,25 = 1500 : 125 = 12
```
 – 125
   250
 – 250
     0
```
Bei der Kommaverschiebung um zwei Stellen muss man zwei Nullen anhängen.

Beispiel 2 Überschlag durch Kommaverschiebung und Runden
Überschlage zuerst und überprüfe dann mit dem Taschenrechner: 1,9404 : 0,462.
Lösung:

Überschlag:
1,9404 : 0,462 = 19,404 : 4,62 ≈ 20 : 5 = 4

Auf eine Stelle vor dem Komma gerundet: 5.
Die nächste durch 5 teilbare Zahl: 20.

Rechnung:
1,9404 : 0,462 = 4,2

Diese Brücke verbindet die Insel aus Aufgabe 1 mit dem Land aus Aufgabe 2.

Aufgaben

1 Rechne im Kopf.
a) 10 : 0,2
15 : (−0,3)
b) 20 : 0,1
−40 : 0,2
c) 36 : 0,6
−0,9 : 0,3
d) 0,8 : 0,2
1,6 : (−0,04)
e) 0,75 : 0,05
−35 : (−0,01)

zu Aufgabe 1

−3 O | 200 L | 15 E | 4 N | 50 P | −200 O | 3500 S | −40 N | 60 P | −50 E

2 Berechne.
a) 3,24 : 1,2
3,08 : 1,1
6,89 : 1,3
b) −13,84 : 0,4
25,89 : (−0,3)
−31,71 : (−0,7)
c) 9,216 : 3,6
29,148 : 8,4
−19,012 : (−9,7)
d) 1,695 : 0,03
13,6956 : 0,303
−16,968 : (−30,3)

zu Aufgabe 2

−86,3 C | 1,96 L | 56,5 A | 5,3 I | 2,56 E | 45,3 H | 2,7 G | 3,47 N | 45,2 N | 2,8 R | 0,56 D | −34,6 E

3 Überschlage zuerst und überprüfe dann mit dem Taschenrechner.
a) 0,054 : 0,45 b) 71,574 : 1,58 c) 13,224 : 23,2 d) 1816,56 : 84,1 e) 27,318 : 0,087

4 Rechne geschickt, indem du nur eine Rechnung schriftlich durchführst.
a) 1,792 : 0,7
1,792 : 0,07
179,2 : 0,7
17,92 : 0,07
b) 15,12 : 3,6
151,2 : 36
1,512 : 3,6
1,512 : 0,36
c) 30,858 : 111
30,858 : 11,1
308,58 : 0,111
3,0858 : 0,0111
d) 540,1 : 49,1
54,01 : 49,1
5,401 : 0,491
0,5401 : 4,91

5 Klaus hat mehrfach falsch gerechnet. Suche und verbessere die Fehler.

0,48 : 0,06 = 0,8
1,44 : 1,2 = 1,2
3 : 0,6 = 0,2
12,4 : 0,02 = 620

Fig. 1

6 Ein Tunnel von 1,159 km Länge soll alle 30,5 m eine Lampe erhalten. Wie viele Lampen werden benötigt, wenn zusätzlich an den Einfahrten Lampen angebracht werden?

7 Ein Obstbauer hat 100 Liter Apfelsaft gepresst und will ihn in 0,7-Liter-Flaschen abfüllen. Wie viele Flaschen kann er damit abfüllen? Wie viele Liter Apfelsaft bleiben übrig?

8 Kunststofffolien für die Küche sind etwa 0,05 mm dick. Bestimme die Anzahl der Lagen auf einer Rolle, die 8 mm dick gewickelt ist.

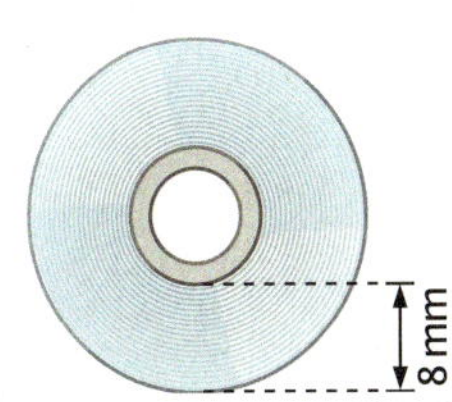

Fig. 2

9 Frau Cremer fährt mit einer Tankfüllung von 40 Litern einmal 700 km, das andere Mal 650 km. Vergleiche mit den Angaben im Prospekt.

Fig. 1

10 Wie viele Gläser zu 0,2 l können mit dem Inhalt der Flasche gefüllt werden?

Fig. 2

11 Zwei Dezimalzahlen werden dividiert. Wie ändert sich das Ergebnis, wenn man
a) beim Divisor das Komma um eine Stelle nach rechts verschiebt,
b) beim Dividenden das Komma um eine Stelle nach rechts verschiebt und beim Divisor um eine Stelle nach links,
c) bei beiden Dezimalzahlen das Komma um eine Stelle nach links verschiebt?

Bist du sicher?

1 Rechne im Kopf.
a) 5 : 0,2 b) −4,5 : 0,5 c) 9,9 : 3,3 d) −0,14 : (−0,07) e) 9 : 0,003

2 Überschlage zuerst und berechne dann schriftlich.
a) 156,96 : 0,24 b) −27,318 : 0,087 c) 0,1743 : (−0,7) d) 3,95 : 0,32

3 An einer Baustelle werden 15,5 m^3 Kies benötigt. Wie oft muss ein LKW, der 2,1 m^3 Kies laden kann, mindestens fahren?

12 Marens Aquarium ist 1,8 m lang und 0,7 m breit. Wie hoch steht das Wasser im Aquarium, wenn 900 Liter eingefüllt sind? Berechne die Höhe in Metern auf eine Nachkommastelle genau.

13 Ein 4,5 cm langer 3,4 cm breiter und 2,8 cm hoher Goldbarren wird zu einer rechteckigen Folie ausgewalzt. Die Folie ist 1,2 m lang und 75 cm breit. Wie dick ist die Folie?

14 Ein Zimmer von 3,2 m Breite und 6,3 m Länge wird mit 0,5 cm dicken Korkplatten ausgelegt. Die Rechnung lautet: 20,16 kg Kork für Fußboden: 573,50 €.
a) Wie viel kostet 1 m^2 des Bodenbelages?
b) Wie viel wiegt 1 m^2 des Bodenbelages?

Fig. 3

15 Zum Forschen
a) Bestimme das Gewicht einer Spaghettinudel. Wie viele Nudeln sind ungefähr in dem Nudelpaket?
b) Bestimme mit einem geeigneten Verfahren näherungsweise das Gewicht eines Reiskorns. Wie viele Körner sind etwa in der Packung Reis?
c) Wie viele Reiskörner wiegen etwa genauso viel wie 300 Spaghettinudeln?

1 Berechne.

a) $\left(3\frac{1}{2} \cdot 0{,}7 + 4{,}2 \cdot \frac{3}{4}\right) : 1{,}61$

b) $4{,}5 : 0{,}03 - 4{,}5 : 0{,}9 - 1{,}5 \cdot 0{,}003$

c) $\left(2\frac{1}{2} - 1\frac{1}{3} \cdot 0{,}4\right) : \left(3\frac{1}{2} \cdot 0{,}6 + 0{,}5 \cdot \frac{1}{5} - 1{,}6\right)$

d) $\left[(0{,}04 \cdot 10^2) : \frac{1}{5} - \frac{3}{25} \cdot 0{,}5\right] : 0{,}6$

Fig. 1

2 Tierolympiade
Nach Protesten einiger Teilnehmer beim Weitsprungwettbewerb wurde eine neue Bewertungsmethode beschlossen. Für jeden Teilnehmer wird die Sprungweite durch die Körperlänge dividiert. Aus dem Ergebnis ergibt sich die neue Reihenfolge.

Alte Wertung:		Körperlänge
1. Harald Hirsch	11,03 m	2,45 m
2. Klara Känguru	8,98 m	1,32 m
3. Leo Löwe	4,98 m	1,92 m
4. Helga Heuschrecke	1,95 m	0,06 m
5. Willi Waldmaus	0,76 m	0,09 m
6. Fritz Floh	0,58 m	0,003 m

3 Die Gesamtzahl aller Menschen auf der Erde wird auf ungeführ 6,5 Milliarden geschätzt. Die Oberfläche der Erde beträgt rund 510 Millionen Quadratkilometer, davon sind $\frac{3}{10}$ Land. $\frac{2}{10}$ der Landfläche ist unbewohnbar.
Wie viel m^2 Nutzfläche stehen für jeden Menschen durchschnittlich zur Verfügung?

4 Bei einer Tieroperation richtet sich die Menge des Narkosemittels nach dem Körpergewicht des Tieres. Bei einer einstündigen Operation rechnet man für 1 kg Körpergewicht 0,045 g Narkosemittel.
a) Wie viel g benötigt man für eine einstündige Operation eines 74,5 kg schweren Orang-Utans und eines 2,975 t schweren Flusspferdes?
b) Wie viel g würde man für dein Lieblingstier im Bedarfsfall benötigen?

5 Eine Betonmischung B 25 enthält $\frac{1}{5}$ Zement, $\frac{2}{5}$ Sand, $\frac{2}{7}$ Kies, der Rest ist Wasser.
a) Wie viel kg Zement, Sand und Kies benötigt man für $3\frac{1}{2}$ t Beton?
b) Wie viel l Wasser gehören in die Mischung? (1 l Wasser wiegt ungefähr 1 kg.)

6 Stinktiere sondern bei Gefahr einen Stoff ab, der so durchdringend riecht, dass selbst der Geruch einer Menge von nur 0,000 000 003 mg durch die menschliche Nase noch wahrgenommen wird. Wievielmal schwerer ist ein Wassertropfen mit einem Gewicht von 30 mg?

Fig. 2

7 Der „Energieverbrauch" eines Elektrogerätes wird in Kilowattstunden (kWh) gemessen. 2005 kostete 1 kWh etwa 10,28 Cent.
a) Berechne die Energiekosten für die Angaben auf dem Rand.
b) Manche elektrischen Geräte können beim Ausschalten in einen Bereitschaftsbetrieb (Stand-by) geschaltet werden. Welche Geräte sind das bei dir zu Hause? Ermittle für sie den ungefähren Verbrauch im Stand-by-Betrieb.

8 Alle Nährstoffe liefern dem Körper Energie. Der Energiegehalt von Nahrungsmitteln wird in Kilojoule (kJ) gemessen. Welche Energiemengen eine Person braucht, ist abhängig von Alter, Geschlecht, Körpergewicht und ausgeübter Tätigkeit.
Der Energiebedarf von 13- bis 15-Jährigen beträgt etwa 10 000 kJ pro Tag.
a) Wie viel g der einzelnen Nährstoffe decken ungefähr den Tagesbedarf?
b) Die Mahlzeiten sollten sich so verteilen, dass jeweils $\frac{1}{4}$ der Nahrung auf das Frühstück und das Abendessen, je $\frac{1}{10}$ auf zwei Zwischenmahlzeiten und $\frac{3}{10}$ auf das Mittagessen entfallen. Wie viele kJ sollen auf die einzelnen Mahlzeiten eines Jugendlichen entfallen?

9 Drei Panzerknacker haben Onkel Dagoberts Tresor aufgebrochen und 1250 Goldbarren gefunden. Schnell beginnen sie ihre Beute in die Koffer zu packen.
a) Wie viele Goldbarren passen in einen Koffer?
b) Können sie ihre voll gefüllten Koffer schleppen, wenn jeder maximal 50 kg tragen kann? 1 cm³ Gold wiegt 19,3 g und jeder leere Koffer 750 g.
c) Wie viele Goldbarren kann jeder in einem Koffer transportieren?

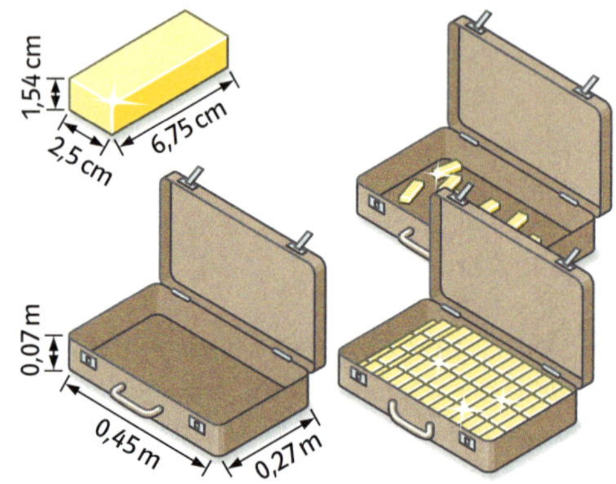

Fig. 1

10 Familie Posselt plant, den Dachboden ihres Hauses zur Wohnung auszubauen. In Gruppenarbeit könnt ihr helfen, die notwendigen Rechnungen auszuführen.
Gruppe 1 Im Grundriss fehlen die Raumgrößen.
Übertragt den Plan im Maßstab 1:100 in euer Heft. Berechnet die Größen der Flächen. Bestimmt die Gesamtfläche der Dachgeschosswohnung. Beachtet, dass Flächen unter Dachschrägen nur mit 50 % auf die Wohnfläche angerechnet werden.
Gruppe 2 Im Schnittbild kann man die Raumhöhen ablesen. Kniestöcke bis 100 cm sind nicht bewohnbar. Wie viel Dachbodenfläche geht durch den Kniestock verloren? Roland Posselt ist 15 Jahre alt, aber schon 185 cm groß. Er möchte wissen, auf welchem Bruchteil der Fläche seines Zimmers er aufrecht stehen kann.

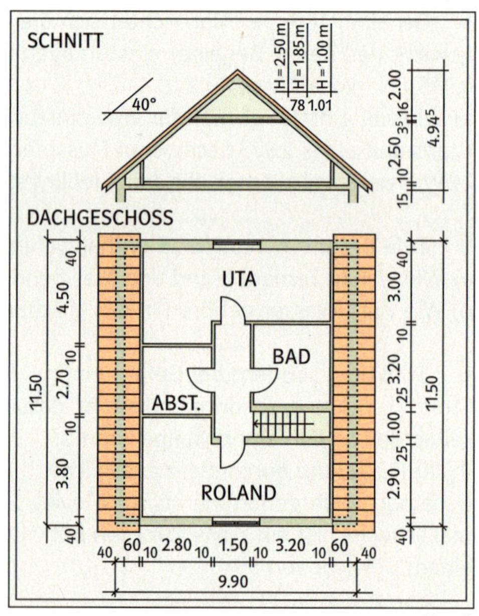

Fig. 2

Gruppe 3 Die Wände der Zimmer für Uta und Roland sollen tapeziert werden. Dazu genügt eine überschlägige Berechnung der Flächen: Wände mit schräg laufender Oberkante werden mit einer mittleren Höhe von 170 cm gerechnet und die Flächen für Fenster und Türen werden nicht abgezogen.
Gruppe 4
Die Wände und der Fußboden im Badezimmer werden gefliest. Wie viele Quadratmeter Fliesen werden benötigt?

Zahlenbereiche

Bis zur Klasse 5 wurde nur mit den natürlichen Zahlen 0; 1; 2; 3 … gerechnet. Dabei zeigt sich, dass jede Addition und jede Multiplikation zweier natürlicher Zahlen wieder eine natürliche Zahl ergibt. Beim Subtrahieren und Dividieren erhält man dagegen nicht immer eine natürliche Zahl, wie man an den Beispielen $4 - 7$ bzw. $3 : 4$ erkennt.

$\mathbb{N}$

Nimmt man zu dem Zahlenbereich der natürlichen Zahlen die Zahlen -1; -2; -3 … hinzu, so erhält man die ganzen Zahlen. In diesem neuen Zahlenbereich erhält man auch bei jeder Subtraktion wieder eine ganze Zahl, hingegen lassen sich auch in diesem Bereich nicht alle Divisionen bestimmen, wie z. B. $3 : 4$.

$\mathbb{Z}$

In dem Zahlenbereich der rationalen Zahlen (geschrieben als Bruch oder Dezimalzahl) lassen sich alle Divisionsaufgaben lösen, mit Ausnahme der Division durch die Zahl 0.
Die Division $3 : 4$ ergibt $\frac{3}{4}$ oder 0,75.
In dem Rechenbereich der rationalen Zahlen sind also alle vier Grundrechenarten unbeschränkt ausführbar.

$\mathbb{Q}$

	Zahlenbereich	Immer ausführbar	Nicht immer ausführbar
$\mathbb{N}$	**Natürliche Zahlen** z. B. 0; 7; 120	Addition, Multiplikation	Subtraktion (z. B. $4 - 7$) Division (z. B. $3 : 4$)
$\mathbb{Z}$	**Ganze Zahlen** z. B. −15; 7; 0	Addition, Subtraktion, Multiplikation	Division (z. B. $3 : 4$)
$\mathbb{Q}$	**Rationale Zahlen** z. B. −2; 7; −0,25; $\frac{2}{7}$	Addition, Subtraktion, Multiplikation, Division (außer durch 0)	

Den Zusammenhang zwischen den Zahlenbereichen kann man wie in Fig. 1 darstellen. Man erkennt, dass die Zahl -5 zu den ganzen Zahlen und zu den rationalen Zahlen gehört, aber nicht zu den natürlichen Zahlen. Dafür schreibt man kurz: $-5 \in \mathbb{Z}$; $-5 \in \mathbb{Q}$: $-5 \notin \mathbb{N}$.
Jede natürliche Zahl ist also auch eine ganze Zahl und auch eine rationale Zahl, aber nicht jede rationale Zahl ist eine ganze Zahl oder eine natürliche Zahl.

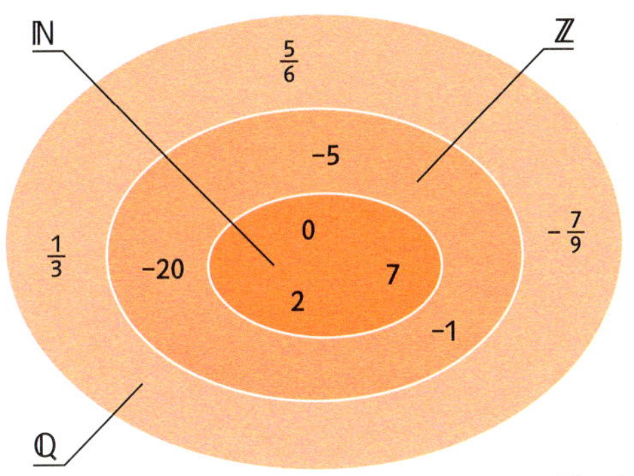

Fig. 1

Auch Zahlen können sich verkleiden.

2,00 ∈ 

$-\frac{6}{2}$ ∈ 

Zahlenbereiche
Zu welcher Zahlenmenge gehören die folgenden Zahlen: -2; $\frac{1}{5}$; 25 %; $\frac{4}{2}$; $-3{,}2$; $-\frac{8}{4}$?
Lösung:

	-2	$\frac{1}{5}$	25 %	$\frac{4}{2}$	$-3{,}2$	$-\frac{8}{4}$
$\mathbb{N}$	Nein	Nein	Nein	Ja	Nein	Nein
$\mathbb{Z}$	Ja	Nein	Nein	Ja	Nein	Ja
$\mathbb{Q}$	Ja	Ja	Ja	Ja	Ja	Ja

Periodische Dezimalzahlen

Nach der Mathematikstunde spielen Petra und Malte mit ihren Taschenrechnern. Sie stellen sich gegenseitig Divisionsaufgaben. Zum Beispiel 2 : 5; 1 : 96 und 2 : 3. Jürgen sagt: „Das Ergebnis von 2 : 3 ist 0,666 666 6667."
Petra antwortet: „Das kann doch gar nicht sein, du weißt doch, wenn du 2 durch 3 teilst, kommen nach dem Komma lauter Sechsen, außerdem geht die Division nicht auf. Bei solchen Aufgaben kannst du also deinen Taschenrechner vergessen."
Jetzt untersuchen sie die Division genauer.
Sie wissen, dass man jeden Bruch in eine Dezimalzahl umwandeln kann, indem man den Zähler durch den Nenner dividiert. Durch Probieren erkennen sie, dass hierbei zwei Fälle auftreten können:

1. Die Division des Zählers durch den Nenner endet nach einer bestimmten Anzahl von Schritten.
$\frac{5}{8} = 5 : 8 = 0{,}625$
$\frac{13}{80} = 13 : 80 = 0{,}1625$
Diese Zahlen nennt man eine **abbrechende Dezimalzahl**.

2. Die Division bricht nicht ab.

$\frac{2}{3} =$ 2 : 6 = 0,666 ...
− 0
20
− 18
20
− 18
20

Der Rest 2 wiederholt sich, deshalb wiederholt sich die 6.

$\frac{3}{11} =$ 3 : 11 = 0,272727 ...
− 0
30
− 22
80
− 77
30

Die Reste 3 und 8 wiederholen sich, deshalb wiederholen sich im Ergebnis auch die Zahlen 2 und 7.

Diese Zahlen nennt man eine **periodische Dezimalzahl**. Die sich wiederholende Ziffer oder Zifferngruppe nennt man Periode und man kennzeichnet sie mit einem Strich.
Man schreibt: $\frac{2}{3} = 0{,}\overline{6}$ und $\frac{3}{11} = 0{,}\overline{27}$
(gelesen: null Komma Periode zwei sieben).

Tritt die Periode nicht sofort auf wie bei $\frac{1}{6} = 0{,}1\overline{6}$, so nennt man dies **gemischt periodisch**.

1 Überprüfe durch schriftliches Dividieren, ob es sich um eine abbrechende oder periodische Dezimalzahl handelt.
$\frac{3}{8}$; $\frac{12}{15}$; $\frac{5}{14}$; $\frac{23}{25}$; $3\frac{8}{11}$

„Aber der Taschenrechner zeigt mir für 2 : 3 das Ergebnis 0,666 666 6667 und für 1 : 6 das Ergebnis 0,166 666 6667 an. Kann der nicht richtig rechnen?", fragt Malte. Dann erinnern sich Malte und Petra, dass es schon einmal Probleme mit dem Taschenrechner gab. Zum Beispiel bei der Addition von 999 999 999 und 10 oder der Multiplikation von 3 040 506 · 20 109. Dies lag daran, dass der Taschenrechner nur eine bestimmte Anzahl von Ziffern zur Darstellung hat. Deshalb gilt generell: Vorsicht beim Überprüfen mit dem Taschenrechner.
In der Anzeige ist die letzte Stelle oft gerundet.

Anschließend überlegen beide, ob man es einem Bruch „ansehen" kann, dass er eine abbrechende Dezimalzahl ist. Sie wandeln dazu die folgenden Brüche in Dezimalzahlen um.

$\frac{17}{40}$; $\frac{5}{10}$; $\frac{7}{8}$; $\frac{9}{125}$; $\frac{24}{50}$; $\frac{1}{15}$; $\frac{1}{12}$

Malte sagt: „Ich glaube, ich habe etwas gefunden. Zerlege doch einmal den Nenner des Bruches in Faktoren. Vielleicht fällt dir dabei etwas auf."
Durch Probieren erkennen sie folgende Regel:
Kommen im Nenner nur die Faktoren 2 und 5 vor, dann ist der Bruch eine abbrechende Dezimalzahl.

Periodische Dezimalzahlen

Also sind $\frac{1}{7}$ und $\frac{4}{7}$ keine abbrechenden Dezimalzahlen. Nachdem jeder eine Division durchgeführt hat, legen sie ihre Rechnungen nebeneinander.

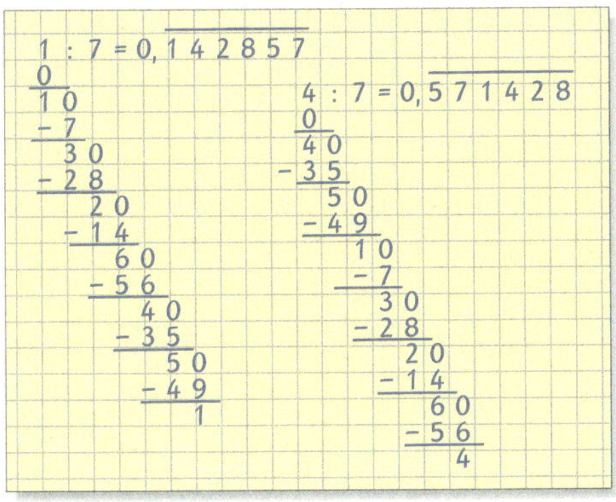

Beim Vergleichen stellen sie fest, dass in beiden Divisionen dieselben Rechenschritte durchgeführt wurden. Dies können sie ausnutzen, um $\frac{3}{7}$ umzuwandeln.

$3 : 7 = 0,4 \ldots$ Dann ist $\frac{3}{7} = 0,\overline{428571}$.

-0

30

-28

$\ldots$

2 Bestimme die Dezimalzahl von $\frac{5}{7}$, $\frac{2}{7}$ und $\frac{6}{7}$.
Schreibe $\frac{1}{17}$ als Dezimalzahl.
Ermittle hiermit die Dezimalzahlen von $\frac{3}{17}$, $\frac{4}{17}$, $\frac{11}{17}$ und $\frac{16}{17}$ ohne weitere Rechnungen. Warum klappt dieses Verfahren nicht, um $\frac{8}{13}$ zu bestimmen?

In verschiedenen Mathebüchern finden sie weitere interessante Dinge über periodische Dezimalzahlen:

Besondere Perioden

$\frac{1}{81} = 0,\overline{0123456789}$

$\frac{1}{891} = 0,\overline{001122334455667789}$

$\frac{1}{8991} = 0,\overline{000111222333444555666777889}$

$\frac{1}{89991} = ?$

3 Wie sehen die Perioden jeweils aus?

a) $\frac{1}{9}, \frac{1}{99}, \frac{1}{999}, \ldots$ b) $\frac{1}{9}, \frac{1}{90}, \frac{1}{900}, \ldots$

c) $\frac{1}{9}, \frac{1}{90}, \frac{1}{990}, \ldots$ d) $\frac{11}{90}, \frac{101}{900}, \frac{1001}{9000}, \ldots$

Finde selbst weitere Reihen.

Besonders lange Perioden

$\frac{1}{61} = 0,\overline{016393442622950819672131147540983606557377}$
$\overline{049180327868852459}$

4 Welcher Bruch hat die längste Periode als Dezimalzahl?
$\frac{1}{13}, \frac{1}{17}, \frac{1}{19}, \frac{1}{23}$

5 Warum kann die Länge der Periode von $\frac{3}{23}$ als Dezimalzahl höchstens 22 sein?

„Dann ist also jede nicht abbrechende Dezimalzahl periodisch?", fragt Malte. „Nein", sagt Petra. Sie schreibt die folgende Zahlenreihe auf.
0,1 → 0,10 → 0,10100 → 0,101001000 → 0,10100100010000
„Ich glaube, ich weiß, wie die nächsten Ziffern deiner Zahl lauten." „Du hast Recht, diese Zahl ist nicht periodisch und kann immer weiter fortgesetzt werden."
„Da fällt mir auch eine ein", sagt Malte.
0,1 → 0,12 → 0,123 → … → 0,123456789 → 0,12345678910 → 0,1234567891011
Gib die nächsten Ziffern der Zahl an.
Finde selbst weitere Beispiele und frage deinen Nachbarn, wie die nächsten Ziffern deiner Zahl lauten.

Umwandlung von periodischen Dezimalzahlen in Brüche

Dazu finden die beiden in einem Mathematikbuch folgende Beispiele:

$$
\begin{aligned}
&0,\overline{14}\\
100 \cdot 0,\overline{14} &= 14,141414\ldots\\
1 \cdot 0,\overline{14} &= 0,141414\ldots\\
\hline
(100-1) \cdot 0,\overline{14} &= 14\\
99 \cdot 0,\overline{14} &= 14\\
0,\overline{14} &= \frac{14}{99}
\end{aligned}
$$

$$
\begin{aligned}
&3,3\overline{56}\\
1000 \cdot 3,3\overline{56} &= 3356,5656\ldots\\
10 \cdot 3,3\overline{56} &= 33,5656\ldots\\
\hline
(1000-10) \cdot 3,3\overline{56} &= 3323\\
990 \cdot 3,3\overline{56} &= 3323\\
3,3\overline{56} &= \frac{3323}{990}
\end{aligned}
$$

Rückblick

Rechnen mit Brüchen

Multiplizieren von Brüchen

Zwei Bruchzahlen werden multipliziert, indem man Zähler mit Zähler und Nenner mit Nenner multipliziert.

$$\frac{-5}{24}\cdot\frac{16}{17} = -\frac{5}{24}\cdot\frac{16}{17} = -\frac{5\cdot 16}{24\cdot 17} = -\frac{5\cdot 2}{3\cdot 17} = -\frac{10}{51}$$

$$\frac{2}{3}\cdot 5 = \frac{2}{3}\cdot\frac{5}{1} = \frac{2\cdot 5}{3} = \frac{10}{3}$$

$$-4\cdot\frac{3}{7} = -\frac{4}{1}\cdot\frac{3}{7} = -\frac{4\cdot 3}{7} = -\frac{12}{7}$$

Dividieren durch einen Bruch

Man dividiert durch einen Bruch, indem man mit dem Kehrbruch des Bruches multipliziert.

$$\frac{7}{9}:\frac{5}{18} = \frac{7}{9}\cdot\frac{18}{5} = \frac{7\cdot 18}{9\cdot 5} = \frac{7\cdot 2}{1\cdot 5} = \frac{14}{5}$$

$$\frac{5}{3}:(-7) = \frac{5}{3}:\left(-\frac{7}{1}\right) = \frac{5}{3}\cdot\left(-\frac{1}{7}\right) = -\frac{5\cdot 1}{3\cdot 7} = -\frac{5}{21}$$

$$\frac{3}{4}:(-5) = \frac{3}{4}:\left(-\frac{5}{1}\right) = \frac{3}{4}\cdot\left(-\frac{1}{5}\right) = -\frac{3}{4\cdot 5} = -\frac{3}{20}$$

Rechnen mit Dezimalzahlen

Multiplizieren (Dividieren) mit Zehnerpotenzen

Multiplizieren mit 10; 100; 1000; ... bedeutet eine Kommaverschiebung um 1; 2; 3; ... Stellen nach rechts.

$$3{,}2145\cdot 10^3 = 3{,}2145\cdot 1000 = 3214{,}5$$

Dividieren durch 10; 100; 1000; ... bedeutet eine Kommaverschiebung um 1; 2; 3; ... Stellen nach links.

$$-25:10^4 = -25{,}0:10\,000 = -0{,}0025$$

Multiplizieren von Dezimalzahlen

Man multipliziert, ohne die Kommas zu beachten.
Dann setzt man das Komma so, dass das Ergebnis genau so viele Stellen nach dem Komma hat wie beide Faktoren zusammen.

$$\begin{array}{r} \underline{2{,}1\cdot 6{,}34} \\ 126 \\ 63 \\ \underline{84} \\ 13{,}314 \end{array} \qquad \begin{array}{r} \underline{0{,}23\cdot 0{,}4} \\ \underline{92} \\ 0{,}092 \end{array}$$

Dividieren von Dezimalzahlen

Man verschiebt das Komma der beiden Zahlen so weit nach rechts, bis der Divisor eine ganze Zahl ist. Dann dividiert man und setzt beim Überschreiten des Kommas auch im Ergebnis ein Komma.

$$3{,}78 : 1{,}4 = 37{,}8 : 14 = 2{,}7$$
$$\begin{array}{r} -28 \\ \hline 98 \\ -98 \\ \hline 0 \end{array}$$

Training

1 Berechne.
a) $3 \cdot \frac{5}{7}$ b) $-\frac{5}{9} \cdot \frac{18}{25}$ c) $2\frac{1}{3} \cdot 3$ d) $\frac{69}{60} \cdot \left(-\frac{48}{23}\right)$

2 Berechne.
a) $\frac{4}{5} : \frac{2}{3}$ b) $-\frac{35}{26} : \left(-\frac{25}{39}\right)$ c) $\frac{2}{3} : \left(-\frac{4}{9}\right)$ d) $6 : \left(-\frac{3}{10}\right)$

3 Berechne ohne Taschenrechner.
a) $0{,}45 \cdot 0{,}002$ b) $-2{,}9 \cdot (-2{,}1)$ c) $27{,}86 \cdot 7$ d) $-0{,}5 \cdot 0{,}12$ e) $-15{,}6 : 6$ f) $10 : 0{,}2$

4 Eine Tischtennisplatte ist 2,74 m lang und 1,53 m breit, ein Billardtisch ist 2,84 m lang und 1,42 m breit. Welcher Flächeninhalt ist größer? Runde die Ergebnisse auf Hundertstel.

5 Zwei Dezimalzahlen werden multipliziert. Wie ändert sich das Ergebnis, wenn man
a) bei einer Dezimalzahl das Komma um eine Stelle nach rechts verschiebt,
b) bei einer Dezimalzahl das Komma um eine Stelle nach rechts verschiebt und bei der anderen um eine Stelle nach links?

6 Die Leistung bei Autos wurde früher in PS (Pferdestärken) angegeben. Heute verwendet man die Maßeinheit kW (Kilowatt).
1 kW = 1,36 PS 1 PS = 0,736 kW
Wie viel PS entsprechen 70 kW und wie viel kW entsprechen 75 PS?

7 a) Wie teuer ist eine Einzelfahrt bei einer Mehrfachfahrkarte?
b) Claudia ist mit ihrer Wochenkarte in der letzten Woche 11-mal gefahren. Wie teuer war für sie eine einzelne Fahrt?
c) Ab wie vielen Fahrten lohnt sich eine Wochenkarte (Monatskarte)?

Fig. 1

1 Berechne.
a) $-5 \cdot \frac{3}{4}$ b) $-\frac{4}{7} \cdot \frac{35}{12}$ c) $-\frac{36}{25} : \frac{9}{24}$ d) $-3\frac{1}{2} \cdot 5\frac{2}{7}$ e) $-\frac{36}{75} \cdot \left(-\frac{45}{24}\right)$ f) $\frac{3}{5} : \left(-\frac{4}{7}\right)$

2 Berechne.
a) $0{,}032 \cdot 10^3$ b) $-15{,}23 : 10^2$ c) $125 : 10\,000$ d) $1000 \cdot (5 : 100)$

3 Berechne ohne Taschenrechner.
a) $30{,}54 \cdot (-5)$ b) $-3{,}5 \cdot (-4{,}2)$ c) $0{,}03 \cdot 0{,}25$ d) $0{,}05 \cdot 0{,}18$ e) $25{,}6 : (-8)$ f) $25{,}5 : 0{,}5$

4 Eine Einheit beim Telefonieren kostet bei einem bestimmten Anbieter zurzeit 4,5 Cent. Wie viele Einheiten kann man für 5,04 €, 9,18 € und 44,91 € telefonieren?

5 Ein LKW darf höchstens 2500 kg laden. Es sind bereits aufgeladen: 8 Fässer zu je 21,5 kg, 25 Kisten zu je 36,3 kg und 40 Säcke zu je 17,5 kg. Wie viele Kartons zu je 14,6 kg können höchstens noch zugeladen werden?

6 Eine Ölmühle liefert 18 900 kg Öl.
Wie viele Fässer kann man damit füllen, wenn jedes Fass 175 l fasst? (1 l Öl wiegt 0,9 kg.)

7 Welches Angebot (Fig. 2) ist günstiger? Begründe deine Antwort.

Fig. 2

Lösungen auf Seite 193.

Das kannst du schon

- Rationale Zahlen addieren, subtrahieren, multiplizieren, dividieren
- Rechenausdrücke mit ganzen Zahlen berechnen
- Bei einer Sachaufgabe den passenden Rechenausdruck aufstellen und berechnen

Zahl und Zahlbereiche

Daten und Zufall

Funktionaler Zusammenhang

Messen und Größen

Raum und Form

V Terme und Gleichungen

Terme

Herr X betrat am Tag X x-beinig eine x-beliebige Praxis. Er trug zum x-ten Mal einen seiner x XXL-Pullover. Er sah seine geliebte Unbekannte, die ihn x-fach ausgetrickst hatte.

Aber diese verflixte Hexe machte nicht viele Faxen. Sie x-te Herrn X mit ihren X-Strahlen einfach aus ... übrig blieb garnix.

Das kannst du bald

- Rechenausdrücke mit rationalen Zahlen möglichst geschickt berechnen
- Mit einer Variablen x umgehen
- Einen Term mit einer Variablen aufstellen
- Einfache Gleichungen lösen

1 Grundregeln für Rechenausdrücke

Für Rechenausdrücke mit natürlichen oder ganzen Zahlen gibt es Regeln für die Reihenfolge, in der man die Rechnungen durchführen muss.

Bei allen Rechenausdrücken gelten die Regeln, die schon von den ganzen Zahlen bekannt sind. Wie man hierbei vorgehen kann, lässt sich an einem Rechenbaum verdeutlichen.

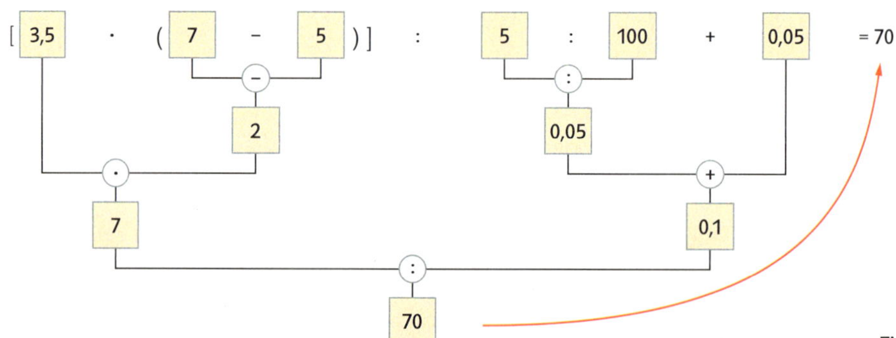

Fig. 1

Grundregeln für die **Reihenfolge beim Berechnen von Rechenausdrücken**

1. Was in Klammern steht, wird zuerst ausgerechnet. Was in der inneren Klammer steht, wird zuerst ausgerechnet.
   $\left(\frac{9}{7} - \frac{4}{7}\right) \cdot \frac{7}{10} = \frac{5}{7} \cdot \frac{7}{10} = \frac{1}{2}$
   $[(2{,}8 - 1{,}3):0{,}6] \cdot (-6) = [1{,}5:0{,}6] \cdot (-6)$
   $= 2{,}5 \cdot (-6) = -15$
2. Punktrechnungen werden vor Strichrechnungen ausgeführt.
   $\frac{7}{3} - \frac{4}{3} \cdot 2 = \frac{7}{3} - \frac{8}{3} = -\frac{1}{3}$
3. Falls nur Punkt- oder nur Strichrechnungen und keine Klammern vorkommen, so wird von links nach rechts gerechnet.
   $\frac{3}{2} - \frac{5}{2} - 2{,}5 = -1 - 2{,}5 = -3{,}5$

Strichrechnungen
Addieren +
Subtrahieren −

Punktrechnungen
Multiplizieren ·
Dividieren :

Beispiel 1 Rechenausdruck

Berechne den Rechenausdruck $\frac{1}{7} \cdot \left(\frac{13}{9} - \frac{2}{3}\right) + \frac{17}{9}$.

Lösung:

$\frac{1}{7} \cdot \left(\frac{13}{9} - \frac{2}{3}\right) + \frac{17}{9}$

$= \frac{1}{7} \cdot \left(\frac{13}{9} - \frac{6}{9}\right) + \frac{17}{9}$

$= \frac{1}{7} \cdot \frac{7}{9} + \frac{17}{9}$

$= \frac{1}{9} + \frac{17}{9}$

$= \frac{18}{9}$

$= 2$

Ein Rechenbaum hilft für die Übersicht:

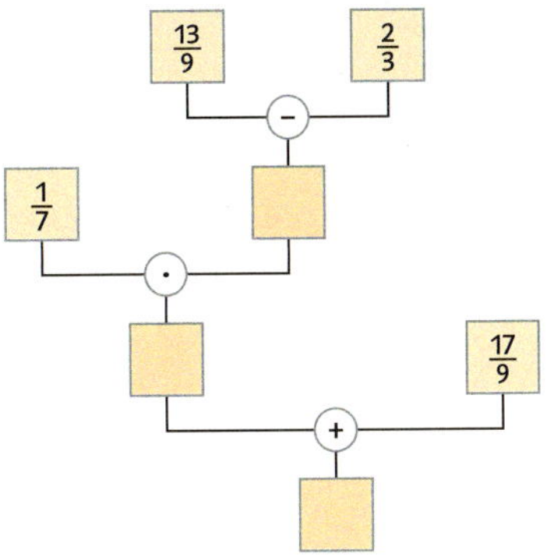

- *Umformungen untereinander schreiben*
- *neue Zeile mit „=" beginnen*
- *nicht veränderte Ausdrücke abschreiben*

Beispiel 2 Eingaben in den Taschenrechner

Berechne mit dem Taschenrechner $\frac{78 \cdot 59}{49 \cdot 56}$.

Lösung:

$\frac{78 \cdot 59}{49 \cdot 56} = (78 \cdot 59) : (49 \cdot 56) = 1{,}677\ldots$

Ein Rechenausdruck mit einem Bruchstrich enthält versteckt zwei Paare von Klammern: eins für den Zähler und eins für den Nenner.

Taschenrechnerbildschirm:

```
78*59/49*56
        5259.428571
(78*59)/(49*56)
        1.677113703
```

Erste Zeile: falsche Eingabe, falsches Ergebnis. Probiere es aus!

Beispiel 3 Aufstellen eines Rechenausdrucks

Subtrahiere das Produkt aus 4,5 und −0,2 vom Produkt aus 5,5 und 0,6.

Lösung:

$5{,}5 \cdot 0{,}6 - 4{,}5 \cdot (-0{,}2) = 3{,}3 + 4{,}5 \cdot 0{,}2 = 3{,}3 + 0{,}9 = 4{,}2$.

Aufgaben

1 Berechne.

a) $\frac{7}{6} + \frac{5}{3} \cdot \frac{1}{2}$
$1{,}25 + 0{,}75 \cdot 5$

b) $\frac{6}{7} : 2 + \frac{11}{7}$
$(0{,}25 - 0{,}75) \cdot \left(-\frac{13}{4}\right) + \frac{3}{8}$

c) $\left(\frac{5}{3} - \frac{1}{2} - 1\right) \cdot 3{,}6$
$[(5{,}3 - 2{,}1) \cdot (-2)] : 8 - 8{,}2$

Bevor dir schwindlig wird: Hier sind die Lösungen zu Aufgabe 1:

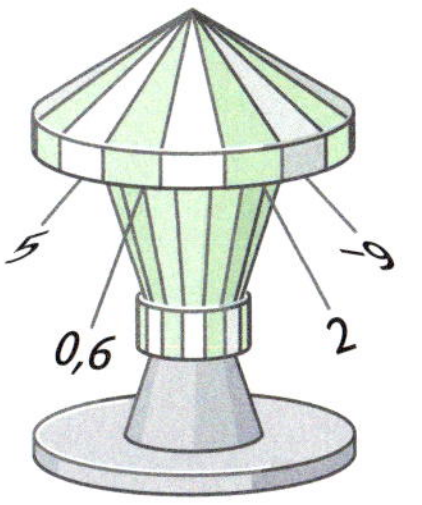

Fig. 1

2 Stelle zu dem Rechenbaum einen Rechenausdruck auf und berechne.

a)

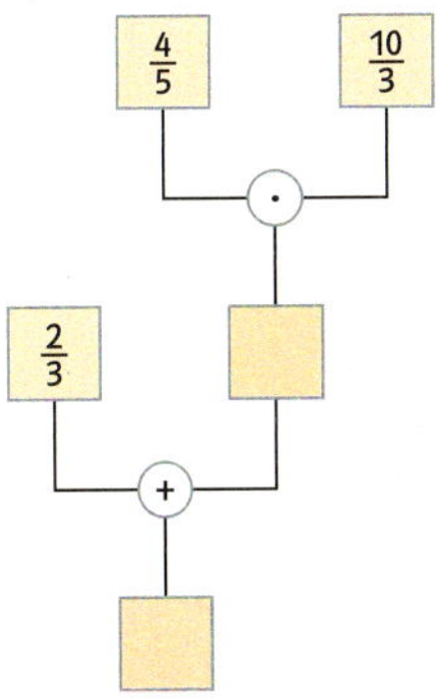

b)

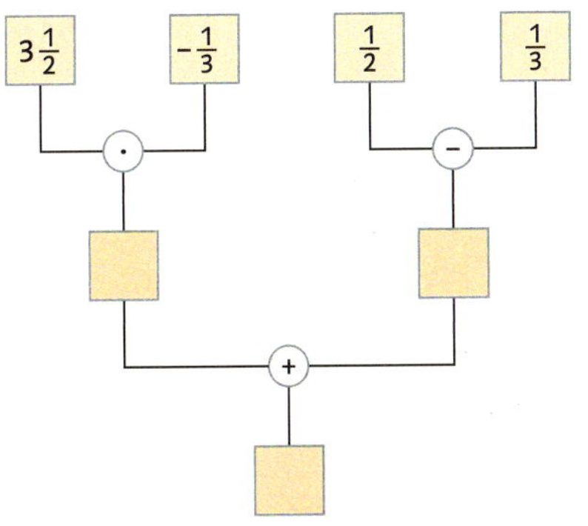

c)

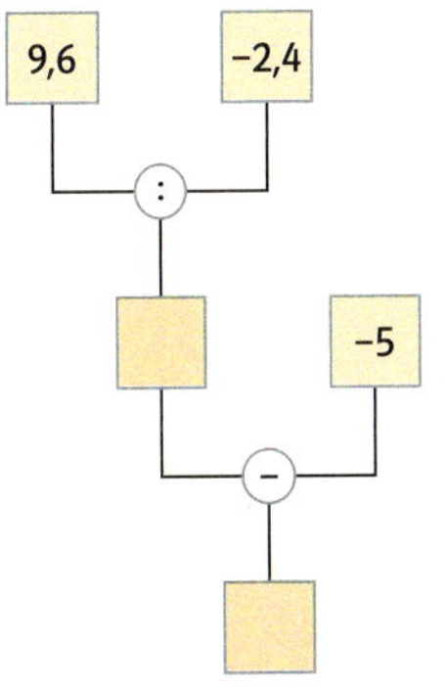

Fig. 1

Die Lösungen zu Aufgabe 3 stehen in den Wolken.

3 Berechne. Ein Rechenbaum kann helfen.

a) $\frac{4}{3} + \frac{5}{6} \cdot \frac{2}{5}$ b) $\frac{9}{4} : \left(\frac{5}{7} + \frac{4}{7}\right)$ c) $4 \cdot \left(\frac{4}{3} + \frac{3}{4} - \frac{7}{9}\right)$

$3{,}4 : [0{,}5 - 3 \cdot (-0{,}4)]$ $0{,}25 \cdot 6 + 4 \cdot 1{,}125$ $-4 : (1 - 0{,}75 : 3)$

$\frac{25}{8} : \frac{5}{2} - 2 + \frac{5}{4}$ $\frac{3}{5} - \frac{1}{5} : \frac{1}{4} + \frac{3}{4}$ $\left(\frac{3}{4} - 1{,}25\right) \cdot \left(\frac{3}{5} - 2{,}2\right)$

4 Schreibe einen Rechenausdruck auf und berechne ihn.

a) Multipliziere die Summe aus $\frac{4}{5}$ und $-\frac{13}{5}$ mit $\frac{25}{3}$.
b) Addiere 4,3 zum Produkt aus 8 und −3,25.
c) Subtrahiere den Quotienten aus $-\frac{3}{4}$ und $\frac{7}{4}$ von $\frac{5}{14}$.
d) Multipliziere −38 mit −0,5 und subtrahiere davon das Produkt aus −2,25 und 8.

Bist du sicher?

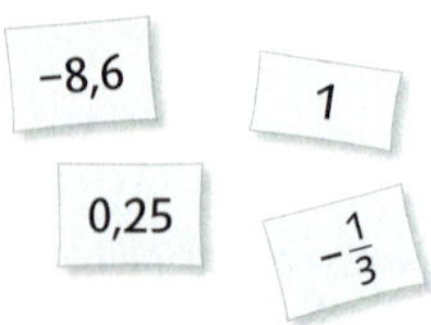

1 Berechne die Rechenausdrücke ohne Taschenrechner.

a) $2{,}3 - 3{,}2 \cdot 2 - 4{,}5$ b) $\left(\frac{2}{5} + \frac{8}{15}\right) \cdot \left(-\frac{1}{2} + \frac{1}{7}\right)$ c) $0{,}75 - \frac{3}{4} \cdot \left(\frac{5}{6} - \frac{1}{3} : \frac{1}{2} + \frac{1}{2}\right)$

2 Stelle einen Rechenausdruck auf und berechne ihn.
Subtrahiere das Produkt aus $\frac{3}{14}$ und $-\frac{7}{5}$ vom Produkt aus 0,2 und 3,5.

Jede Lösungszahl entspricht einem der 26 Buchstaben im Alphabet (1 → A, 2 → B usw.) Setze die Buchstaben zusammen!

5 Berechne ohne Taschenrechner.

a) $\frac{7}{4} + \frac{15}{4} \cdot \frac{17}{3}$ b) $-2{,}1 \cdot (-5) - 0{,}5 \cdot 11$ c) $\left(\frac{1}{4} + 5 - \frac{3}{2}\right) \cdot \frac{12}{5}$ d) $\left(\frac{15}{8} \cdot 2 + \frac{5}{4}\right) \cdot 4$

e) $-\frac{5}{7} \cdot \left(\frac{31}{6} - 3 \cdot \frac{73}{18}\right)$ f) $(2{,}7 + 4{,}1 \cdot 3) : \frac{5}{6}$ g) $\left(2{,}25 + \frac{22}{5}\right) \cdot 6 - 1{,}9 \cdot 11$ h) $-\frac{20}{9} : \left(-\frac{5}{18}\right) + 7$

6 Berechne mit dem Taschenrechner.

a) $\frac{-213 + 729}{96}$ b) $\frac{2261 \cdot (-3487)}{(5634 - 5311) \cdot 4}$

c) $\left(15\frac{1}{6} - 13 \cdot 4\frac{1}{18}\right) \cdot \left(-\frac{657}{169}\right)$ d) $-14{,}11 : (-1{,}7) - \left(-3{,}73 + 3\frac{4}{25}\right) \cdot 310$

7 a) Die grünen Fliesen sind 14,4 cm lang und 9,6 cm breit. Stelle einen Rechenausdruck für die Länge und Breite der roten Fliesen auf und berechne sie.
b) Zeichne mit Plättchen der Länge 2,8 cm und der Breite 1,6 cm ein Muster für den Rechenausdruck $(5 \cdot 2{,}8 - 3 \cdot 1{,}6) : 4$.

Fig. 2

8 Finde für jede der Zahlen 3; 4; (−2); $\frac{3}{5}$ einen Rechenausdruck, der mindestens drei verschiedene Rechenzeichen enthält, zum Beispiel $3 = (6 + 9) : (7 - 2)$.

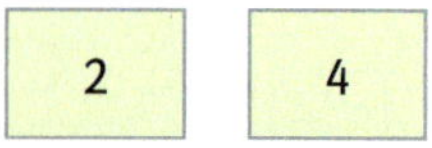

Fig. 3

9 Schreibe den Rechenausdruck ab und füge so Klammern ein, dass er ein Ergebnis hat, das auf einer der Tafeln von Fig. 3 steht.

a) $\frac{4}{7} : 2 - \frac{12}{7}$ b) $\frac{7}{3} - \frac{2}{3} : \frac{1}{3} - 1$ c) $\frac{8}{3} - \frac{4}{3} : -\frac{2}{3} + 1$ d) $0{,}5 \cdot 7 + 5 \cdot 0{,}5 : 0{,}5 + 1{,}5 - 1$

10 Welcher der Rechenausdrücke 1) bis 7) gehört zu welcher der Geschichten A) bis G)?

1) $4{,}2 : 7 + 1{,}4 - 0{,}7$

2) $(5 \cdot 4{,}2 + 3 \cdot 1{,}4) : 7$

3) $7 \cdot (4{,}2 + 1{,}4) + 0{,}7$

4) $(4{,}2 \cdot 1{,}4 - 0{,}7) : 7$

5) $(4{,}2 - 0{,}7) : 7 + 1{,}4 : 7$

6) $(4{,}2 + 1{,}4 - 0{,}7) : 7$

7) $(4{,}2 + 1{,}4) : 7 - 0{,}7$

A) Jonathan erhält jede Woche 4,20 € Taschengeld von seinen Eltern und 1,40 € von seiner Oma. 70 ct davon spart er, vom Rest gibt er täglich gleich viel aus. Wie viel gibt er jeden Tag aus?

B) Annika hat 4,2 kg, Carla 1,4 kg Erdbeeren gepflückt. Annika isst 700 g selbst auf und verteilt den Rest an ihre 7 Freunde, Carla verteilt alles an die gleichen 7 Freunde. Wie viel kg Erdbeeren kriegt jeder Freund?

C) Andi bekommt jede Woche 4,20 € Taschengeld von seinen Eltern, 1,40 € von seiner Tante. Er gibt jeden Tag gleich viel aus, spart aber täglich 70 ct. Wie viel gibt Andi täglich aus?

D) Mayra radelt an jedem Wochentag 4,2 km zur Schule, dreimal in der Woche fährt sie zusätzlich noch 1,4 km zum Training. Wie viele km fährt Mayra täglich im Durchschnitt?

E) Ein 4,2 km langes und 1,4 km breites rechteckiges Waldstück enthält 70 ha Wege und Gebäude, den Rest haben sich 7 Wölfe gleichmäßig als Revier aufgeteilt. Wie viel km^2 Revier hat jeder Wolf?

F) Paula gibt jeden Tag 4,20 € für Essen, 1,40 € für Trinken aus. Außerdem braucht sie noch 70 ct für ihre Sonntagszeitung. Wie viel gibt Paula jede Woche aus?

G) Theodor bekommt jede Woche 4,20 € Taschengeld. Er gibt davon jeden Tag gleich viel aus. Außerdem bekommt er noch jeden Tag 1,40 € von seinem Opa und spart davon 70 ct. Wie viel gibt er täglich aus?

11 Erfinde zu dem Rechenausdruck eine kleine Geschichte und zeige sie deinem Nachbarn. Lass deinen Nachbarn den Rechenausdruck, der in deiner Geschichte beschrieben ist, herausfinden und berechnen.

a) $(4 + 1{,}6) : 7$ b) $(43{,}8 + 33{,}7) : 31$ c) $12 \cdot 15 + 4 \cdot 7{,}5$ d) $(7 \cdot 2{,}4 + 6 \cdot 2{,}4) : 4$

12 Würfle eine Startzahl, multipliziere sie mit $-\frac{3}{7}$, addiere zum Ergebnis $\frac{5}{7}$ und dividiere schließlich durch $\frac{1}{7}$. Bei welcher gewürfelten Zahl erhältst du die größte Zahl, wenn du so vorgehst?

13 Familie Schreiner kauft einen Fernseher für 597,60 €. Ein Drittel bekommt sie erlassen, da der Bildschirm einen Kratzer hat. Vom Rest zahlt sie 30 % als Anzahlung, das Übrige in 16 gleichen Monatsraten. Wie hoch sind die Monatsraten?

2 Regeln zum geschickten Rechnen

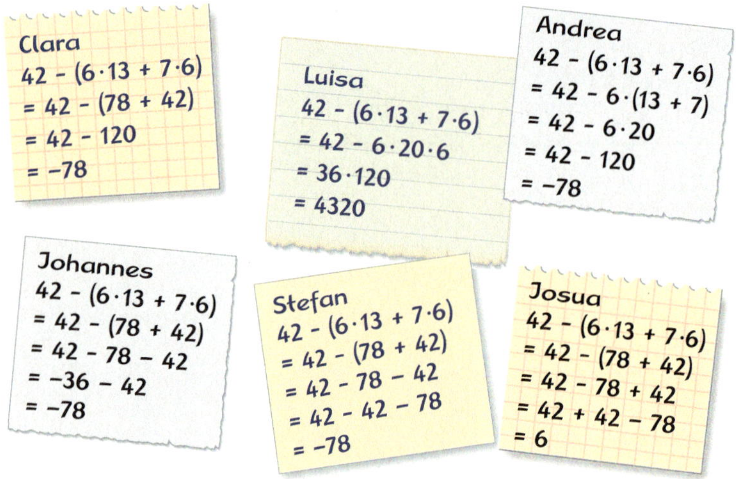

Andrea, Clara, Johannes, Josua, Luisa und Stefan vergleichen ihre Hausaufgaben.

commutare *(lat.): vertauschen*

associare *(spätlat.): verbinden*

distribuere *(lat.): verteilen*

Beim Rechnen mit natürlichen Zahlen wurden die Kommutativgesetze, die Assoziativgesetze und die Distributivgesetze besprochen. Diese Gesetze gelten auch für die ganzen Zahlen, die Bruchzahlen und die Dezimalzahlen.
Kommutativgesetze: Beim Addieren und Multiplizieren darf man die Zahlen vertauschen.
Zum Beispiel: $3{,}5 + (-4) = (-4) + 3{,}5$ und $3{,}5 \cdot (-4) = (-4) \cdot 3{,}5$.
Assoziativgesetze: Beim Addieren und Multiplizieren darf man beginnen, wo man möchte.
Zum Beispiel: $[3{,}5 + (-4)] + 5 = 3{,}5 + [(-4) + 5]$ und $3{,}5 \cdot [(-4) \cdot 5] = [3{,}5 \cdot (-4)] \cdot 5$.
Distributivgesetze: Statt eine Zahl mit einer Summe zu multiplizieren, darf man die Zahl zuerst mit den Summanden multiplizieren und dann die Ergebnisse addieren.
Ähnliches gilt auch bei einer Differenz, zum Beispiel:
$3{,}5 \cdot [5 + (-4)] = 3{,}5 \cdot 5 + 3{,}5 \cdot (-4)$ und $3{,}5 \cdot [5 - (-4)] = 3{,}5 \cdot 5 - 3{,}5 \cdot (-4)$.
Wendet man ein Distributivgesetz an, so nennt man dieses Vorgehen auch Ausmultiplizieren. Liest man die Distributivgesetze von „links nach rechts", so erhält man z. B.
$3{,}5 \cdot 5 + 3{,}5 \cdot (-4) = 3{,}5 \cdot [5 + (-4)]$ und $3{,}5 \cdot 5 - 3{,}5 \cdot (-4) = 3{,}5 \cdot [5 - (-4)]$.
Dieses Vorgehen nennt man Ausklammern.

Ausmultiplizieren:	$5 \cdot (6 + 7) = 5 \cdot 6 + 5 \cdot 7$	$5 \cdot (6 - 7) = 5 \cdot 6 - 5 \cdot 7$
Ausklammern:	$5 \cdot 6 + 5 \cdot 7 = 5 \cdot (6 + 7)$	$5 \cdot 6 - 5 \cdot 7 = 5 \cdot (6 - 7)$

Kommen in einem Rechenausdruck nur Klammern sowie die Zeichen + und – vor, so kann man auf zwei Arten vorgehen. Dies wird an zwei Beispielen erläutert.
I. Tobias hat 10 Euro gespart. Er kauft sich für 5,50 Euro ein Buch und für 1,20 Euro ein Eis. Jetzt kann er auf zwei Arten ausrechnen, wie viel Geld er noch besitzt.
1. Er subtrahiert von 10 € nacheinander die Beträge, die er ausgegeben hat, also
$10 - 5{,}5 - 1{,}2 = 4{,}5 - 1{,}2 = 3{,}3$.
2. Er berechnet erst wie viel Geld er insgesamt ausgegeben hat und subtrahiert dann diese Summe von 10 Euro, also $10 - (5{,}5 + 1{,}2) = 10 - 6{,}7 = 3.3$.
In beiden Fällen erhält er als Ergebnis, dass er noch 3,30 Euro besitzt.

II. Leonie hat 10 Euro gespart. Sie erhält von ihrer Oma 2,50 Euro. Hiervon gibt sie 1,30 Euro für ein Comic-Heft aus. Auch sie kann auf zwei Arten berechnen, wie viel Geld sie noch besitzt.

1. Sie addiert und subtrahiert nacheinander die Beträge, also
$10 + 2{,}5 - 1{,}3 = 12{,}5 - 1{,}2 = 11{,}2$
2. Sie berechnet zunächst wie viel Geld sie nach dem Kauf von den 2,50 Euro noch übrig hat und addiert dies zu den 10 Euro, also $10 + (2{,}5 - 1{,}3) = 10 + 1{,}2 = 11{,}2$.

In beiden Fällen erhält er als Ergebnis, dass sie 11,20 Euro besitzt.

Diese Beispiele erläutern folgende Regeln:

Treten in einem Rechenausdruck nur Klammern sowie die Zeichen + und − auf, so gelten
Minusklammerregel:
Steht vor einer Klammer ein Minuszeichen, dann kann man die Klammer weglassen, wenn man die Zeichen in der Klammer von + nach − bzw. − nach + ändert.
Plusklammerregel:
Steht vor einer Klammer ein Pluszeichen, dann kann man die Klammer und das Zeichen vor der Klammer weglassen, wenn man die Zeichen in der Klammer beibehält.

Beachte:
$5 - (7 + 4)$
$= 5 - (+7 + 4)$

Beispiel 1 Rechenwege vergleichen
Berechne, indem du zuerst, was in der Klammer steht, berechnest (Klammerregel). Berechne dann durch Ausmultiplizieren und vergleiche.
a) $13 \cdot (14{,}3 - 4{,}3)$ b) $\left(\frac{4}{5} + 3\right) \cdot 5$
Lösung:

Klammerregel	Ausmultiplizieren	Vergleich
a) $13 \cdot (14{,}3 - 4{,}3) = 13 \cdot 10$ $= 130$	$13 \cdot (14{,}3 - 4{,}3) = 13 \cdot 14{,}3 - 13 \cdot 4{,}3$ $= 185{,}9 - 55{,}9 = 130$	Klammerregel einfacher
b) $\left(\frac{4}{5} + 3\right) \cdot 5 = \left(\frac{4}{5} + \frac{15}{5}\right) \cdot 5$ $= \frac{19}{5} \cdot 5 = 19$	$\left(\frac{4}{5} + 3\right) \cdot 5 = \frac{4}{5} \cdot 5 + 3 \cdot 5$ $= 4 + 15 = 19$	Ausmultiplizieren einfacher

Beispiel 2 Rechenvorteile nutzen
Berechne möglichst geschickt.
a) $-(1{,}8 - 5{,}3) + 1{,}8$
b) $1{,}2 \cdot 106 - 6 \cdot 1{,}2$
Lösung:
a) $-(1{,}8 - 5{,}3) + 1{,}8$
$= -1{,}8 + 5{,}3 + 1{,}8$
$= -1{,}8 + 1{,}8 + 5{,}3$
$= 5{,}3$
Hier ist die Minusklammerregel geschickt, da $-1{,}8 + 1{,}8 = 0$.

b) $1{,}2 \cdot 106 - 6 \cdot 1{,}2$
$= 1{,}2 \cdot (106 - 6)$
$= 1{,}2 \cdot 100$
$= 120$
Hier ist Ausklammern geschickt, da sich in der Klammer genau 100 ergibt.

Aufgaben

1 Welche Zahl muss man für ▢ jeweils einsetzen?
a) $7 \cdot (14 + 9) = \square \cdot 14 + \square \cdot 9$
b) $14 \cdot 6 + 14 \cdot 8 = \square \cdot (6 + 8)$
c) $\square \cdot (-3 + 12) = \square \cdot (-3) + 5 \cdot 12$
d) $3{,}4 \cdot (\square - 4{,}3) = 3{,}4 \cdot 9{,}1 - 3{,}4 \cdot 4{,}3$
e) $13 \cdot 3{,}5 + 8{,}5 \cdot 13 = 13 \cdot (\square + 8{,}5)$
f) $\square \cdot (-4{,}5 + 3{,}9) = (-4{,}5) \cdot 8 + \square \cdot 3{,}9$

Lösung	Buchstabe
224	V
420	L
-6	E
2	R
42	C

In den Aufgaben 2, 3 und 4 kannst du die Lösungen mit der Tabelle durch Buchstaben ersetzen und erhältst jeweils ein Lösungswort.

2 Berechne mit der Minusklammerregel bzw. mit der Plusklammerregel.

a) $38 - (38 - 42)$ b) $-(356 - 420) + 356$ c) $-\frac{4}{5} - \left(\frac{1}{5} + 5\right)$

d) $-(-89 - 124) + 11$ e) $-(-4{,}6 + 6) - 4{,}6$ f) $-0{,}9 - \left(-3{,}7 + \frac{4}{5}\right)$

3 Berechne mit der Klammerregel und durch Ausmultiplizieren. Vergleiche.

a) $4{,}2 \cdot (7 + 3)$ b) $12 \cdot (30 + 5)$ c) $12 \cdot \left(\frac{7}{2} - 4\right)$ d) $(60 - 4) \cdot 4$

e) $-0{,}4 \cdot (20 - 5)$ f) $\left(\frac{2}{3} - \frac{1}{6}\right) \cdot 4$ g) $1{,}2 \cdot (-1{,}4 - 3{,}6)$ h) $\left(0{,}005 - \frac{3}{200}\right) \cdot (-200)$

4 Berechne durch Ausklammern und mit der Punkt-vor-Strich-Regel. Vergleiche.

a) $4{,}2 \cdot 6 + 4{,}2 \cdot 4$ b) $15 \cdot 20 + 8 \cdot 15$ c) $3 \cdot (-1{,}2) + (-1{,}2) \cdot 2$ d) $56 \cdot 8 - 4 \cdot 56$

e) $\frac{2}{3} \cdot (-6) - 3 \cdot \frac{2}{3}$ f) $(-7) \cdot 0{,}5 - 0{,}5 \cdot (-11)$ g) $1200 \cdot 0{,}3 + 1200 \cdot 0{,}05$ h) $1{,}2 \cdot 1{,}4 - 1{,}2 \cdot 6{,}4$

5 Berechne möglichst geschickt. Schreibe jeweils dazu, welche Regel du benutzt hast.

a) $4{,}7 - (1{,}7 + 4{,}7)$
$4{,}7 - (1{,}7 - 4{,}7)$
$4{,}7 - (-1{,}7 + 4{,}7)$

b) $15 \cdot 100 - 15 \cdot 4$
$15 \cdot 104 - 15 \cdot 4$
$15 \cdot (-100) - 15 \cdot 4$

c) $\frac{3}{4} \cdot \left(\frac{5}{7} + \frac{9}{7}\right)$
$\frac{6}{5} \cdot \left(\frac{5}{3} + \frac{5}{2}\right)$

d) $\frac{15}{14} \cdot \left(\frac{7}{10} - \frac{14}{15}\right)$
$\frac{15}{14} \cdot \left(\frac{4}{11} - \frac{8}{22}\right)$

6 Anne hat zwei DVDs für vier Tage ausgeliehen. Die eine DVD kostet täglich 1,40 € Leihgebühr, die andere 2,60 €. Wie viel Euro muss Anne dafür bezahlen?

7 30 Schüler der Klasse 6d fahren zum Eislaufen. Für den Zug muss jeder 2,40 €, für den Eintritt muss jeder 2,60 € bezahlen.
a) Wie viel Geld muss der Klassensprecher einsammeln?
b) Fünf Schüler wollen direkt zur Eishalle kommen, drei können gar nicht mitkommen. Wie viel Geld muss jetzt eingesammelt werden?

Bist du sicher?

1 Berechne möglichst geschickt.

a) $-9{,}2 - (8{,}1 - 9{,}2)$ b) $\frac{5}{6} \cdot \frac{7}{8} - \frac{5}{6} \cdot \frac{1}{8}$ c) $(-5) \cdot (400 - 20)$

2 Finde die Fehler und rechne richtig.

a)
$27 - (-13 + 14)$
$= 27 - 13 - 14$
$= 0$

b)
$(-5) \cdot \left(2 - \frac{1}{5}\right)$
$= -5 \cdot 2 - 5 \cdot \frac{1}{5}$
$= -11$

c)
$(-0{,}5) \cdot 18 - (-0{,}5) \cdot 2$
$= (-0{,}5) \cdot (18 + 2)$
$= (-0{,}5) \cdot 20$
$= -10$

8 Berechne möglichst geschickt.

a) $15 \cdot (200 + 30 + 4)$ b) $(8{,}2 - 5{,}6) - (-5{,}6 - 8{,}2)$ c) $0{,}8 \cdot 2{,}5 - 0{,}8 \cdot 3{,}4 + 0{,}8 \cdot 1{,}9$

d) $\frac{4}{3} \cdot 2 - \frac{4}{3} \cdot 5 + 3 \cdot \frac{4}{3}$ e) $-\left(2{,}3 - 1\frac{2}{5}\right) - \left(-3{,}7 + \frac{4}{5}\right)$ f) $12 \cdot \left(\frac{3}{4} - \frac{2}{3} - \frac{7}{12}\right)$

9 Stelle einen Rechenausdruck auf und berechne möglichst geschickt.
a) Subtrahiere das Produkt aus 12 und 14 vom Produkt aus 24 und 12.
b) Multipliziere 1,4 mit der Differenz aus 20 und 5.
c) Subtrahiere die Differenz aus 3,4 und 8,9 von der Differenz aus 6,6 und 8,9.
d) Multipliziere die Differenz aus −12,4 und 7,8 mit −6 und addiere zum Ergebnis die Summe aus −12 und −3,8.

10 Wie groß ist der Gesamtflächeninhalt der beiden Rechtecke von Fig. 1?

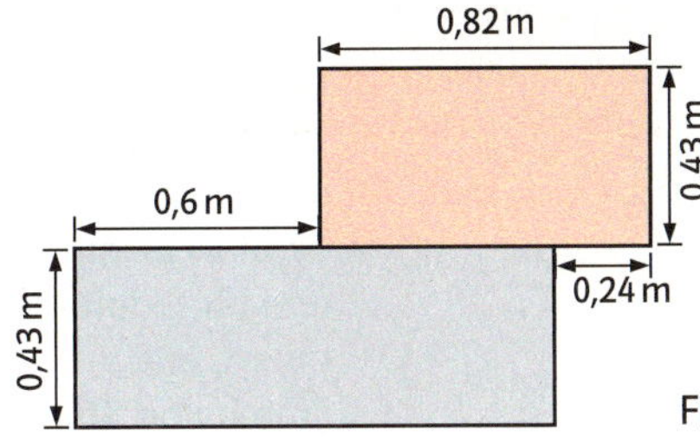

Fig. 1

11 Pia kann beim Kauf ihres neuen Computers zwischen zwei Angeboten wählen: Entweder sie bezahlt den Gesamtpreis von 998 € in bar oder sie zahlt erst eine Anzahlung von 198 € und dann im ersten Jahr 27,20 € monatlich, im zweiten Jahr 24,90 € monatlich, im dritten Jahr 17,90 € monatlich. Wie viel Geld spart Pia bei der Barzahlung?

12 Erstelle ein Mind-Map zu den Regeln fürs geschickte Rechnen. Darin sollten auf jeden Fall die Regeln zum Vertauschen, zum Klammern-Umsetzen, zum Zusammenfassen zum Ausklammern und Ausmultiplizieren, sowie die Minus- und Plusklammerregel enthalten sein. Schreibe auch dazu, was jeweils zu beachten ist, und notiere Beispiele.

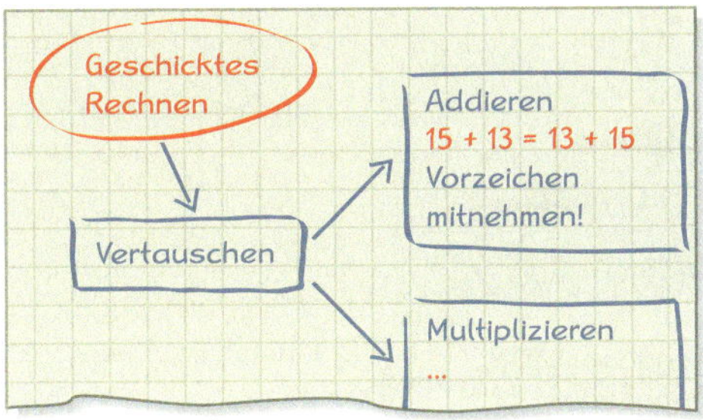

Fig. 2

Zum Forschen

13 Albrecht berechnet der Reihe nach die folgenden Zahlen: 1 − (1 − 2); 1 − (1 − 2) − (2 − 4); 1 − (1 − 2) − (2 − 4) − (4 − 8); 1 − (1 − 2) − (2 − 4) − (4 − 8) − (8 − 16) ... Schreibe die Rechenausdrücke für die nächsten fünf Zahlen auf und lege eine Tabelle an, in der du Albrechts Zahlen berechnest. Was fällt dir auf? Begründe deine Beobachtung.

Ausdruck	Ergebnis
1 − (1 −2)	2
1 − (1 − 2) − (2 − 4)	4
...	

14 Rike berechnet der Reihe nach die Rechenausdrücke $\frac{3}{4} - \frac{1}{2}$; $\frac{3}{4} \cdot \frac{8}{9} - \frac{1}{2}$; $\frac{3}{4} \cdot \frac{8}{9} \cdot \frac{15}{16} - \frac{1}{2}$; $\frac{3}{4} \cdot \frac{8}{9} \cdot \frac{15}{16} \cdot \frac{24}{25} - \frac{1}{2}$; ... Berechne Rikes Zahlen in einer Tabelle wie bei Aufgabe 13. Was fällt dir an Rikes Zahlen auf?

15 a) Harry hat die Aufgabe (27 + 18) : 3 so gelöst: (27 + 18) : 3 = 27 : 3 + 18 : 3 = 9 + 6 = 15. Hat Harry richtig gerechnet? Gibt es eine allgemeine Rechenregel für (27 + 18) : 3 = 27 : 3 + 18 : 3? Begründe deine Antwort durch weitere Zahlenbeispiele.
b) Ron verwendet bei seinen Rechnungen die Regel a : (b + c) = a : b + a : c. Gibt es so eine Rechenregel? Begründe deine Antwort.
c) Hermine findet die Minusklammerregel ganz einfach: „Das ist doch nur ein Spezialfall vom Ausmultiplizieren!" Sie ersetzt 13 − (9 − 12) durch 13 + (−1) · (9 − 12). Führt die Minusklammerregel und Ausmultiplizieren mit −1 tatsächlich zum gleichen Ergebnis? Untersuche auch noch andere Beispiele zu Hermines Behauptung.

3 Terme mit einer Variablen

Handyrechnung Constantin Knabbe 2005:

Bei Mobilfon supergünstig: Grundgebühr 9,95 €, pro Minute 14 Ct

Monat	Minuten	Betrag	
Jan	17	12,50	$0{,}14 \cdot 17 + 9{,}95 = \ldots$
Feb	24	13,55	$0{,}14 \cdot 24 + 9{,}95 = \ldots$
März	53	17,90	...
Apr	46	16,85	...
Mai	93	23,90	...
...	...	...	...
x-beliebig	x	garni x?	...

Constantin hat das ungute Gefühl, dass mit seiner Handyrechnung für 2005 etwas nicht stimmt.
Tim erklärt ihm, was er zum Nachrechnen in seinen Taschenrechner eintippen muss. Das ist gar nicht so einfach zu beschreiben, denn in jedem Monat sind andere Minutenzahlen. „Schreib erst mal für jeden Monat den Rechenausdruck, den du eintippen musst, auf."
Eine halbe Stunde später jubelt Constantin: „Ich glaub' ich weiß, was die falsch gemacht haben!"

Tabea bastelt Schlangen aus Perlen mit einem Schwanz aus 3 Perlen und einem Kopf mit Zunge aus 20 Perlen. Für den Körper dazwischen benutzt Tabea unterschiedlich viele Perlenreihen. Die Tabelle zeigt, wie viele Perlen Tabea je nach Körperlänge benötigt.

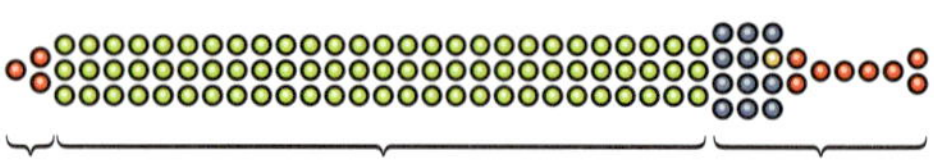

Fig. 1

Körperlänge in Perlenreihen	Perlenzahl	Bild
4	$3 + 3 \cdot 4 + 20$	
8	$3 + 3 \cdot 8 + 20$	
13	$3 + 3 \cdot 13 + 20$	

Tabea muss für die Perlenzahl immer fast denselben Rechenausdruck berechnen: Die Perlenzahl ist $3 + 3 \cdot$ Körperlänge $+ 20$. Veränderlich oder „variabel" bei ihren Schlangen ist nur die Körperlänge. Deshalb lässt sich Tabeas Rechenvorschrift noch knapper aufschreiben, wenn man für die Körperlänge eine **Variable x** verwendet. Für die Perlenzahl kann man jetzt den Rechenausdruck $\mathbf{3 + 3 \cdot x + 20}$ aufschreiben. Man nennt diesen Rechenausdruck einen **Term mit der Variablen x**. Wenn Tabea wissen will, wie viele Perlen sie für eine Schlange mit 21 Perlenreihen braucht, so muss sie für x die Zahl 21 einsetzen und erhält den Wert $3 + 3 \cdot 21 + 20 = 86$. Sie braucht dann 86 Perlen.

Variable: x
Term: $5 \cdot x - 12$
Zahl: 9
Wert: $5 \cdot 9 - 12 = 33$

Rechenausdrücke wie $2 \cdot x$; $3 \cdot x + 5$ oder $2 \cdot x + 4 \cdot x - 2$ heißen Terme mit einer Variablen x. Wenn man für die Variable eine Zahl einsetzt, so entsteht ein Rechenausdruck, dessen Wert man berechnen kann.
Setzt man in den Term $3 \cdot x + 5$ für x die Zahl 7 ein, so entsteht der Rechenausdruck $3 \cdot 7 + 5$ mit dem Wert 26.

Zwischen einer Zahl und einer Variablen darf man das Multiplikationszeichen weglassen. Statt $3 \cdot x + 5$ schreibt man $3x + 5$. Wenn man in einem solchen Term für x eine Zahl, z. B. 7, einsetzt, so muss man das Multiplikationszeichen wieder hinzuschreiben. $3 \cdot 7 + 5$

Beispiel 1 Zahlen in Terme einsetzen
Setze in dem Term für die Variable x nacheinander die Zahlen 5; –3; 0,7 und $-\frac{1}{2}$ ein.
Lege eine Tabelle an und berechne die entstehenden Rechenausdrücke.
a) $6x - 4$ b) $3x + 7x$
Lösung:

Term	5	–3	0,7	$-\frac{1}{2}$
a) $6x - 4$	$6 \cdot 5 - 4 = 26$	$6 \cdot (-3) - 4 = -22$	$6 \cdot 0{,}7 - 4 = 0{,}2$	$6 \cdot \left(-\frac{1}{2}\right) - 4 = -7$
b) $3x + 7x$	$3 \cdot 5 + 7 \cdot 5 = 50$	$3 \cdot (-3) + 7 \cdot (-3) = -30$	$3 \cdot 0{,}7 + 7 \cdot 0{,}7 = 7$	$3 \cdot \left(-\frac{1}{2}\right) + 7 \cdot \left(-\frac{1}{2}\right) = -5$

• Wenn du eine negative Zahl für x einsetzt, so setze sie in Klammern.

Beispiel 2 Terme, Muster und Tabellen
Jana legt mit Streichhölzern Muster unterschiedlicher Länge aus Quadraten (s. Fig. 1).
Sie berechnet die Anzahl der Streichhölzer bei x Quadraten mit dem Term $4 + 3(x - 1)$.
a) Lege eine Tabelle an, in der du für verschiedene Längen das Muster zeichnest, die Anzahl der Streichhölzer nachzählst und mit Janas Term berechnest. Vergleiche.
b) Wie ist Jana wohl beim Aufstellen ihres Terms vorgegangen?
c) Begründe, dass Jana mit dem Term $5 + 2x$ die Streichholzzahl nicht berechnen kann.

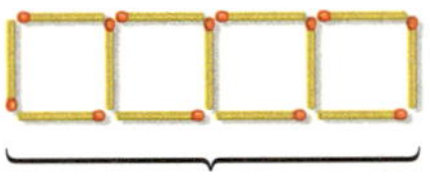
x Quadrate
Fig. 1

Lösung: a)

Muster	x	gezählte Streichhölzer	$4 + 3(x - 1)$
	1	4	$4 + 3 \cdot (1 - 1) = 4$
	2	7	$4 + 3 \cdot (2 - 1) = 7$
	3	10	$4 + 3 \cdot (3 - 1) = 10$

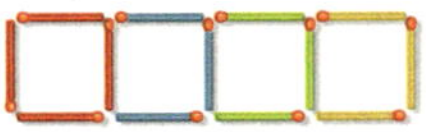
Fig. 2

b) Für das erste Quadrat braucht man vier Streichhölzer, für jedes weitere Quadrat (außer dem ersten) kommen drei Streichhölzer dazu (s. Fig. 2). Daher $4 + 3 \cdot (x - 1)$.
c) Der Term $5 + 2x$ passt nicht, denn für $x = 2$ ergibt sich $5 + 2 \cdot 2 = 9$, nicht 7.

Aufgaben

1 Katharina zeichnet zueinander parallele Perlenreihen in ihr Heft. Die erste Reihe hat sechs Perlen, alle weiteren Reihen enthalten vier Perlen. Katharina berechnet die Anzahl der Perlen bei x Reihen mit dem Term $4x + 2$.
a) Lege eine Tabelle an, in der du für 1, 2, 3, 4, 5, 6 Perlenreihen jeweils die Muster zeichnest, die Anzahl der Perlen zählst und mit Katharinas Term berechnest.
b) Wie hat Katharina wohl ihren Term gefunden?
c) Kann man die Perlenzahl auch mit dem Term $3x + 3$ berechnen?

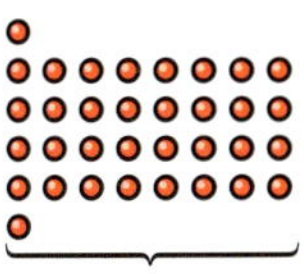
x Perlenreihen
Fig. 3

2 Übertrage die Tabelle in dein Heft und fülle sie aus.

Term	6	4	–3	$\frac{4}{5}$
$3x - 5$	$3 \cdot 6 - 5 = 13$			
$4 + 5x$				
$(-0{,}5)x + 3$				

Länge des Musters: x Streichhölzer

Fig. 1

3 Theo legt mit Streichhölzern Muster aus zwei Reihen von Quadraten (s. Fig. 1). Er berechnet die Anzahl der Streichhölzer mit dem Term $7 + 5(x - 1)$.
a) Lege eine Tabelle an, in der du für mindestens vier verschiedene Längen x das Muster zeichnest, die Anzahl der Streichhölzer zählst und mit Theos Term vergleichst.
b) Wie hat Theo wohl seinen Term gefunden?
c) Welche der folgenden Terme beschreiben auch die Anzahl der Streichhölzer im Muster: $2 + 5x$; $4 + 3x$; $3x + 2(x + 1)$? Begründe und überlege, wie die passenden Terme gefunden wurden.

4 Setze in dem Term für die Variable x nacheinander die Zahlen 3; 12; −7 und 0,8 ein. Lege eine Tabelle an und berechne die entstehenden Rechenausdrücke.
a) $3x - 7$ b) $4(x - 3) + 5$ c) $(-2)x + 3x$ d) $4x - 5(x + 1)$

Bist du sicher?

Die Summe aller Ergebnisse ist 22,2.

1 Setze in dem Term für die Variable x nacheinander die Zahlen 3; −2 und 1,8 ein. Lege eine Tabelle an und berechne die entstehenden Rechenausdrücke.
a) $3 + 5x$ b) $-4 - 2x$ c) $x + 2$ d) $2(x - 1) + 3x$

Fig. 2

5 Fabian baut Türme aus Klötzen (s. Fig. 2). Wenn x für die Anzahl der Stockwerke seines Turms steht, so berechnet Fabian die Anzahl der Klötze mit dem Term $4x + 8$.
a) Wie viele Klötze braucht Fabian für 3; 5; 7; 16 Stockwerke? Lege eine Tabelle an.
b) Wie hat Fabian wohl seinen Term $4x + 8$ aufgestellt?

$3 + 4x$ | $3x + 12$ | $2x + 10$ | $x \cdot 3 + 4$ | $2x$

6 Ordne den Beschreibungen den richtigen Term zu.
1. Wie groß ist der Umfang des Rechtecks (Fig. 3)?
2. Multipliziere eine Zahl mit 3 und addiere zum Ergebnis 4.
3. Florian hat 3 kg Kirschen gepflückt. Jede Stunde pflückt er zusätzlich 4 kg.
4. Wie viele Perlen hat die Rakete (Fig. 4)?
5. Wie groß ist der Flächeninhalt des Rechtecks (Fig. 5)?

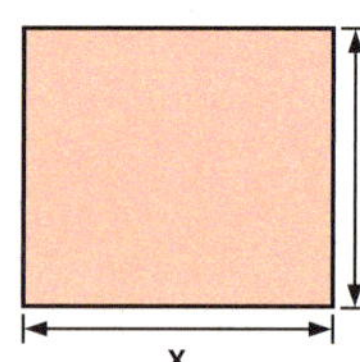

Fig. 3

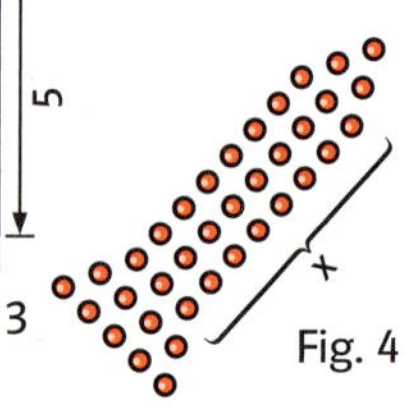

Fig. 4

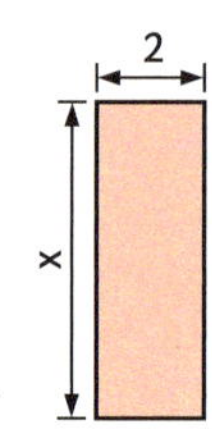

Fig. 5

Kannst du das noch?

7 Welche Grundkörper sind in Fig. 6 dargestellt?

8 Eine Pyramide hat eine quadratische Grundfläche mit der Seitenlänge 4 cm. Die vier Seitenflächen der Pyramide sind vier gleiche Dreiecke mit den Seitenlängen 4 cm; 5 cm und 5 cm.
a) Zeichne ein Netz dieser Pyramide.
b) Miss alle Winkel, die in diesem Netz vorkommen.
c) Berechne den Oberflächeninhalt der Pyramide. Entnimm der Zeichnung die benötigten Längen.

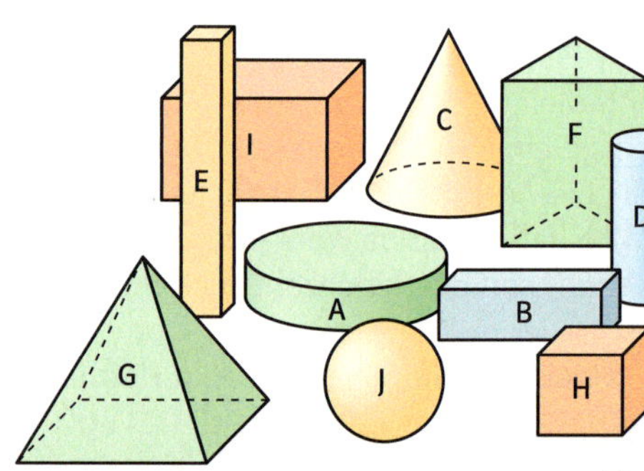

Fig. 6

4 Terme aufstellen

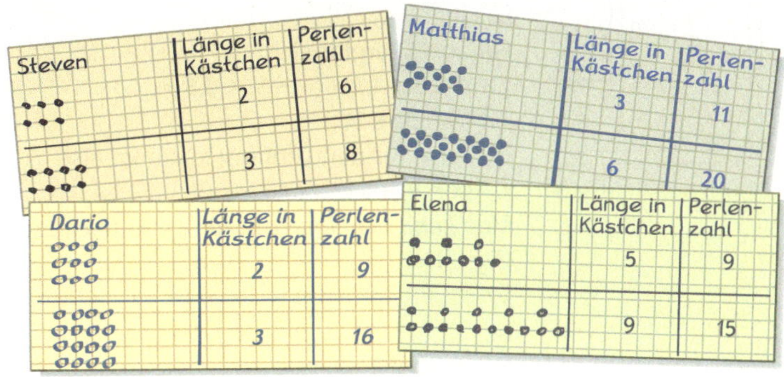

Dario, Matthias, Steven und Elena zeichnen Perlenmuster von unterschiedlichen Längen auf Karopapier. Sie wollen untersuchen, wie viele Perlen man braucht.

Oft muss man zu einem Muster oder einer Situation den passenden Term erst aufstellen.

Vorgehen beim Aufstellen eines Terms

Situation
Lena spart im ersten Monat 100 €, danach spart sie jeden Monat 6 €. Finde einen passenden Term.

1. Überlege, für welche Größe ein Term aufgestellt werden soll.
Es soll ein Term für den gesparten Betrag aufgestellt werden.

2. Überlege, wovon die gesuchte Größe abhängt.
Der gesparte Betrag hängt von der Anzahl der Monate ab.

3. Untersuche das Problem für einfache, kleine Zahlen. Es ist vorteilhaft eine Tabelle anzulegen. Für kleine Zahlen kann man auch Skizzen machen und Muster zeichnen.

Anzahl Monate	Rechenausdruck	Gesparter Betrag (in €)
1		100
2	100 + 6	106
3	100 + 2 · 6	112

4. Beschreibe in Worten, wie man die gesuchte Größe berechnet.
Der gesparte Betrag ist (in €):
100 + (Anzahl der Monate − 1) · 6.

5. Führe eine Variable ein und beschreibe, wofür die Variable steht.
x steht für die Anzahl der Monate.

6. Schreibe den Term mithilfe der Variablen auf.
Der gesparte Betrag nach x Monaten ist (in €): $100 + (x - 1) \cdot 6$.

Beispiel 1
Denke dir eine Zahl, multipliziere sie mit 4 und addiere dazu 17. Schreibe die Rechenvorschrift als Term.
Lösung:
Gedachte Zahl: x
Term: $x \cdot 4 + 17$

Gedachte Zahl	Rechenausdruck
3	3 · 4 + 17
7	7 · 4 + 17

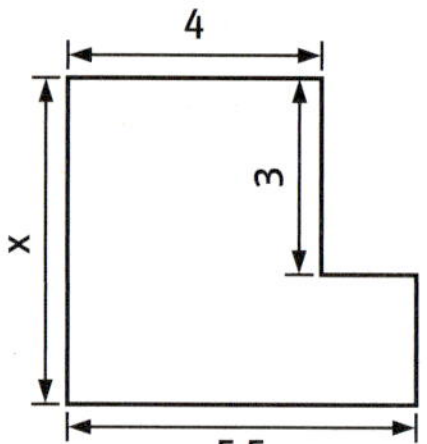

Fig. 1

Beispiel 2

Wie groß ist der Umfang der Figur in Fig. 1, wenn alle Maßzahlen in cm gegeben sind?

Lösung:

Für $x = 5$ ergibt sich:

$5 + 4 + 3 + 1{,}5 + (5 - 3) + 5{,}5 =$

$5 + (5 - 3) + 14.$

Ein Term für den Umfang in cm ist also

$x + (x - 3) + 14.$

Man kann die Figur z. B. für $x = 5$ zeichnen (Fig. 2).

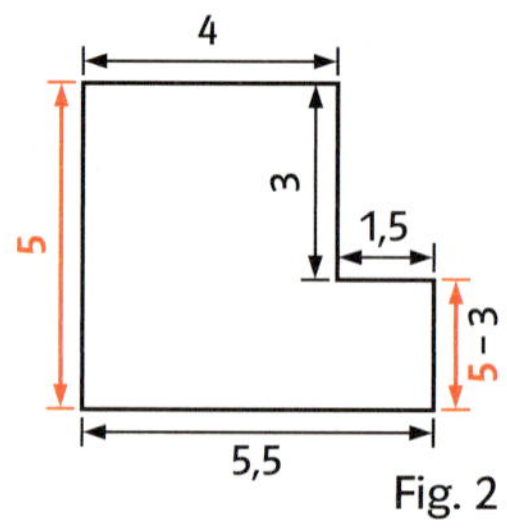

Fig. 2

Aufgaben

1 Schreibe zu der Rechenvorschrift Beispiele auf und schreibe sie dann als Term.

a) Multipliziere 7 mit einer gedachten Zahl und addiere zum Ergebnis 12.

b) Multipliziere eine gedachte Zahl mit 3,5 und subtrahiere vom Ergebnis 9,25.

c) Dividiere eine gedachte Zahl durch 10 und addiere zum Ergebnis das Doppelte der Zahl.

2 Schreibe zu der dargestellten Situation erst Beispiele auf und finde dann einen passenden Term.

a) Ein neugeborenes Eisbärbaby wiegt 500 g, es nimmt in den ersten Wochen täglich um 70 g zu.

b) Familie Güler zahlt für ihren Gasanschluss eine Grundgebühr von 12,35 €, dazu kommen 1,35 € für jeden m^3 Gas.

c) Die ungefähre Entfernung eines Gewitters (in km) erhält man, wenn man die Zeit zwischen Blitz und Donner (in s) durch 3 teilt.

3 Stelle zu den Tabellen einen passenden Term auf und beschreibe eine Situation, die zu den Tabellen passt.

a)

Monat	Einheiten	Rechnung
Jan.	12	$0{,}21 \cdot 12 + 9{,}95$
Feb.	27	$0{,}21 \cdot 27 + 9{,}95$
März	18	$0{,}21 \cdot 18 + 9{,}95$

b)

Länge	Umfang
7	$2 \cdot 7 + 8$
12	$2 \cdot 12 + 8$
4,3	$2 \cdot 4{,}3 + 8$

c)

Gedachte Zahl	Gesuchte Zahl
7	$9 + 2 \cdot 7$
12	$9 + 2 \cdot 12$
15	$9 + 2 \cdot 15$

4 Finde zu der Zeichnung einen passenden Term.

a) Wie groß ist der Umfang des Dreiecks (Fig. 3), wenn die Maßzahlen in cm gegeben sind?

b) Wie groß sind der Umfang und der Flächeninhalt der Fig. 4, wenn die Maßzahlen in cm gegeben sind?

c) Wie viele Perlen braucht man für das Muster (Fig. 5)? Abgebildet ist es für die Länge 6 Karokästchen.

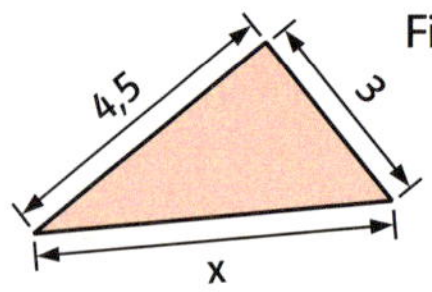

Fig. 3

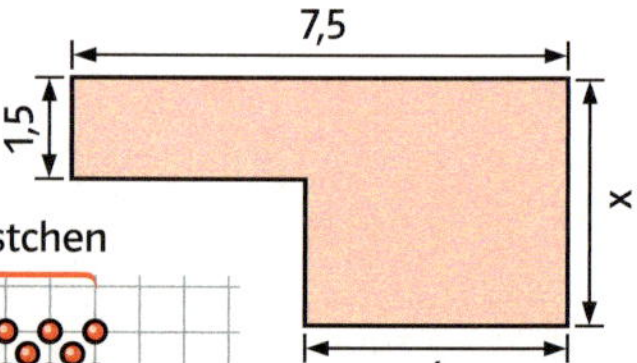

Fig. 4

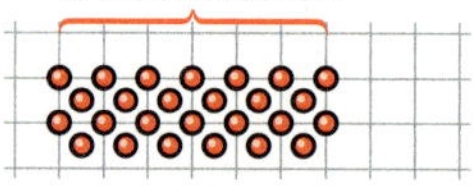

Fig. 5

5 Finde zu der Tabelle einen passenden Term, der für jedes x den vorgegebenen Wert annimmt und ergänze die fehlenden Werte.

a)

x	1	2	3	4	12
Wert	3	5	7	9	

b)

x	1	2	3	4	20
Wert	2	5	8	11	

c)

x	1	2	3	4	100
Wert	−3	−5	−7	−9	

Bist du sicher?

1 Finde jeweils einen passenden Term.

a) Emira hat 30 € gespart. Jede weitere Woche spart sie 3,50 €.

b) Wie groß ist der Flächeninhalt und der Umfang des Rechtecks von Fig. 1?

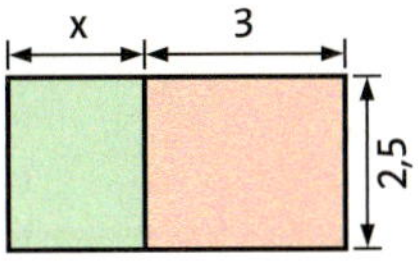

Fig. 1

c)

x	1	2	3	4
Wert	4	7	10	13

6 Finde zu der Beschreibung einen passenden Term.

a) Auf einer Antarktisinsel leben 2000 Kaiserpinguine. Jedes Jahr werden ca. 150 Pinguine geboren und ca. 170 sterben.

b) Eva hat 50 € gespart. Jede Woche bekommt sie 4,50 € Taschengeld, jeden Tag gibt sie 1,20 € für Süßigkeiten und für ein Getränk aus.

c) Erfinde ähnliche Aufgaben und lasse deinen Nachbarn den Term herausfinden.

7 Quadratschuppenfische gibt es in verschiedenen Formen.

a) Bestimme für die Quadratschuppenfische in Fig. 2 und Fig. 3 einen Term für die Anzahl der Schuppen. Quadratschuppenfische haben auf beiden Körperseiten Schuppen.

b) Zeichne auf Karopapier eigene Quadratschuppenfische von unterschiedlicher Länge und Breite und lasse deine Mitschüler passende Terme finden.

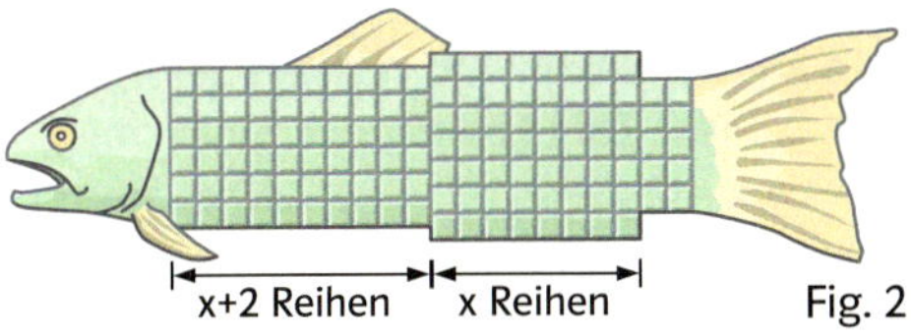

Fig. 2

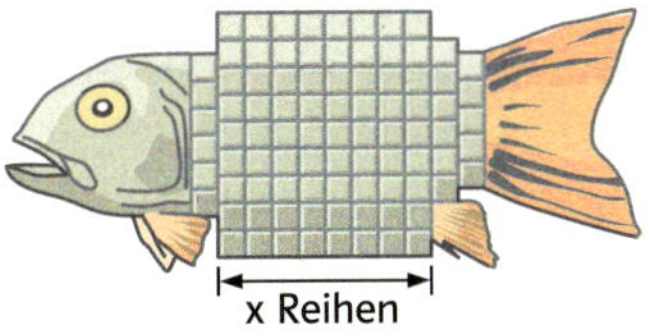

Fig. 3

8 Wie groß ist der Rauminhalt des Körpers in Fig. 4, wenn alle Maßzahlen in cm gegeben sind?

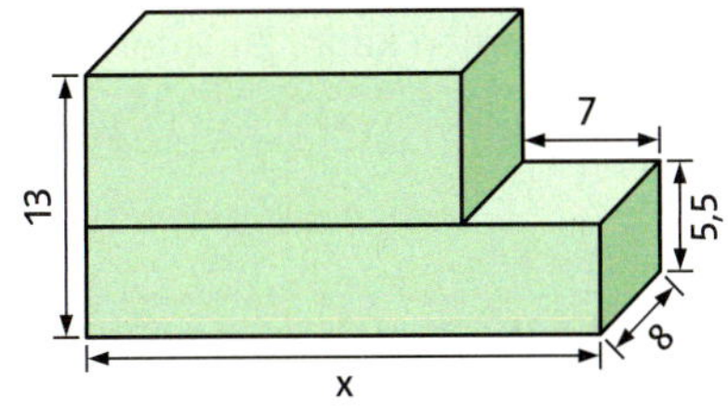

Fig. 4

9 a) Finde einen Term für die Anzahl der Perlen in dem Perlenmuster, das in Fig. 5 auf Karopapier gezeichnet wurde.

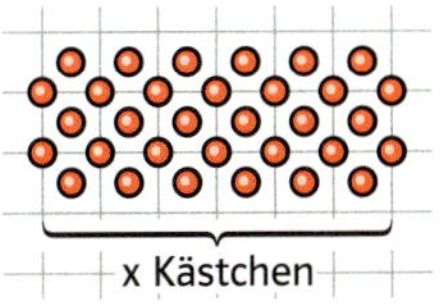

Fig. 5

b) Welche der folgenden Terme passen zu dieser Anzahl der Perlen im Muster? Begründe deine Antwort. Wenn der Term passt, so beschreibe, wie der Term gefunden wurde.

A) $3x + 2(x + 1)$ B) $5 + 2x$ C) $7 + 5(x - 1)$

D) $2 + 2x + 3x$ E) $2 + 5x$

c) Zeichne eigene Muster aus Punkten auf Karopapier und lasse deine Mitschülerinnen und Mitschüler die Terme bestimmen.

5 Gleichungen

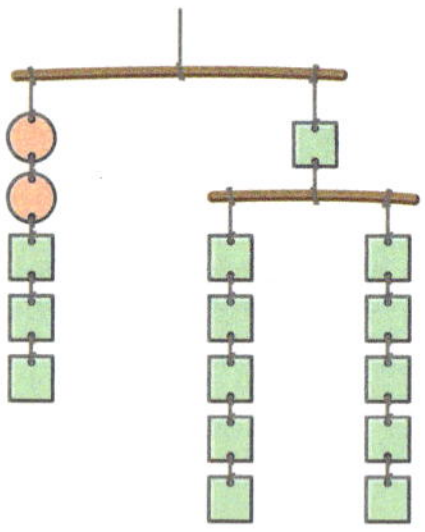

Lisa und Ria dürfen aufs Sommerfest. Sie haben zusammen 30 € zur Verfügung. Das ganze Geld geben sie aus, indem sie möglichst oft mit der spektakulären Achterbahn fahren, bei der jede Fahrt 2 € kostet. Leider wird es Ria schlecht, sodass Lisa die letzten drei Fahrten alleine durchstehen muss.

André hat für seine Eisenbahn 25 gleiche gerade Schienen. Vier braucht er für sein Abstellgleis. Er überlegt, wie lang er das Oval (Fig. 1) machen kann.
Dazu kann man zunächst einen Term aufstellen. Die Variable x steht für die Anzahl der geraden Schienen für eine Länge des Ovals. Dann ist $3x + 4$ ein Term für die Anzahl aller geraden Schienen, die André verwendet.

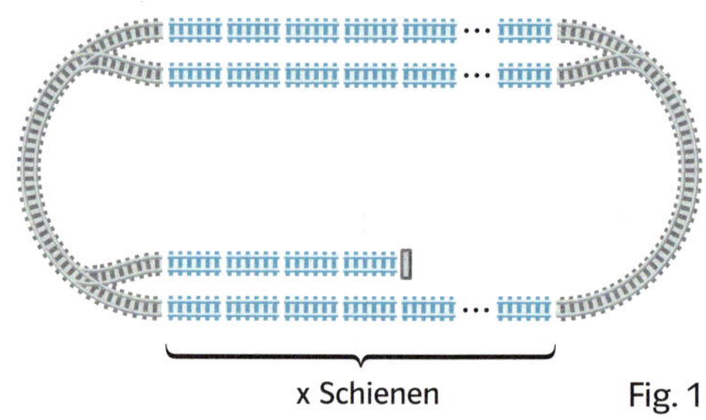

Fig. 1

Für welchen Wert von x nimmt der Term $3x + 4$ den Wert 25 an? Dieses Problem schreibt man kurz als **Gleichung** $\mathbf{3x + 4 = 25}$.
Kann man x so durch eine Zahl ersetzen, dass man auf der linken und rechten Seite der Gleichung den gleichen Wert erhält, dann nennt man diese Zahl **Lösung der Gleichung**.
Zum Beispiel ist die Zahl 4 Lösung der Gleichung $11 - x = 7$, denn $11 - 4 = 7$. Die Lösung einer Gleichung kann man durch Ausprobieren finden. Dies ist bei Gleichungen wie $11 - x = 7$ einfach. Bei Gleichungen wie $\frac{2}{3} \cdot x - 5 = \frac{3}{2}$ ist das Ausprobieren schwieriger.
Im Folgenden wird erläutert, wie man die Lösung einer Gleichung mithilfe von Umkehrrechnungen bestimmen kann. Zu jeder Rechenart gibt es Umkehrrechnungen, z. B.:

$3x + 4 = 25$
1. Umkehrüberlegung
$3x = 25 - 4$
$3x = 21$
2. Umkehrüberlegung
$x = 21 : 3$
$x = 7$

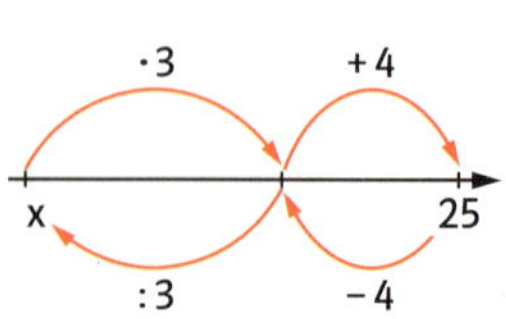

Fig. 2

Rechnung	1. Umkehrrechnung	2. Umkehrrechnung
$4 + 3 = 7$	$4 = 7 - 3$	$3 = 7 - 4$
$4 - 3 = 1$	$4 = 3 + 1$	$3 = 4 - 1$
$8 \cdot 2 = 16$	$8 = 16 : 2$	$2 = 16 : 8$
$8 : 2 = 4$	$8 = 4 \cdot 2$	$2 = 8 : 4$

Diese Überlegungen kann man nun auf Gleichungen übertragen.

Gleichung	Umkehrüberlegung	Gleichung	Umkehrüberlegung
$x + 3 = 7$	$x = 7 - 3;\ x = 4$	$4 + x = 7$	$x = 7 - 4;\ x = 3$
$x - 3 = 1$	$x = 3 + 1;\ x = 4$	$4 - x = 1$	$x = 4 - 1;\ x = 3$
$x \cdot 2 = 16$	$x = 16 : 2;\ x = 8$	$8 \cdot x = 16$	$x = 16 : 8;\ x = 2$
$x : 2 = 4$	$x = 4 \cdot 2;\ x = 8$	$8 : x = 4$	$x = 8 : 4;\ x = 2$

Kommen bei einer Gleichung verschiedene Rechenarten oder Klammern vor, so beginnt man die Umkehrüberlegungen mit der Rechenart, die als Letzte auszuführen wäre, zum Beispiel: $2 \cdot (3x - 4) + 5 = 15$.
Nach der Regel „Klammern zuerst, dann Punktrechnung, dann Strichrechnung" wäre die Addition der Zahl 5 auf der linken Seite zuletzt durchzuführen, also
ist die **erste Umkehrüberlegung** $2 \cdot (3x - 4) = 15 - 5$ und somit $2 \cdot (3x - 4) = 10$
Wegen der Regel „Klammern zuerst, dann Punktrechnung",
ist die **zweite Umkehrüberlegung** $3x - 4 = 10 : 2$ und somit $3x - 4 = 5$
Wegen der Regel „Zuerst Punktrechnung, dann Strichrechnung",
ist die **dritte Umkehrüberlegung** $3x = 5 + 4$ und somit $3x = 9$
Da $3x$ ausgeschrieben $3 \cdot x$ ist,
ist die **vierte Umkehrüberlegung** $x = 9 : 3$ und somit $x = 3$.
Die Zahl 3 ist Lösung der Gleichung $2 \cdot (3x - 4) + 5 = 15$.

Beispiel 1
Ist die Zahl 5 Lösung der Gleichung a) $4x - 3 = 17$ b) $4{,}7 - 2 \cdot (x + 1) = 7{,}3$?
Lösung:
a) $4 \cdot 5 - 3 = 17$. Die Zahl 5 ist Lösung der Gleichung $4x - 3 = 17$.
b) $4{,}7 - 2 \cdot (5 + 1) = -7{,}3$. Die Zahl 5 ist keine Lösung der Gleichung $4{,}7 - 2 \cdot (x + 1) = 7{,}3$.

Beispiel 2
a) Löse die Gleichung $1{,}5 \cdot x - 1 = 5$.
b) Welche Zahl muss man für x einsetzen, damit der Term $3x + 1$ den Wert -8 annimmt?
c) Tobias hat 17,80 Euro in seinem Sparschwein. Jede Woche kommen 2,80 Euro hinzu. Wie lange muss er noch warten, bis er sich einen Gameboy zum Preis von 138,90 Euro kaufen kann?
Lösung:
a) $1{,}5x - 1 = 5$
1. Umkehrüberlegung: $1{,}5x = 5 + 1$; also $1{,}5x = 6$
2. Umkehrüberlegung: $x = 6 : 1{,}5$; also $x = 4$
Die Zahl 4 ist Lösung der Gleichung $1{,}5x - 1 = 5$.
b) $3x + 1 = -8$
1. Umkehrüberlegung: $3x = -8 - 1$; also $3x = -9$
2. Umkehrüberlegung: $x = -9 : 3$; also $x = -3$
Setzt man in den Term $3x + 1$ für x die Zahl -3 ein, so erhält man den Wert -8.
c) Nach x Wochen hat Tobias insgesamt 138,90 Euro, also ist $17{,}80 + x \cdot 2{,}80 = 138{,}90$.
1. Umkehrüberlegung: $x \cdot 2{,}80 = 138{,}90 - 17{,}80$; also $x \cdot 2{,}80 = 121{,}10$
2. Umkehrüberlegung: $x = 121{,}10 : 2{,}80$; also $x = 43{,}25$
Tobias muss noch 44 Wochen sparen.

Aufgaben

1 Welche der folgenden Gleichungen hat die Zahl 8 als Lösung?

$4x - 12 = 20$ | $8x + 5 = 59$ | $\frac{3}{4}x - 17 = -11$ | $9 - 3 \cdot x = 15$ | $3 \cdot (x + 2) - 6 = 36$

2 Löse die Gleichung durch Umkehrüberlegungen.
a) $x \cdot 2 + 6 = 22$ b) $4x - 7 = 29$ c) $3x + 7 = 28$ d) $x \cdot 4 - 12 = 32$ e) $2x - 12 = 7$
f) $12x + 5 = 101$ g) $3x - 23 = -8$ h) $7x - 234 = -143$ i) $-14 + 3x = 7$ j) $-43 + x \cdot 5 = -8$

9 7 8 11
5 8 9,5
7 13 7

3 Löse die Gleichung.

a) $17x = 136$ b) $1{,}5x + 7 = 13$ c) $4{,}5x = 18$ d) $1{,}6x - 3{,}2 = 8$

e) $\frac{5}{2}x = 10$ f) $\frac{7}{4}x - 3 = 11$ g) $-3{,}4 + 4{,}2x = 21{,}8$ h) $2 \cdot (x + 1) = 10$

4 Für welches x nimmt der Term den Wert 12 an? Schreibe erst eine Gleichung auf.

a) $1{,}5x - 33$ b) $2{,}35x - 33{,}59$ c) $x \cdot 5{,}4 - 8{,}52$ d) $-55{,}2 + 140x$ e) $7{,}716 + 126 \cdot x$

5 a) Rike und Jakob spielen Zahlenraten. Rike muss sich eine Zahl ausdenken, die gedachte Zahl mit zwei multiplizieren und schließlich fünf addieren. Als Ergebnis ihrer Rechnung nennt Rike 43. Welche Zahl hat sie sich gedacht? Wie kann Jakob das herausfinden?
b) Spiele „Zahlenraten" mit ähnlichen Aufgaben auch mit deinem Nachbarn.

6 Stelle erst eine Gleichung auf und suche dann eine Lösung.

a) Addiere zum Dreifachen einer Zahl 8. Du erhältst 26.
b) Subtrahiere vom Achtfachen einer Zahl 17. Du erhältst 79.
c) Addiere zum Sechsfachen einer Zahl 23. Du erhältst 11.

7 Das Elefantenbaby Chandra ist mit 116 kg Gewicht auf die Welt gekommen. In den ersten Wochen nimmt es wöchentlich um 7 kg zu. Wann wird es 200 kg schwer sein?

Bist du sicher?

1 Welche Gleichung hat −3 als Lösung?

a) $4x + 5 = 7$ b) $x \cdot (-5) - 17 = -3$ c) $0{,}7 \cdot x + 2{,}1 = 0$ d) $2x + 6 = 0$

Die Summe der Lösungen von Aufgabe 2 und 3 ist 44.

2 Löse die Gleichung.

a) $3x + 7 = 31$ b) $x \cdot 6 - 12 = 24$ c) $1{,}5x - 11 = -6{,}5$ d) $-124 + 25x = 151$

3 Ferry hat 12,55 € gespart. Jede Woche spart er zusätzlich 2,90 €. Wie lange muss er sparen, bis er sich einen Walkman für 58,95 € kaufen kann?

Fig. 2

8 Wie hoch kann man den Würfelturm in Fig. 2 bauen, wenn man 140 Würfel hat?

9 Wie viele Perlenreihen kann der Körper der Perlenschlange in Fig. 1 (außer Schwanz und Kopf) haben, wenn man 200 Perlen hat?

Fig. 1

10 Übertrage die Tabelle ins Heft und ergänze die fehlenden Zahlen.

a)

x	1	2	3	4		10			7,4	
Wert	5	7	9		15		71	−9		−3,8

b)

x	1	2	3	4	5	12				−11,65
Wert	−2	1	4		10		82	2,8	−26	

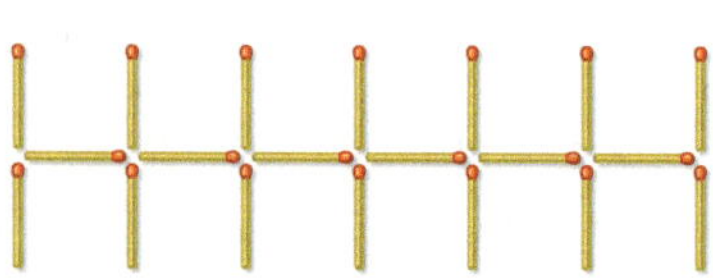

…

Fig. 3

11 a) Wie lange kann man das Streichholzmuster in Fig. 3 fortsetzen, wenn man 86 Streichhölzer zur Verfügung hat?
b) Zeichne oder lege eigene Streichholzmuster und stelle deinen Mitschülerinnen und Mitschülern Aufgaben dazu.

12 Der Mount Everest, der höchste Berg der Erde, ist zurzeit exakt 8850 m hoch. Forschungen haben ergeben, dass er sich jährlich um 4 mm anhebt. Wann wird er 8851 m hoch sein, wann 8900 m oder 10 000 m?

13 Berechne die Länge des Rechtecks und zeichne es.
a) Die Breite ist 7 cm, der Umfang 38 cm.
b) Die Breite ist 6,5 cm, der Umfang 32 cm.

14 Die Erdbevölkerung beträgt zurzeit ungefähr 6,45 Milliarden Menschen. Jede Minute kommen im Durchschnitt 170 Menschen dazu. Wann wird es, wenn dieses Wachstum sich so fortsetzt, 7 Milliarden Menschen geben, wann 10 Milliarden?

15 Die weltweiten Erdölreserven werden auf ungefähr 143,5 Milliarden Tonnen Erdöl geschätzt. Zurzeit werden davon jedes Jahr ungefähr 3,5 Milliarden Tonnen verbraucht. Wie lange reichen bei gleich bleibendem Verbrauch die Erdölvorräte noch?

16 Sandra möchte mit 96 cm Draht das Kantenmodell eines Quaders basteln, der 9 cm lang und 7 cm breit werden soll. Wie hoch kann der Quader höchstens werden?

17 Familie Klötzkes Wohnzimmer hat den Flächeninhalt 24 m^2 und die Form wie in Fig. 1. Wie lang sind die Wände? Alle Maßangaben sind in m angegeben. Zeichne das Zimmer im Maßstab 1:100.

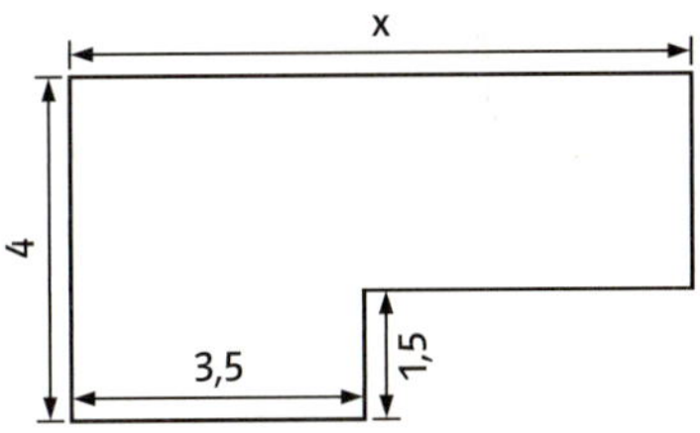

Fig. 1

18 Wie viele Schuppenreihen hat der Quadratschuppenfisch (Fig. 2) auf jeder Seite, wenn er auf jeder Seite 491 Schuppen hat?

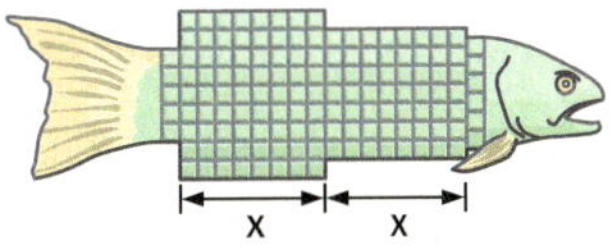

Fig. 2

Zum Knobeln und aus alten Rechenbüchern

19 Wie alt sind jeweils die genannten Personen?
a) Carla und Annika sind zusammen 25 Jahre alt. Carla ist drei Jahre älter als Annika.
b) Daniel und Philipp sind zusammen 60 Jahre alt. Daniel ist viermal so alt wie Philipp.
c) Ron und Fred sind zusammen 31 Jahre alt. Fred ist fünf Jahre jünger als das Doppelte von Ron.

20 Eine Zahl hab ich gewählt, / 107 dazugezählt, / dann durch 100 dividiert / und mit 4 multipliziert, / und zuletzt ist mir geblieben / als Resultat die Primzahl 7.

21 Ein Vater hinterlässt seinen Söhnen ein Vermögen von 1600 Talern. Nach seinem Testament soll der älteste Sohn 200 Taler mehr haben als der zweite, der zweite 100 Taler mehr als der jüngste. Wie viel bekommt jeder?

Kannst du das noch?

22 An einem Abend sahen 25 % der Fernsehzuschauer das Fußballspiel, 20 % eine Übertragung der Formel 1, je 15 % sahen den Krimi und die Quizsendung, 5 % die Volksmusiksendung. Der Rest verteilte sich auf die übrigen Programme. Zeichne ein Kreisdiagramm.

6 Formeln

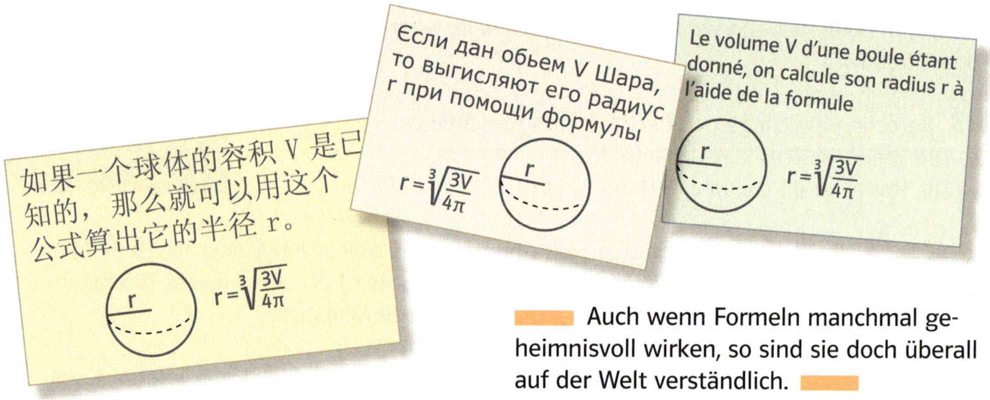

Auch wenn Formeln manchmal geheimnisvoll wirken, so sind sie doch überall auf der Welt verständlich.

Fig. 1

Sind Länge und Breite eines Rechtecks gegeben, so kann man den **Umfang des Rechtecks** berechnen: Der Umfang ist die Summe aus der doppelten Länge und der doppelten Breite. Mit einer Formel kann man den Zusammenhang zwischen dem Umfang und der Länge und Breite kurz aufschreiben:

Rechteck	Länge a = 6 cm; Breite b = 5 cm	Allgemein: Länge a, Breite b
Summe der rechten und linken Seite	$2 \cdot 5\,cm$	$2 \cdot b$
Summe der oberen und unteren Seite	$2 \cdot 6\,cm$	$2 \cdot a$
Umfang	$u = 2 \cdot 6\,cm + 2 \cdot 5\,cm$	$u = 2 \cdot a + 2 \cdot b$

Statt $u = 2 \cdot a + 2 \cdot b$ kann man auch kürzer $u = 2a + 2b$ schreiben.

Die allgemeine Rechnung rechts hat den Vorteil, dass man für andere Werte von a und b nicht mehr neu überlegen, sondern nur noch in die Formel einsetzen muss.
Es gibt andere Möglichkeiten für Formeln für den Umfang des Rechtecks, z. B.
$u = a + b + a + b$ oder $u = 2 \cdot (a + b)$, je nachdem, wie man die Seitenlängen für den Umfang zusammenfasst.

Einen Zusammenhang zwischen verschiedenen Größen, die mithilfe von Variablen ausgedrückt sind, nennt man eine **Formel**.

Eine Formel für den Rauminhalt eines Quaders ist $V = a \cdot b \cdot c$. Es gibt auch kompliziertere Formeln, wie z. B. für den Rauminhalt einer Pyramide. Solche Formeln kann man in einer Formelsammlung nachschlagen.

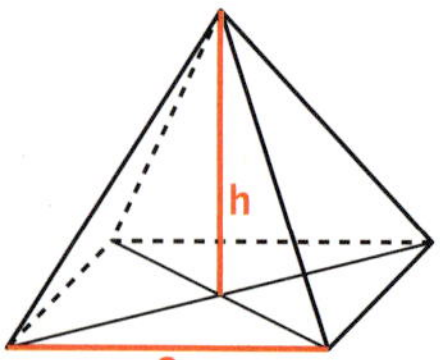

Fig. 2

Beispiel Formel anwenden
Eine Pyramide mit einer quadratischen Grundfläche der Seitenlänge a und der Höhe h hat den Rauminhalt $V = \frac{1}{3} \cdot a \cdot a \cdot h$. Berechne den Rauminhalt der Pyramide.
a) $a = 5\,cm$; $h = 9\,cm$
b) $a = 200\,m$; $h = 81\,m$
Lösung:
a) $V = \frac{1}{3} \cdot 5 \cdot 5 \cdot 9\,cm^3 = 75\,cm^3$
b) $V = \frac{1}{3} \cdot 200 \cdot 200 \cdot 81\,m^3 = 1\,080\,000\,m^3$

Aufgaben

1 Eine Formel für die Gesamtkantenlänge eines Quaders mit der Länge a, der Breite b und der Höhe c ist $K = 4 \cdot a + 4 \cdot b + 4 \cdot c$, eine Formel für den Oberflächeninhalt ist $O = 2 \cdot (a \cdot b + a \cdot c + b \cdot c)$. Bestimme die Gesamtkantenlänge und den Oberflächeninhalt.
a) $a = 4\,cm$; $b = 3\,cm$; $c = 7\,cm$ b) Länge 3,2 m; Breite 2,3 m; Höhe 1,9 m c) s. Fig. 1

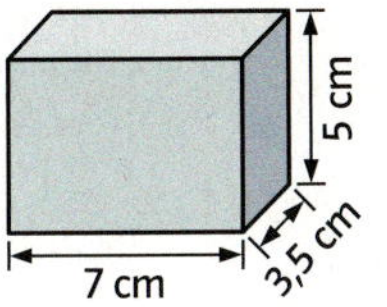

Fig. 1

2 Stelle eine Formel für den Umfang U und den Flächeninhalt F des gefärbten Rechtecks auf.

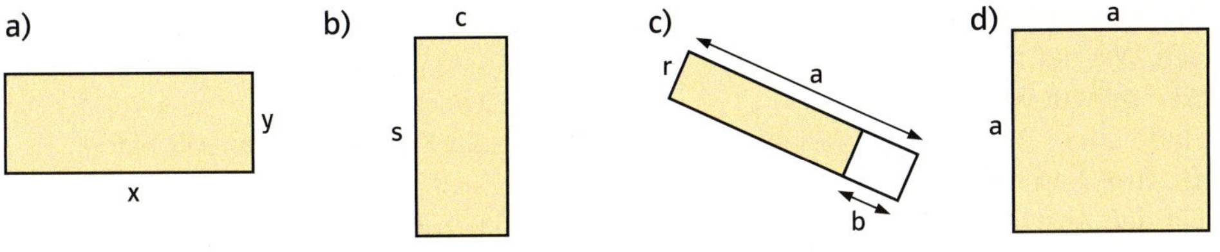

3 Finde eine Formel für den Umfang u der Figuren 2 bis 5.

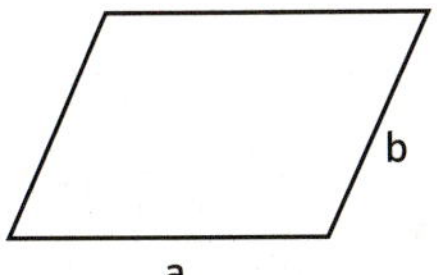

Fig. 2

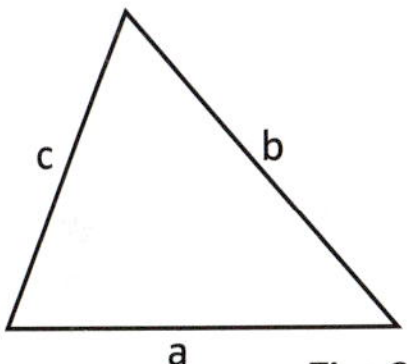

Fig. 3

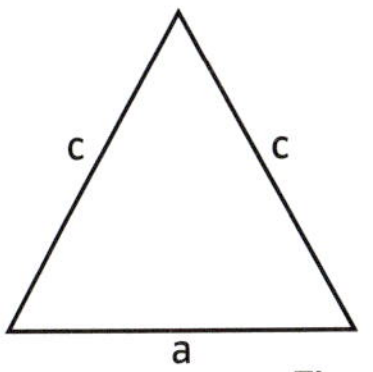

Fig. 4

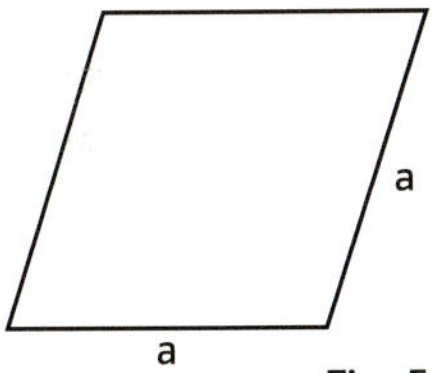

Fig. 5

Info

Auch Rechenregeln kann man mit Formeln elegant aufschreiben. So ist $3 \cdot (20 + 4) = 3 \cdot 20 + 3 \cdot 4$ ein Beispiel für das Ausmultiplizieren. Will man das Ausmultiplizieren allgemein formulieren, so muss man Variablen a, b und c für die drei beteiligten Zahlen verwenden. Dann beschreibt die Gleichung $a \cdot (b + c) = a \cdot b + a \cdot c$ das Ausmultiplizieren.

Rechenregeln zum geschickten Rechnen

Kommutativgesetz:
Beim Multiplizieren: $a \cdot b = b \cdot a$
Beim Addieren: $a + b = b + a$
Assoziativgesetz:
Beim Multiplizieren: $a \cdot (b \cdot c) = (a \cdot b) \cdot c$
Beim Addieren: $a + (b + c) = (a + b) + c$

Zusammenfassen: $a - b - c = a - (b + c)$
Minusklammerregel:
$a - (b - c) = a - b + c$
Ausmultiplizieren:
$a \cdot (b - c) = a \cdot b - a \cdot c$
Ausklammern: $a \cdot b + a \cdot c = a \cdot (b + c)$

4 Für diese Aufgabe braucht ihr ein Lineal und einige gleiche Münzen. Legt das Lineal so auf einen Bleistift, dass es im Gleichgewicht ist.
a) Legt eine Münze im Abstand von 12 cm vom Bleistift auf das Lineal. Untersucht, in welchem Abstand vom Bleistift man einen Münzstapel von zwei, drei oder vier Münzen auf die andere Seite legen muss, damit das Lineal im Gleichgewicht ist.
b) Zur genaueren Untersuchung müsst ihr eine Tabelle anlegen. Füllt sie für verschiedene Münzstapel und Abstände aus.
c) Man hat herausgefunden, dass für das Gleichgewicht die Formel $m \cdot a = n \cdot b$ gilt. Überprüft, ob diese Formel stimmt.
d) Berechnet mit der Formel noch weitere Abstände für Münzstapel, die ihr in der Tabelle noch nicht ausprobiert habt. Zum Beispiel, in welchem Abstand b muss man einen Münzstapel mit vier Münzen rechts hinlegen, wenn links drei Münzen bei $a = 10\,cm$ stehen? Erweitert die Tabelle von Aufgabe b) und probiert es aus.

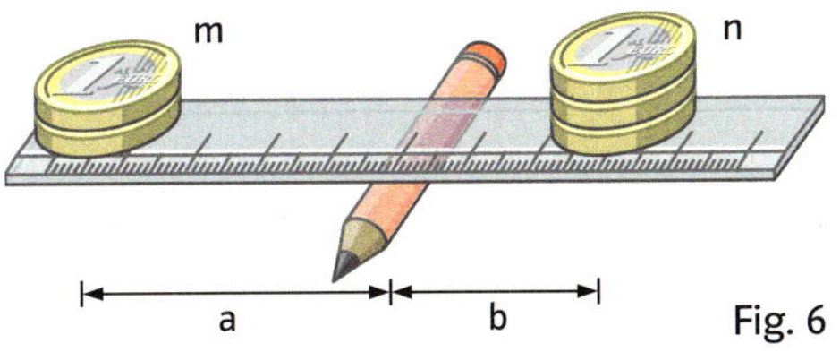

Fig. 6

m	a	n	b
1	12	2	6

Wiederholen – Vertiefen – Vernetzen

1 In einer Stadt soll ein Freibadbecken für Schwimmer und Nichtschwimmer gebaut werden (siehe Fig. 1).

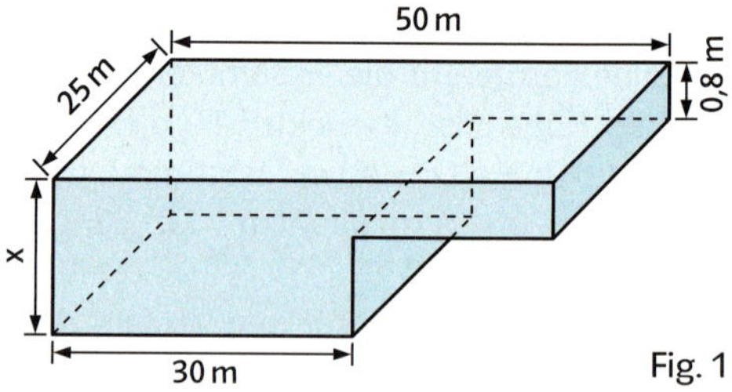

Fig. 1

a) Wie viele Kubikmeter Wasser passen in das Becken, wenn das Schwimmerbecken 3,2 m tief gebaut wird?
b) Stelle einen Term mit der Variablen x für den Rauminhalt des Beckens auf.
c) Das Becken soll 2 Millionen Liter Wasser fassen. Wie tief muss das Schwimmerbecken gebaut werden?
d) Finde einen Term mit der Variablen x für den Inhalt der Fläche, die man mit blauer Farbe streichen muss.
e) Für den Anstrich des Schwimmbeckens stehen 1000 € zur Verfügung. Wie tief darf das Schwimmbecken werden, wenn 1 Liter Farbe für 10 m² reicht und 6,25 € kostet?

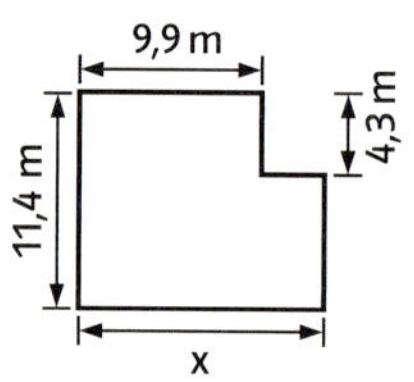

Fig. 2

2 Verschiedene Grundstücke haben die Maße von Fig. 2. Nur die Länge x dieser Grundstücke ist unterschiedlich.
a) Zeichne das Grundstück, bei dem x die Länge 13,3 m hat, im Maßstab 1 : 100.
b) Bestimme den Umfang für dieses Grundstück.
c) Stelle einen Term für den Umfang der Grundstücke auf.
d) Bestimme die Länge für ein Grundstück mit dem Umfang 52 m.
e) Bestimme den Flächeninhalt für das Grundstück, wenn $x = 13{,}3\,m$ ist.
f) Stelle einen Term mit der Variablen x für den Flächeninhalt auf.
g) Judith, Pia, Katharina und Lukas haben unterschiedliche Terme für die Grundstücksfläche in m² gefunden. Jeder hat zu seinem Term eine Zeichnung angefertigt.
Welche Zeichnung gehört zu welchem Term?
Beschreibe, wie die Terme aufgestellt wurden.

Judith: $11{,}4 \cdot x - 4{,}3 \cdot (x - 9{,}9)$
Pia: $9{,}9 \cdot 4{,}3 + 9{,}9 \cdot 7{,}1 + 7{,}1 \cdot (x - 9{,}9)$
Katharina: $9{,}9 \cdot 11{,}4 + (x - 9{,}9) \cdot 7{,}1$
Lukas: $9{,}9 \cdot 4{,}3 + x \cdot 7{,}1$

A)
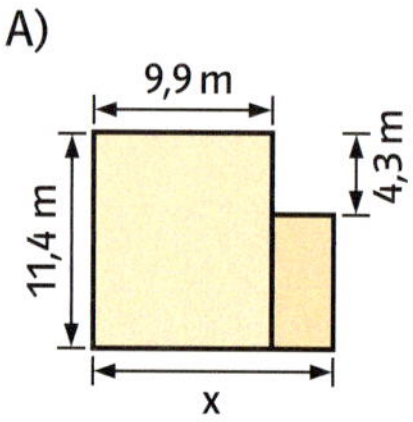

B)
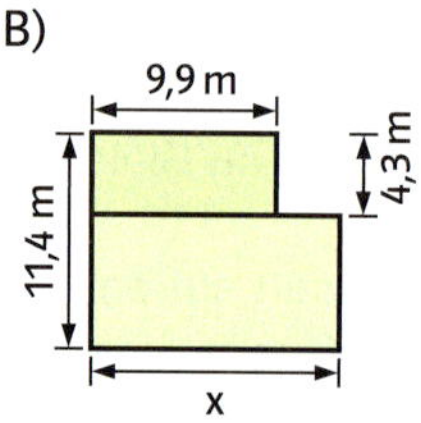

C)
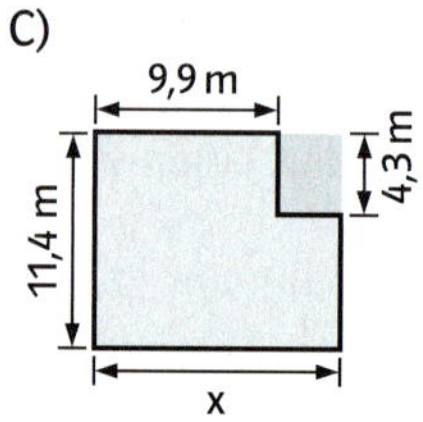

D)
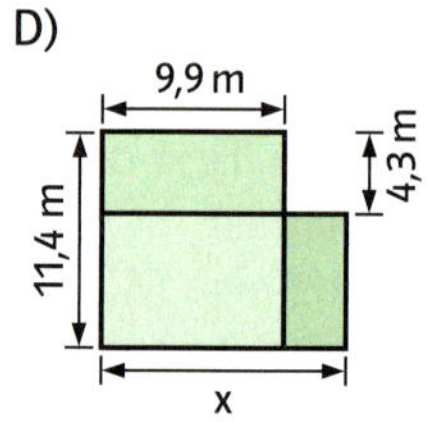

h) Bestimme x für ein Grundstück mit dem Flächeninhalt 1,725 a.

3 Bestimme eine Formel für den Flächeninhalt der Figur.

a)
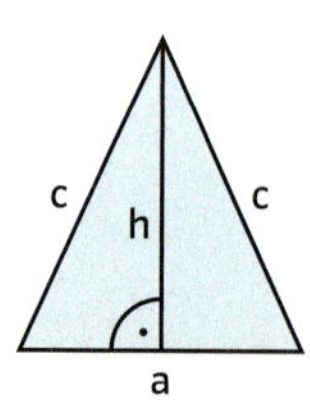

b)
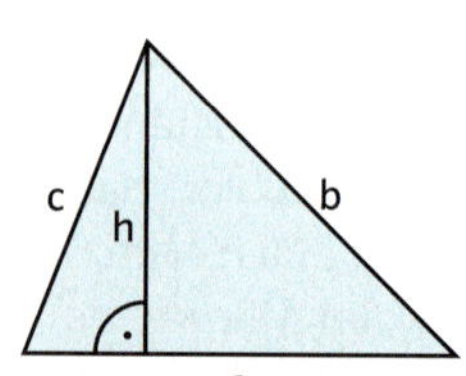

c)
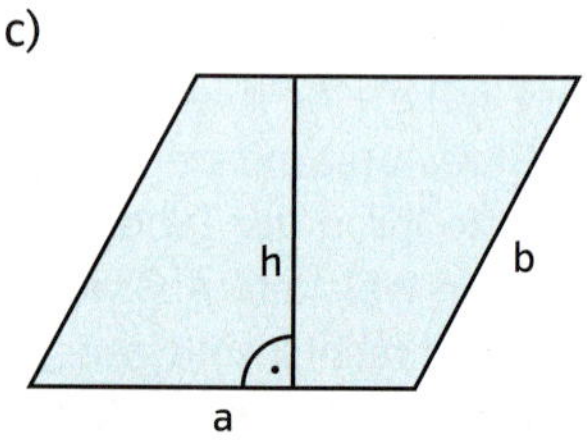

4 Für eine Taxifahrt muss man eine Grundgebühr von 2,50 € bezahlen.

a) Frau B. glaubt, dass jeder gefahrene Kilometer 1,50 € kostet. Stelle einen Term auf, mit dem du in diesem Fall den Fahrpreis berechnen kannst. Berechne mit diesem Term den Fahrpreis für 3 km; 4 km; 5 km; 6 km; 7 km und 10 km.

b) In Wirklichkeit ist der Fahrpreis gestaffelt. Ab dem fünften gefahrenen Kilometer kostet jeder Kilometer nur noch 1,40 €. Stelle einen Term auf, mit dem du den Fahrpreis für Strecken, die mindestens 5 km lang sind, berechnen kannst. Berechne mit diesem Term den Fahrpreis für 5 km; 6 km; 7 km und 10 km.

c) Welche Strecke kann man für 5,50 € fahren? Welche für 29,50 € bzw. 40 €?

5 Fertige in Gruppenarbeit eine Pyramide aus Papier mit selbst gewählten Maßen für die Kanten a und s an (siehe Fig. 1). Stellt zu der Pyramide ein Kantenmodell aus Draht her. Fertigt zu eurer Pyramide ein Poster an, auf dem alle wichtigen Informationen über die Pyramide gesammelt sind. Dieses Poster könnte beispielsweise Folgendes enthalten (ihr könnt euch die Arbeit aufteilen):

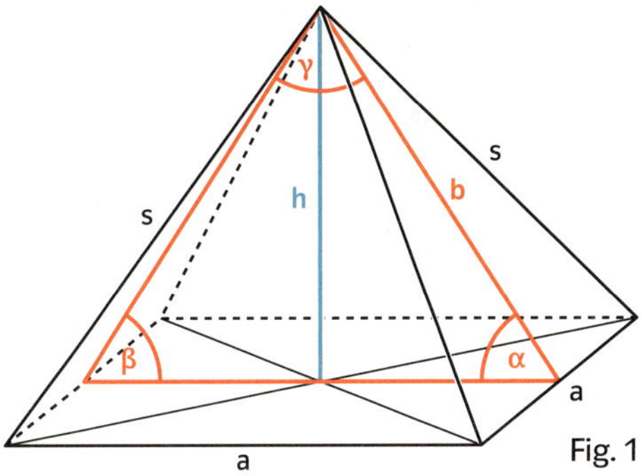

Fig. 1

- Eine Berechnung der Drahtlänge, die für eure Pyramide mindestens benötigt wird.
- Ein Schrägbild der Pyramide.
- Eine Zeichnung vom Netz der Pyramide.
- Eine Formel für die Gesamtkantenlänge einer Pyramide.
- Eine Formel für den Oberflächeninhalt einer Pyramide und eine Berechnung des Oberflächeninhalts eurer Pyramide.
- Eine Zeichnung des Querschnitts der Pyramide, wenn diese entlang der roten Linien aufgeschnitten wird, und die Angabe der Winkelweiten von α, β und γ.
- Eine Berechnung des Rauminhalts der Pyramide, wobei $V = (a^2 \cdot h) : 3$ eine Formel zur Berechnung des Rauminhalts ist.

6 In einem Laden kann man sich Joghurt in einen Becher abfüllen lassen. Die Verkäuferin wiegt den gefüllten Becher und zieht das Gewicht des leeren Bechers ab, da er nicht mitbezahlt werden muss. Dieser wiegt 15 g. 100 g Joghurt kosten 0,20 €.

a) Ida kauft 320 g Joghurt. Wie viel muss sie bezahlen?

b) Bei Joscha zeigt die Waage das Gesamtgewicht 265 g an. Wie viel muss er bezahlen?

c) Stelle einen Term auf, mit dem man aus dem von der Waage gemessenen Gesamtgewicht den Kaufpreis berechnen kann.

d) Lilo hat 2,70 € im Geldbeutel. Welches Gesamtgewicht darf die Waage, bei dem von ihr gekauften Joghurt mit Becher, höchstens anzeigen?

7 Im Rechteckland sind alle Grundstücke rechteckig und halb so breit wie lang.

a) Stelle einen Term für den Umfang und den Flächeninhalt der Grundstücke auf.

b) Wie lang ist ein Grundstück in Rechteckland, wenn es den Umfang 48 m hat?

c) Die Gebäude, die in Rechteckland gebaut werden, sind alle quaderförmig und halb so breit wie lang und dreimal so hoch wie breit. Stelle einen Term für den Oberflächeninhalt und den Rauminhalt der Gebäude in Rechteckland auf.

Türme und Terme

Sicher hast du schon einmal in einem Gasthof gesessen, musstest lange auf dein Essen warten und hast aus den herumliegenden Bierdeckeln Bauwerke gebaut. Ein besonders schöner und beliebter Bierdeckelturm ist der **Dreiecksturm**, der im Foto abgebildet ist – Profis können ihn mit Geschick viele Stockwerke hoch bauen. Vielleicht reicht dir die Zeit beim nächsten Restaurantbesuch, um mit so einem Dreiecksturm viele Entdeckungen mit Termen zu machen.
Als Erstes fertigst du auch so eine Tabelle, wie sie hier aufgezeichnet ist, an – hoffentlich hast du Papier und Bleistift mit dabei. Im Notfall kann dir der Kellner helfen. Natürlich kannst du die Tabelle um weitere Anzahlen, die dich interessieren, erweitern.

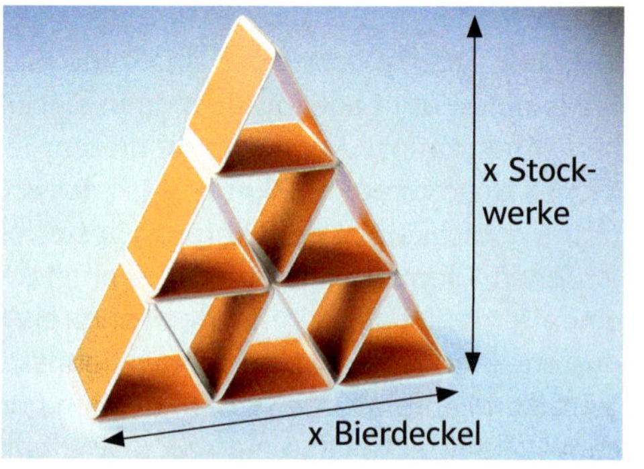

Dreieckstürme x	1	2	3	4	5
Skizze					
Anzahl Dreiecke unterste Reihe	1	3			
Anzahl aller Dreiecke	1	4			
Anzahl Bierdeckel	3	9			
Anzahl Dreiecke mit Spitze nach oben	1	3			

Fig. 1

Zahlentürme zu den Dreiecken x	1	2	3	4
1. Reihe	1	1	1	1
2. Reihe		3	3	3
3. Reihe			5	5
4. Reihe				7
Summe	$1 = 1^2$	$4 = 2^2$	$9 = 3^2$	$16 = 4^2$

Fig. 2

Finde einen Term für die Anzahl der Dreiecke in der untersten Reihe.

Finde einen Term für die Anzahl aller Dreiecke.

Vielleicht hast du herausgefunden, dass man mit dem Term $x \cdot x = x^2$ die Anzahl aller Dreiecke berechnen kann. Die Anzahl der Dreiecke ist also immer eine Quadratzahl. Es ist merkwürdig, dass in Dreieckstürmen Quadratzahlen vorkommen.
Wenn du Glück hast und dein Essen immer noch nicht gekommen ist, so kannst du jetzt herausfinden, warum hier Quadratzahlen vorkommen.
In den Stockwerken der Dreieckstürme gibt es (von oben nach unten) 1; 3; 5; 7 … Dreiecke. Also immer eine ungerade Zahl. Aus den Dreieckstürmen kannst du also wie in der Tabelle Zahlentürme machen.
Du siehst: Wenn man die ersten ungeraden Zahlen zusammenzählt, so ergibt sich immer eine Quadratzahl.
$1 + 3 + 5 + 7 + 9 + \ldots =$ Quadratzahl.

Aber warum ist das so? Jetzt lohnt es sich, das Essen, falls es inzwischen da ist, sogar kalt werden zu lassen. Bitte alle Mitesser um ihre gesamten mitgebrachten Münzen. Wenn du für jedes Dreieck eine Münze legst, so erhältst du einen Dreiecksturm aus Münzen. Den Dreiecksturm aus Münzen kannst du leicht zu einem Quadrat umlegen – probiere es aus! Du erkennst, wie Dreieckstürme, Summen von ungeraden Zahlen und Quadrate zusammenhängen.

Fig. 3

Türme und Terme

Begründe durch eine Zeichnung der Münzmuster, dass $1 + 3 + 5 + 7 + 9 = 25$ ist.

Begründe: $1 + 3 + 5 + 7 + 9 + 11 = 36$ und $1 + 3 + 5 + 7 + 9 + 11 + 13 = 49$.

Berechne $1 + 3 + 5 + 7 + 9 + 11 + 13 + 15 + 17 + 19 + 21 + 23$ möglichst rasch.

Berechne die Summe der ersten 100 ungeraden Zahlen.

Jetzt ist es aber wirklich empfehlenswert, erst mal zu essen – für die nächsten Entdeckungen musst du frisch gestärkt sein. Und wenn du dann auf den wohlverdienten Nachtisch wartest, kannst du untersuchen, wie viele Bierdeckel man für so einen Dreieckssturm braucht. Vielleicht hast du schon bemerkt, dass diese Anzahl mit der Anzahl der Dreiecke, deren Spitze oben ist, zusammenhängt. Ihre Anzahl ist $1 + 2 + 3 + \ldots$ Auch dazu gibt es also wieder Zahlentürme (siehe Tabelle rechts). Man nennt die entstehenden Summen 1; 3; 6; 10; 15 … **Dreieckszahlen**.

Zahlentürme zu den roten Dreiecken

x	1	2	3	4
1. Reihe	1	1	1	1
2. Reihe		2	2	2
3. Reihe			3	3
4. Reihe				4
Summe	1	3	6	10

Fig. 1

Für ein großes x, z. B. $x = 100$, ist es aber sehr mühsam, die Dreieckszahl $1 + 2 + 3 + \ldots + 99 + 100$ auszurechnen. Gibt es hier auch eine Abkürzung – so wie für die Summe der ersten ungeraden Zahlen? Wieder helfen Münzmuster weiter. Wenn du im Dreiecksturm für jedes Dreieck mit Spitze nach oben eine Münze legst, erhältst du einen Dreiecksturm aus Münzen. Diesen Turm musst du umgedreht noch mal legen und mit dem ursprünglichen Turm zusammenschieben:

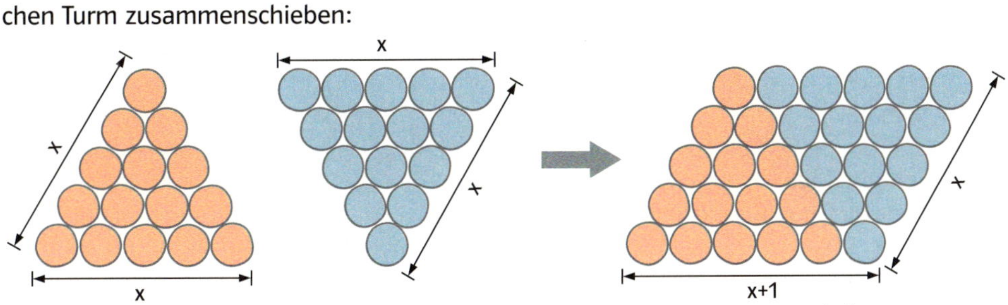

Münzdreieck für die roten Dreiecke — Umgedrehtes Münzdreieck — Zusammengeschobene Münzdreiecke

Fig. 2

Es ergibt sich ein Parallelogramm aus x Reihen. Jede Reihe hat $x + 1$ Münzen. Insgesamt sind es $x \cdot (x + 1)$ Münzen. Das ursprüngliche (rote) Münzdreieck hat also $x \cdot (x + 1) : 2$ Münzen. Wir haben die Formel $1 + 2 + 3 + \ldots + x = \frac{1}{2} \cdot x \cdot (x + 1)$ begründet. Diese Formel nennt man die **Gauß'sche Summenformel**. Es gibt $\frac{1}{2} \cdot x \cdot (x + 1)$ rote Dreiecke und $3 \cdot \frac{1}{2} \cdot x \cdot (x + 1)$ Bierdeckel im Dreiecksturm. Zur Verdauung noch ein paar Aufgaben.

Berechne $1 + 2 + 3 + \ldots + 200$.

Zeige $1 + 2 + 3 + \ldots + 6 + 5 + \ldots + 2 + 1 = 6^2$ und begründe mit Münzmustern dazu eine allgemeine Formel.

Nach einer Anekdote hat der neunjährige C. F. Gauß (1777–1855) in der Schule die Summe $1 + 2 + 3 + \ldots + 99 + 100$ so berechnet:

$$\begin{array}{rrrrrr} & 1 + & 2 + & 3 + & \ldots + & 99 + 100 \\ + & 100 + & 99 + & 98 + & \ldots + & 2 + \quad 1 \\ \hline = & 101 + & 101 + & 101 + & \ldots + & 101 + 101 \\ = & 100 \cdot 101 & & & & \end{array}$$

Also $1 + 2 + \ldots + 100 = \frac{1}{2} \cdot 100 \cdot 101$.
Gauß war ein berühmter Mathematiker.

Rückblick

Grundregeln für Rechenausdrücke
Klammerregel
Klammern werden zuerst berechnet.
Punkt-vor-Strich-Regel
Wenn keine Klammern vorhanden sind, so werden Punktrechnungen vor Strichrechnungen ausgeführt.
Von-links-nach-rechts-Regel
Wenn nur Punkt- oder Strichrechnungen und keine Klammern vorkommen, so wird von links nach rechts gerechnet.

$7{,}3 - 3 \cdot (5{,}4 - 4{,}8) - 10{,}5$
$= 7{,}3 - 3 \cdot 0{,}6 - 10{,}5$
$= 7{,}3 - 1{,}8 - 10{,}5$
$= 5{,}5 - 10{,}5$
$= -5$

Rechenregeln
Für alle Zahlen a, b, c gilt:

$\mathbf{a + b = b + a}$	(Kommutativgesetz der Addition)	$3 + (-4) = (-4) + 3$ bzw. $3 - 4 = -4 + 3$
$\mathbf{a \cdot b = b \cdot a}$	(Kommutativgesetz der Multiplikation)	$3 \cdot (-4) = (-4) \cdot 3$
$\mathbf{a + (b + c) = (a + b) + c}$	(Assoziativgesetz der Addition)	$3 + (7 + 8) = (3 + 7) + 8$
$\mathbf{a \cdot (b \cdot c) = (a \cdot b) \cdot c}$	(Assoziativgesetz der Multiplikation)	$2 \cdot (5 \cdot 8) = (2 \cdot 5) \cdot 8$
$\mathbf{a \cdot (b + c) = a \cdot b + a \cdot c}$	(Ausmultiplizieren)	$3 \cdot (5 + 7) = 3 \cdot 5 + 3 \cdot 7$
$\mathbf{a \cdot b + a \cdot c = a \cdot (b + c)}$	(Ausklammern)	$3 \cdot 5 + 3 \cdot 7 = 3 \cdot (5 + 7)$

Treten in einem Rechenausdruck nur Klammern sowie die Zeichen + und − auf, so gelten:
Minusklammerregel
Steht vor einer Klammer ein Minuszeichen, dann kann man die Klammer weglassen, wenn man die Zeichen in der Klammer von + nach − bzw. von − nach + ändert.

$3 - (5 - 4) = 3 - 5 + 4$

Plusklammerregel
Steht vor einer Klammer ein Pluszeichen, dann kann man die Klammer und das Zeichen vor der Klammer weglassen, wenn man die Zeichen in der Klammer beibehält.

$3 + (5 - 4) = 3 + 5 - 4$

Terme und Gleichungen mit einer Variablen
In einen **Term mit einer Variablen** kann man für die Variable eine rationale Zahl einsetzen.
Es ergibt sich ein Rechenausdruck, dessen **Wert** man berechnen kann.
Soll der Term einen bestimmten Wert annehmen, so schreibt man dies als **Gleichung**.

$3 \cdot x - 8$

x	2	5	−4
$3x - 8$	$3 \cdot 2 - 8 = -2$	$3 \cdot 5 - 8 = 7$	$3 \cdot (-4) - 8 = -20$

Vorgegebener Wert: −2
Gleichung: $3x - 8 = -2$

Gleichungen kann man mithilfe von Umkehrüberlegungen lösen.

$3x - 8 = -2$
1. Umkehrüberlegung: $3x = -2 + 8$
$3x = 6$
2. Umkehrüberlegung: $x = 6 : 3$
$x = 2$

Die Zahl 2 ist die Lösung der Gleichung
$3x = -2 + 8$

Ein Zusammenhang zwischen verschiedenen Größen, für die Variablen geschrieben werden, heißt **Formel**.

Formel für den Flächeninhalt eines Dreiecks: $A = (a \cdot h) : 2$

Training

Runde 1

1 Rechne möglichst geschickt.

a) $\frac{1}{2} \cdot \frac{1}{3} + \frac{5}{6}$ b) $7{,}4 + 2{,}6 \cdot 2$ c) $\left(\frac{3}{7} - \frac{1}{2}\right) \cdot 14$ d) $4{,}5 \cdot 14 - 4{,}5 \cdot 4$

e) $12{,}4 - 6{,}9 - 3{,}1$ f) $\frac{7}{2} \cdot \left(\frac{3}{4} - \frac{4}{5}\right)$ g) $(5{,}8 + 8{,}7) : 2{,}9$ h) $1{,}4 \cdot (5 - 200)$

2 Übertrage die Tabelle ins Heft und ergänze die fehlenden Zahlen.

x	1	2	8		−4	0,8		$\frac{1}{4}$		$-\frac{2}{3}$	
2x − 7				5			−6		3,2		−9

3 a) Welchen Umfang und welchen Flächeninhalt hat das Trapez in Fig. 1, wenn $x = 5\,\text{cm}$ ist?
b) Stelle einen Term mit der Variablen x für den Umfang und für den Flächeninhalt der Figur auf.
c) Für welchen Wert von x ist der Umfang 64 cm groß?
d) Für welchen Wert von x ist der Flächeninhalt $42\,\text{cm}^2$ groß?

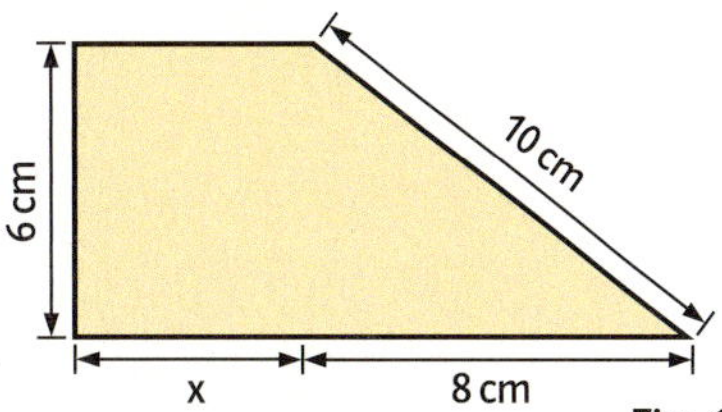

Fig. 1

4 Den Betrag B einer monatlichen Handyrechnung kann man mit der Formel $B = a \cdot x + b$ berechnen. Hierbei steht x für die Anzahl der Gesprächsminuten im Monat, a steht für die Gebühr pro Gesprächsminute und b für die Grundgebühr.
a) Kathrin hat einen Vertrag mit 9,95 € Grundgebühr und 0,35 € Gebühr pro Gesprächsminute. Gib in einer Tabelle an, wie hoch Kathrins Handyrechnung für 0; 1; 2; 10; 50; 100 Gesprächsminuten im Monat ist.

x	0	1	2
B	9,95		

b) Johannes hat einen Vertrag mit $a = 0{,}15$ € und $b = 19{,}95$ €. Wie viel bezahlt Johannes für 10 bzw. 100 Gesprächsminuten? Wie lange kann Johannes für 27,45 € telefonieren?
c) Ida telefoniert monatlich ca. 70 Minuten. Welchen der beiden Verträge soll sie wählen?

Runde 2

1 Berechne.

a) $\frac{1}{2} \cdot \left(\frac{2}{3} + \frac{4}{7}\right)$ b) $7{,}4 \cdot 4{,}2 + 4{,}2 \cdot 2{,}6$ c) $\left(2{,}8 + \frac{4}{5}\right) \cdot 5$ d) $\frac{8}{7} \cdot \frac{2}{3} - \frac{11}{6} \cdot \frac{8}{7}$

2 Setze in dem Term für die Variable x nacheinander die Zahlen 4; −6 und 1,4 ein.

a) $2x + 4$ b) $3x - 8$ c) $-0{,}5x - 5$

3 Löse die Gleichung.

a) $3x = -12$ b) $4x - 3 = 17$ c) $6x - 9{,}1 = -4{,}3$ d) $-0{,}5x + 3 = 7$

4 Eine Mietwagenfirma bietet ein Cabrio als Mietwagen für die Grundgebühr von 45 € und die Gebühr von 25 ct pro gefahrenen Kilometer an.
a) Wie viel Euro muss man bei einer gefahrenen Strecke von 80 km insgesamt bezahlen?
b) Stelle einen Term auf, mit dem man die Gesamtgebühr berechnen kann.
c) Berechne mithilfe des Terms, wie viel Euro man für eine Fahrstrecke von 120 km bzw. für 250 km bezahlen muss.
d) Wie viele Kilometer kann man fahren, wenn man nur 100 € ausgeben will?

Das kannst du schon

- Mit Bruchzahlen und Dezimalzahlen rechnen
- Kreise und Winkel zeichnen
- Strichlisten und Säulendiagramme erstellen

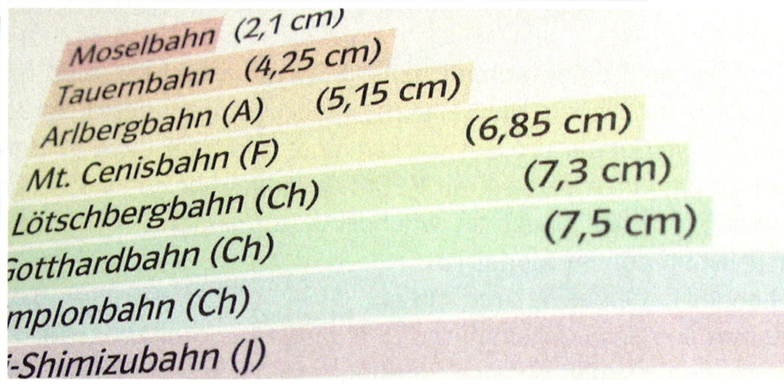

Zahl und Zahlbereiche

Daten und Zufall

Funktionaler Zusammenhang

Messen und Größen

Raum und Form

Vom Datensuchen und -sammeln

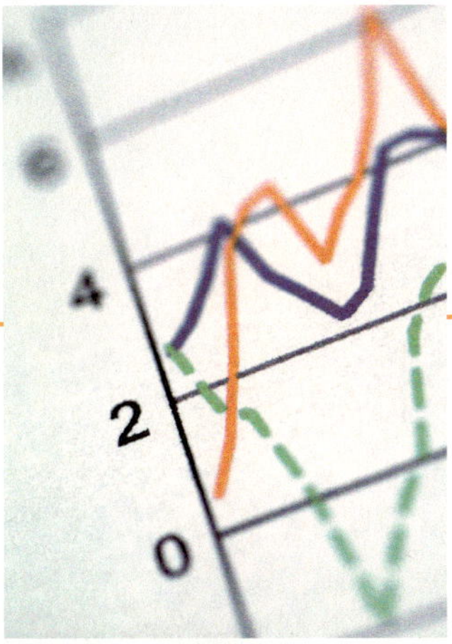

Tabellen, Diagramme und Mittelwerte sagen mehr als tausend Worte …

Das kannst du bald

- Mithilfe von Baumdiagrammen geschickt zählen
- Tabellen und Diagramme erstellen
- Mittlere Werte bestimmen
- Tabellen auswerten und vergleichen
- Diagramme richtig verstehen

1 Zählen leicht gemacht

Tobias darf sich drei Pralinen nehmen. Wie viele Möglichkeiten hat er hierzu?

Zählen ist manchmal einfach und manchmal scheinbar schwierig. Jetzt wird gezeigt, wie man vermeintlich schwieriges Zählen leicht durchführen kann.

Leonie hat drei Lieblingspuppen, die Anna, Bettina und Claudia heißen. Abends setzt sie die Puppen auf ihren Schrank.
Damit dies nicht so langweilig wird, wählt sie jedes Mal eine andere Reihenfolge.
Wie viele Abende hintereinander kann sie ohne Wiederholung der Reihenfolge die Puppen nebeneinander setzen?

Fig. 1

Die Antwort zu dieser Frage kann man sich mit einem **Baumdiagramm** überlegen.
Man denkt sich dabei die Plätze für die Puppen von links nach rechts mit 1, 2 und 3 nummeriert. Die Namen der Puppen kürzt man mit A, B und C ab. Da Leonie die Puppen nacheinander auf Platz 1, dann auf Platz 2 und schließlich auf Platz 3 setzen kann, erhält man:

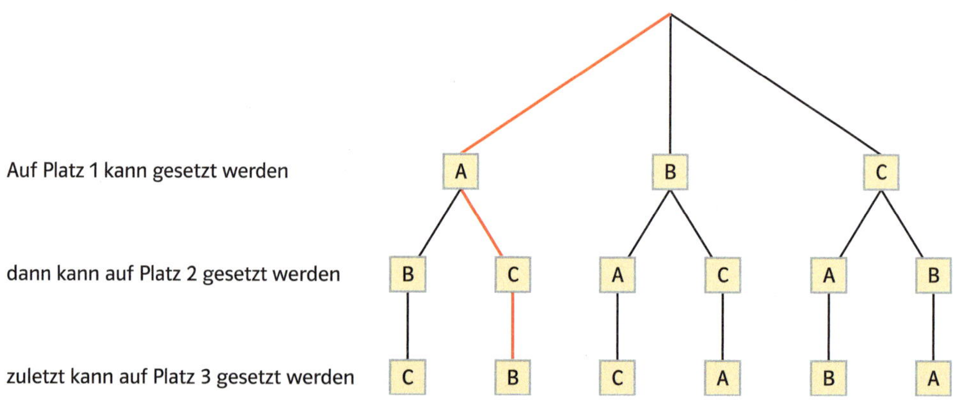

Fig. 2

Der rote Ast des Baumes gibt eine Möglichkeit an, die Puppen hinzusetzen; nämlich in der Reihenfolge Anna, Claudia, Bettina. Da der Baum insgesamt sechs solcher Äste besitzt, hat Leonie sechs verschiedene Möglichkeiten, die Puppen auf ihren Schrank zu setzen.

Beispiel Baumdiagramm
Kai hat drei Jeans, drei Hemden und drei Pullover in den Farben Blau, Grün und Rot. Er trägt zur blauen Jeans kein blaues Hemd, zur grünen Jeans kein grünes Hemd und zur roten Jeans nur ein grünes Hemd. Sonst trägt er alle möglichen Farbkombinationen. In wie vielen Farbkombinationen kann er sich kleiden?
Lösung:

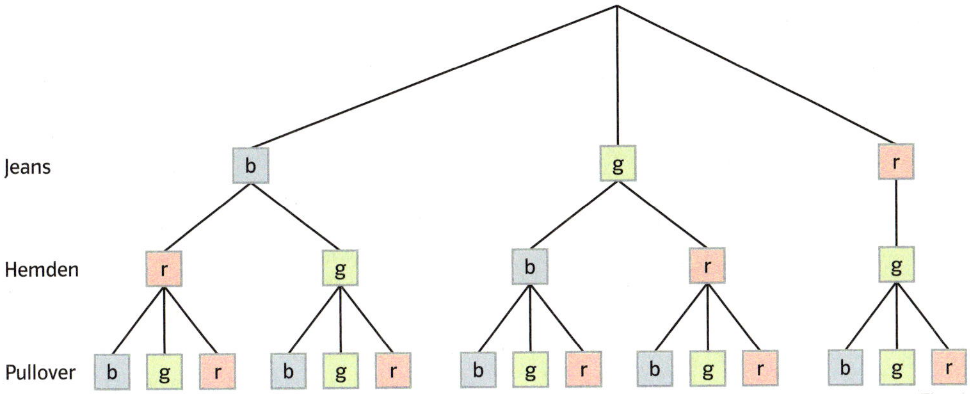

Fig. 1

Kai kann seine Jeans, Hemden und Pullover in 15 verschiedenen Farbkombinationen anziehen.

Aufgaben

1 In einem Selbstbedienungsrestaurant gibt es vier verschiedene Vorspeisen, zwei verschiedene Hauptgerichte und drei verschiedene Nachspeisen, die alle zusammenpassen. Ein Menü, das aus diesen Vorspeisen, Hauptgerichten und Nachspeisen zusammengestellt wird, kostet 15 Euro. Wie viele verschiedene solcher 15-Euro-Menüs gibt es?

2 Erfinde eine Geschichte, die zu diesem Baumdiagramm (Fig. 2) passt.

3 Auf einer Geburtstagsfeier sind fünf Personen. Jeder der Anwesenden stößt mit seinem Glas nacheinander mit jedem der anderen an. Wie oft hört man die Gläser klingen?

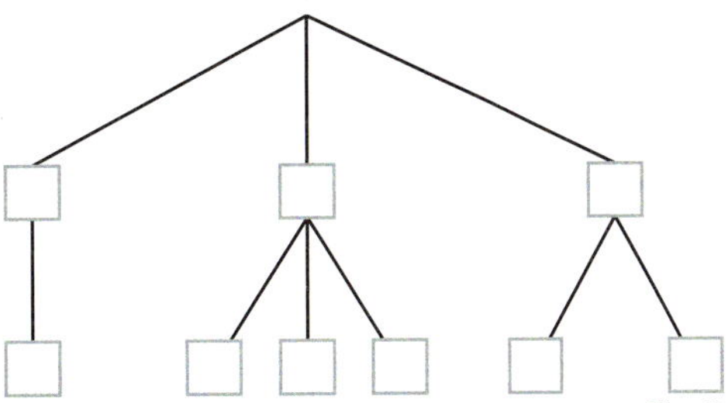
Fig. 2

4 Ein Autokennzeichen besteht aus Buchstaben, an denen man z. B. die Stadt erkennen kann, in der das Auto zugelassen wurde. Anschließend kommen Buchstaben und Ziffern. Eine Stadt vergibt bei den Autokennzeichen ein oder zwei Buchstaben und ein, zwei oder drei Ziffern. Wie viele verschiedene Autokennzeichen kann es für diese Stadt höchstens geben?

Fig. 4

5 Herr und Frau Sacher, ihre Tochter und ihr Sohn sind im Urlaub. Sie möchten sich fotografieren. Ein Familienmitglied macht die Aufnahme, die drei anderen stellen sich nebeneinander auf. Wie viele verschiedene Fotos könnten sie auf diese Weise machen?

2 Relative Häufigkeiten und Kreisdiagramme

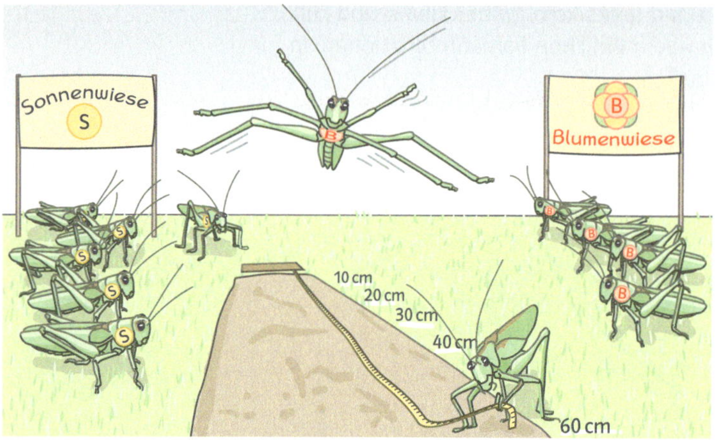

	mindestens 20 cm, aber weniger als 30 cm	mindestens 30 cm, aber weniger als 40 cm	mindestens 40 cm
Team B	2	13	5
Team S	5	19	6

Die Grashüpfer von der Blumenwiese (B) und von der Sonnenwiese (S) haben je eine Mannschaft für einen Weitsprungwettbewerb aufgestellt. Leider sind in den Mannschaften unterschiedlich viele Teilnehmer. Die Sprungergebnisse beider Mannschaften wurden in einer Tabelle zusammengefasst.
Die Grashüpfer streiten sich, welche Mannschaft erfolgreicher war. Wie kannst du ihnen helfen?

Oft kann man Ergebnisse nicht direkt vergleichen. Dies wird am Beispiel zweier Schulen deutlich:
Bei den Bundesjugendspielen haben 570 Schülerinnen und Schüler der Goethe-Schule sowie 480 Schülerinnen und Schüler der Schiller-Schule jeweils eine Urkunde erhalten. Welche Schule war erfolgreicher?
Ein Vergleich der Schulen ist möglich, wenn man die jeweilige Anzahl der Urkunden in Bezug zu der jeweiligen Gesamtanzahl der Teilnehmer betrachtet; man sagt auch relativ zu der jeweiligen Gesamtanzahl der Teilnehmer.
An der Goethe-Schule haben 760 Kinder und Jugendliche an den Bundesjugendspielen teilgenommen und an der Schiller-Schule 600. Man erhält dann:

	Urkunden	Teilnehmer	Anteil der erfolgreichen Teilnehmer
Goethe-Schule	570	760	$\frac{570}{760} = \frac{75}{100} = 75\,\%$
Schiller-Schule	480	600	$\frac{480}{600} = \frac{80}{100} = 80\,\%$

Es waren also 80 % der Teilnehmer der Schiller-Schule erfolgreich, während nur 75 % der Teilnehmer der Goethe-Schule eine Urkunde erhielten.
Die Anzahlen 570 bzw. 480 Urkunden heißen **absolute Häufigkeiten**.
Die Anteile 75 % bzw. 80 % Teilnehmer mit Urkunden heißen **relative Häufigkeiten**.

Vergleicht man bestimmte Anzahlen, die sich auf unterschiedliche Gesamtanzahlen beziehen, so berechnet man hierzu die relative Häufigkeit wie folgt:

$$\text{relative Häufigkeit} = \frac{\text{absolute Häufigkeit}}{\text{Gesamtanzahl}}.$$

Einen guten Überblick über relative Häufigkeiten erhält man durch ein **Streifen-** oder **Kreisdiagramm**.
Die Polizei hat an einem Morgen 300 Fahrräder von Schülerinnen und Schülern des Gymnasiums am Kaiserdom überprüft.

Mängelstufe	keine Mängel	leichte Mängel	mittlere Mängel	schwere Mängel
Anzahl der Fahrräder	45	180	60	15
relative Häufigkeit	15%	60%	20%	5%

Man kann die relativen Häufigkeiten auf unterschiedliche Arten veranschaulichen.

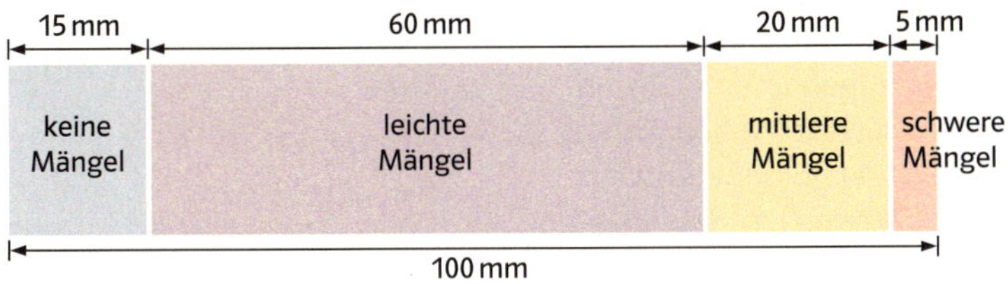

Fig. 1

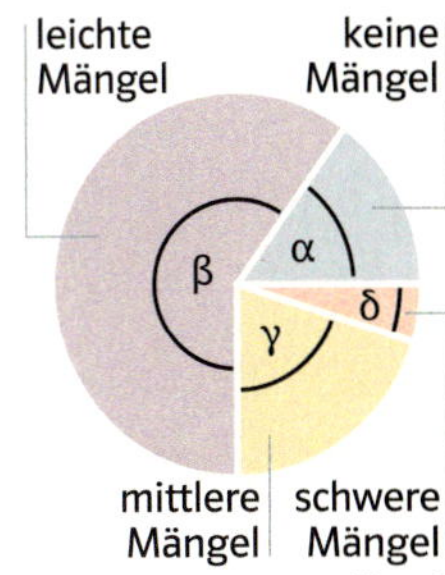

Fig. 2

In Fig. 1 erfolgt dies durch ein Streifendiagramm, in Fig. 2 durch ein Kreisdiagramm. Dabei werden die relativen Häufigkeiten durch Streifenbreiten bzw. Mittelpunktswinkel wiedergegeben.
Bei einem Streifendiagramm ergeben sich die Streifenlängen besonders einfach, wenn man einen Streifen der Länge 100 mm zugrunde legt. Dann entsprechen z. B. 15% einem 15 mm langen Streifen, 1% entspricht 1 mm.
Bei einem Kreisdiagramm muss der zu 15% gehörende Mittelpunktswinkel α 15% des Vollwinkels 360° sein: 15% von 360° sind $\frac{15}{100}$ von 360°. $\frac{1}{100}$ von 360° ist 3,6°; $\frac{15}{100}$ sind dann $15 \cdot 3{,}6° = 54°$. Entsprechend ergibt sich: $\beta = 60 \cdot 3{,}6° = 216°$; $\gamma = 20 \cdot 3{,}6° = 72°$; $\delta = 5 \cdot 3{,}6° = 18°$.

Beispiel Relative Häufigkeiten berechnen; Kreisdiagramm zeichnen
Die Schülerinnen und Schüler der Klasse 6b kommen mit verschiedenen Verkehrsmitteln zur Schule. Drei Kinder kommen mit der Bahn, zwölf Kinder mit dem Bus, fünf Kinder zu Fuß und zehn Kinder kommen mit ihrem Rad. Berechne die relativen Häufigkeiten und stelle sie in einem Kreisdiagramm dar.
Lösung:
Von insgsamt 30 Kindern weiß man, wie sie zur Schule kommen. In der Tabelle sind die absoluten Häufigkeiten, die relativen Häufigkeiten und die entsprechenden Mittelpunktswinkel aufgelistet.

Verkehrsmittel	Bahn	Bus	Fahrrad	zu Fuß
absolute Häufigkeit	3	12	10	5
relative Häufigkeit	$\frac{3}{30} = \frac{1}{10}$	$\frac{12}{30} = \frac{2}{5}$	$\frac{10}{30} = \frac{1}{3}$	$\frac{5}{30} = \frac{1}{6}$
Mittelpunktswinkel	$\frac{1}{10}$ von 360°: 36°	$\frac{2}{5}$ von 360°: 144°	$\frac{1}{3}$ von 360°: 120°	$\frac{1}{6}$ von 360°: 60°

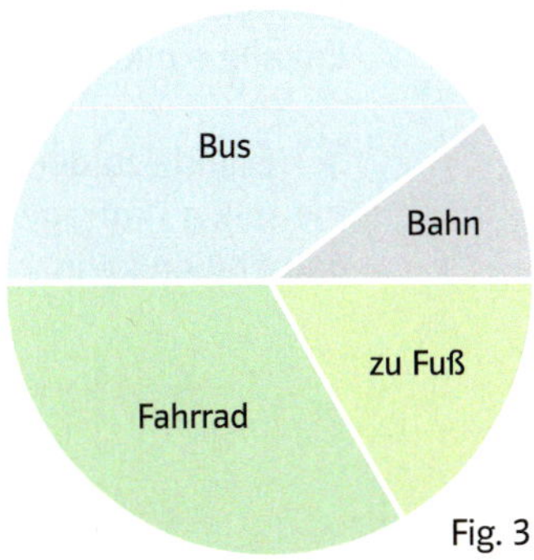

Fig. 3

Aufgaben

1 Die Klasse 6c wird von 18 Mädchen und 12 Jungen besucht. Veranschauliche den Mädchen- und Jungenanteil in dieser Klasse in einem Kreis- bzw. Streifendiagramm. Welches der Diagramme erscheint dir geeigneter?

2 Führt eine Umfrage in allen fünften, sechsten und siebten Klassen eurer Schule zum Thema Hausaufgaben durch. Ihr könnt zum Beispiel den Fragebogen von Fig. 1 verwenden oder einen eigenen erstellen. Es ist auch möglich, die Kinder direkt zu befragen und die Anzahlen der Antworten aufzuschreiben. Achtet darauf, dass jedes Kind nur eine Antwort geben soll. Stellt die relativen Häufigkeiten der verschiedenen Antworten in einem Kreisdiagramm dar. Vielleicht zeigt ihr eure Umfrageergebnisse euren Lehrerinnen und Lehrern.

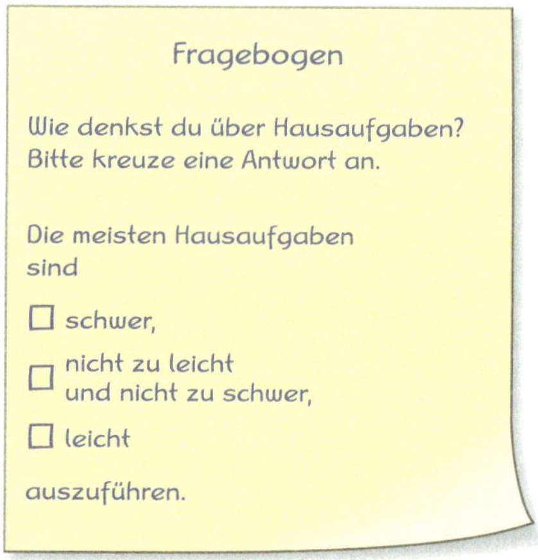

Fig. 1

3 Das Kreisdiagramm in Fig. 2 zeigt die relativen Häufigkeiten der Wirbeltierklassen, die zurzeit auf der Erde leben. Insgesamt gibt es heute ca. 45 000 verschiedene Wirbeltierarten.

a) Wie viele verschiedene Fischarten gibt es ungefähr?

b) Wie viele verschiedene Arten von Säugetieren gibt es ungefähr?

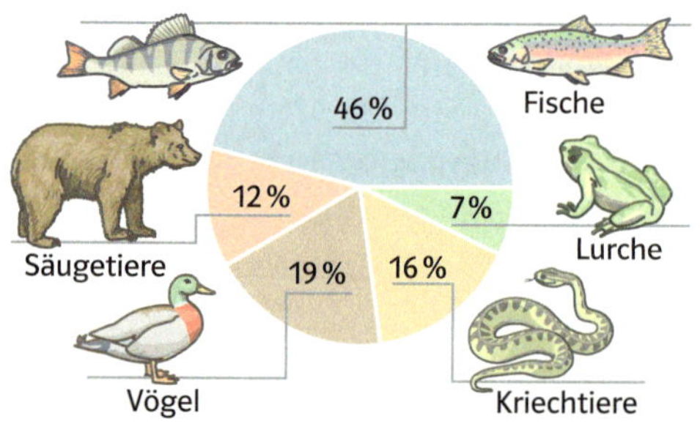

Fig. 2

4 In Deutschland leben zurzeit ca. 42 000 Tierarten. Davon gehören
700 Arten zu den Wirbeltieren,
29 000 Arten zu den Insekten,
900 Arten zu den Krebsen,
3500 Arten zu den Spinnentieren,
500 Arten zu den Weichtieren und
4500 Arten zu den Würmern.
Der Rest sind Urtiere.
Erstelle ein Kreisdiagramm wie in Fig. 2.

5 Erfinde zu den Kreisdiagrammen in Fig. 3 jeweils eine Geschichte. Die Kreisdiagramme sollen Umfrageergebnisse veranschaulichen. Erläutere auch, was man dem Diagramm entnehmen kann.

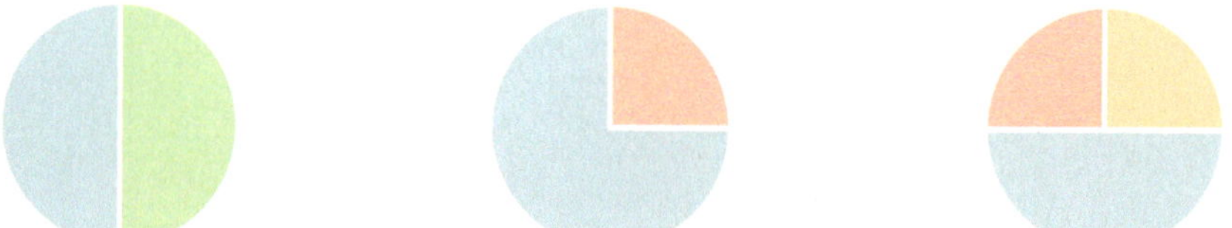

Fig. 3

6 In Speyer, Emden und Goslar wurden in den Fußgängerzonen die Leute nach ihrem Lieblingsverein im Fußball befragt (Fig. 1).
a) Welches Kreisdiagramm gehört vermutlich zu welcher Stadt? Begründe deine Antwort.
b) Wie groß sind jeweils ungefähr die relativen Häufigkeiten, mit denen die Vereine genannt wurden?

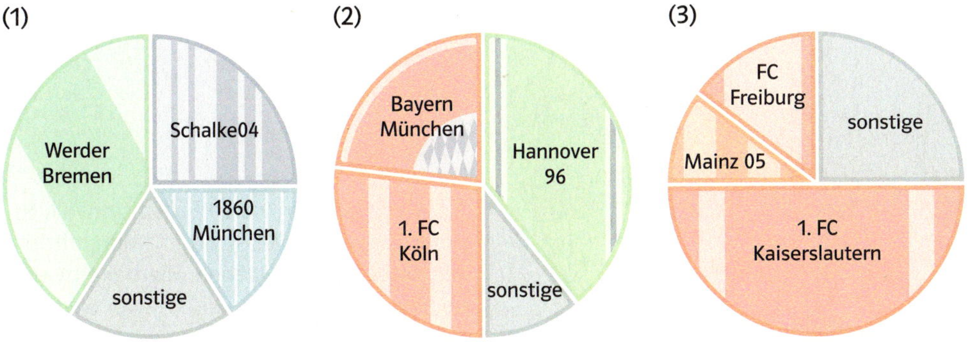

Fig. 1

7 Tobias hat an einem Dienstagnachmittag im August in der Eisdiele seines Onkels geholfen, Eis zu verkaufen. Um die Verkäufe zu vergleichen, hat er die relativen Häufigkeiten in einem Säulendiagramm dargestellt.
a) Erstelle für diese relativen Häufigkeiten ein Kreisdiagramm.
b) Welche Vorzüge hat das Säulendiagramm, welche das Kreisdiagramm?

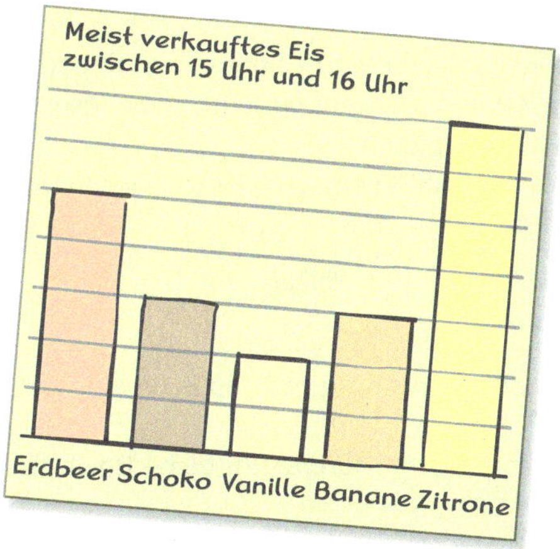

Fig. 2

8 Für schlaue Köpfe
Johanna und Kai haben unabhängig voneinander am selben Tag die gleichen Mitschülerinnen und Mitschüler befragt, ob sie deutschsprachige oder englischsprachige Musik mögen. Beide haben ein Kreisdiagramm erstellt. Kannst du die unterschiedlichen Ergebnisse erklären?

Ein Tipp zu Aufgabe 8: Worauf können sich die Prozentangaben beziehen?

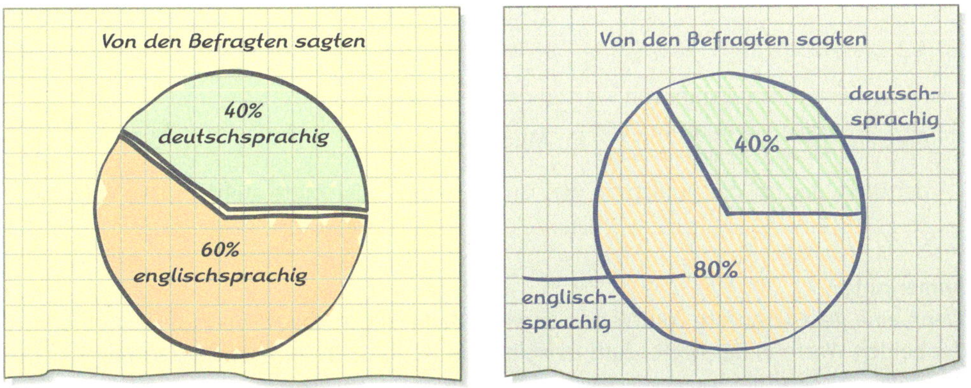

Fig. 3

3 Mittelwert und Zentralwert

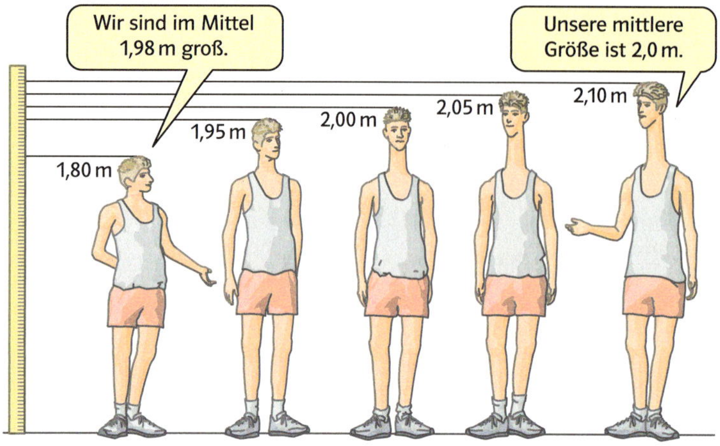

Im Alltag ist es in vielen Fällen sinnvoll, zu einer Reihe von Messwerten einen mittleren Messwert anzugeben. Hierbei gibt es verschiedene Möglichkeiten. Zwei davon werden mithilfe von Beispielen gezeigt.

Philipp, Kai, Johanna, Sophia und Rebecca haben das Buch „Sieben Freunde" gelesen. Sie sollen in der Klasse berichten, wie lesenswert sie dieses Buch finden. Hierzu haben sie Noten vergeben:
Note 1: sehr lesenswert, Note 2: lesenswert, Note 3: noch lesenswert, Note 4: nicht lesenswert.

Leser	Philipp	Kai	Johanna	Sophia	Rebecca
Note	4	3	2	1	1

*Statt Mittelwert sagt man auch **arithmetisches Mittel** und statt Zentralwert sagt man auch **Median**.*

Welche Bewertung hat das Buch im Mittel erhalten?

1. Möglichkeit: durchschnittliche Bewertung
$\frac{4+3+2+1+1}{5} = 2,2$
Das Buch wurde mit der Durchschnittsnote 2,2 bewertet. Das heißt, hätten alle fünf Kinder die gleiche Note gegeben, so hätte jedes Kind das Buch mit der (nicht möglichen) Note 2,2 bewertet. Man sagt auch, 2,2 ist der Mittelwert der Noten.

2. Möglichkeit: Wert, der in der Mitte steht
Die Note 2, die Johanna gegeben hat, steht genau in der Mitte. Es gibt nämlich noch zwei bessere Bewertungen und zwei schlechtere Bewertungen als 2. Man sagt auch, die Bewertung 2 ist der Zentralwert.

Ist eine bestimmte Anzahl von Werten gegeben, so heißt
- die Zahl $\frac{\text{Summe der einzelnen Werte}}{\text{Anzahl der einzelnen Werte}}$ ihr **Mittelwert**,
- der Wert, der bei der Auflistung (der Größe nach) in der Mitte steht, ihr **Zentralwert.**

Anmerkung:
Wenn eine gerade Anzahl von Werten vorliegt, dann ist der Zentralwert der Mittelwert der beiden Werte in der Mitte. Zum Beispiel: Von 4; 3; **3; 2**; 1; 1 ist der Zentralwert $\frac{3+2}{2} = 2,5$.

Beispiel
Bestimme den Mittelwert und den Zentralwert von
a) 12; 7; 9; 21; 7; 8; 13, b) 12; 7; 9; 21; 7; 8; 13; 11.
Lösung:
a) Mittelwert: $\frac{12+7+9+21+7+8+13}{7} = \frac{77}{7} = 11$
Zentralwert: *Ordnet man die Zahlen der Größe nach, so erhält man 7; 7; 8; 9; 12; 13; 21.*
Die Zahl 9 steht in der Mitte, also ist der Zentralwert 9.
Hier sind jeweils drei Zahlen kleiner und drei Zahlen größer als der Zentralwert 9.
b) Mittelwert: $\frac{12+7+9+21+7+8+13+11}{7} = \frac{88}{8} = 11$
Zentralwert: *Ordnet man die Zahlen der Größe nach, so erhält man 7; 7; 8; 9; 11; 12; 13; 21.* Die Zahlen 9 und 11 stehen in der Mitte, also ist der Zentralwert $\frac{9+11}{2} = 10$.
Hier ist eine gerade Anzahl von Zahlen gegeben. Der Zentralwert ist der Mittelwert der beiden mittleren Zahlen. Es sind je vier Zahlen kleiner und größer als der Zentralwert 10.

Aufgaben

1 Bestimme den Mittelwert und den Zentralwert von
a) 56; 40; 69; 27; 37; 88; 53, b) 56; 40; 69; 27; 37; 88; 53; 32.

2 In einer Quizsendung wurden allen 51 Mitgliedern eines Chors zehn schwierige Fragen zum Thema Musik gestellt. Jeder allein musste in fünf Minuten die Fragen auf einem Zettel beantworten und den Zettel beim Quizmaster abgeben. Die Tabelle zeigt, wie gut die Chormitglieder geantwortet haben.

Anzahl der richtigen Antworten	0	1	2	3	4	5	6	7	8	9	10
Anzahl der Personen	0	1	2	8	8	7	5	3	2	7	8

Herr Müller hat fünf Fragen richtig beantwortet. Wieder zu Hause möchte er seiner Frau verdeutlichen, dass er im Vergleich mit den anderen Chormitgliedern ganz ordentlich abgeschnitten hat. Wie argumentiert Herr Müller am besten? Wie darf er auf keinen Fall argumentieren?

3 Die Grafik zeigt einen Vergleich der Verkehrstoten in 13 Bundesländern. Zusätzlich ist noch die Anzahl der Verkehrstoten in Deutschland angegeben. Sind die folgenden Aussagen jeweils richtig? Begründe deine Antworten.

Bei Straßenverkehrsunfällen 1999 Getötete je 1 Million Einwohner nach Ländern

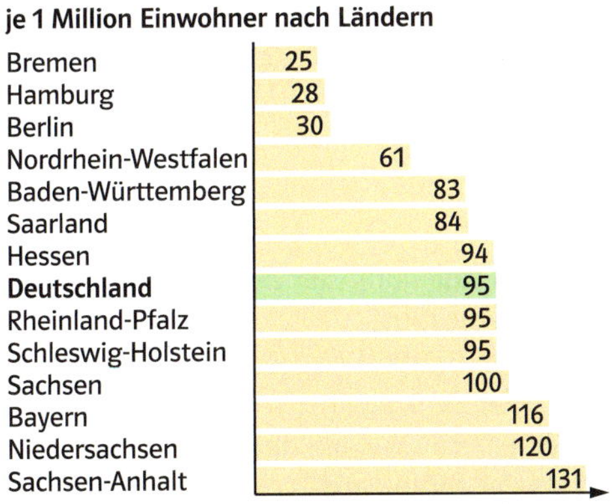

a) In Hessen, Rheinland-Pfalz und Schleswig-Holstein gab es im Jahr 1999 ungefähr gleich viele Verkehrstote je einer Million Einwohner.
b) In Deutschland gab es 1999 ungefähr so viele Verkehrstote je einer Million Einwohner wie im Durchschnitt dieser 13 Bundesländer.
c) Der Zentralwert der Verkehrstoten je einer Million Einwohner für diese 13 Bundesländer war 1999 ungefähr so groß wie die Anzahl der Verkehrstoten je einer Million Einwohner in Deutschland insgesamt.

4 Im Sportunterricht wurde Weitsprung geübt. Jeder Schüler hatte sieben Sprünge. Kai und Tobias vergleichen ihre Ergebnisse.

Kai	4,20 m	3,95 m	4,10 m	4,15 m	1,90 m	3,98 m	4,03 m
Tobias	3,95 m	4,12 m	4,18 m	4,10 m	4,00 m	4,03 m	4,06 m

Tobias behauptet, er sei der bessere Weitspringer. Kai meint, nur weil er einen Sprung verstolpert hat, wäre er nicht schlechter als Tobias, man könne den verstolperten Sprung ja weglassen. Sind die beiden gleich gut oder ist einer der bessere Weitspringer? Wie siehst du die Lösung des Problems? Begründe deine Antwort mithilfe des Mittelwertes bzw. Zentralwertes.

Bist du sicher?

1 Ein Kinobesitzer befragt 150 Besucher, wie ihnen der neue Film „Astronauten" gefällt. Es antworten 60 Besucher mit „sehr sehenswert", 30 mit „nicht empfehlenswert" und der Rest fand den Film „sehenswert".
Stelle die Umfrageergebnisse dar
a) in einem Säulendiagramm,
b) in einem Kreisdiagramm.

2 Eine Tageszeitung vergleicht die Preise eines DVD-Players in den Geschäften einer Stadt. Das gleiche Gerät kostet im Musikshop 167 €, im Discountladen 140 €, im Großmarkt 145 €, im Elektrocenter 155 € und im Kaufmarkt 153 €.
a) Welche mittleren Preise wurden für dieses Gerät ermittelt?
b) Was gibt der jeweilige mittlere Preis von a) an?

5 Johanna hat in verschiedenen Fächern insgesamt sieben Klassenarbeiten geschrieben. Sie hat hierfür die Noten 2; 4; 1; 2; 5; 2; 5 erhalten. Ihrer Mutter sagt sie: „Meine durchschnittliche Note in diesen Arbeiten ist 3." Die Mutter ist anderer Meinung und antwortet: „Du bist doch in diesen Arbeiten besser als 3 bewertet worden."
Hat die Mutter Recht? Begründe deine Antwort.

6 Entwerft einen Fragebogen zu einem Thema, das eure Schule betrifft. Ihr könnt z. B. in eurer Klasse nach der Qualität der Schülerzeitung fragen. Wertet die Umfrageergebnisse aus. Welche mittlere Bewertung hat die Umfrage ergeben?

Umfrage zur Schülerzeitung

Ich finde unsere Schülerzeitung
- ☐ sehr gut
- ☐ gut
- ☐ weniger gut
- ☐ langweilig
- ☐ schlecht

7 Zur Festlegung der Zeugnisnote in einem Fach wird u. a. der Mittelwert der Einzelnoten berechnet.
a) Gib ein Beispiel an, bei dem der Mittelwert der Einzelnoten für den Schüler günstiger ist als der Zentralwert.
b) Gib ein Beispiel an, bei dem der Zentralwert der Einzelnoten für den Schüler günstiger ist als der Mittelwert.

8 Messt die Körpergrößen aller Schülerinnen und Schüler eurer Klasse.
a) Berechnet den Mittelwert der Körpergrößen. Was sagt er aus?
b) Berechnet den Zentralwert der Körpergrößen. Was sagt er aus?

4 Diagramme genauer betrachtet

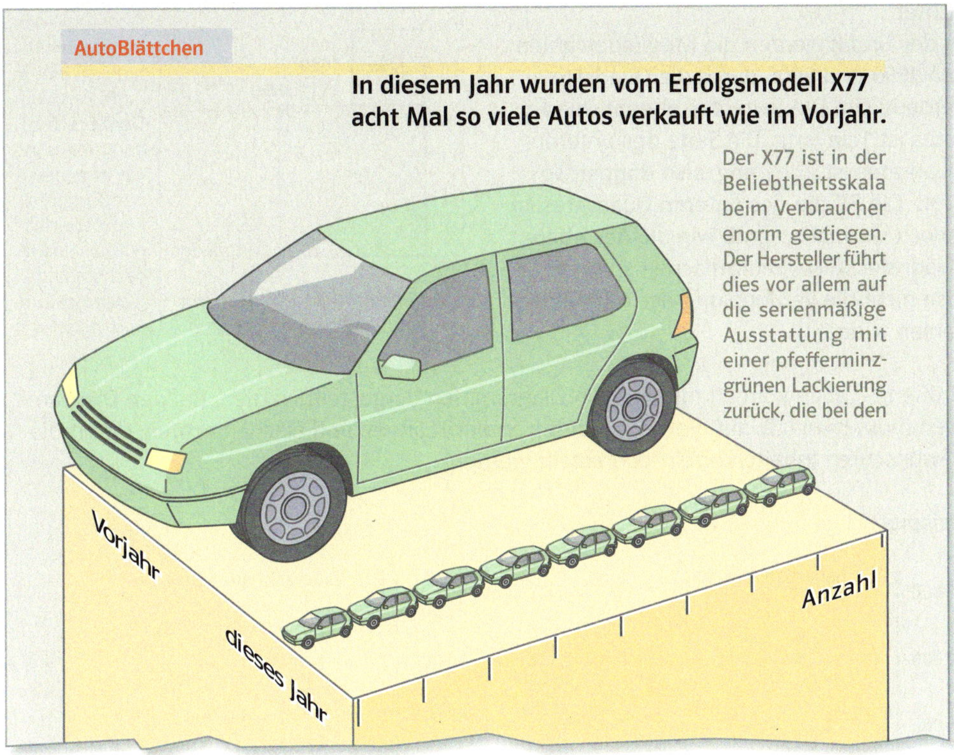

In Zeitungen und Zeitschriften werden Daten oft mit Diagrammen dargestellt. Diese Darstellungen können den Leser in seiner Wahrnehmung beeinflussen.

Die beiden Fahrradhändler Abel und Bebel sind erbitterte Konkurrenten. Beide hätten gern einen positiven Bericht in einer Veröffentlichung des Fachblattes für Fahrradhändler. Herr Abel kennt den Journalisten Meyer und Herr Bebel ist mit dem Journalisten Müller bekannt. Um ihrem jeweiligen Bekannten zu helfen, könnten Herr Meyer und Herr Müller zwei unterschiedliche Artikel gestalten, ohne Falsches zu veröffentlichen.

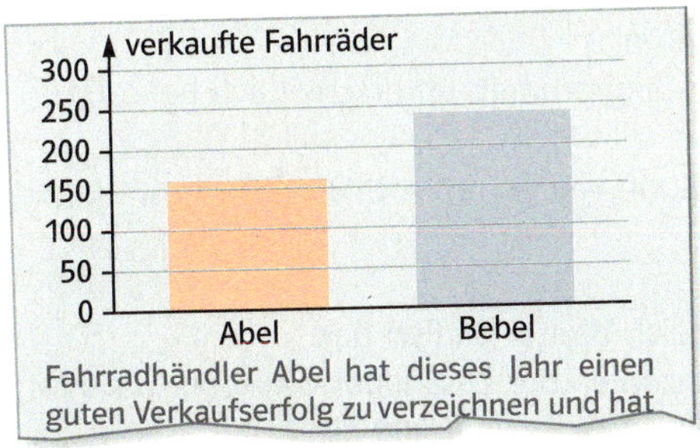

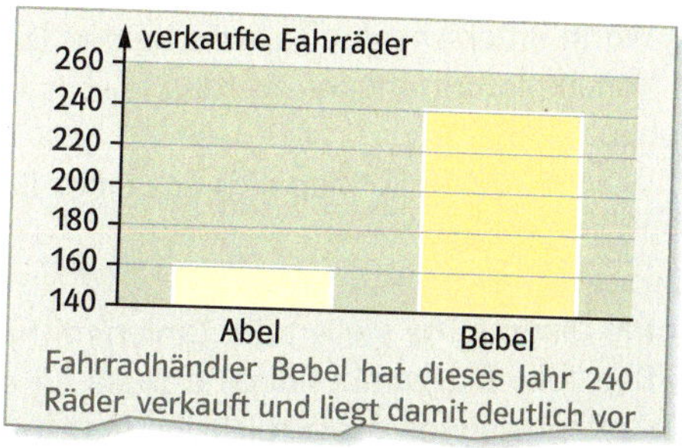

Das linke Diagramm zeigt eine Absatzskala von 0 bis 300. Hier erscheint der Unterschied der Anzahlen der verkauften Fahrräder nicht so groß wie in der rechten Darstellung. In dieser Grafik beginnt die Skala der Fahrradverkäufe erst bei 140. Hier erscheint der Unterschied zwischen den Verkäufen von Herrn Abel und Herrn Bebel deutlich größer.

In der Vereinszeitschrift des Fußballklubs FK 03 wird über die Mitgliederzahlen berichtet.
In der Grafik werden die Mitgliederzahlen von 1995 und 2005 durch die Quadrate verdeutlicht. Die Seite des oberen Quadrates ist 1 cm lang. Die Seite des unteren Quadrates ist 2 cm lang, also doppelt so groß. Die Fläche des unteren Quadrates ist jedoch viermal so groß wie die des oberen Quadrates. Die Quadratflächen spiegeln also nicht die Verdopplung der Mitgliederzahlen wider.

Größenangaben können mithilfe von Diagrammen dargestellt werden. Bei den Diagrammen muss man u.a. auf die verwendeten Skalen, Längen und Flächen achten, damit die gewünschten Inhalte korrekt dargestellt werden.

Beispiel

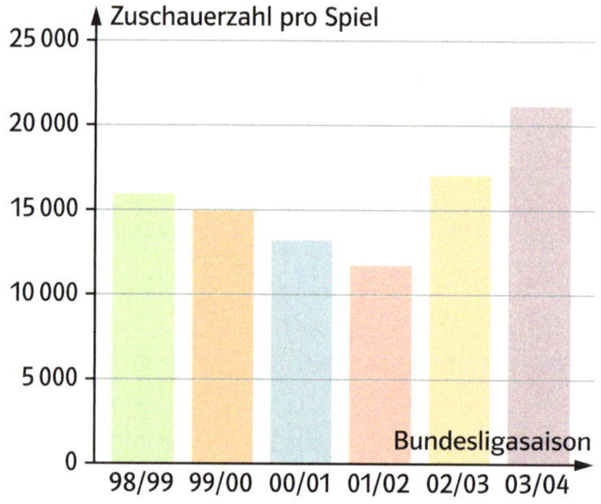

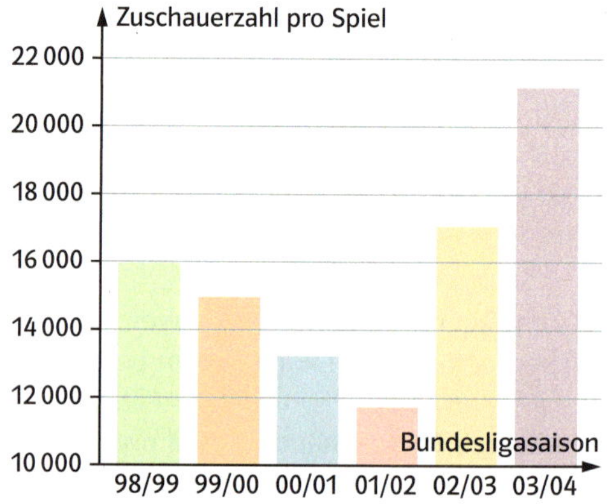

Die Säulendiagramme geben die Zuschaueranzahlen pro Heimspiel des VfL Wolfsburg von der Saison 1998/1999 bis zur Saison 2003/2004 an.
a) Worin sind die beiden Diagramme gleich?
b) Worin unterscheiden sich die beiden Diagramme?
c) Welche Informationen werden jeweils in den Diagrammen unterschiedlich hervorgehoben?
d) Welche Folgen können sich aus einer Darstellung wie der im rechten Diagramm ergeben?
Lösung:
a) Die Diagramme stellen die Zahlen mithilfe gleich breiter Säulen dar.
b) Das linke Diagramm hat eine Skala für die Anzahlen der Zuschauer von 0 bis 25 000. Die entsprechende Skala reicht beim rechten Diagramm von 10 000 bis 22 000.
c) Im rechten Diagramm werden die Differenzen der Zuschaueranzahlen pro Spiel im Vergleich der einzelnen Spielsaisons stärker hervorgehoben als im linken Diagramm.
d) Man kann sehr leicht falsche Schlüsse ziehen. So könnte man irrtümlicherweise meinen, dass in der Saison 03/04 gut fünfmal so viele Zuschauer pro Spiel gekommen sind wie in der Saison 01/02.

Aufgaben

1 Seit Beginn seiner Schlankheitskur notiert Herr Kugel jeden Sonntagmorgen sein Gewicht und veranschaulicht es in einem Säulendiagramm.
a) Wie viel wiegt Herr Kugel zwei Wochen nach Kurbeginn?
b) Wie groß ist die Gewichtsabnahme in den ersten vier Wochen der Kur?

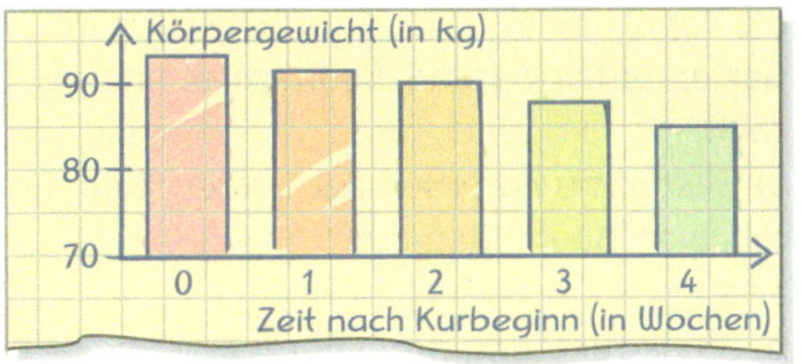

Fig. 1

c) Warum lässt Herr Kugel die Gewichtsskala erst bei 70 kg beginnen? Zeichne ein Diagramm, bei dem die Skala bei 0 kg beginnt.

2 Rebecca, Johanna, Kai und Tobias haben für das Amt des Schülersprechers kandidiert. Insgesamt wurden 800 Stimmen abgegeben. Derjenige bzw. diejenige mit den meisten Stimmen wird Schülersprecher. Wer die zweitmeisten Stimmen erhält, wird Stellvertreter.
a) Wer wurde zum Schülersprecher gewählt, wer zum Stellvertreter?

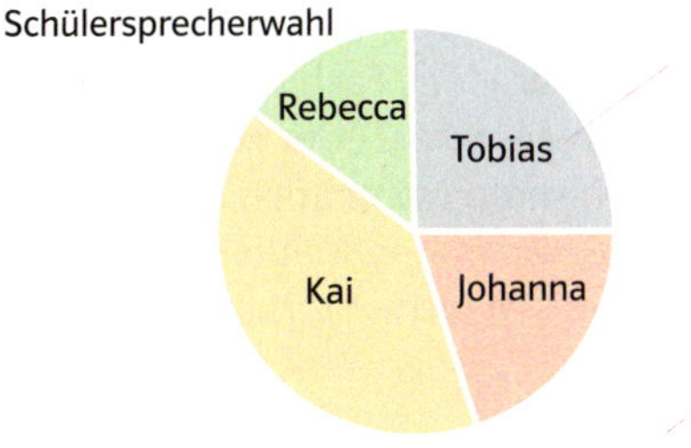

Fig. 2

b) Zeichne ein Säulendiagramm, das die Stimmenunterschiede besonders deutlich hervorhebt.

3 Ist die Darstellung der Currywurstpreise (Fig. 3) angemessen? Begründe und gib Verbesserungsvorschläge an.

4 Tragt Informationsmaterial zum Trinkwasserverbrauch zusammen. Erstellt Diagramme, die verdeutlichen, wozu und in welchen Mengen wir täglich Trinkwasser verbrauchen.

Fig. 3

5 Fragt euren Biologielehrer oder eure Biologielehrerin nach Daten zu Waldschäden.
a) Erstellt Diagramme, die besonders deutlich zeigen, wie krank der Wald bereits ist.
b) Erstellt Diagramme, die den Eindruck erwecken können, dass der Wald nicht so sehr erkrankt ist.

6 Das Bilddiagramm in Fig. 4 zeigt die Anzahl der Banken und die Einwohnerzahl dreier Bundesländer im Jahr 2002.
a) Überlege dir Fragen, die man mithilfe des Bilddiagramms beantworten kann und stelle diese Fragen deinem Partner.
b) Suche in Zeitungen nach Diagrammen, überlege dir Fragen dazu und stelle sie deinem Partner. Stelle der Klasse die Ergebnisse vor.

((Korrektur))

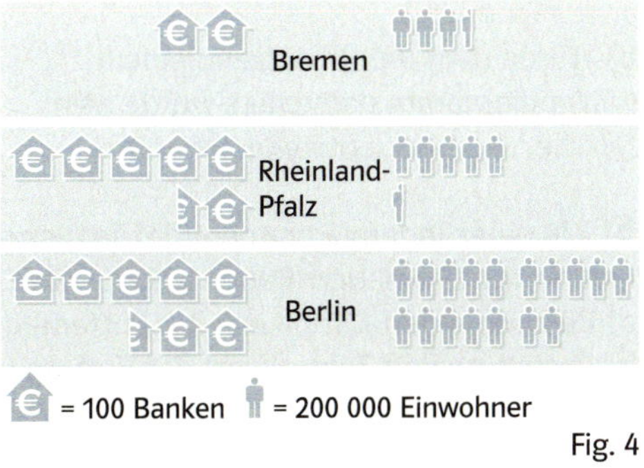

Fig. 4

1 An zwei kalten Wintertagen hat Jakob die Vögel, die an sein Futterhäuschen im Garten geflogen sind, beobachtet und gezählt.

a) Bestimme für jeden der beiden Tage die relativen Häufigkeiten der einzelnen Vogelarten.

b) Stelle für jeden der beiden Tage die relativen Häufigkeiten in einem Diagramm dar.

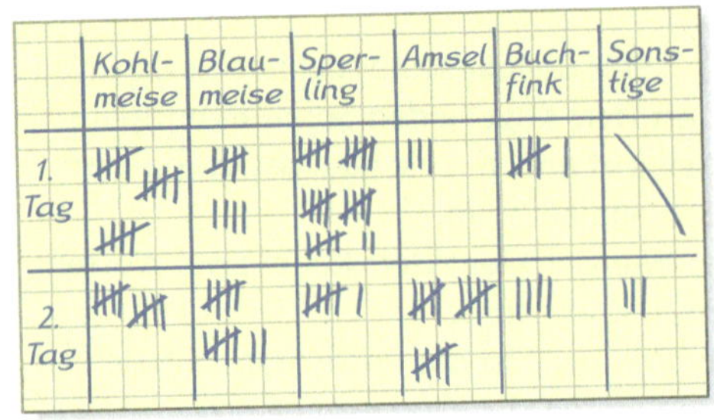

2 Mia hat in den Fächern Mathematik und Latein jeweils fünf Klassenarbeiten geschrieben.

	1. KA	2. KA	3. KA	4. KA	5. KA
Mathe	3	2	3	3	3
Latein	5	2	1	5	1

a) Bestimme für jedes Fach den Zentralwert und den Mittelwert der Noten.

b) Die Zeugnisnote bestimmen die Lehrer u.a. mithilfe des Mittelwertes der Klassenarbeitsnoten. Mia hat in Mathematik und Latein den gleichen Mittelwert der Klassenarbeitsnoten. Dennoch unterscheiden sich die Notenbilder. Beschreibe diesen Unterschied, indem du die einzelnen Noten mit dem jeweiligen Mittelwert vergleichst.

3 Eine Zeitung hat eine Grafik abgedruckt, um den jährlich anfallenden Hausmüll zu verdeutlichen. Insgesamt fallen pro Person laut dieser Zeitung 300 kg Hausmüll im Jahr an.

a) Zeichne zu der Darstellung der Zeitung ein Säulendiagramm.

b) Vergleiche das Säulendiagramm mit der Grafik der Zeitung. Beschreibe deinen Eindruck, den das Säulendiagramm im Vergleich zur Darstellung der Zeitung vermittelt.

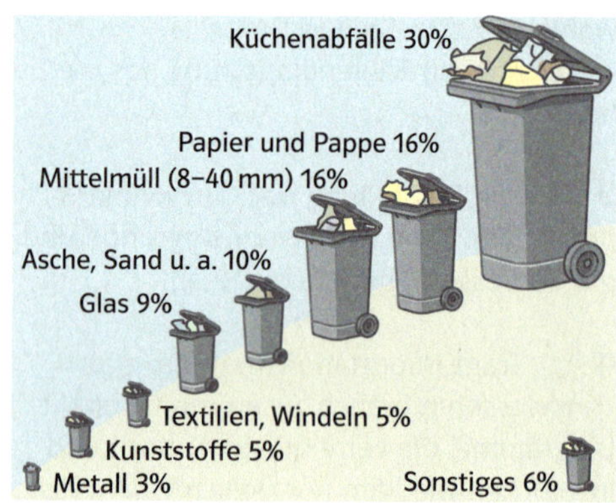

4 Eine Süßwarenfirma hat vor fünf Jahren ein neues Produkt auf den Markt gebracht. Die Umsätze haben sich inzwischen verdoppelt. Die Firma stellt dies mit zwei Dreiecken dar.

a) Warum erwecken die Dreiecke den falschen Eindruck?

b) Würde man die Umsätze in einem Säulendiagramm darstellen, würde kein falscher Eindruck entstehen. Warum?

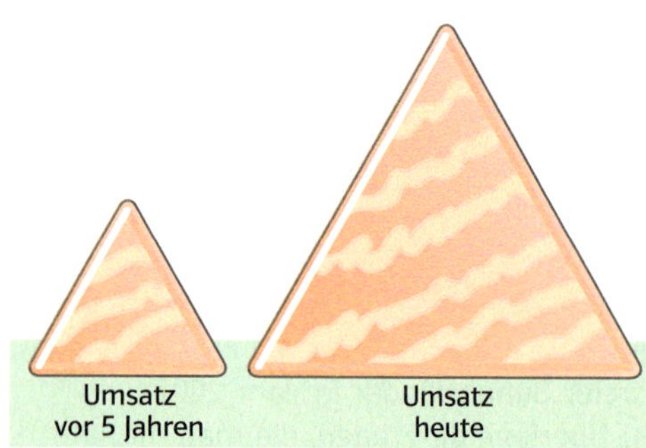

5 Zu einer Tagung kommen fünf Teilnehmer, die unterschiedlich weit fahren mussten: Frau Arndt 25 km, Herr Bauer 38 km, Frau Claus 145 km, Frau Dahl 267 km, Herr Eller 12 km.

a) Bestimme den Mittelwert der Entfernungen.

b) Bestimme den Zentralwert der Entfernungen.

c) Warum weichen der Mittelwert und der Zentralwert so sehr voneinander ab?

6 Entwerft gemeinsam einen Fragebogen für eine Erhebung von euch interessierenden Daten über eure Klasse und wertet ihn aus. Plant zunächst, wie ihr vorgehen wollt und wie ihr die Arbeit gerecht verteilen könnt. Die hier abgebildete Tabelle mit den gesammelten Ergebnissen einer Befragung in der Klasse 6a liefert ein Beispiel. Ihr könnt sie gemeinsam auswerten, wenn ihr keine eigene Befragung durchführen wollt.

a) Legt Strichlisten für Jungen und Mädchen an und zählt darin die in der Tabelle festgehaltenen Antworten auf die drei gestellten Fragen.

b) Erstellt Tabellen mit den absoluten und den relativen Häufigkeiten der von den Jungen und den Mädchen gegebenen Antworten.

c) Veranschaulicht die absoluten und die relativen Häufigkeiten der Antworten der Jungen und der Mädchen zur Frage nach dem Lieblingstier in einem Balkendiagramm.

d) Welches Tier ist in der Klasse am beliebtesten?

e) Gibt es in der Klasse eine ausgesprochene Lieblingsfarbe?

f) Grün ist bei Jungen beliebter als bei Mädchen. Stimmt das?

g) Schwimmen ist bei Mädchen beliebter als bei Jungen. Stimmt das?

h) Gibt es typische Mädchensportarten?

i) Untersucht weitere interessante Fragestellungen.

j) Welche Möglichkeiten gibt es, um zu kontrollieren, ob richtig gezählt wurde?

Vorname	J/M	Lieblingsfarbe	Lieblingstier	Lieblingssport
Karin	M	lila	Hund	Schwimmen
Stefan	J	grün	Hund	Fußball
Mike	J	blau	Katze	Fußball
Aishe	M	gelb	Pferd	Inlineskating
Ines	M	rot	Katze	Schwimmen
Bernd	J	grün	Hund	Tennis
Alex	J	blau	Katze	Basketball
Anja	M	grün	Hund	Volleyball
Patrick	J	blau	Hund	Schwimmen
Ali	J	blau	Fische	Volleyball
Gabi	M	pink	Pferd	Reiten
Natascha	M	gelb	Schlange	Basketball
Sascha	J	orange	Vogel	Basketball
Nora	M	grün	Katze	Schwimmen
Anke	M	rot	Hund	Fußball
Robert	J	blau	Hund	Basketball
Wiebke	M	rot	Katze	Inlineskating
Max	J	rot	Katze	Inlineskating
Sebastian	J	lila	Hund	Schwimmen
Lisa	M	rot	Pferd	Reiten
Kosta	J	blau	Bär	Basketball
Florian	J	grün	Fische	Fußball
Ulrike	M	grün	Pferd	Reiten
Peter	J	blau	Hund	Fußball
Lukas	J	grün	Katze	Tennis
Simon	J	rot	Hund	Fußball
Ahmed	J	blau	Katze	Schwimmen
Stefanie	M	rot	Katze	Inlineskating
Markus	J	rot	Vogel	Tennis
Andreas	J	blau	Pferd	Fußball

7 Im Waldweiher der Angelfreunde Holzkirchen sind zu $\frac{2}{45}$ Hechte, $\frac{2}{9}$ Karpfen, $\frac{2}{15}$ Schleien, $\frac{7}{12}$ Rotaugen und $\frac{1}{60}$ Welse.

a) Veranschauliche die Verteilung der Fischarten im Waldweiher durch ein Kreisdiagramm.

b) Bei einem Angelwettbewerb fing Matthias diese Rotaugen mit einem Durchschnittsgewicht von 140 g. Schätze zuerst die Zahl der Fische und bestimme dann ihr Gesamtgewicht.

Diagramme mit dem Computer erstellen

Diagramme zu einzelnen Datentabellen können mit Tabellenkalkulationsprogrammen erstellt werden.
Diese Programme teilen Schritt für Schritt mit, was zu tun ist. Man sagt auch, dass sie eine Benutzerführung zur Verfügung stellen.
Beispiel: In einer Klasse lässt der Sportlehrer abstimmen, welches Ballspiel am beliebtesten ist. Tobias will das Ergebnis der Abstimmung in seinen Computer eingeben und ein Diagramm erstellen lassen. Wie er hierbei vorgehen kann, wird nun am Beispiel des Programms Excel erläutert.

1. Tabelle eingeben
Nachdem die Tabelle eingegeben ist, wird sie markiert (linke Maustaste).
In der Menüleiste (oben) kann man jetzt das Symbol für Diagramme anklicken.

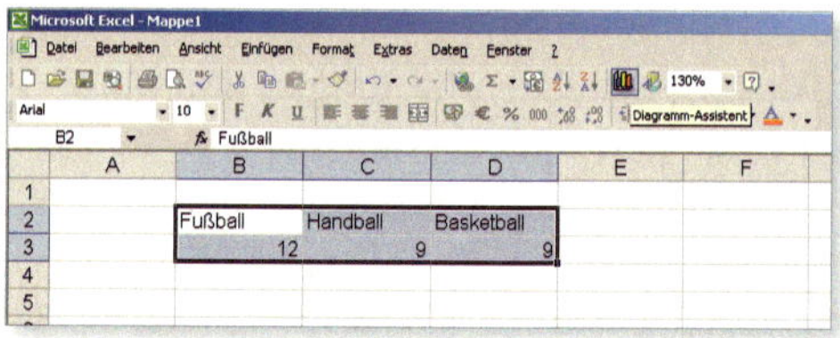

2. Diagrammtyp auswählen
Wenn man das Symbol für Diagramme angeklickt hat, erscheint ein Auswahlfenster mit Diagrammtypen.
In unserem Beispiel wird in der linken Liste ein Kreisdiagramm gewählt.
Anschließend kann man noch eine besondere Darstellung des Kreisdiagramms aussuchen; man muss hierzu ein entsprechendes Bild rechts anklicken.
Zum Schluss klickt man „Weiter" an.

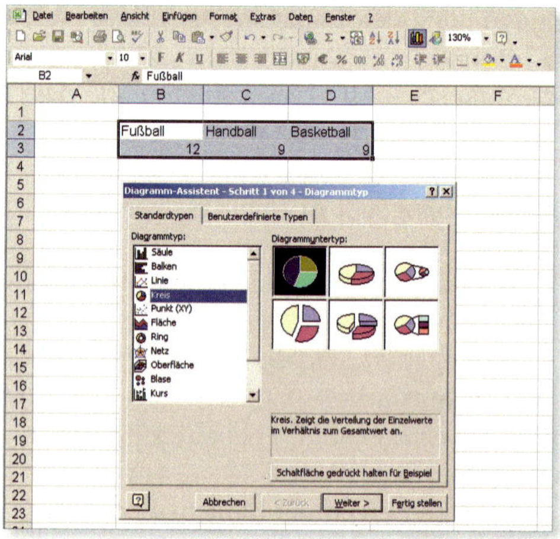

3. Tabelle bestimmen
Wenn der Diagrammtyp ausgewählt und „Weiter" angeklickt wird, dann erscheint das Diagramm in einem neuen Fenster.
Jetzt kann man dem Programm z. B. noch mitteilen, wo die Überschriften zu den Zahlen stehen, in einer Zeile oder in einer Spalte.
Meist erkennt das Programm dies von selbst richtig – so wie auch in unserem Beispiel – und man kann „Weiter" anklicken.

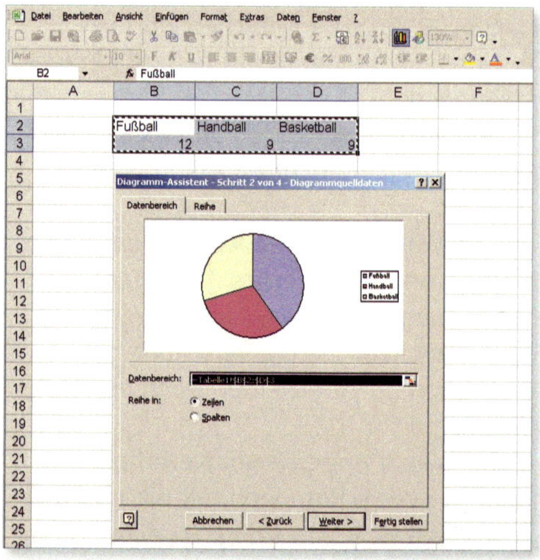

Diagramme mit dem Computer erstellen

4. Überschrift festlegen
Jetzt erscheint ein Fenster mit drei Auswahlmöglichkeiten.
Mit der Auswahl „Titel" kann man dem Diagramm eine Überschrift geben. Diese Überschrift trägt man in das Feld auf der linken Seite ein. Kurz darauf wird sie über dem Diagramm angezeigt.

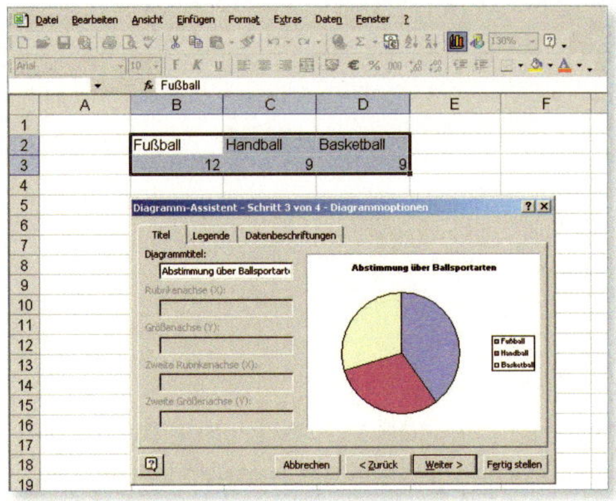

5. Beschriftung auswählen
Mit der Auswahl „Datenbeschriftungen" kann man angeben, welche Informationen in das Diagramm eingefügt werden sollen. In unserem Beispiel wird „Prozent anzeigen" gewählt. Das Programm rechnet die relativen Häufigkeiten aus und gibt sie in Prozent an.
Mit der Auswahl „Legende" kann man angeben, ob man das Kästchen mit den Sportarten und den entsprechenden Farben anzeigen lassen will.
Zum Schluss klickt man „Weiter" an.

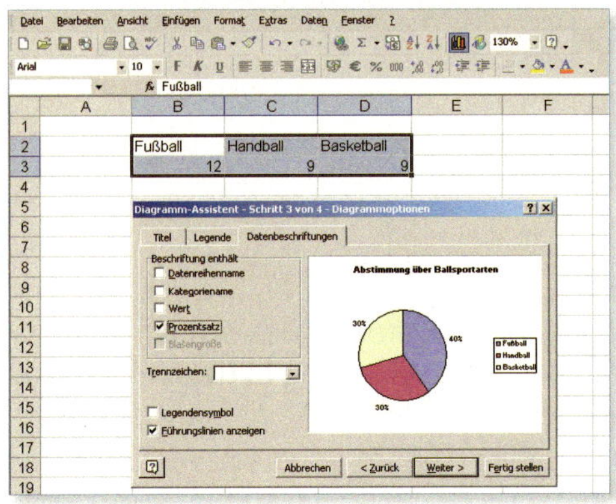

6. Platz für das Diagramm auswählen
Nun sieht man ein Fenster, bei dem man auswählen kann, ob das Diagramm zu der Tabelle gezeichnet werden soll oder ob es auf einer neue Seite („Blatt" genannt) abgebildet werden soll.
In unserem Beispiel wird entschieden, dass das Diagramm in der Nähe der Tabelle gezeigt werden soll.
Zum Schluss muss man „Fertig stellen" anklicken und …

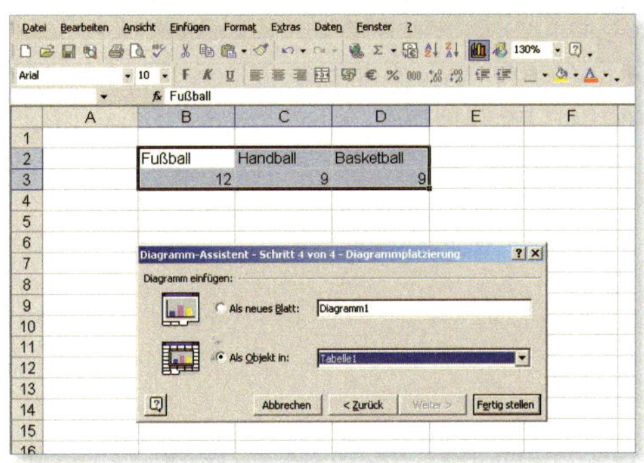

… fertig ist das Diagramm.
Probiere es selbst aus.

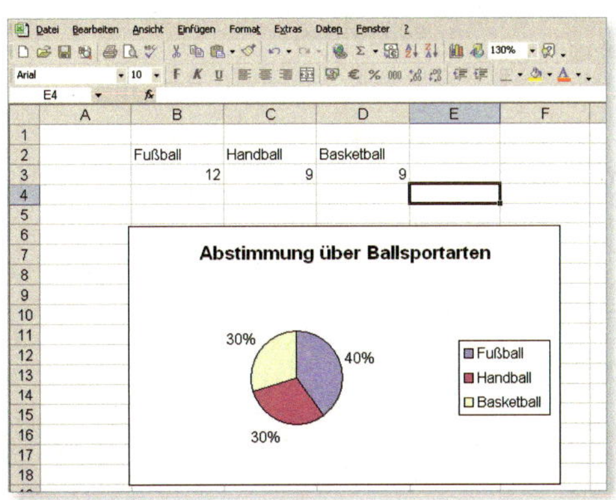

Erstelle verschiedene Arten von Diagrammen und lass dich dabei von dem Tabellenkalkulationsprogramm führen.
Es ist nicht schwer.

Rückblick

Beim Zählen hilft manchmal ein Baumdiagramm.

Wie viele verschiedene Buchstabenpaare kann man mit T, O und R bilden?

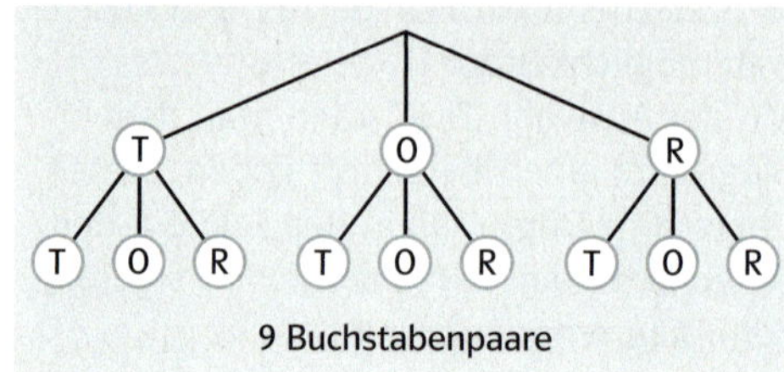

Fig. 1

Beim Vergleichen von Anzahlen, die sich auf unterschiedliche Gesamtanzahlen beziehen, kann man jeweils die relative Häufigkeit verwenden:
relative Häufigkeit = $\frac{\text{absolute Häufigkeit}}{\text{Gesamtanzahl}}$.

Umfrageergebnisse zu „Ich habe (k)ein Haustier" in der Klasse 6a:

Tier	kein Haustier	Hund	Katze	Vogel	Hamster
6a: Anzahl	6	3	6	6	9
rel. Häufigkeit	20 %	10 %	20 %	20 %	30 %

Zum Darstellen von relativen Häufigkeiten eignet sich ein **Kreisdiagramm** besonders gut. Bei ihm spiegeln die Mittelpunktswinkel die relativen Häufigkeiten wider.
Hierzu geht man so vor:
1. Man zeichnet einen Kreis.
2. In den Kreis werden Kreisausschnitte gezeichnet, deren Größe jeweils den relativen Häufigkeiten entsprechen.
3. Die Kreisauschnitte werden beschriftet.

Klasse 6a:

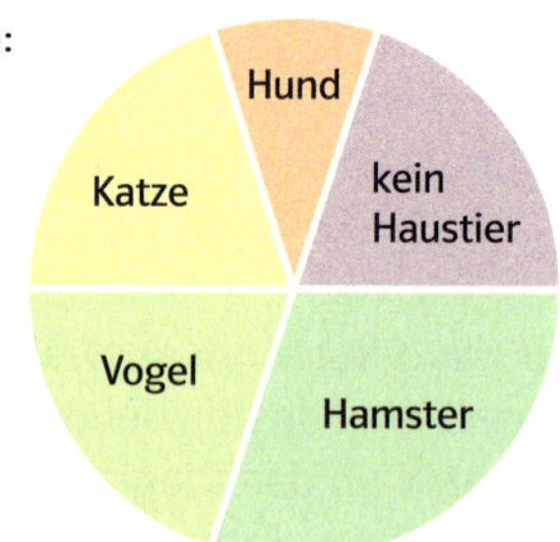

Ist eine bestimmte Anzahl von Werten gegeben, so heißt die Zahl $\frac{\text{Summe aller einzelnen Werte}}{\text{Anzahl aller einzelnen Werte}}$ ihr **Mittelwert**,
der Wert, der bei der Auflistung (der Größe nach) in der Mitte steht, ihr **Zentralwert**.
Liegt eine gerade Anzahl von Werten vor, dann ist der Zentralwert der Mittelwert der beiden Werte in der Mitte.

Anzahlen der Schülerinnen und Schüler in den Klassen 6a, 6b, 6c, 6d und 6e:

6a	6b	6c	6d	6e
26	23	27	24	23

Mittelwert: $\frac{26+23+27+24+23}{5} = 24{,}6$
Der Mittelwert der Anzahl der Schülerinnen und Schüler ist 24,6.

Zentralwert: 23; 23; 24; 26; 27
Der Zentralwert der Anzahl der Schülerinnen und Schüler ist 24.

Training

Runde 1

1 Cara will ihren 4 Freundinnen aus dem Urlaub jeweils eine Karte schreiben. Sie überlegt in welcher Reihenfolge sie die Karten schreiben will. Wie viele Möglichkeiten hat sie?

2 Ruben hat aufgeschrieben, welche Automarken er innerhalb einer halben Stunde von seinem Zimmerfenster aus gesehen hat. Zusätzlich hat er ihre Anzahlen notiert.

Automarke	Audi	Mazda	Volkswagen	Mercedes	Nissan	Volvo
Anzahl	𝍸 |	|||	||||	||	𝍸	|

a) Erstelle für die Strichliste ein Säulendiagramm und ein Kreisdiagramm.
b) Erstelle ein Diagramm, das den Eindruck erweckt, es seien deutlich mehr PKWs aus deutscher Fabrikation gewesen als Autos von ausländischen Firmen (Mazda, Nissan, Volvo).
c) Erstelle ein Diagramm, das den Eindruck erweckt, es seien etwa genauso viele PKWs aus deutscher Fabrikation gewesen wie Autos von ausländischen Firmen.

3 Amelie hat in den Fächern Deutsch und Englisch jeweils fünf Klassenarbeiten geschrieben.

Noten der Klassenarbeiten in Deutsch:

1. KA	2. KA	3. KA	4. KA	5. KA
4	1	2	4	2

Noten der Klassenarbeiten in Englisch:

1. KA	2. KA	3. KA	4. KA	5. KA
3	3	2	2	3

a) Welcher mittlere Wert wäre für Amelie jeweils günstiger, der Zentralwert oder der Mittelwert?
b) Welche Gesamtnote wird sie vermutlich jeweils für die Klassenarbeiten erhalten?

Runde 2

1 Tobias und seine Schwester Anna hatten an einem Nachmittag nur für die Fächer Mathematik, Deutsch, Englisch und Biologie Hausaufgaben zu machen. Sie haben aufgeschrieben, wie lange sie jeweils hierfür gebraucht haben.

So lange brauchte Anna:

Fach	Mathe	Deutsch	Englisch	Bio
Minuten	15	20	12	13

So lange brauchte Tobias:

Fach	Mathe	Deutsch	Englisch	Bio
Minuten	40	30	26	24

a) Erstelle jeweils ein Kreis- und ein Säulendiagramm.
b) Was kann man beim Vergleich der beiden Kreisdiagramme erkennen bzw. nicht erkennen?

2 Im Harz gibt es die Okertalsperre und die Odertalsperre. In einer Broschüre über den Harz werden diese beiden Talsperren beschrieben. Der Grafiker veranschaulicht den Stauraum wie in Fig. 1.
a) Mit welcher Größe wird in der Grafik der Stauraum der jeweiligen Talsperre dargestellt?
b) Warum kann die grafische Darstellung einen falschen Eindruck beim Vergleich des Stauraums erwecken?

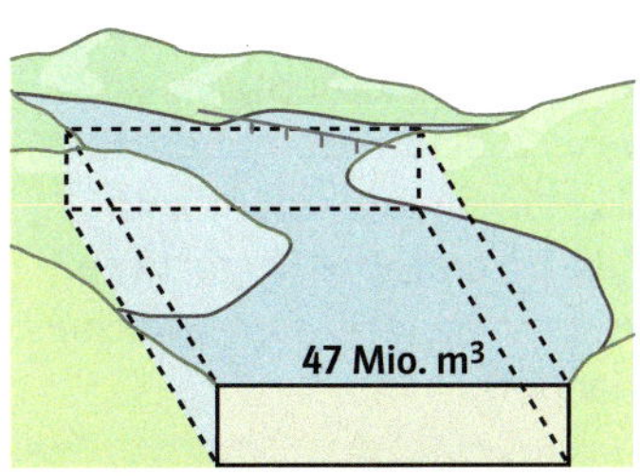

Okertalsperre

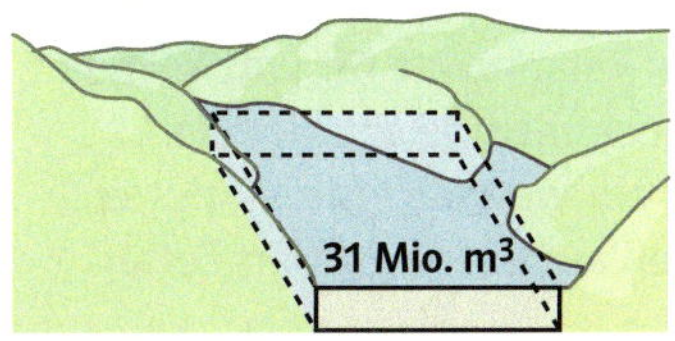

Odertalsperre

Fig. 1

Lösungen auf Seite 197.

Problemlösetipps

Die Mathe-AG trifft sich wie immer am Donnerstag in der Bibliothek. Bisher haben sie in jeder Woche an verschiedenen Aufgaben und Rätseln gearbeitet. Ricarda meint: „Wir waren ganz gut im Lösen der Aufgaben, aber wie haben wir das gemacht? Lasst uns mal darüber nachdenken, was uns helfen kann, die Lösung einer Aufgabe zu finden.“ „Das ist eine prima Idee. Dann können wir unsere Tipps zum Aufgabenlösen auf Postern darstellen und für alle aufhängen“, entgegnet Björn. Lena, Nico, Arthur und Sarah sind auch von der Idee begeistert.Nach einer Weile sind sie fertig und hängen die Poster mit ihren Tipps auf.

Das Huhn Erna ist übrigens das Maskottchen der Mathe-AG.

Nachdem sie die Poster betrachtet haben, sammeln sie die Aufgaben und Rätsel, die sie für heute mitgebracht haben. Arthurs Rätsel klingt besonders interessant. Aber schaut selbst:

1 Der Halbriese Hagrid hält im Zauberwald besondere Tiere. Es handelt sich um Einhörner, Flugochsen und Triceratops (Saurier mit drei Hörnern).
Er verrät Harry: Meine Tiere haben 32 Köpfe und 60 Hörner. Außerdem kommen auf jeden Triceratop 2 Flugochsen. Finde heraus, um wie viele Tiere welcher Art es sich handelt.

Ernas Tipp

Lena hält das Rätsel zwar für witzig, meint aber, es sei auch nicht leicht zu lösen.
Ihr fällt noch ein weiterer guter Tipp ein, den sie schnell auf einen großen Zettel schreibt:

WAS WISSEN WIR?
WAS WOLLEN WIR AUSRECHNEN?

Viele Wege führen zum Ziel

Auf ganz **unterschiedliche Arten probieren** sie Arthurs Rätsel zu lösen. Sarah malt zunächst ein Bild, Nico versucht einen anderen Weg. Ricarda denkt kurz nach und erinnert sich daran, dass sie schon eine **ähnliche Aufgabe** gelöst hatten und schaut in ihr Heft. Tatsächlich:

In einem Gehege befinden sich Fasane und Schafe.
Bauer Butt gibt folgende Auskunft: Die Tiere haben zusammen 26 Köpfe und 62 Beine.
Wie viele Fasane und wie viele Schafe sind es?

Fasane	Schafe	Beine
13	13	78
16	10	72
20	6	64
21	5	62

Ricarda versucht sich zu erinnern und murmelt vor sich hin:
„Wie war das noch …? Zuerst habe ich die Tabelle erstellt und mit einem Beispiel angefangen … zu viele Beine, also weniger Schafe, aber es müssen immer 26 Tiere bleiben … dann hat es fast gestimmt … ein Schaf durch ein Fasan ersetzen bedeutet 2 Beine weniger – fertig."

Hatte ich schon mal eine ähnliche Aufgabe?

Ricarda sagt zu Lena: „Schau, hier habe ich sogar deinen Tipp angewendet. Ich habe notiert was ich wusste, nämlich die Arten der Tiere und ich habe notiert was ich wissen wollte, nämlich die Anzahl ihrer Beine. Dein Tipp ist klasse. Dass ich das so gemacht hatte, war mir gar nicht bewusst gewesen."

Lena erwidert: „Super, aber was du gemacht hast, ist auch gut. Du hast nämlich überlegt, ob du schon mal so ähnlich vorgegangen bist. Außerdem hast du alles in einer Tabelle notiert. Da behält man gut den Überblick. Das könnten wir auch als Problemlösetipps aufschreiben."

HABE ICH BEREITS EINE ÄHNLICHE AUFGABE GELÖST?

TABELLEN SCHAFFEN ÜBERBLICK!

Jetzt fangen alle an, die Aufgabe mit dem Halbriesen Hagrid zu lösen. Das Ausprobieren hat allen gut gefallen, auch wenn Björn zwei Schritte mehr zum Ergebnis gebraucht hat als Nico.

Alles eine Sache des Überblicks

Sarah stellt nun ihre Aufgabe vor. Sie hat bei den Pfadfindern ein Eichhörnchen beobachtet und eine **Tabelle** geschrieben. „Ein Eichhörnchen wäre mal gut für ein Poster, das Huhn ist doch zu langweilig", nörgelt Nico und macht sich dann an die Arbeit.

Was macht das Eichhörnchen in genau einer Stunde?
Was macht das Eichhörnchen in vier Stunden?

ausdauernd sein

Nico stellt fest, dass man ziemlich ausdauernd sein muss, um die Tätigkeiten des Eichhörnchens aufzuschreiben. Aber er findet die Tabelle gut, denn sie ist übersichtlich. Zu Arthur sagt er: „Erst hatte ich gedacht, ich müsste diese Tabelle für vier Stunden fortsetzen. Dann wäre sie sehr lang geworden. Aber mir ist eine Regelmäßigkeit aufgefallen. Immer nach 25 min wiederholt sich die Tätigkeit des Eichhörnchens."
Arthur: „Stimmt. Dann verlässt das Eichhörnchen nach 4 Stunden, also nach 240 Minuten, gerade den Komposthaufen und beginnt wieder zu sammeln."

Tätigkeit	Dauer	Vergangene Zeit
Sammeln	10 Min.	10 Min.
Baum	2 Min.	12 Min.
Sammeln	10 Min.	22 Min.
Kompost	3 Min.	25 Min.
Sammeln	10 Min.	35 Min.
Baum	2 Min.	37 Min.
Sammeln	10 Min.	47 Min.
Kompost	3 Min.	50 Min.
Sammeln	10 Min.	60 Min.

Björn ist mit dem Ergebnis nicht zufrieden. Er meint: „Rechnerisch habt ihr zwar Recht, aber ein Eichhörnchen ist doch keine Maschine. Es macht doch nicht immer dasselbe. Theoretisch verlässt es zwar gerade den Komposthaufen, aber in Wirklichkeit…?"

Solche Aufgaben muss man genau lesen. Denkt an Lenas Tipp: Was wissen wir? Was wollen wir ausrechnen? Aber probier es selbst mit der folgenden Aufgabe.

1 Der Flussdampfer Ariadne fährt das ganze Jahr regelmäßig die Strecke Kala – Silk und zurück mit folgendem Fahrplan:

Kala – Silk (flussabwärts)	Silk (Hafentag)	Silk – Kala (flussaufwärts)	Kala (Hafentag)
3 Tage	1 Tag	4 Tage	1 Tag

Die Ariadne fährt am Dienstag um 18 Uhr in Kala ab.
a) An welchem Wochentag nimmt der Kapitän sein Mittagessen wieder in Kala ein?
b) Wird der Kapitän jemals wieder an einem Dienstag in Kala zu Mittag essen?

Gib an, welcher der Problemlösetipps dir beim Lösen der Aufgabe geholfen hat.

Detektivarbeit

Heute stehen Kriminalgeschichten auf dem Programm der Mathe-AG.
Björn: „Oft sind Kriminalfälle nur schwierig zu lösen, meint ihr nicht auch?"
Nico: „Schon, aber man muss die **Situation genau untersuchen**, dann entdeckt man oft viel mehr Hinweise, als man ursprünglich dachte."
Björn: „Ich habe in einer Zeitschrift diese Geschichte gefunden."

In der Gold-Bank ist eingebrochen worden. Kommissar Ochsenhorn hat die drei Gauner Edi, Jimmi und Timmi, von denen mindestens einer bei dem Einbruch dabei war, hinter Gitter gebracht. Kommissar Ochsenhorn weiß außerdem:
Wenn Edi und Jimmi nicht beide dabei waren, dann war auch Timmi nicht dabei.
Ist Jimmi schuldig, dann war er es nicht alleine, aber Edi ist dann unschuldig.

1 Wer ist an dem Einbruch beteiligt gewesen?

Die Mathe-AG ist sich einig. Dieser Kriminalfall ist nicht so einfach. Aber sie haben ja die Problemlösetipps. Vielleicht können sie einige davon gebrauchen.

Arthur erinnert an den Tipp **Was wissen wir? Was wollen wir herausfinden?** und Sarah erinnert an die **Tabelle**, in der man die Kombinationen übersichtlich aufschreiben kann.

Ricarda schlägt vor, die Aufgabe trotzdem noch einmal **sorgfältig** zu **lesen** und **Wichtiges** zu **notieren**.
Die anderen stimmen ihr zu und schon steht der nächste Problemlösetipp auf einem Plakat.

SORGFÄLTIG LESEN, WICHTIGES NOTIEREN!

„Das ist gar nicht so einfach.", meint Nico, „Dabei steht alles was wir brauchen sicher da."
Sarah schmunzelt, „Also schreiben wir es vielleicht noch mal auf eine andere Art auf..."

Nachdem der Fall gelöst ist, erzählt Lena von einer Flussüberquerung, die fast zu einem Kriminalfall geworden wäre. Dabei geht es um Leben und Tod einer Ziege, eines Wolfs und eines Kohlkopfes! Die anderen lachen, aber wie lautet die Aufgabe?
Lena: „Hört zu!"

2 Am Ufer eines Flusses steht ein Mann mit einem Wolf, einer Ziege und einem Kohlkopf. Er möchte mit allen über den Fluss setzen, hat aber nur ein kleines Boot zur Verfügung, das außer ihm selbst nur noch einen von den dreien tragen kann. Zudem darf der Mann den Wolf und die Ziege nicht allein lassen, da sonst die Ziege aufgefressen wird. Auch die Ziege und den Kohlkopf darf er nicht allein lassen, sonst frisst die Ziege den Kohlkopf. Wer es kann, der möge zeigen, wie der Mann alles unverletzt über den Fluss bringt.

Zuerst markieren sie, wer nicht mit wem fahren darf, aber sie haben keine Lust auf eine Tabelle. Stattdessen stellen sie die Situation nach und probieren Kombinationen aus.
Sicher gibt es auch noch andere Wege. Versuche es selbst.

3 Eine Frau, ein Mann und zwei Kinder wollen über den Fluss. Das Boot trägt aber nur den Mann oder die Frau oder die beiden Kinder. Wie kommen alle über den Fluss?

Mach' dir ein Bild

Das Treffen letzte Woche war sehr lustig, heute stellt Niels eine Aufgabe vor.

Ein Regionalzug startet in Adorf in Richtung Bestadt und legt je Stunde 50 Kilometer zurück. Ein Schnellzug startet eine halbe Stunde später aus Bestadt in Richtung Adorf und schafft pro Stunde 70 Kilometer. Nach welcher Zeit treffen sie sich, wenn die Strecke zwischen Adorf und Bestadt 235 Kilometer lang ist?

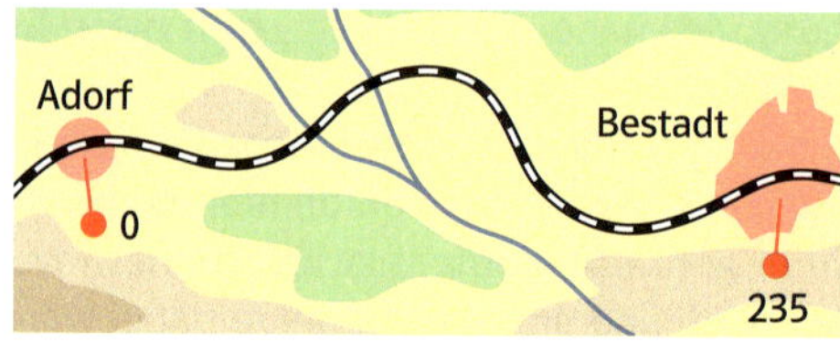

MANCHMAL HILFT EINE ZEICHNUNG

Während die Mitglieder der Mathe-A anfangen, hört man ein Durcheinander gemurmelter Tipps. „Genau lesen!", „Kennen wir eine ähnliche Aufgabe?", „Eine Tabelle anlegen". Plötzlich ruft Arthur: „Ha! Ich hab's! Es ist ganz einfach. Klar, eine Tabelle hilft auch, aber ich habe eine **Zeichnung** gemacht und war ganz fix fertig." Die anderen staunen. Tatsächlich, Arthur hat bereits die Lösung. Aber sieh selbst.

Arthur erklärt: „Ich stelle die Zeit in einem Diagramm dar. Der Regionalzug fährt in 60 Minuten 50 Kilometer, in 120 Minuten 100 km usw. Der Schnellzug befindet sich nach einer halben Stunde noch am Ausgangspunkt (235 km). Nach 90 Minuten befindet er sich bei Streckenkilometer 165, nach 150 Minuten bei Streckenkilometer 95. Schließlich kann ich ablesen, dass die Züge nach etwa 135 Minuten, das sind $2\frac{1}{4}$ Stunden, aneinander vorbeifahren."

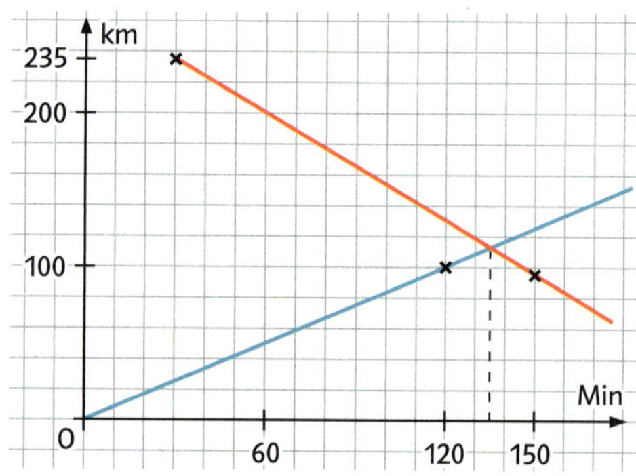

Die anderen betrachten die Arthurs Lösung genau. Björn meint schließlich, dass er die Lösung mit einer **Tabelle** und dem **gezielten Probieren** besser gefunden hätte, kann sich mit Arthur aber nicht einigen. Lena wirft ein: „Es gibt halt kein bestes Hilfsmittel, das hängt immer von der Aufgabe ab und natürlich vom persönlichen Geschmack."
Jetzt seid ihr dran. Probiert beide Methoden mit eurer Nachbarin oder eurem Nachbarn aus. Überlegt, welche euch in diesem Fall besser gefallen hat. Warum?

Mache eine Skizze oder eine Zeichnung.

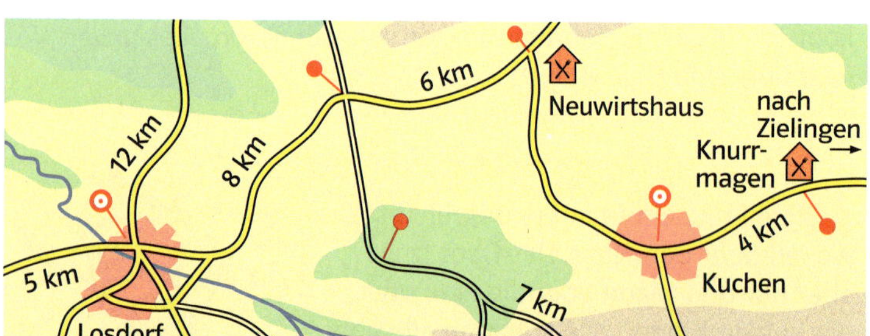

1 Katrin ist um 9 Uhr in Losdorf zu einer Fahrradtour nach Zieglingen aufgebrochen. Sie fährt gleichmäßig schnell und legt in einer Stunde 12 Kilometer zurück. Felizitas hat sie verpasst und möchte sie einholen. Sie startet in Losdorf 20 Minuten nach Katrin und schafft pro Stunde 15 Kilometer. Wann holt Felizitas Katrin ein? Wo können die beiden frühestens gemeinsam zum Essen gehen?

Übersicht über Problemlösetipps

An diesem Donnerstag fasst die Mathe-AG noch einmal zusammen, welche **Problemlösetipps** sie im Laufe der letzten Wochen formuliert hat. Es sind sehr viele Tipps und es gibt sicherlich noch viel mehr.

Ricarda stellt fest: „Eigentlich ist das wie ein Kreislauf. Erst war ein Problem gegeben, das wir zuerst einmal durchschauen mussten. Dann haben wir getüftelt und gerechnet und so versucht das Problem zu lösen. Dabei waren die verschiedenen Problemlösetipps sehr hilfreich." Sarah ergänzt: „Stimmt, aber manchmal haben wir auch geprüft, ob die Lösung überhaupt sinnvoll ist. Erinnere dich an die Aufgabe mit dem Eichhörnchen."

Gemeinsam erstellen sie die folgende **Übersicht**, um sich das Bild des Kreislaufs nochmals klar zu machen:

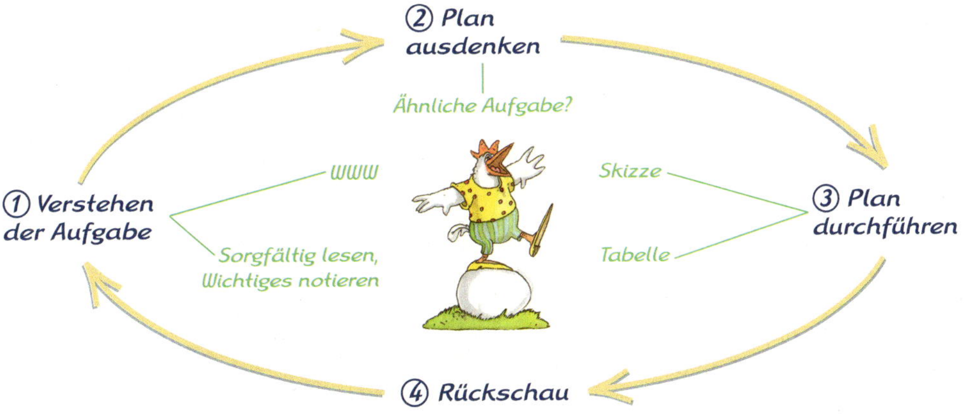

Zusätzlich hängen sie an einer Wand noch einmal alle Problemlösetipps auf.

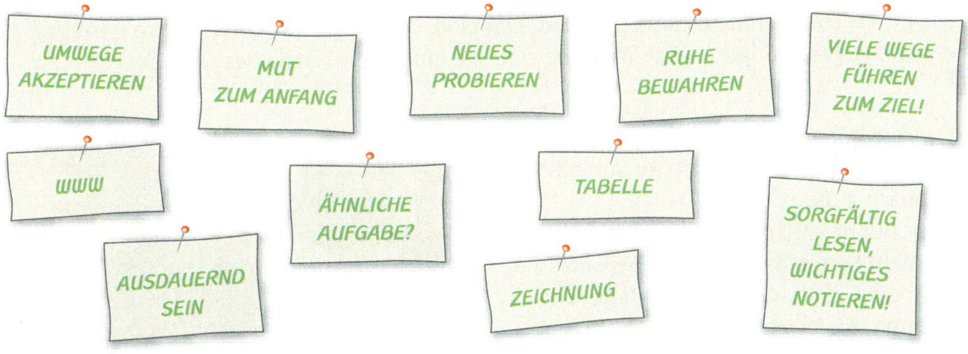

Aber Sarah, Björn, Nico, Lena, Arthur und Ricarda sind sich einig. Nicht jeder Tipp hilft jedem und nicht jeder Tipp ist für jedes Problem geeignet.
Jetzt bist du wieder dran. Wenn du wieder eine Aufgabe lösen sollst, schau auf die Wand mit den Problemlösetipps. Viele helfen dir sicherlich beim Lösen auch schwierigerer Probleme.

Auf den vorigen Seiten hast du sehr viele Problemlösetipps kennen gelernt. Versuche sie nun, beim Bearbeiten der Übungsaufgaben anzuwenden.

Anna, Berta, Celia und Dagmar kommen zu einem Pfadfindertreffen aus den vier Städten Hannover, Hamburg, Stuttgart und München. Celia und die Teilnehmerinnen aus München und Stuttgart sind die einzigen, die schon im letzten Jahr dabei waren. Anna ist die Älteste, dann kommt die Teilnehmerin aus Hannover, dann Berta und als Jüngste die Teilnehmerin aus München. Anna hat eine Brieffreundschaft mit der Teilnehmerin aus Stuttgart.

1 Zu welcher Stadt gehört welches Mädchen?

2 Sebastian hat 80 Münzen vor sich liegen, Tobias hat 38. Sie spielen folgendes Spiel. Sebastian schiebt bei jedem Zug zwei Münzen in die Mitte, Tobias nimmt sich dabei eine dieser Münzen. Sie spielen so lange, bis jeder gleich viele Münzen hat. Wie viele Münzen sind das? Wie viele Züge müssen sie spielen?

Zwei Wanderer gehen auf einem sehr schmalen Bergpfad. Ihnen kommen zwei Wanderer entgegen, aber es gibt keinen Platz, um auszuweichen. Auf der einen Seite des Pfades tut sich eine tiefe Schlucht auf, auf der anderen Seite steigt die Felswand senkrecht an. Nur an einer Stelle ist der Pfad etwas breiter. Dort ist eine kleine Höhle in der Felswand, in die sich gerade noch ein Wanderer so hineindrücken kann, dass andere vorbeigehen können.

3 Können die Wanderer aneinander vorbeigehen oder müssen sie umkehren?

4 Von einem Dreieck ist bekannt, dass zwei seiner Seiten gleich lang sind. Man weiß auch, dass alle Seiten zusammen 42 cm lang sind. Die Länge der kurzen Seite beträgt $\frac{1}{2}$ der Länge einer langen Seite. Wie lang sind die einzelnen Seiten des Dreiecks?

Wie viele Kühe haben Sie denn derzeit in Ihrem Stall?", wird Bauer Huber von einem Nachbarn gefragt.
Bauer Huber antwortet mit einem Rätsel: „Mit dem Futter, das ich noch im Futtersilo habe, kann ich meine Kühe 30 Tage lang ernähren. Wenn ich zehn Kühe weniger hätte, würde das Futter zehn Tage länger ausreichen. Wenn ich 50 Kühe hätte, würde das Futter sechs Tage weniger lang ausreichen."

5 Wie viele Kühe stehen denn nun im Stall von Bauer Huber?

1 Jana hat eine rote, eine blaue und eine weiße Kugel vor sich liegen. In wie vielen verschiedenen Reihenfolgen kann sie diese Kugeln anordnen?

2 Auf den beiden Waagschalen einer Waage liegen verschiedene Gegenstände. In der linken Schale liegen drei Bausteine und fünf Kugeln, in der rechten liegen 13 Kugeln. Dennoch befinden sich beide Waagschalen im Gleichgewicht. Erkläre warum.

3 Bei dem Igelbaum in Fig. 1 wachsen jedes Jahr aus jeder Spitze zwei neue Spitzen.
a) Wie viele Spitzen hat der Igelbaum nach acht Jahren?
b) Wann hat der Igelbaum erstmalig mehr als 3000 Spitzen? Überschlage zunächst.

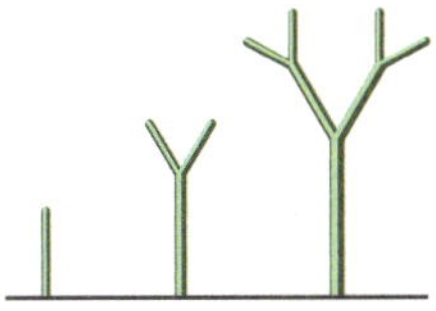

Fig. 1

4 Tanja besitzt noch 16 Murmeln. Sie hat Peter vier Murmeln gegeben und Silke die Hälfte der Anzahl der Murmeln, die sie ursprünglich gehabt hatte. Wie viele Murmeln hatte sie zu Beginn?

5 Auf einem Tisch stehen zwei identische Gefäße. Das eine ist mit 12 l Wasser gefüllt, das andere ist leer. Aus dem ersten Gefäß fließen pro Minute 0,4 l Wasser aus, in das zweite Gefäß fließen pro Minute 0,6 l hinein. Wann enthalten beide Gefäße gleich viel Wasser? Schätze zunächst.

Schachmatt?

Beim Schachspiel kann jede Figur andere Felder bedrohen. Es gilt, dass der Springer je nach seiner Stellung 2; 3; 4; 6 oder 8 Felder bedrohen kann.

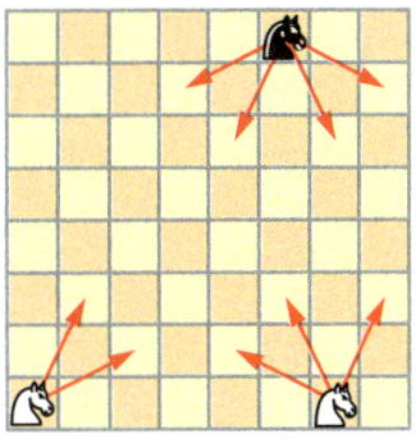

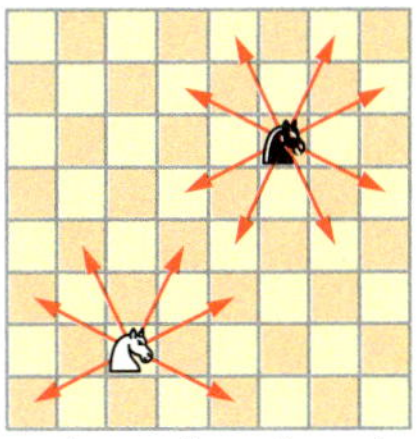

6 Auf dem Schachbrett steht auf einem Feld die angegebene Figur. Sonst ist das Brett leer. Wie viele Felder können durch diese Figur bedroht werden? Die Antwort hängt davon ab, auf welchem Feld die Figur steht.
a) König b) Turm c) Läufer d) Dame

Auf das Schachbrett sollen nur Türme gestellt werden. Jedes Feld des Brettes soll durch mindestens einen Turm bedroht werden. Kein Turm darf einen anderen Turm bedrohen.

7 Wie viele Türme kann man unter diesen Bedingungen auf dem Brett postieren?

Auf das Schachbrett sollen nur Läufer gestellt werden. Jedes Feld des Brettes soll durch mindestens einen Läufer bedroht werden. Kein Läufer darf einen anderen bedrohen.

8 a) Wie viele Läufer muss man unter diesen Bedingungen mindestens postieren?
b) Wie viele Läufer kann man unter diesen Bedingungen höchstens postieren?

Olympische Spiele

Olympia – die Zeitungen sind voll mit Bildern, Berichten, Sensationen, Rekorden, Medaillenspiegeln, Tragödien und Skandalen. Das Fernsehen ist überall dabei: Live-Reportagen, Menschen, Schicksale, Interviews, Zeitlupen, rund um die Uhr.

Geschlagen – Superstar Franziska van Almsick enttäuscht
Sie schwamm in Athen 2004 nicht die erwarteten Zeiten.

Birgit Fischer gewann ihr achtes Gold
Rekorde und Medaillen – Als älteste Kanufahrerin gewann Birgit Fischer mit 42 Jahren in Athen 2004 eine Goldmedaille. Mit 18 gewann sie ihr erstes Gold – als jüngste Kanutin.

Totaler Absturz – Tim Lobinger versagt
Dreimal scheiterte er beim Stabhochsprung an der Höhe von 5,65 m und schied als Achter aus.

Den Sack nicht zugemacht – aber Silber gewonnen
Der Traum vom Gold zerplatzte für die deutsche Handballmannschaft 2004 in Athen im Finale. Sie hatte nicht genügend Tore geworfen. Aber das Team hatte grandios aufgespielt und in der Vorrunde 6:4 Punkte gewonnen.

Warum war gerade Athen so interessant? Was hat es mit der Geschichte um die Spiele auf sich? Die Schüler der Klasse 6b unterhalten sich angeregt. Peter ist im Leichtathletikklub, Daniela spielt Volleyball, Gerd ist leidenschaftlicher Schwimmer ... Jeder ist ein kleiner Spezialist auf seinem Gebiet und verfolgt daher Sportwettkämpfe in seiner Disziplin ganz intensiv. Ein besonderer Höhepunkt sind die olympischen Spiele alle vier Jahre. Plötzlich haben die Schülerinnen und Schüler eine Idee: „Wir organisieren eine Ausstellung zum Thema „Olympia". Jeder vertieft sein Spezialgebiet und stellt es den anderen vor. Da gibt es eine Menge Fragen zu klären, und darin sind sich alle einig: Die Ausstellung soll interessant und pfiffig werden, es muss so richtig „was los" sein. Es soll so lebhaft zugehen wie auf einem Marktplatz, auf dem man alles kaufen, anschauen, sich anhören und miteinander reden kann. Plötzlich kommen ganz viele Ideen zur Gestaltung des Marktplatzes zusammen. „Wir organisieren einen Nachmittag mit dem Thema

Marktplatz „Olympia" – LIVE dabei.

Dazu laden wir unsere Eltern und Freunde ein und bauen viele verschiedene Marktstände auf. Überall wird etwas geboten."

„Gute Idee! Lass uns einen Marktstand machen, an dem man alles über die verschiedenen Läufe, die Spitzenzeiten und die Veränderung der Laufzeiten von 1896 bis heute erfahren kann. Unseren Stand nennen wir dann **Laufen, laufen** *..."*

Zahlen, Diagramme und mehr *„Wir veranschaulichen die vielen Zahlen mithilfe verschiedener Diagramme. In einem Kreisdiagramm ist der Medaillenspiegel der Teilnehmerländer gut zu zeigen. Mit Säulendiagrammen kann man die Durchschnittsgeschwindigkeiten der Schwimmer in ihren Schwimmstilen veranschaulichen."*

Die Zeitleiste *„Wir zeichnen eine riesengroße Zeitleiste auf Packpapier, tragen alle Olympischen Spiele ein und kleben interessante Bilder auf."*

„Die olympischen Ringe müssen wir auf jeden Fall ganz groß aufzeichnen!"

Steckbriefe *„Wir beschreiben interessante Athletinnen und Athleten in Form von Steckbriefen auf Plakaten."*

„Stopp, Stopp! Eure Idee mit den Plakaten ist ja gut. Aber könnten wir noch etwas mehr Action auf den Marktplatz bringen?"

Weiten im Vergleich *„Ja, klar! Die Weiten, die beim Weitsprung erzielt wurden, zeichnen wir auf dem Schulhof auf und tragen unsere eigenen Weiten im Vergleich dazu ein."*

Die Reportage *„Ein Reporter berichtet live von einem spannenden Ruderwettkampf und vergleicht die verschiedenen Zeiten in den Einern, Zweiern, Vierern und Achtern."*

Wettkämpfe live *„Bei uns kann jeder die antiken Wettkämpfe einmal selbst ausprobieren. Der Sieger wird dann wie damals ermittelt und geehrt. Antike Sportgeräte können mit den heutigen Geräten verglichen werden."*

Quiz *„Hier kann jeder sein Wissen testen."*

Das Interview *„Ein Reporter interviewt einen Kugelstoßer und testet ihn, ob er nicht nur stark ist, sondern auch einiges zum Kugelstoßring weiß."*

Sketch *„Bei uns geht es zum Abschluss der Veranstaltung dann ganz lustig zu. Hier wird ein Sketch aufgeführt zum Thema „Wie stellen wir uns Olympia in 50 Jahren vor?" Jeder Besucher kann mitmachen. Das wäre sicher ein super Abschluss!"*

Wie fing alles an? Die Olympischen Spiele der Antike

Der antike Fünfkampf
Er umfasste die Disziplinen Diskuswerfen, Weitsprung, Speerwurf, Laufen und Ringen. Beim Diskuswerfen wurde eine ca. 5,7 kg schwere Scheibe aus Bronze, Eisen, Blei oder Stein mit einem Durchmesser von 34 cm verwendet.
Beim Weitsprung hielt der Athlet Sprunggewichte von 1,4 kg bis 4,6 kg aus Stein, Blei oder Bronze in jeder Hand. Der Sprung selbst soll aus dem Stand heraus erfolgt sein. Es wurden fünf Sprünge hintereinander ausgeführt. Am Schluss zählte die Gesamtdistanz. Der Speer wurde mithilfe einer Lederriemenschlaufe abgeworfen. Die Laufstrecke war wahrscheinlich eine Stadionlänge. Es wird vermutet, dass der Sieger nicht nach einem Punktesystem, sondern nach einem Ausscheidungsverfahren ermittelt wurde.

Im Laufe der Jahre wurden die Disziplinen erweitert und die Spiele von einem Tag auf fünf Tage ausgedehnt.[1] Man unterschied die gymnischen (oder athletischen) und die hippischen Wettkämpfe sowie einen Wettstreit der Trompeter und Herolde.

[1] *In manchen Quellen ist auch von sechs Tagen die Rede.*

2 Welche Disziplinen umfassten diese Wettkämpfe?

3 Wie groß und wie schwer ist die heutige Diskusscheibe?

Von Anfang bis Ende
776 v. Chr. wird als das erste Jahr der Olympischen Spiele bezeichnet. Das Datum konnte man aus Siegerlisten ableiten. Bei den ersten Spielen fand nur ein Lauf, der so genannte Stadionlauf, über die Länge das Stadions (192,27 m) statt. Die Spiele dauerten einen Tag und fanden nach der Sommersonnenwende statt. Der Sieger bekam als Preis einen Kranz aus Olivenzweigen.
Ab der 14. Olympiade im Jahr 724 v. Chr. kam der Doppellauf als neue Disziplin hinzu. Der Läufer musste am Ende des Stadions eine Wendemarke umrunden und zur Startlinie zurückkehren. Ab 720 v. Chr. wird von Langsteckenläufen über 20 oder 24 Stadionlängen, dem so genannten Pendellauf, berichtet. 708 v. Chr. wurde der Fünfkampf eingeführt. 680 v. Chr. fand das erste Wagenrennen mit einem Vierspänner statt. 476 v. Chr. wurden die Olympischen Spiele durch Hinzunahme weiterer Disziplinen zu einem fünftägigen Fest erweitert. Im Laufe der Jahre wurden die Spiele rauer und teilweise sogar gewalttätig.
393 n. Chr. wurden die Olympischen Spiele von Kaiser Theodosius I abgeschafft.

1 Welche Disziplinen zählt man heute zum Fünfkampf?

In verschiedenen Quellen findet man folgende Angaben:
Die Stadionlänge entsprach der Legende nach dem Sechshundertfachen der Fußgröße des Herakles. Die Reitbahn – das Hippodrom – war ca. 4 Stadien lang. Die Zwei- und Vierspänner legten darin zwölf Runden (Längen des Hippodroms) zurück.

4 Stelle zu den verschiedenen Messgrößen Berechnungen an.

5 Fertige eine Zeitleiste an, die von 776 v. Chr. bis heute reicht. Markiere alle Jahre, in denen Olympische Spiele stattgefunden haben.

Modell der Bauten im Heiligtum von Olympia

1 Zeustempel 2 Gästehaus für die Ehrengäste

Ein berühmter Athlet: Milon von Kroton

Milon von Kroton siegte als 17-Jähriger im Jahr 540 v. Chr. zum ersten Mal bei einer Olympiade als Ringer. Er ging aus dem Leistungszentrum von Kroton in Süditalien hervor. Die Überlieferung sagt, dass der berühmte Mathematiker Pythagoras, der selbst Olympiasieger im Ringkampf war, sein Lehrmeister gewesen sei.

Insgesamt errang Milon von Kroton sechs Olympiasiege.

Von ihm wird erzählt, dass er in seiner Jugend täglich ein Kalb getragen habe. Mit zunehmendem Gewicht des Kalbs wuchs auch seine Muskelkraft. Später soll er einen Stier auf den Schultern rund um die Laufbahn eines Stadions von 1,5 km Länge getragen haben. Man sagt ihm nach, dass er täglich 17 Pfund Brot und 17 Pfund Fleisch gegessen und 10 Liter Wein getrunken habe.

1 Versuche noch mehr über die Olympischen Spiele der Antike zu erfahren. Interessante Informationen erhältst du aus dem Internet, wenn du das Suchwort „Antikes Olympia" eingibst.

2 Wer war 776 v. Chr. der erste Olympiasieger?
Warum wurde nur ein Teilnehmer Olympiasieger?
Wie wurde der Sieger ermittelt?

Der Marathonlauf

Wer war der erste Marathonsieger?

Spiridon Louis wurde am 12. Januar 1873 als fünftes Kind der Bauersleute Kalomira und Athanasios Louis in Marusi geboren. Sonntags verkauften Spiridon und sein Vater in Athen Quellwasser aus Marusi. Am 10. April 1896 startete Spiridon beim ersten offiziellen Marathonlauf in Marathon. Er berichtete über seinen Lauf: „Am Wege nach Pikermi stand mein nachmaliger Schwager Kontos an der Straße und streckte mir einen Becher Wein und ein rohes Osterei entgegen. Ich schlürfte das Weinchen im Laufen und fühlte mich hernach so gestärkt, dass ich mich ins Zeug legte …" Spiridon traf als Erster im Stadion ein. Er legte die Marathonstrecke in 2 Stunden, 58 Minuten und 50 Sekunden zurück. Die Griechen feierten ihn als Helden. Im März 1940 starb Louis in Marusi.

Quelle: Das Olympiabuch Athen 1896 – 2004. Delius Klasing Verlag, Bielefeld

Wie ging es weiter? – Olympiasieger im Marathonlauf

1896	Spiridion Louis	GRE	2:58:50 h	1960	Abebe Bikila	ETH	2:15:16 h
1900	Michael Thealo	FRA	2:59:45 h	1964	Abebe Bikila	ETH	2:12:11 h
1904	Thomas Hicks	USA	3:28:53 h	1968	Amamo Wolde	ETH	2:20:26 h
1908	J. Joseph Hayes	USA	2:55:18 h	1972	Frank Shorter	USA	2:12:19 h
1912	Kenneth McArtur	RSA	2:36:54 h	1976	Waldemar Cierpinski	GDR	2:09:55 h
1920	Hannes Kolehmainen	FIN	2:32:35 h	1980	Waldemar Cierpinski	GDR	2:11:03 h
1924	Albin Sleenros	FIN	2:41:22 h	1984	Carlos Lopez	POR	2:09:21 h
1928	Mohamed El Quafi	FRA	2:32:57 h	1988	Gelindo Bordin	ITA	2:10:32 h
1932	Juan Carlos Zabata	ARG	2:31:36 h	1992	Hwang Young-Cho	KOR	2:13:23 h
1936	Kitei Son	JPN	2:29:19 h	1996	Josiah Thungwane	RSA	2:12:36 h
1948	Delfo Cabrera	ARG	2:34:51 h	2000	Gezangne Abera	ETH	2:10:11 h
1952	Emil Zatopek	TCH	2:23:03 h	2004	Stefano Baldini	ITA	2:10:55 h
1956	Alain Mimoun	FRA	2:25:00 h				

1 Vergleiche die Laufzeit von Stefano Baldini mit der Laufzeit von Spiridon Louis und der besten olympischen Laufzeit.

Die Zwischenzeiten von Stefano Baldini, Athen 2004

5 km	10 km	15 km	20 km	25 km	30 km	35 km	40 km
15:58 min	31:56 min	48:18 min	1:03:55 h	1:20:08 h	1:35:50 h	1:50:37 h	2:04:49 h

2 In welchen Jahren wichen die Zeiten um mehr als zehn Minuten von der Laufzeit Baldinis ab?

3 Stelle weitere Vergleiche und Berechnungen an und veranschauliche sie.

Höhenprofil der Laufstrecke Marathon – Athen

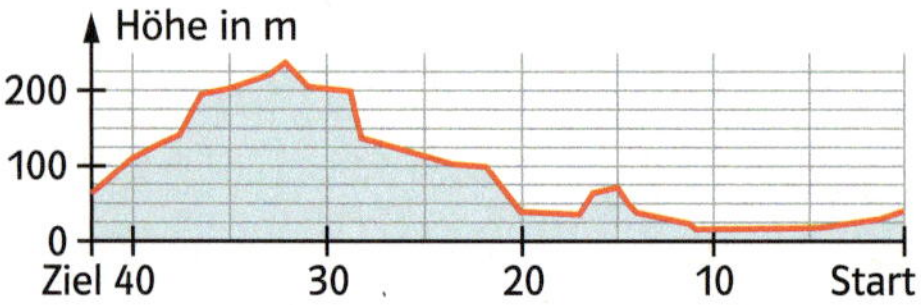

Fig. 1

4 Welche Durchschnittsgeschwindigkeit erzielte Baldini auf den jeweiligen Streckenabschnitten? Vergleiche sie untereinander. Stelle eine Verbindung zum Höhenprofil der Laufstrecke her.

Marathonlauf der Frauen
Erst 88 Jahre nach Spiridon Louis' Marathonsieg fand der erste olympische Marathon der Frauen statt. Man war lange Zeit der Überzeugung, dass ein Marathon zu anstrengend sei für Frauen. Zwar nahmen ab 1972 erstmals Frauen am Boston-Marathon teil, aber erst 1984 durften sie auch bei den Olympischen Spielen in Los Angeles starten.

Olympiazeiten

1984	Joan Benoi	USA	2:24:52 h
1988	Rosa Mota	POR	2:25:40 h
1992	Walentina Jegorowa	EUN	2:32:41 h
1996	Fatuma Roba	ETH	2:26:05 h
2000	Naoka Takahashi	JPN	2:23:14 h
2004	Mizuki Noguchi	JPN	2:26:20 h

Entwicklung der Weltbestzeiten seit 1970

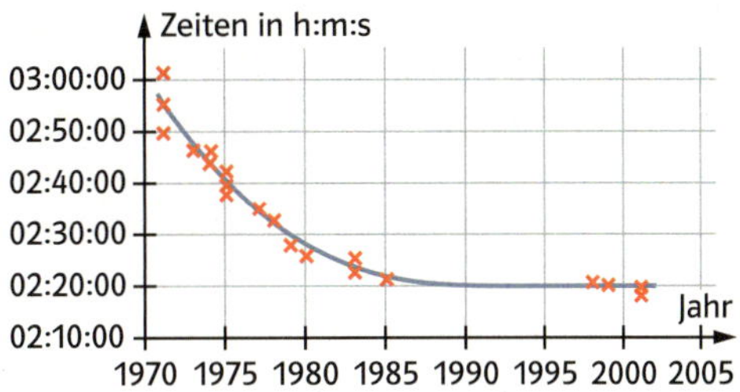

Fig. 1

1 Welche Informationen kann man der Grafik mit den Weltbestzeiten entnehmen?

2 Erstelle eine Grafik für die Olympiazeiten und vergleiche die Weltbestzeiten mit den Olympiazeiten.

Portrait einer Olympiasiegerin: Mizuki Noguchi
Die Vorbereitung auf Olympia 2004 mit dem Ziel der Goldmedaille startete für Mizuki Noguchi bereits kurz nach ihrem Vizeweltmeister-Titel im Marathon 2003 in Paris. Die aus Kyoto stammende Noguchi trainierte im Winter hauptsächlich im südchinesischen Höhenzentrum Konmei in 1600 m Höhe. Jeden Morgen standen vor dem Frühstück ein 10–12-km-Lauf auf dem Programm, nachmittags oft Tempoeinheiten über 10- oder 20-mal 1000 m. Manchmal stand ein 40-km-Lauf an. Der wurde dann vor dem Mittagessen ausgetragen, ohne dass dafür auf den Trainingslauf am frühen Morgen verzichtet wurde.
Für ihren Olympialauf in Athen konstruierte der Chefschuhentwickler einer bedeutenden Sportfirma einen Spezialschuh, der nur sensationelle 118 g wog. Er war wohl nur für eine superleichte Läuferin wie Mizuki Noguchi mit ihren 40 kg Gewicht tragbar.
Ihre Bestzeiten erzielte Mizuki Noguchi im 10 000-m-Lauf im Jahr 2004 in Kobe mit 31:21,03 min, im 21,1-km-Lauf im gleichen Jahr in Myazaki mit 67:47 min, im 30-km-Straßenlauf in Ohme (ebenso 2004) in einer Zeit von 1:39:02 h und im Marathonlauf im Jahr zuvor in Osaka in 2:21:18 h.
Quelle: Laufmagazin Spiridon 10/2004, Seite 20. Spiridon Verlags-GmbH, Düsseldorf

3 Wie viele Kilometer läuft M. Noguchi durchschnittlich im Monat, wenn sie jeden dritten Tag einen 40-km-Lauf macht?

4 Wie viele Trainingsmonate braucht sie, um die Erde auf der Höhe des Äquators einmal zu umrunden?

5 Welche Durchschnittsgeschwindigkei-ten hatte sie bei ihren Läufen mit den Bestzeiten? Veranschauliche sie.

Läufe im Olympiastadion

Wilma Rudolph – die schwarze Gazelle

Wilma Rudolph wurde 1940 als 20. von 22 Kindern einer armen Familie in einem Ghetto in Tennesee (USA) geboren. Sie erkrankte im Alter von vier Jahren an Kinderlähmung, sodass sie ihr linkes Bein nicht mehr bewegen konnte und zwei Jahre im Bett verbringen musste. Mit sechs Jahren konnte sie wieder mit einer Stütze gehen. Mit elf Jahren warf sie die Krücke weg und begann Basketball zu spielen. Bald wurde erkannt, wie schnell Wilma laufen konnte und schon mit 16 Jahren qualifizierte sie sich für die Olympischen Spiele 1956 in Melbourne. Sie gewann die Bronzemedaille in der 4x100-m-Staffel. Als sie 1960 zu den Olympischen Spielen nach Rom kam, hielt sie bereits den Weltrekord über 200 m und war als erste Frau unter 23,0 s gelaufen. Im Finale über 100 m zeigten die Stoppuhren 11,0 s, ein unglaublicher Weltrekord, denn bis dahin war die Bestzeit 11,3 s. Leider konnte der Weltrekord nicht anerkannt werden, da der Rückenwind mit 2,47 Meter pro Sekunde zu stark war. Wilma fragte: „War ich nicht schneller als der Wind?" Außerdem gewann sie in Rom die Goldmedaillen über 200 m und 4x100 m. 1962 zog sich die schnellste Frau der Welt aus der Leichtathletik zurück. Sie bekam vier Kinder und arbeitete als Sportlehrerin. Wilma Rudolph starb 1994 an einem Gehirntumor.

Der 100-m-Lauf

Einige 100-m-Olympiasieger

1896	Thomas Burke	USA	12,0 s
1908	Reggie Walker	RSA	10,8 s
1924	Harold Abrahams	GBR	10,6 s
1936	Jesse Owens	USA	10,3 s
1948	Harrison Dillard	USA	10,3 s
1960	Armin Hary	GER	10,0 s
1972	Waleri Borsow	RUS	10,14 s
1984	Carl Lewis	USA	9,99 s
1996	Donavan Bailey	CAN	9,84 s
2004	Justin Gatlin	USA	9,85 s

Armin Hary

Der 100-m-Lauf ist die Königsdisziplin der Olympischen Spiele, denn der Goldmedaillengewinner gilt als der schnellste Mann der Welt.

1 Stelle in Diagrammen (z. B. Säulendiagrammen) dar, wie sich die 100-m-Zeiten und die Durchschnittsgeschwindigkeiten im Lauf der Jahrzehnte verbessert haben.

2 Wie viele km pro Stunde laufen die schnellsten Menschen über 100 m? Vergleiche mit verschiedenen Tieren. In der Tabelle sind die Laufzeiten der Tiere über 100 m angegeben.

Eisbär	Hausmaus	Katze	Gepard	Elefant
5,56 s	$\frac{1}{2}$ min	7,5 s	3,0 s	9,23 s

3 Welchen Bruchteil der Zeit benötigte der Olympiasieger mit der besten Zeit im Vergleich zu dem mit der längsten Zeit? Wie viele s wäre sein Vorsprung?

Kelly Holmes

Die Läufe im Vergleich

Olympiasiegerinnen von Athen 2004

100 m	Julia Nesterenko	BLR	10,93 s
200 m	Veronica Campbell	JAM	22,05 s
400 m	Tonique Williams-Darling	BAH	49,41 s
800 m	Kelly Holmes	GBR	1:56,38 s
1500 m	Kelly Holmes	GBR	3:57,90 s
5000 m	Meseret Defar	ETH	14:45,65 s
10 000 m	Huina Xing	CHN	30:24,36 s

1 Wie schnell wäre Julia Nesterenko auf der Marathonstrecke (42,195 km), wenn sie ihr Tempo halten könnte? Wie schnell wäre Huina Xing?

2 Stelle in Diagrammen dar, wie sich die Siegerzeiten und die Durchschnittsgeschwindigkeiten je nach Streckenlänge verändern.

Das Olympiastadion

Olympiastadion Berlin

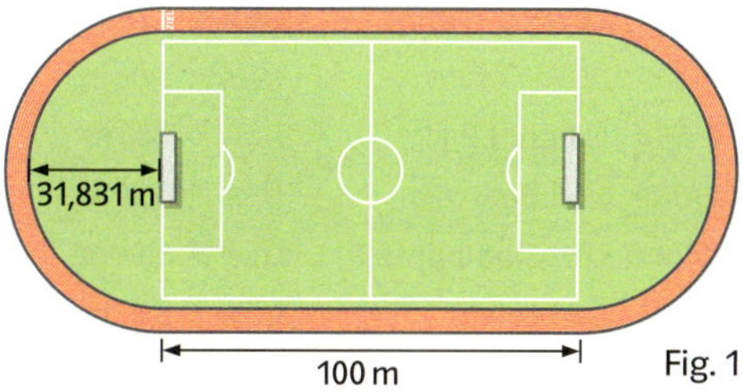

Fig. 1

Die Laufbahn im Olympiastadion besteht aus der Zielgeraden und der Gegengeraden, beide sind 100 m lang. Sie werden durch die Kurvenbahnen verbunden, die die Form von Halbkreisen haben. Alle acht Bahnen sind je 1 m breit.

3 Wie viele Runden muss man für die einzelnen Laufstrecken zurücklegen? Wo auf der Bahn ist jeweils der Start zu dieser Laufstrecke?

4 Der Radius der Innenseite von Bahn 1 ist 31,831 m. Rechne nach, dass die Innenseite dieser Bahn 400 m lang ist.

5 Welches sind für den 400-m-Lauf wohl die „besten Bahnen“ und warum?

6 Wie lang ist die Innenseite der Bahnen 2 bis 8? Wie groß ist beim 400-m-Lauf der Vorsprung, den die Läufer der Bahnen 2 bis 8 gegenüber dem Läufer der Bahn 1 jeweils erhalten, die so genannte Kurvenvorgabe? Warum erhält man beim 800-m-Lauf nur die halbe Kurvenvorgabe wie beim 400-m-Lauf? Wie groß sind die Kurvenvorgaben für den 200-m-Lauf?

7 Zeichne ein Stadion im Maßstab 1:500 mit den ungefähren Positionen der Startblocks beim 400-m-Lauf.

Höhen und Weiten

Ulrike Meyfarth – Höhen und Tiefen

Als Ulrike Meyfarth mit dreizehn Jahren mit dem Hochsprung begann, war gerade das Zeitalter des Fosbury-Flop angebrochen, eines neuen Sprungstils, bei dem die Latte rückwärts überquert wird. Mit diesem Sprungstil kam die damals bereits 1,86 m große Ulrike blendend zurecht. Dass sie mit sechzehn schon zu den Olympischen Spielen 1972 in München fahren durfte, war auch Glück: Teure Tickets fielen nicht an, man wollte der jungen Athletin die Chance geben, Erfahrung zu sammeln. Die Situation im Olympiastadion am 4.9.1972 war unglaublich. Mühelos hielt Ulrike mit den anderen mit. Mit einer Bestleistung von 1,85 m war sie angereist, als sie über 1,88 m flog, war ihr schon eine Medaille sicher. Als Einzige übersprang sie 1,90 m und hatte somit die Goldmedaille. Anschließend sprang sie im Höhenrausch noch die Weltrekordhöhe von 1,92 m. Bis heute ist sie die jüngste Olympiasiegerin in einem Leichtathletik-Einzelwettbewerb.
Am Tag nach ihrem euphorischen Olympiasieg wurde auf die israelische Olympiamannschaft ein Anschlag verübt, 17 Menschen starben. Weltweite Trauer überschattete den Rest der Spiele.
Bei den Olympischen Spielen 1976 sprang Ulrike dann nur 1,80 m. Erst 1981 fand sie wieder zurück. Sie sprang als eine der ersten Frauen über 2 m hoch und sprang Weltrekordhöhe. Bei den Olympischen Spielen 1984 in Los Angeles wurde sie mit 2,02 m zum zweiten Mal Olympiasiegerin. Mit ihren 28 Jahren war sie damals die älteste Athletin, die Hochsprunggold gewann.

Der Weitsprung

Einige Olympiasieger im Weitsprung

1896	Ellery Clark	USA	6,35 m
1908	Francis Irons	USA	7,48 m
1920	William Peterson	SWE	7,15 m
1928	Edward Hamm	USA	7,73 m
1936	Jesse Owens	USA	8,06 m
1956	Gregory Bell	USA	7,83 m
1968	Bob Beamon	USA	8,90 m
1980	Lutz Dombrowski	GDR	8,54 m
1992	Carl Lewis	USA	8,67 m
2004	Dwight Philips	USA	8,59 m

1 Stelle mithilfe eines Kreisdiagramms die Verteilung der in der obigen Tabelle aufgeführten Goldmedaillengewinner auf die Länder dar. Oder recherchiere alle Weitsprung-Olympiasieger und ihre Herkunftsländer und fertige ein Kreisdiagramm für die Verteilung auf die Länder an.

2 Stelle mithilfe von Diagrammen dar, wie sich die Weiten im Lauf der Zeit verändert haben.

3 Veranschauliche die unterschiedlichen Weiten der Olympiasieger durch eine maßstabsgetreue Zeichnung der Weiten. Markiere auch deine Bestweiten.

4 Warum nannte man Bob Beamons Siegessprung 1968 einen „Sprung ins nächste Jahrtausend"?

1 Vergleiche die weitesten Sprünge von Menschen mit denen von Tieren. Wie weit sind die weitesten Sprünge jeweils im Verhältnis zur Körperlänge des Tieres?

Schneeleopard	Floh	Känguru	Springmaus	Springfrosch
15 m	60 cm	12,5 m	2,5 m	2 m

2 Den Dreisprung-Weltrekord hält Jonathan Edwards mit 18,29 m. Kann man für Sprünge einen Je-mehr-desto-mehr-Dreisatz anwenden? Wie weit sind die drei Sprünge im Durchschnitt?

Das Kugelstoßen

Am 18.8.2004 wurde zum ersten Mal nach zweitausend Jahren im antiken Olympiagelände wieder ein olympischer Wettbewerb ausgetragen, das Kugelstoßen der Frauen. Die Tabelle zeigt das Ergebnis der sechs Versuche der besten fünf Sportlerinnen (in m):

Ostaptschuk	BLR	18,25	x	19,01	x	x	x
Kleinert	GER	18,77	19,55	19,17	18,55	x	x
Kriweljowa	RUS	18,55	19,49	19,29	19,15	19,20	18,44
Cumba	CUB	x	18,39	18,74	x	x	19,59
Choroneko	BLR	18,82	18,09	18,87	18,59	18,59	18,96

Nadine Kleinert

3 Wie ist die Siegerreihenfolge der fünf Sportlerinnen?

4 Wer hat den besten Mittelwert aller gültigen Versuche? Wer hat den besten Mittelwert aller Versuche?

5 Der Abstoßkreis (Kugelstoßring) hat einen Durchmesser von 7 Fuß (1 Fuß = 30,48 cm). Sein Mittelpunkt ist Scheitelpunkt des Wurfsektors, der einen Winkel von 35° hat. Zeichne maßstäblich eine Kugelstoßanlage (s. Fig. 1) und markiere die Auftreffpunkte für Weltrekorde, Olympiasiege und für deine Kugelstoßweiten. Du kannst eine solche Anlage auch in Originalgröße auf den Schulhof zeichnen.

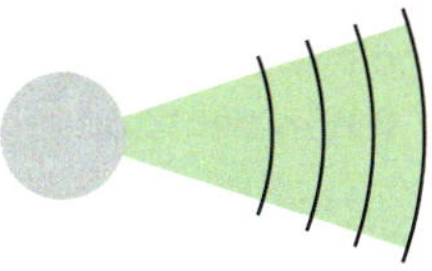

Fig. 1

6 Ein Kugelstoßer stößt aus einer Höhe von 2 m ab. Die Tabelle enthält für verschiedene Abstoßwinkel die Koordinaten des höchsten Punkts H der Flugbahn (in m).
Markiere in einem Koordinatensystem den Startpunkt S(0|2) und zeichne die Abstoßhöhe (in Fig. 2 ist es die blaue Gerade) ein. Zeichne für jeden Winkel am Scheitelpunkt S den Abstoßwinkel ein und markiere den zugehörigen höchsten Punkt H der Flugbahn. Skizziere schließlich den ungefähren Verlauf der Flugkurve. In Fig. 2 ist die Flugkurve für 30° gezeichnet.

7 Wie groß ist die maximale Weite? Welcher Abstoßwinkel ist am besten?

Winkel	20°	30°	40°	50°	60°	80°
x-Koordinate	6,3	8,5	9,7	9,7	8,5	3,4
y-Koordinate	3,2	4,5	6,1	7,8	9,4	11,5

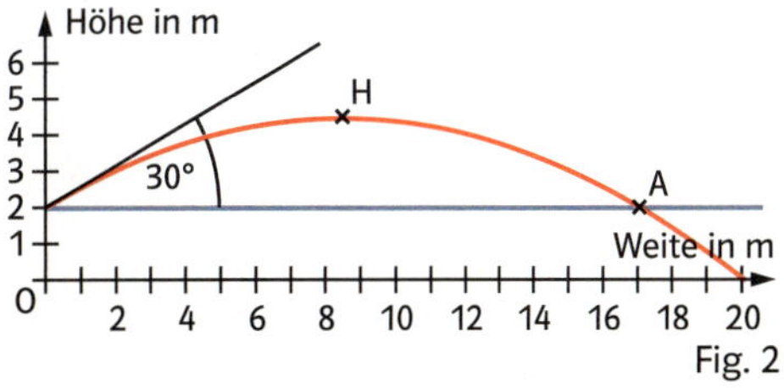

Fig. 2

Ballsportarten bei Olympia

Magic Johnson and the Dream Team

Born: Aug. 14, 1959 in East Lansing, Michigan

Basketball player Earvin Johnson earned the nickname „Magic“ when he was only 15 years old. The tallest point guard in NBA history (6-foot-9, 225-pound), Johnson was elected the most valuable player of the year three times and, with the Lakers, won five championships. His all-around play inspired the term „triple-double“ to refer to a game in which he scored at least 10 points, captured at least 10 rebounds and made at least 10 assists. From the moment he stepped onto the court, people pondered: How could a man so big do so many things with the ball and with his body? It was Magic. 1991 Magic Johnson announced that he had tested positive for HIV. For the 1992 Barcelona Games the United States chose a squad of all-stars that deservedly came to be known as the Dream Team. Magic was honoured with the position of a co-captain. The Dream Team was so much better than their opponents that their average margin of victory was $43\frac{3}{4}$ points. They also averaged an Olympic record $117\frac{1}{4}$ points per game. After the Olympic games Magic was retiring from Basketball.

1 Eine Vorrundengruppe hat vier Mannschaften. Wie viele Gruppenspiele gibt es in dieser Gruppe, wenn jede Mannschaft gegen jede spielt? Wie ist es bei einer Gruppe mit fünf oder sechs Mannschaften? Eine Zeichnung wie in Fig. 1 und Fig. 2 kann helfen. Lege eine Tabelle an und versuche einen Term für die Anzahl der Spiele bei x Mannschaften in der Gruppe zu finden.

Die Anzahl der Spiele

Bei Olympischen Spielen gibt es in den Ballsportarten zunächst eine Vorrunde mit Gruppenspielen, danach schließt sich Viertelfinale, Halbfinale und Finale an.

Die Gruppenspiele bei vier Mannschaften

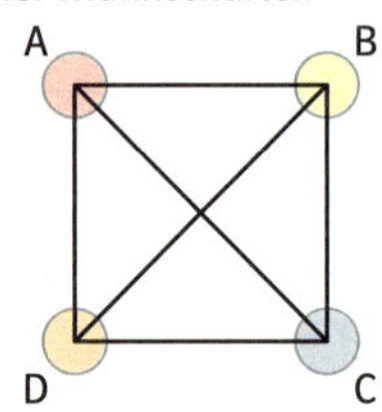

Fig. 1

fünf Mannschaften

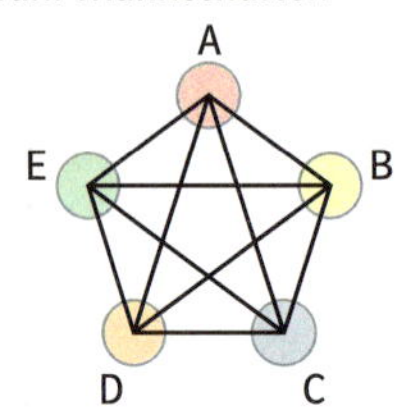

Fig. 2

Beim olympischen Hockeyturnier der Frauen 2004 gab es zwei Gruppen mit je fünf Mannschaften. In den Gruppen spielte jeder gegen jeden. Danach gab es Viertelfinale, Halbfinale, Finale und Spiel um Platz drei. Die Verlierer im Viertelfinale trugen ein Spiel um Platz fünf und ein Spiel um Platz sieben aus.

2 Wie viele Frauenhockeyspiele gab es insgesamt? Wer wurde Olympiasieger?

3 Wie viele Spiele gab es bei den Männern mit zwei Sechsergruppen (ansonsten gleiches Verfahren)?

Beim Tischtennis wurden die Medaillengewinner unter den 32 Teilnehmern, die sich nach der Vorrunde für die Hauptrunde qualifiziert hatten, im K.o.-System ermittelt. Außerdem gab es ein Spiel um Platz drei.

2 Wie viele Spiele gab es nach der Vorrunde?

1 Wie viele Spiele gäbe es bei einem solchen Turnier bei 64 Teilnehmern? Welche Teilnehmerzahlen sind günstig für ein Turnier, das im K.o.-System ausgetragen werden soll?

Basketball

3 Fertige eine maßstabsgetreue Zeichnung z. B. im Maßstab 1:100 von einem Basketballfeld an.

4 Welchen Flächeninhalt hat der Dreipunktebereich, welchen Flächeninhalt haben die Freiwurfräume?

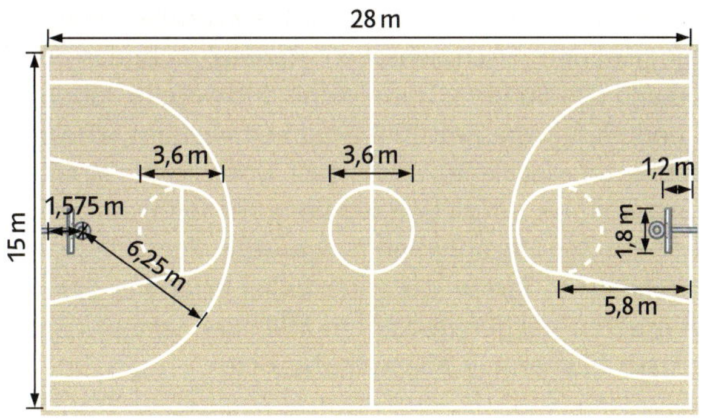

Fig. 1

5 Michael Jordan hatte bei den Olympischen Spielen 1992 in Barcelona 19 Freiwurfversuche, 13 davon traf er. Wie hoch war seine Freiwurfquote (in Prozent)?

6 John Stockton war mit $6\frac{1}{6}$ Fuß der kleinste Spieler im amerikanischen Dream Team 1992; Charles Barkley und Michael Jordan waren $\frac{1}{4}$ Fuß größer, Scottie Pippen $\frac{1}{2}$ Fuß, Larry Bird, Magic Johnson und Karl Malone $\frac{2}{3}$ Fuß, Christian Laettner $\frac{3}{4}$ Fuß, Patrick Ewing $\frac{5}{6}$ Fuß und David Robinson $\frac{11}{12}$ Fuß. Wie groß waren die Spieler in Fuß und Zoll, wie groß in Meter (12 Zoll sind ein Fuß, 1 Zoll = 2,54 cm)?

7 Die Tabelle zeigt die Ergebnisse der acht Spiele des Dream Team bei Olympia 1992. Stimmen die Behauptungen, die in dem Bericht über Magic Johnson auf der vorigen Seite über die Olympia-Ergebnisse der USA erwähnt wurden?

USA	116	Angola	48
USA	103	Kroatien	70
USA	111	Deutschland	68
USA	127	Brasilien	83
USA	122	Spanien	81
USA	115	Puerto Rico	77
USA	127	Litauen	76
USA	117	Kroatien	85

8 In welchen Spielen konnte der Gegner mehr als $\frac{2}{3}$ der Punkte der USA erzielen?

Wasser

Johnny Weissmüller – der olympische Tarzan

Johnny Weissmüller kam 1904 in Freidorf zur Welt, das damals zu Österreich-Ungarn gehörte. Kurz darauf wanderten seine Eltern nach Amerika aus, sein Vater war ein armer Bergarbeiter. Er starb, als Johnny 10 Jahre alt war. Johnny musste mit 12 die Schule verlassen und in Chicago als Page arbeiten. Mit 16 wurde er von einem strengen Schwimmtrainer entdeckt, der ihn im Training wie einen Sklaven behandelte und quälte. Mit 18 schwamm er als erster Mensch über 100 m unter 1 Minute. In den Folgejahren stellte er 67 Weltrekorde auf, die zum Teil sehr lange hielten. Bei den Olympischen Spielen 1924 in Paris besiegte er über 100 m Freistil den Olympiasieger von 1912 und 1920 Duke Kahanamoku aus Hawaii, den man den „Fischmenschen" nannte, da er das Freistilschwimmen und das Surfen entscheidend entwickelte. Johnny gewann 1924 und 1928 insgesamt fünf Goldmedaillen im Schwimmen und eine Bronzemedaille im Wasserball. Unbesiegt trat Johnny 1929 vom Schwimmen zurück und wurde unter 150 Bewerbern für die Hauptrolle in den Tarzanfilmen ausgewählt. Für viele ist er bis heute der beliebteste Tarzan. Als guter Jodler erfand er den Tarzanruf. Den größten Teil der verdienten Millionen verlor er später wieder. Er starb 1984 arm in Acapulco, Mexico.

Schwimmen 100 m Freistil

1 Stelle mithilfe von Diagrammen dar, wie sich die Zeiten und die Durchschnittsgeschwindigkeiten im Lauf der Jahrzehnte verbessert haben.

2 Wie groß wäre der Vorsprung von Peter van den Hoogenband vor Alfred Hajos im Ziel? Welche Schwimmer haben weniger als $\frac{2}{3}$ der Zeit von Alfred Hajos gebraucht?

Einige 100-m-Freistil-Olympiasieger

1896	Alfred Hajos	HUN	1:22,2
1912	Duke Kahanamoku	USA	1:03,4
1928	Johnny Weissmüller	USA	58,6
1936	Ferenc Csik	HUN	57,6
1948	Walter Ris	USA	57,3
1956	Jon Henricks	AUS	55,4
1964	Don Schollander	USA	53,4
1972	Mark Spitz	USA	51,22
1980	Jörg Woithe	GDR	50,40
1988	Matt Biondi	USA	48,63
1996	Alexander Popov	RUS	48,74
2004	Peter v. d. Hoogenband	NED	48,17

Fächerfisch	Eisbär	Magellanpinguin	Orca	Seepferdchen	Grauwal
3,40 s	36,00 s	10,00 s	6,55 s	225,00 s	48,00 s

3 Wie viele km pro Stunde schwimmen die schnellsten Menschen über 100 m? Vergleiche mit den Schwimmgeschwindigkeiten von verschiedenen Tieren. In der Tabelle sind die Schwimmzeiten über 100 m angegeben. Welche Tiere können schneller schwimmen, als du laufen kannst?

Die unterschiedlichen Freistilschwimmstrecken
Olympiasiegerinnen von Athen 2004

50 m	Inge de Bruijn	NED	24,58 s
100 m	Judie Henry	AUS	53,84 s
200 m	Camelia Potec	ROM	1:58,03 min
400 m	Laure Manaudou	FRA	4:05,34 min
800 m	Ai Shibata	JPN	8:24,54 min

Inge de Bruijn

1 Wie schnell wäre Inge de Bruijn auf der 800-m-Strecke, wenn sie ihr Tempo halten könnte? Wie schnell wäre Judie Henry?

2 Wann schwammen die Männer über 100 m Freistil so schnell, wie die Frauen 2004 schwammen? Wie verhält sich das beim 100-m-Lauf oder anderen Strecken?

3 Stelle in Diagrammen dar, wie sich die Siegerzeiten und die Durchschnittsgeschwindigkeiten je nach Schwimmstrecke verändern.

Die unterschiedlichen Schwimmstile
Die Schwimmstile im Vergleich bei den Spielen in Athen 2004

200 m Brust	K. Kitajima	JPN	2:09,44
200 m Freistil	I. Thorpe	AUS	1:44,71
200 m Lagen	M. Phelps	USA	1:57,14
200 m Rücken	A. Peirsol	USA	1:54,95
200 m Schmetterling	M. Phelps	USA	1:54,04

4 Welches ist der schnellste Schwimmstil, welches der langsamste? Zeichne ein Diagramm für die Zeiten, bei dem die Unterschiede deutlich werden.

5 Die Lagenstrecke besteht aus vier Bahnen, die in je einem der vier Schwimmstile geschwommen werden. Ist die Lagenzeit auch eine Durchschnittszeit der anderen Zeiten? Begründe.

6 Kannst du die Schwimmstile vormachen?

Das Rudern
Die Olympiasiegerinnen im Rudern 2004 in Athen

Einer	Rutschow-Stomporowski	GER	7:18,12
Zweier	Evers-Swindell	NZL	7:01,79
Vierer	Boron ...	GER	6:29,29
Achter	Florea ...	ROM	6:17,70

7 Wie verhalten sich die Zeiten bei zunehmender Zahl der Ruderinnen? Kann man hier einen Je-mehr-desto-weniger-Dreisatz anwenden? Zeichne ein Diagramm, in dem man die Unterschiede erkennen kann. Wie schnell könnte ein Sechzehner sein?

8 Vergleiche die Durchschnittsgeschwindigkeiten für die einzelnen Ruderklassen und zeichne ein Diagramm. Die Streckenlänge ist jeweils 2000 m. Vergleiche diese Geschwindigkeiten mit deiner Laufgeschwindigkeit. Kannst du neben den Booten herlaufen?

Lösungen

Kapitel I, Bist du sicher? Seite 12

1

a) Gefärbt: $\frac{1}{4}$ b) Gefärbt: $\frac{5}{16}$ c) Gefärbt: $\frac{15}{32}$

2

a) 300 g b) 25 dm^2 c) 20 min d) 500 dm^3

3

$\frac{1}{6}$ von 24 Stückchen sind 4 Stückchen.

$\frac{2}{3}$ von 24 Stückchen sind 16 Stückchen.

4 Stückchen + 16 Stückchen = 20 Stückchen.
Es bleiben 4 Stückchen übrig.

Kapitel I, Bist du sicher? Seite 16

1

a) $\frac{24}{54}$ b) $\frac{3}{4}$ c) $\frac{4}{6} = \frac{2}{3} = \frac{6}{9}$

2

Individuelle Lösung, z. B. $\frac{6}{12}$

3

$\frac{3}{12} = \frac{20}{80} = \frac{5}{20}\left(= \frac{1}{4}\right)$; $\frac{20}{100} = \frac{3}{15}\left(= \frac{1}{5}\right)$

Kapitel I, Bist du sicher? Seite 19

1

A: 0 B: $-\frac{3}{2}$ C: $-\frac{1}{4}$ D: $\frac{1}{3}$

2

a) $-\frac{9}{15} = -\frac{3}{5}$; $-\frac{12}{20} = -\frac{3}{5}$. Dieselbe rationale Zahl.

b) $-\frac{9}{6} = -\frac{3}{2}$; $-\frac{32}{8} = -4$. Nicht dieselbe rationale Zahl.

Kapitel I, Bist du sicher? Seite 22

1

a) $\frac{2}{200} = \frac{1}{50}$; $\frac{25}{100} = \frac{1}{4}$; $\frac{70}{100} = \frac{7}{10}$; $\frac{4}{100} = \frac{1}{25}$; $\frac{44}{100} = \frac{11}{25}$

b) 20 %; 60 %; 35 %; 40 %; 40 %

2

a) 4 € b) 22 cm c) 820 g

3

zu Fuß	Fahrrad	Bus	Auto
10 %	35 %	50 %	5 %

Kapitel I, Bist du sicher? Seite 25

1

a) $\frac{8}{10}$ b) $-\frac{9}{100}$ c) $\frac{25}{100}$ d) $-\frac{11}{1000}$ e) $\frac{45}{100}$

2

a) 0,6 b) −0,7 c) −0,75 d) 0,007 e) 0,99

3

A: $-\frac{2}{5} = -0{,}4$; B: $\frac{4}{5} = 0{,}8$; C: $\frac{1}{10} = 0{,}1$;

D: $\frac{11}{10} = 1{,}1$; E: $-\frac{9}{10} = -0{,}9$

Kapitel I, Bist du sicher? Seite 28

1

a) 0,106 km b) 0,01 kg c) 40 dm^2
d) 803 m^2 e) 0,045 m^3

2

a) 240 dm^2 b) 30,03 m^3 c) 7,2 ha

3

a) 0,05 m^2 b) 4 l c) 60 mm^3

Kapitel I, Bist du sicher? Seite 31

1

a) $<$ b) $<$ c) $<$ d) $>$ e) $>$

2

a) $<$ b) $>$ c) $<$ d) $>$ e) $>$

3

Erste Torte $\frac{4}{12} = \frac{8}{24}$. Zweite Torte $\frac{6}{16} = \frac{9}{24}$.
Der Anteil der zweiten Torte ist größer.

Kapitel I, Bist du sicher? Seite 34

1
a) 42,5 b) −0,05 c) 6,75 d) −10,02

2
a) $\frac{578}{87} < 6{,}89$ b) $-\frac{7}{73} < -\frac{5}{56}$ c) $\frac{9}{405} > \frac{80}{4000}$

3
a) $40\,\% < \frac{21}{50}$ b) $\frac{80}{110} < 80\,\%$

Kapitel I, Training Runde 1, Seite 39

1
a) $\frac{4}{100} = \frac{1}{25}$ b) $\frac{60}{100} = \frac{3}{5}$ c) $\frac{2}{10} = \frac{1}{5}$
d) $-\frac{3}{10}$ e) $-\frac{26}{10} = -\frac{13}{5}$

2
a) 0,7 b) −0,8 c) 5,25
d) 0,230 oder 0,23 e) 3,06

3
a) 600 g b) 200 m c) 260 dm^2 d) 20 € e) 30 cm^3

4
Linke Figur: Der gefärbte Anteil ist $\frac{1}{4} = 25\,\%$.
Rechte Figur: Der gefärbte Anteil ist $\frac{3}{8} = 37{,}5\,\%$.

5
a) 0,280 km b) 3450 dm^3 c) 0,3 t d) 0,09 a

6
a) 2,786 > 2,699 b) $\frac{7}{9} > \frac{8}{12} = \frac{6}{9}$

7
A: $\frac{7}{8} = 0{,}875$ B: $\frac{2}{8} = 0{,}25$ C: $-\frac{3}{8} = -0{,}375$.

8
Gefärbter Anteil bei der oberen Scheibe $\frac{2}{8} = \frac{1}{4}$.
Gefärbter Anteil bei der unteren Scheibe $\frac{3}{10}$.
Es gilt: $\frac{2}{8} < \frac{3}{10}$. Die Zielscheiben sind nicht gleichwertig, da die Anteile nicht gleich groß sind.

Kapitel I, Training Runde 2, Seite 39

1
a) 0,15 = 15 % b) 0,7 = 70 % c) 0,2 = 20 % d) 0,75 = 75 %

2
a) $\frac{34}{5}$ b) $-\frac{9}{50}$ c) $\frac{7}{20}$ d) $-\frac{5}{4}$

3
a) $\frac{12}{18} = \frac{4}{6} = \frac{20}{30}$; $-\frac{4}{6} = -\frac{20}{30}$ b) $\frac{3}{4}$

4
a) 70 dm^2 b) 120 dm^3 c) 750 ct
d) 150 a e) 2660 mm^3

5
a) Zwischen 3 und 4 b) Zwischen −6 und −7
c) Zwischen −3 und −4 d) Zwischen 9 und 10

6
Ein Teilstrich bedeutet 30 min. Es stehen noch 45 min zur Verfügung.

Kapitel II, Bist du sicher? Seite 44

1
a) $\frac{31}{24}$ b) $\frac{59}{20}$ c) $\frac{67}{18}$ d) $\frac{1}{18}$
$\frac{11}{24}$ $\frac{83}{60}$ $\frac{67}{18}$ $\frac{1}{6}$

2
a) $\frac{1}{5} - \frac{1}{8} = \frac{3}{40}$ b) $\frac{1}{10} - \frac{1}{100} = \frac{9}{100}$

Kapitel II, Bist du sicher? Seite 48

1
a) $\frac{31}{30}$ b) $-\frac{1}{2}$ c) $-\frac{13}{24}$ d) $\frac{31}{21}$

2
a) $-\frac{11}{18}$ b) $-\frac{1}{15}$ c) $-\frac{1}{6}$ d) $-\frac{17}{21}$

Kapitel II, Bist du sicher? Seite 51

1
a) 7,6; −6,5; −8,7 b) 20,39; −1,388; −3,53
c) 22,1 kg; 26,1 kg; 47 m^3

2
a) 11,54 b) 23,79

Kapitel II, Bist du sicher? Seite 53

1
auf 1 Dezimale: 1,3; 1,6; −0,6; −199,0
auf 2 Dezimalen: 1,25; 1,60; −0,59; −199,01

2
a) möglicher Überschlag: 1123 + 4 −1 = 1126
genaues Ergebnis: 1125,85
b) möglicher Überschlag: −8 − 6 − 5 = −19
genaues Ergebnis: −18,36

3
a) Überschlag: 2 + 13 + 10 + 24 = 49
Kosten: 48,98 €; der 50-€-Schein reicht.

Kapitel II, Bist du sicher? Seite 56

1
a) 2,1 b) 16,6 c) 6,8 d) $-\frac{3}{2}$

Kapitel II, Training Runde 1, Seite 63

1
a) $\frac{44}{15}$ b) $-\frac{11}{5}$ c) $\frac{1}{6}$ d) $-\frac{29}{24}$
e) 1,3 f) −7,7 g) −1,9 h) −8,4

2
a) $\frac{28}{45}$ b) $\frac{7}{75}$ c) −17,5 d) 5,5

3
a) 17,91 s b) 18,41 s

4
a) 1. Tag 27,3 km, 2. Tag 79,5 km, 3. Tag 73,8 km, 4. Tag 40,3 km; insgesamt 220,9 km
b) ca. 180 km (genau 179,1 km)
Tachoanzeige 3088,4 km
Bei durchschnittlichen Tagestouren von 60 km (50 km) braucht sie noch ca. 3 Tage (ca. 4 Tage).

5
a) 1,1 b) −3 c) −11,5

Kapitel II, Training Runde 2, Seite 63

1
a) $-\frac{5}{12}$ b) $-\frac{11}{24}$ c) $\frac{17}{30}$ d) −16
e) 4,2 f) −1,1 g) −2,4 h) 23,6

2
a) 1,1; 1,2; 1,3; 1,4
Fortsetzung der Zahlenreihe: 7,6; 9,2; 10,9 ...
b) 0,01; 0,10; 1,0; 10,0
Fortsetzung der Zahlenreihe: 111,12; 1111,12; 11111,12
c) 1,01; 2,02; 3,03; 4,04
Fortsetzung der Zahlenreihe: 15,25; 21,31; 28,38

3
a) 32 m; 13 m; 1 m b) 27 l; 15 l; 843 l

4
a) möglicher Überschlag: (100 − 20) − (−10 + 5) = 85
genaues Ergebnis: 93,48
b) möglicher Überschlag: 200 − 60 − 120 = 20
genaues Ergebnis: 13,8
c) möglicher Überschlag: (−14 − 4) − (20 − 13) = −25
genaues Ergebnis: −23,1

5
a) (−6,2 + 13,2) + (−5,5 − 13,2) = −11,7
b) (15,9 − 6,8) − (15,9 + 6,8) = −13,6
c) 10 − (−13,4 − 8,5) = 31,9

6
a) 199 m^3
b) 24,9 m^3
c) Heiße Sommermonate Juni und Juli: Wasserbedarf zum Waschen, Duschen und im Garten steigt. Im August macht Familie Flüssig Urlaub.

Kapitel III, Bist du sicher? Seite 76

1

$\alpha \approx 61°$ $\beta \approx 72°$ $\gamma \approx 32°$ $\delta \approx 21°$

2

Es entsteht ein Winkel der Weite 180° (gestreckter Winkel).
Siehe auch Fig. 1.

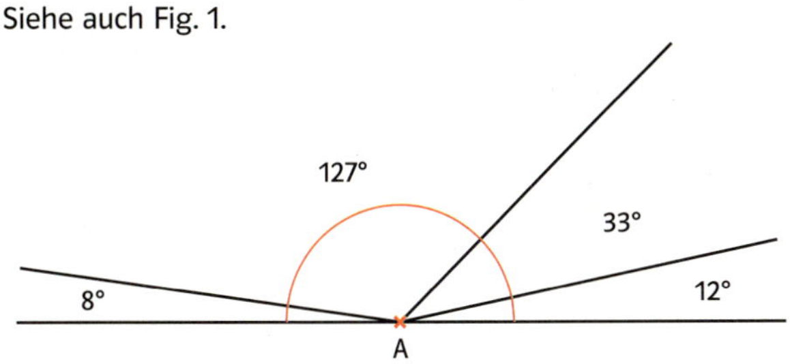

Fig. 1

Kapitel III, Training Runde 1, Seite 89

1

a) Winkel der Weite 102°
b) Die Uhr zeigt 6:55 Uhr an. Es sind 40 min vergangen.

2

a) $\alpha = \sphericalangle ADE$, $\beta = \sphericalangle EAC$, $\gamma = \sphericalangle EFA$, $\delta = \sphericalangle AEB$
b) $\alpha \approx 73°$, $\beta \approx 15°$, $\gamma \approx 223°$, $\delta \approx 79°$

3

$\sphericalangle ABC \approx 28°$ $\sphericalangle DAB \approx 57°$ $\sphericalangle BDC \approx 32°$ $\sphericalangle DCA \approx 252°$

4

Liegt der Punkt C gegenüber der Mitte der Strecke AB, so ist der Winkel ACB am größten.

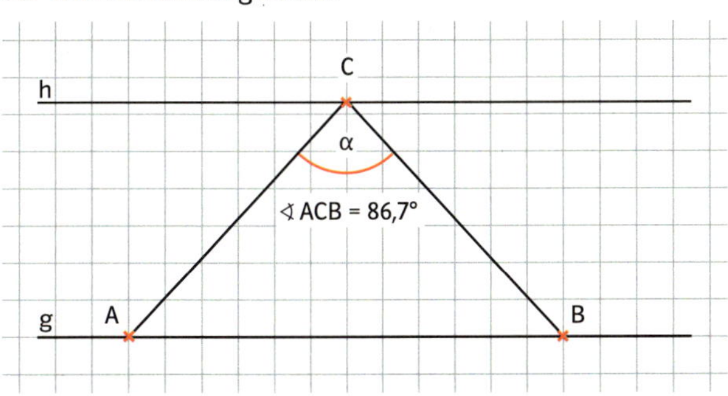

Fig. 2

Kapitel III, Training Runde 2, Seite 89

1

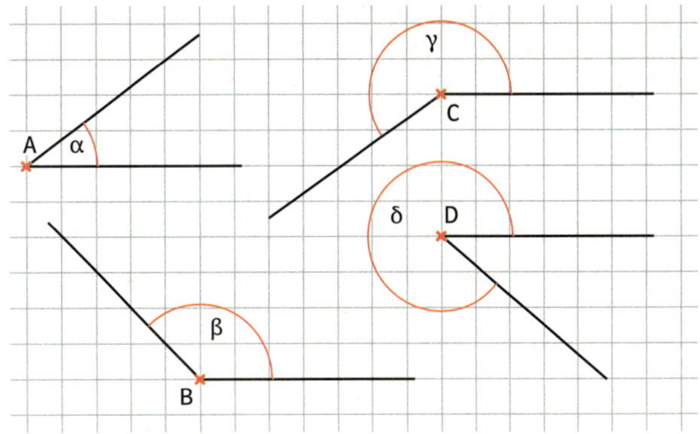

Fig. 3

2

um 90° (um 270°)

3

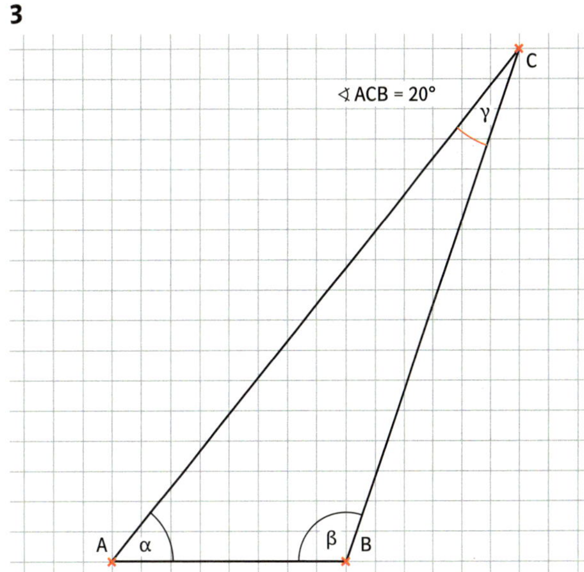

Fig. 4

4

$\sphericalangle CAB \approx 333°$, $\sphericalangle ABC \approx 270°$, $\sphericalangle BCA \approx 297°$
Die Summe der Winkel beträgt 900°.

5

Typische Eigenschaften: Zwei gleichlange Schenkel im Dreieck.
Veränderung der Figur: Länge der Grundseite verändern. Länge der gleichlangen Seiten verändern.
Erkenntnis: Der Winkel an der Spitze wird halbiert.

Kapitel IV, Bist du sicher? Seite 94

1
a) $\frac{8}{11}$ b) $\frac{5}{2}$ c) $-\frac{3}{23}$ d) $\frac{1}{68}$ e) $-\frac{2}{3}$

2
$4\frac{1}{2}$ Liter

3
17,5 g Pulverkaffee, $\frac{7}{6}$ Esslöffel Zucker, $\frac{1}{10}$ l süße Sahne
$\frac{3}{16}$ l Milch ($1\frac{1}{2}$ Tassen), 1 Eigelb, $\frac{1}{8}$ Stange Vanille

Kapitel IV, Bist du sicher? Seite 97

1
a) $\frac{1}{3}$ kg b) $\frac{7}{20}$ t
c) $\frac{9}{8} = 1\frac{1}{8}$ km d) $\frac{15}{2}\,m^3 = 7\frac{1}{2}\,m^3$

2
a) $\frac{8}{9}$ b) $-\frac{20}{3}$ c) $\frac{7}{2}$ d) -3 e) $\frac{161}{72}$

3
$\frac{2}{5}$ beträgt der Weizenanteil.

Kapitel IV, Bist du sicher? Seite 99

1
a) $\frac{5}{8}$ b) $\frac{9}{2}$ c) $-\frac{21}{10}$ d) $\frac{38}{15}$

2
a) $\frac{25}{84}$ b) -8 c) $\frac{16}{27}$ d) $\frac{9}{2}$

3
31 Dosen

Kapitel IV, Bist du sicher? Seite 102

1
a) 4,5 b) 31 c) 0,0007 d) 0,00507 e) 0,0230

2
a) multipliziert mit 10^3
b) dividiert durch 100
c) multipliziert mit 100
d) dividiert durch 1000

3
10 Münzen: 21,25 mm hoch und 75 g schwer
100 Münzen: 212,5 mm = 21,25 cm hoch und 750 g schwer
1000 Münzen: 2125 mm = 2,125 m hoch und 7500 g = 7,5 kg schwer

Kapitel IV, Bist du sicher? Seite 105

1
a) 0,15 b) −0,48 c) −0,0012 d) 0,64 e) 0,006

2
a) $8 \cdot 3 = 24$; 23,925 b) $830 \cdot 3 = 2490$; 2520,96
c) $0{,}05 \cdot 500 = 25$; 21,825 d) $0{,}05 \cdot 70 = 3{,}5$; 3,2046
e) $15 \cdot 20 = 300$; 285,64

3
7473,48 Euro

Kapitel IV, Bist du sicher? Seite 107

1
a) 0,05 b) −0,8 c) 0,043 d) −3,8 e) 0,1375

2
a) 0,125 b) −0,45 c) 0,4375 d) $1{,}\overline{3}$ e) $-0{,}8\overline{3}$

Kapitel IV, Bist du sicher? Seite 110

1
a) 25 b) −9 c) 3 d) 2 e) 3000

2
a) $1570 : 2 = 785$; 654 b) $-2700 : 9 = -300$; −314
c) $1{,}4 : (-7) = -0{,}2$; −0,249 d) $39 : 3 = 13$; 12,34375

3
Er muss mindestens 8-mal fahren.

Kapitel IV, Training Runde 1, Seite 117

1

a) $\frac{15}{7}$ b) $-\frac{2}{5}$ c) 7 d) $-\frac{12}{5}$

2

a) $\frac{6}{5}$ b) $\frac{21}{10}$ c) $-\frac{3}{2}$ d) -20

3

a) 0,0009 b) 6,09 c) 195,02
d) −0,06 e) −2,6 f) 50

4

Tischtennisplatte: $2{,}74 \cdot 1{,}53 = 4{,}1922$ gerundet: 4,19
Billardtisch: $2{,}84 \cdot 1{,}42 = 4{,}0328$ gerundet: 4,03
Die Tischtennisplatte hat den größeren Flächeninhalt.

5

a) Das Ergebnis wird verzehnfacht.
b) Das Ergebnis verändert sich nicht.

6

70 kW entsprechen 95,2 PS. 75 PS entsprechen 55,2 kW.

7

a) $10{,}20 : 4 = 2{,}55$
b) $24{,}10 : 11 = 2{,}19090$ gerundet 2,19 €
c) $24{,}1 : 2{,}7 = 8{,}9259\ldots$ $75 : 2{,}7 = 27{,}777\ldots$
Eine Wochenkarte lohnt sich, wenn man mindestens 9-mal fährt, eine Monatskarte ab 28 Fahrten.

Kapitel IV, Training Runde 2, Seite 117

1

a) $-\frac{15}{4}$ b) $-\frac{5}{3}$ c) $-\frac{96}{25}$ d) $-\frac{37}{2}$
e) $\frac{9}{10}$ f) $-\frac{21}{20}$

2

a) 32 b) −0,1523 c) 0,0125 d) 50

3

a) −152,7 b) 14,7 c) 0,0075
d) 0,009 e) −3,2 f) 51

4

$5{,}04 : 0{,}045 = 112$ $9{,}18 : 0{,}045 = 204$ $44{,}91 : 0{,}045 = 998$

5

Es können höchstens 49 Kartons zugeladen werden.

6

$18\,900 : 0{,}9 = 21\,000$ $21\,000 : 175 = 120$
Es können 120 Fässer gefüllt werden.

7

$1{,}1 : 3 = 0{,}3666\ldots$ $1{,}55 : 5 = 0{,}31$
Das zweite Angebot ist günstiger.

Kapitel V, Bist du sicher? Seite 128

1

a) −8,6 b) $-\frac{1}{3}$ c) 0,25

2

$0{,}2 \cdot 3{,}5 - \frac{3}{14} \cdot \left(-\frac{7}{5}\right)$
$= 0{,}7 + \frac{3}{14} \cdot \frac{7}{5}$
$= 0{,}7 + 0{,}3$
$= 1$

Kapitel V, Bist du sicher? Seite 132

1

a) $-9{,}2 - (8{,}1 - 9{,}2)$
$= -9{,}2 - 8{,}1 + 9{,}2$ (Minusklammerregel)
$= -8{,}1$

b) $\frac{5}{6} \cdot \frac{7}{8} - \frac{5}{6} \cdot \frac{1}{8}$
$= \frac{5}{6} \cdot \left(\frac{7}{8} - \frac{1}{8}\right)$ (Ausklammern)
$= \frac{5}{6} \cdot \frac{6}{8}$
$= \frac{5}{8}$

c) $(-5) \cdot (400 - 20)$
$= (-5) \cdot 400 - (-5) \cdot 20$ (Ausmultiplizieren)
$= -2000 + 100$
$= -1900$

2

a) Fehler: Beim Auflösen der Minusklammer dreht sich das Vorzeichen um. Daher wird aus der −13 eine +13.

Richtig: $27 - (-13 + 14)$ $= 27 + 13 - 14$ $= 40 - 14$ $= 26$
oder $27 - (-13 + 14)$ $= 27 - 1$ $= 26$

b) Fehler: Beim Ausmultiplizieren wurde das Minuszeichen vor der 5 nicht immer berücksichtigt.

Richtig: $(-5) \cdot \left(2 - \frac{1}{5}\right)$ $= (-5) \cdot 2 - (-5) \cdot \frac{1}{5}$ $= -10 + 1$ $= -9$
oder $(-5) \cdot \left(2 - \frac{1}{5}\right)$ $= (-5) \cdot \left(\frac{10}{5} - \frac{1}{5}\right)$ $= (-5) \cdot \frac{9}{5}$ $= -9$

c) Fehler: Beim Ausklammern wurde das Minuszeichen vor der zweiten Klammer übersehen.

Richtig: $(-0{,}5) \cdot 18 - (-0{,}5) \cdot 2$
$= (-0{,}5) \cdot (18 - 2)$
$= (-0{,}5) \cdot 16$
$= -8$

Kapitel V, Bist du sicher? Seite 130

1

		3	−2	1,8
a)	3 + 5x	18	−7	12
b)	−4 − 2x	−10	0	−7,6
c)	x + 2	5	0	3,8
d)	2(x − 1) + 3x	13	−12	7

Kapitel V, Bist du sicher? Seite 133

1

a) $30 + 3{,}5x$ ist ein Term für den von Emira gesparten Betrag (in €) nach x Wochen.

b) Umfang: $3 + x + 2{,}5 + x + 3 + 2{,}5$ oder $11 + 2x$ sind Terme für den Umfang des Rechtecks (in cm).
Flächeninhalt: $2{,}5 \cdot (3 + x)$ oder $2{,}5 \cdot x + 7{,}5$ sind Terme für den Flächeninhalt des Rechtecks (in cm²).

c) $3x + 1$

Kapitel V, Bist du sicher? Seite 136

1

a) Nein, denn $4 \cdot (-3) + 5 = -7$
b) Nein, denn $(-3) \cdot (-5) - 17 = -2$
c) Ja, denn $0{,}7 \cdot (-3) + 2{,}1 = 0$

2

a) 8 b) 6 c) 3 d) 11

3

Term: $12{,}55 + 2{,}9x$ ist ein Term für Ferrys gesparten Betrag (in €) nach x Wochen.
Gleichung: $12{,}55 + 2{,}9x = 58{,}95$
Lösung: 16
Ergebnis: Nach 16 Wochen kann Ferry sich den Walkman kaufen.

Kapitel V, Training Runde 1, Seite 145

1

a) $\frac{1}{2} \cdot \frac{1}{3} + \frac{5}{6} = \frac{1}{6} + \frac{5}{6}$ (Punkt-vor-Strich-Regel)
$= 1$

b) $7{,}4 + 2{,}6 \cdot 2 = 7{,}4 + 5{,}2$ (Punkt-vor-Strich-Regel)
$= 12{,}6$

c) $\left(\frac{3}{7} - \frac{1}{2}\right) \cdot 14 = \frac{3}{7} \cdot 14 - \frac{1}{2} \cdot 14$ (Ausmultiplizieren)
$= 6 - 7$ (Punkt-vor-Strich-Regel)
$= -1$

d) $4{,}5 \cdot 14 - 4{,}5 \cdot 4 = 4{,}5 \cdot (14 - 4)$ (Ausklammern)
$= 45$

e) $12{,}4 - 6{,}9 - 3{,}1 = 12{,}4 - (6{,}9 + 3{,}1)$ (Zusammenfassen)
$= 12{,}4 - 10$ (Klammerregel)
$= 2{,}4$

f) $\frac{7}{2} \cdot \left(\frac{3}{4} - \frac{4}{5}\right) = \frac{7}{2} \cdot \left(\frac{15}{20} - \frac{16}{20}\right)$
$= \frac{7}{2} \cdot \left(-\frac{1}{20}\right)$ (Klammerregel)
$= -\frac{7}{40}$

g) $(5{,}8 + 8{,}7) : 2{,}9 = 5{,}8 : 2{,}9 + 8{,}7 : 2{,}9$ (Ausmultiplizieren)
$= 2 + 3$
$= 5$

h) $1{,}4 \cdot (5 - 200) = 1{,}4 \cdot 5 - 1{,}4 \cdot 200$ (Ausmultiplizieren)
$= 7 - 280$
$= -273$

2

x	1	2	8	6	−4	0,8
2x − 7	−5	−3	9	5	−15	−5,4

x	0,5	$\frac{1}{4}$	5,1	$-\frac{2}{3}$	−1
2x − 7	−6	$-6\frac{1}{2}$	3,2	$-8\frac{1}{3}$	−9

3

a) Umfang: 34 cm; Flächeninhalt: 54 cm²
b) Umfang (in cm): $2x + 24$
Flächeninhalt (in cm²): $6x + 24$
c) Gleichung: $2x + 24 = 64$
Lösung: 20
Ergebnis: Für $x = 20$ cm ist der Umfang 64 cm.
d) Gleichung: $6x + 24 = 42$
Lösung: 3
Ergebnis: Für $x = 3$ cm ist der Flächeninhalt 42 cm².

4

a)

x	0	1	2	10	50	100
B = 9,95 + 0,35 · x	9,95	10,30	10,65	13,45	27,45	44,95

b) Für 10 Minuten: $B = 0{,}15 \cdot 10 + 19{,}95 = 21{,}45$ €.
Für 100 Minuten: $B = 0{,}15 \cdot 100 + 19{,}95 = 34{,}95$ €.
Für 27,45 €: Gleichung: $0{,}15 \cdot x + 19{,}95 = 27{,}45$
Lösung: 50.
Ergebnis: Johannes kann 50 Minuten telefonieren.
c) Kathrin zahlt bei ihrem Vertrag für 70 Minuten
$0{,}35 \cdot 70 + 9{,}95 = 34{,}45$ €.
Johannes zahlt bei seinem Vertrag für 70 Minuten
$0{,}15 \cdot 70 + 19{,}95 = 30{,}45$ €.
Ida sollte den Vertrag von Johannes wählen.

Kapitel V, Training Runde 2, Seite 145

1

a) $\frac{1}{2} \cdot \left(\frac{2}{3} + \frac{4}{7}\right) = \frac{1}{2} \cdot \left(\frac{14}{21} + \frac{12}{21}\right)$
$= \frac{1}{2} \cdot \frac{26}{21}$ (Klammerregel)
$= \frac{13}{21}$

b) $7{,}4 \cdot 4{,}2 + 4{,}2 \cdot 2{,}6 = 4{,}2 \cdot (7{,}4 + 2{,}6)$ (Ausklammern)
$= 4{,}2 \cdot 10 = 42$

c) $\left(2{,}8 + \frac{4}{5}\right) \cdot 5 = 3{,}6 \cdot 5$ (Klammerregel)
$= 18$

d) $\frac{8}{7} \cdot \frac{2}{3} - \frac{11}{6} \cdot \frac{8}{7} = \frac{8}{7} \cdot \left(\frac{2}{3} - \frac{11}{6}\right)$ (Ausklammern)
$= \frac{8}{7} \cdot \left(\frac{4}{6} - \frac{11}{6}\right)$
$= \frac{8}{7} \cdot \left(-\frac{7}{6}\right)$
$= -\frac{4}{3}$

2

x	4	−6	1,4
2x + 4	12	−8	6,8
3x − 8	4	−26	−3,8
−0,5x − 5	−7	−2	−5,7

3

a) −4 b) 5 c) 0,8 d) −8

4

a) Für 80 km: $0{,}25 \cdot 80$ € = 20 € für die gefahrenen km.
Zuzüglich 45 € Grundgebühr ergibt zusammen 65 €.
b) Term: $45 + 0{,}25 \cdot x$
(Gesamtgebühr nach x gefahrenen km in €).
c) Für 120 km: $45 + 0{,}25 \cdot 120 = 75$. Also 75 €.
Für 250 km: $45 + 0{,}25 \cdot 250 = 107{,}50$. Also 107,50 €.
d) Gleichung: $45 + 0{,}25 \cdot x = 100$.
Umkehrrechnung: $0{,}25 \cdot x = 100 - 45$
Umkehrrechnung: $0{,}25 \cdot x = 55$
$x = \frac{55}{0{,}25}$
Ergebnis: Man kann 220 km fahren.

Kapitel VI, Bist du sicher? Seite 156

1

a)

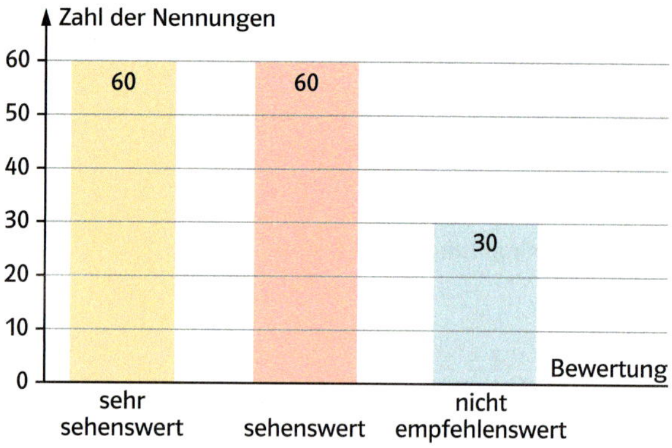

Fig. 1

b)

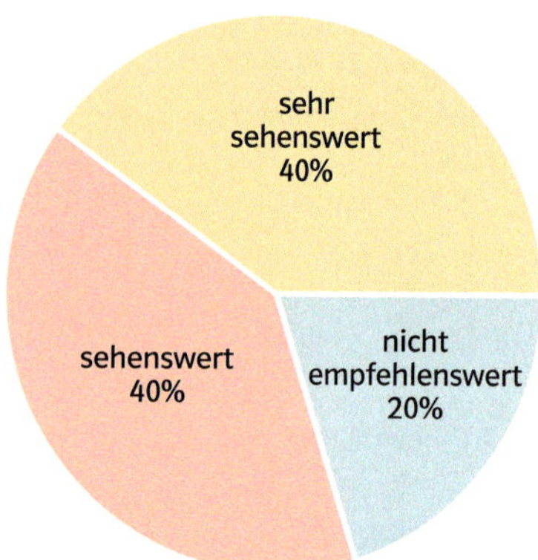

Fig. 2

2

a) Der Zentralwert der Preise beträgt 153 €. Der Mittelwert der Preise beträgt 152 €.

b) Es gibt genauso viele DVD-Player, die teurer sind als 153 € (nämlich je ein Gerät mit 167 € bzw. 155 €), wie solche, die billiger sind als 153 € (nämlich je ein Gerät mit 143 € bzw. 140 €). Eines der Geräte kostet 153 €. Würde man von jeder Sorte ein Gerät kaufen, so wäre es gleich, ob man die tatsächlichen Preise bezahlt oder für jedes der Geräte 152 €.

Kapitel VI, Training Runde 1, Seite 165

1

Cora hat 24 Möglichkeiten

2

a) Säulendiagramm

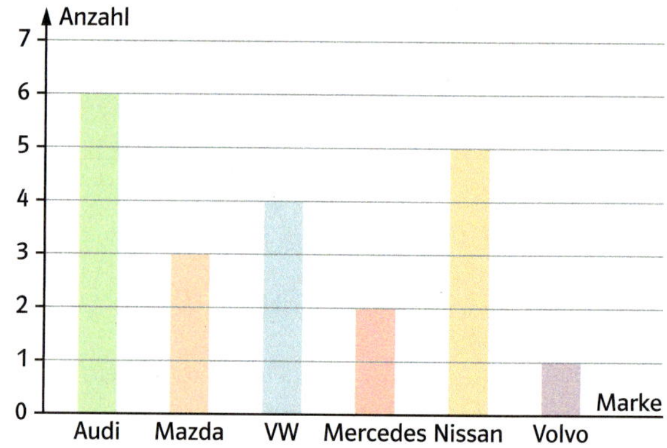

Fig. 3

Kreisdiagramm

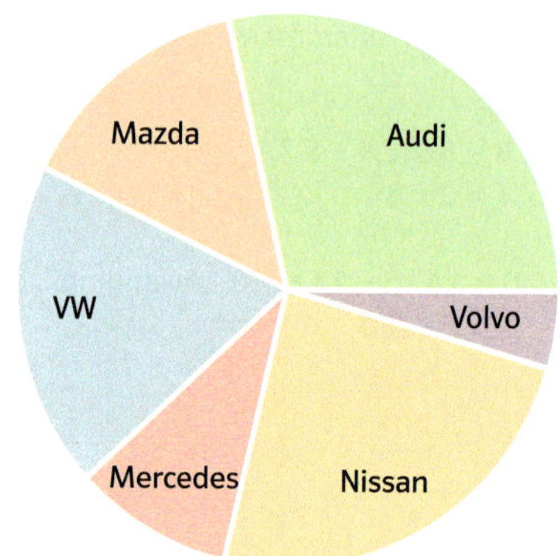

Fig. 4

b) zum Beispiel:

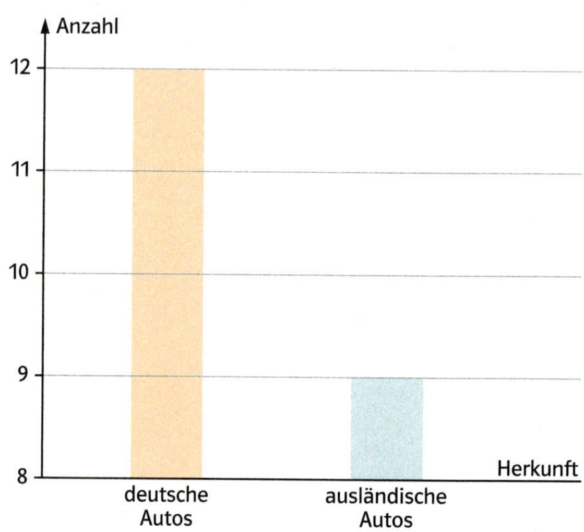

Fig. 1

c) zum Beispiel:

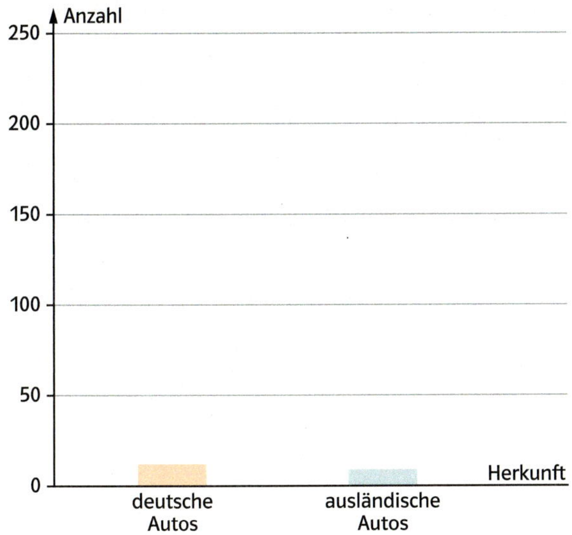

Fig. 1

3

a) Zentralwert für Deutsch: 2; Mittelwert für Deutsch: 2,6
Zentralwert für Englisch: 3; Mittelwert für Englisch: 2,6
Für Deutsch wäre der Zentralwert günstiger, für Englisch der Mittelwert.

b) jeweils die Note 3

Kapitel VI, Training Runde 2, Seite 165

1

a) Anna:

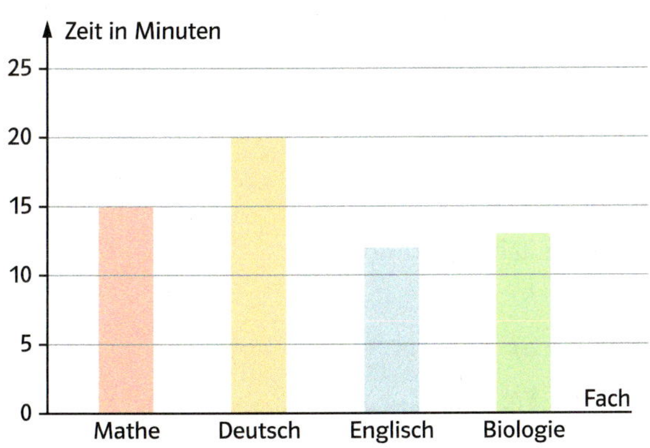

Fig. 2

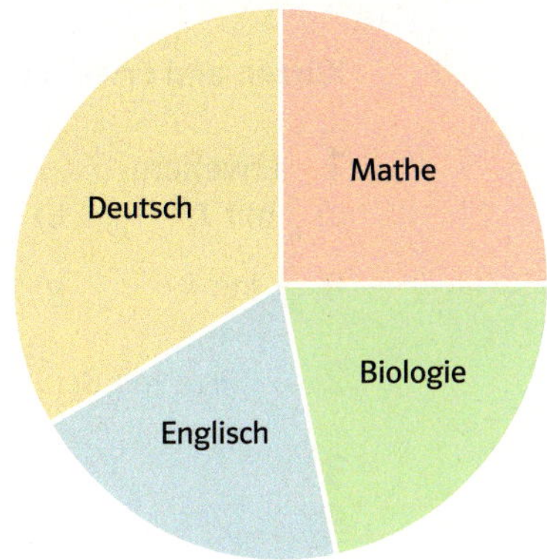

Fig. 3

Tobias:

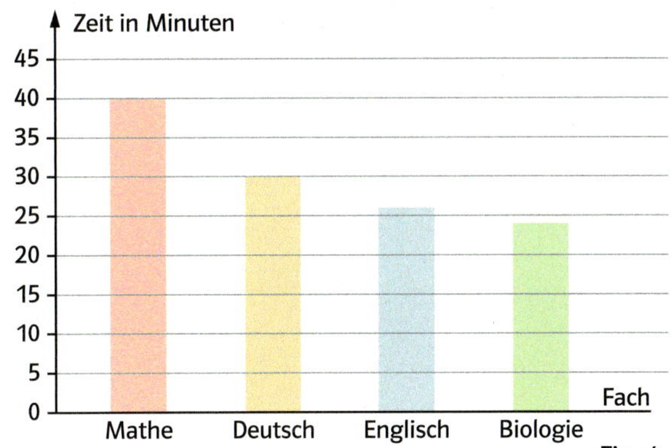

Fig. 4

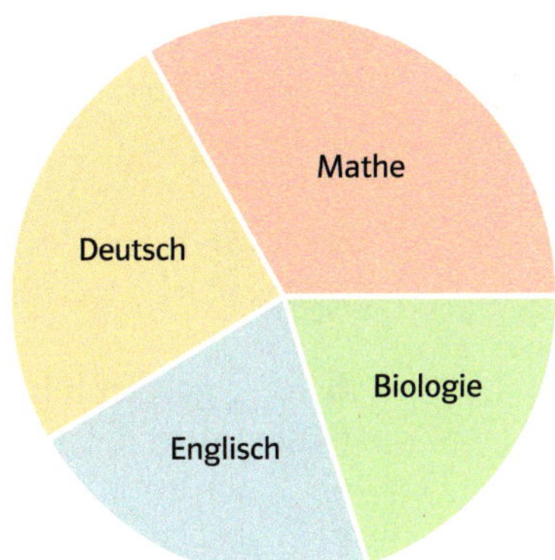

Fig. 5

b) Beim Vergleich der Kreisdiagramme kann man zum Beispiel gut erkennen, dass Tobias einen größeren Anteil an seiner Hausaufgabenzeit für Mathematik benötigte als Anna. Man kann an den Kreisdiagrammen zum Beispiel nicht erkennen, ob Tobias länger an den Mathematik-Hausaufgaben gearbeitet hat als Anna. Dies kann man an den Säulendiagrammen erkennen.

2

a) Die Größe des Stauraumes wird mit einer Kantenlänge veranschaulicht.

b) Die in der Grafik dargestellten Verhältnisse der Rauminhalte entsprechen nicht dem Verhältnis der tatsächlichen Größen der Stauräume.

Kürzen und Erweitern

1 Erweitere

a) $\frac{4}{6}$ mit 7; b) $\frac{3}{4}$ mit 5; c) $\frac{-6}{7}$ mit 8; d) $\frac{-1}{9}$ mit 13; e) $\frac{7}{-12}$ mit 8;

f) $\frac{9}{20}$ mit 4; g) $\frac{-9}{35}$ mit 8; h) $\frac{-13}{30}$ mit 2; i) $\frac{1}{-16}$ mit 30; j) $\frac{12}{-19}$ mit 45.

2 a) Kürze mit 3: $\frac{12}{39}$; $\frac{24}{51}$; $\frac{-21}{33}$; $\frac{63}{-123}$; $-\frac{87}{144}$.

b) Kürze mit 7: $\frac{14}{49}$; $\frac{-35}{84}$; $\frac{56}{-91}$.

3

Brüche erweitern	mit 2	mit 3	mit 7	mit 11	mit 15	mit 50	mit …
$\frac{1}{2}$			$\frac{7}{14}$				
		$\frac{9}{15}$			$\frac{45}{75}$		
$\frac{-7}{8}$	$\frac{-14}{16}$						
$\frac{5}{-7}$			$\frac{35}{-49}$				
$-\frac{4}{15}$							
$\frac{1}{24}$							
$\frac{2}{25}$							
$\frac{-1}{50}$							
				$\frac{275}{-1221}$			$\frac{2500}{-11100}$
$-\frac{9}{750}$							

4 Kürze so weit wie möglich.

a) $\frac{12}{18}$; $\frac{15}{24}$; $\frac{15}{15}$ b) $\frac{6}{12}$; $\frac{5}{20}$; $\frac{12}{36}$ c) $\frac{16}{48}$; $\frac{-10}{60}$; $\frac{27}{-81}$ d) $\frac{24}{96}$; $-\frac{45}{10}$; $\frac{-28}{56}$

e) $\frac{-27}{36}$; $\frac{32}{-96}$; $\frac{27}{45}$ f) $-\frac{36}{78}$; $\frac{72}{84}$; $\frac{75}{-25}$ g) $\frac{35}{49}$; $\frac{-48}{64}$; $\frac{33}{-77}$ h) $\frac{28}{70}$; $-\frac{-36}{84}$; $-\frac{69}{-92}$

5 a) Erweitere $\frac{3}{4}$ so, dass folgende Nenner entstehen: 8; 12; −52; 172; −256.

b) Erweitere $\frac{3}{4}$ so, dass folgende Zähler entstehen: 12; 21; −39; 48; −99.

6 a) $\frac{25}{65}$ gekürzt mit 5 ist $\square$. b) $\frac{-35}{98}$ gekürzt mit 7 ist $\square$.

c) $\square$ gekürzt mit 12 ist $\frac{2}{3}$. d) $\square$ gekürzt mit 15 ist $\frac{-3}{4}$.

e) $\frac{228}{399}$ gekürzt mit 19 ist $\square$. f) $\frac{-255}{425}$ gekürzt mit 17 ist $\square$.

g) $\square$ gekürzt mit 250 ist $\frac{7}{12}$. h) $\square$ gekürzt mit 350 ist $\frac{-9}{11}$.

7 Übertrage ins Heft. Ergänze die fehlenden Zähler und Nenner.

a) $\frac{8}{12} = \frac{\square}{36} = \frac{56}{\square} = \frac{\square}{-72} = \frac{-104}{\square}$ b) $\frac{6}{15} = \frac{18}{\square} = \frac{\square}{105} = \frac{-54}{\square} = \frac{\square}{-165}$

c) $\frac{-7}{3} = \frac{\square}{12} = \frac{49}{\square} = \frac{\square}{-63} = \frac{-161}{\square}$ d) $\frac{-5}{12} = \frac{25}{\square} = \frac{\square}{120} = \frac{-45}{\square} = \frac{\square}{-132}$

e) $\frac{3}{-11} = \frac{27}{\square} = \frac{\square}{121} = \frac{-36}{\square} = \frac{\square}{-154}$ f) $\frac{2}{-23} = \frac{22}{\square} = \frac{\square}{115} = \frac{-56}{\square} = \frac{\square}{-161}$

8 Erweitere den Bruch so, dass im Nenner 100 steht und wandle dann in cm um.

a) $\frac{3}{4}$ m b) $\frac{6}{5}$ m c) $\frac{11}{20}$ m d) $\frac{13}{25}$ m e) $\frac{47}{25}$ m

9 Rechne um, indem du zuerst auf einen geeigneten Nenner erweiterst.

a) $\frac{7}{8}$ kg in g b) $\frac{15}{4}$ kg in g c) $\frac{4}{5}$ cm^2 in mm^2 d) $\frac{11}{5}$ cm^2 in mm^2
e) $\frac{2}{3}$ Tage in h f) $\frac{5}{4}$ Tage in h g) $\frac{5}{6}$ h in min h) $\frac{7}{5}$ h in min
i) $\frac{3}{8}$ t in kg j) $\frac{17}{4}$ t in kg k) $\frac{2}{3}$ h in s l) $\frac{5}{4}$ h in s

10 Welcher Bruch ist größer?

a) $\frac{1}{2}$; $\frac{1}{3}$ b) $\frac{-2}{3}$; $-\frac{1}{6}$ c) $\frac{5}{8}$; $\frac{7}{10}$ d) $\frac{11}{-12}$; $-\frac{19}{20}$ e) $\frac{3}{4}$; $\frac{-7}{-10}$
f) $\frac{5}{11}$; $\frac{11}{15}$ g) $-\frac{2}{3}$; $\frac{-3}{4}$ h) $\frac{3}{8}$; $\frac{7}{12}$ i) $\frac{4}{-15}$; $\frac{-7}{10}$ j) $-\frac{11}{12}$; $\frac{-14}{15}$

11 Ordne der Größe nach.

a) $\frac{1}{3}$; $\frac{-2}{3}$; $\frac{3}{4}$; $-\frac{1}{2}$; $\frac{9}{-12}$; $\frac{-1}{4}$; $\frac{7}{12}$; $\frac{-5}{6}$; $\frac{5}{8}$
b) $\frac{18}{11}$; $\frac{-16}{13}$; $\frac{37}{19}$; $\frac{12}{-7}$; $\frac{9}{5}$; $-\frac{15}{11}$; $\frac{12}{13}$; $\frac{-35}{19}$; $\frac{13}{7}$; $-\frac{8}{5}$

12 Welche der Bruchzahlen $\frac{1}{3}$; $\frac{-2}{3}$; $\frac{4}{5}$; $-\frac{3}{5}$; $\frac{10}{21}$; $\frac{10}{-23}$; $\frac{2}{5}$; $-\frac{9}{13}$; $\frac{7}{15}$; $\frac{-9}{11}$ sind

a) größer als $\frac{1}{2}$; b) größer als $-\frac{1}{3}$; c) kleiner als $\frac{2}{3}$?

13 Kürze, ohne vorher auszumultiplizieren.

a) $\frac{2\cdot 21}{14\cdot 6}$ b) $\frac{8\cdot 49}{28\cdot 4}$ c) $\frac{12\cdot 27}{45\cdot 9}$ d) $\frac{102\cdot 65}{26\cdot 17}$
e) $\frac{24\cdot 60}{45\cdot 16}$ f) $\frac{38\cdot 56}{21\cdot 19}$ g) $\frac{26\cdot 140}{21\cdot 65}$ h) $\frac{72\cdot 77}{198\cdot 45}$
i) $\frac{12\cdot 15\cdot 24}{18\cdot 10\cdot 16}$ j) $\frac{21\cdot 28\cdot 20}{16\cdot 3\cdot 49}$ k) $\frac{51\cdot 64\cdot 36\cdot 35}{21\cdot 85\cdot 16\cdot 12}$ l) $\frac{42\cdot 88\cdot 52\cdot 119}{104\cdot 49\cdot 34\cdot 15}$

Rationale Zahlen umwandeln

1 Schreibe als Dezimalzahl und in Prozent.

a) $\frac{3}{10}$ b) $\frac{37}{100}$ c) $-\frac{7}{10}$ d) $\frac{-637}{1000}$ e) $\frac{13}{-100}$
f) $\frac{237}{1000}$ g) $\frac{309}{10\,000}$ h) $-\frac{463}{1000}$ i) $\frac{-93}{100}$ j) $\frac{2730}{-10\,000}$
k) $\frac{3090}{1000}$ l) $\frac{4637}{10}$ m) $-\frac{462}{100}$ n) $\frac{-1254}{10}$ o) $\frac{2398}{-1000}$
p) $\frac{4}{5}$ q) $\frac{5}{2}$ r) $-\frac{3}{5}$ s) $\frac{-7}{2}$ t) $\frac{9}{-20}$
u) $\frac{17}{25}$ v) $\frac{17}{8}$ w) $-\frac{107}{40}$ x) $\frac{-5}{16}$ y) $\frac{37}{-32}$

2 Schreibe als vollständig gekürzten Bruch und in Prozent.

a) 0,25 b) 0,05 c) 0,15 d) −3,26 e) −3,05
f) 0,35 g) 0,07 h) 4,8 i) 13,16 j) −3,45
k) 1,4 l) 21,35 m) 7,322 n) 87,23 o) −0,045
p) 1,009 q) 60,75 r) 5,898 s) −0,087 t) 5,231
u) 0,305 v) 0,2025 w) 7,586 x) 8,259 y) −5,231

3 Kürze und/oder erweitere und schreibe dann als Dezimalzahl.

a) $\frac{23}{230}$ b) $\frac{49}{28}$ c) $-\frac{55}{220}$ d) $\frac{-35}{140}$ e) $\frac{9}{-600}$
f) $\frac{81}{225}$ g) $\frac{196}{280}$ h) $-\frac{169}{520}$ i) $\frac{-280}{175}$ j) $\frac{57}{-60}$
k) $\frac{51}{340}$ l) $\frac{99}{125}$ m) $-\frac{105}{350}$ n) $\frac{-87}{290}$ o) $\frac{121}{-440}$
p) $\frac{17}{32}$ q) $\frac{91}{65}$ r) $-\frac{279}{310}$ s) $\frac{-33}{48}$ t) $\frac{135}{-360}$

4 Bestimme den Anteil der rot getönten Fläche an der ganzen Fläche als vollständig gekürzten Bruch und in Prozent.

a)

b)

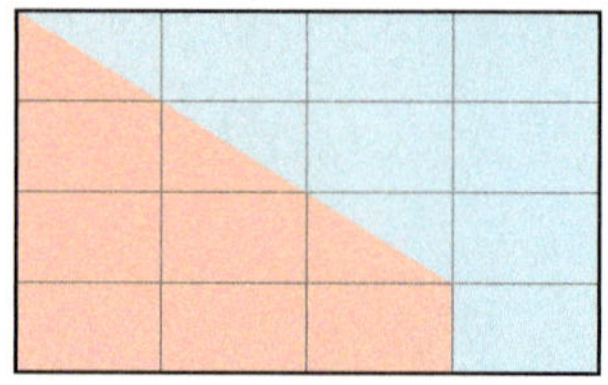

c)

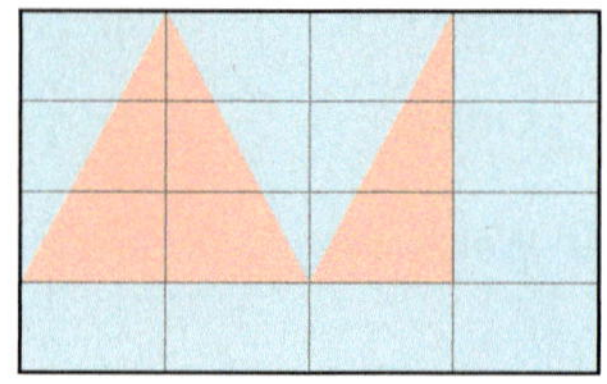

5 Schreibe als Bruch und kürze.

a) 50 % b) 1 % c) 8 % d) 24 % e) $12\frac{1}{2}$ %
f) 70 % g) 99 % h) $37\frac{1}{2}$ % i) 120 % j) 150 %

Anteile und Bruchteile berechnen

1 Schreibe den Anteil als gekürzten Bruch und in Prozent.

a)

Anteil	12 € von 150 €	8,50 € von 25 €	21,50 € von 40 €	34 € von 60 €
Bruch				
Prozent				

b)

Anteil	21 m von 300 m	4 km von 20 km	27 cm von 6 m	33 mm von 9 cm
Bruch				
Prozent				

c)

Anteil	45 kg von 600 kg	16 g von 80 g	270 kg von 3 t	350 g von 12 kg
Bruch				
Prozent				

d)

Anteil	4 h von 20 h	8 min von 30 min	42 min von 2 h	33 s von 90 min
Bruch				
Prozent				

2 Berechne.

a) $\frac{2}{10}$ von 2 cm^2 b) $\frac{56}{100}$ von 3 m^2 c) $\frac{19}{20}$ von 43 km^2 d) $\frac{3}{5}$ von 17 a
e) $\frac{1}{2}$ von 7 m f) $\frac{2}{3}$ von 8 Tagen g) $\frac{2}{7}$ von 85 km h) $\frac{2}{5}$ von 8 h

3 Wie viele Minuten sind

a) $\frac{2}{3}$ von 5 h; b) $\frac{5}{6}$ von 11 h; c) $\frac{2}{17}$ von 34 h; d) $\frac{15}{19}$ von 57 h?

4

a)

3% von	3400 l	230 g	150 t	24 kg	5 t	7 km	190 m	$76\,m^2$
sind								

b)

18% von	3400 l	230 g	150 t	24 kg	5 t	7 km	190 m	$76\,m^2$
sind								

c)

4% von	600 kg	90 cm	50 €	12 m	300 m	40 €	480 kg	75 cm
sind								

d)

15% von	600 kg	90 cm	50 €	12 m	300 m	40 €	480 kg	75 cm
sind								

e)

120% von	17 km	950 l	875 €	5,40 €	$300\,m^3$	25 dm	345 m	9,45 €
sind								

f)

116% von	17 km	950 l	875 €	5,40 €	$300\,m^3$	25 dm	345 m	9,45 €
sind								

Größen umwandeln

1 Erweitere den Bruch so, dass im Nenner 100 steht und wandle dann in cm um.

a) $\frac{3}{4}$ m b) $\frac{4}{5}$ m c) $\frac{11}{20}$ m d) $\frac{23}{25}$ m e) $\frac{24}{25}$ m

2 Erweitere den Bruch so, dass im Nenner 60 steht und wandle dann in min um.

a) $\frac{1}{4}$ h b) $\frac{1}{5}$ h c) $\frac{2}{3}$ h d) $\frac{4}{15}$ h e) $\frac{7}{20}$ h

3 Rechne um, indem du zuerst auf einen geeigneten Nenner erweiterst.

a) $\frac{7}{8}$ kg in g b) $\frac{4}{5}\,cm^2$ in mm^2 c) $\frac{2}{3}$ Tage in h d) $\frac{11}{12}$ h in min

e) $\frac{3}{5}$ t in kg f) $\frac{1}{8}\,dm^2$ in mm^2 g) $\frac{5}{6}$ Tage in h h) $\frac{11}{15}$ min in s

4 Schreibe zunächst in m und ordne dann der Größe nach.

a) 7,2 cm; 68 mm; 0,45 dm; 0,059 m; $\frac{3}{4}$ dm; $75\frac{1}{2}$ mm; $\frac{7}{100}$ m

b) 120,5 m; 0,13 km; 1469 cm; $\frac{1}{8}$ km; $\frac{652}{5}$ m; 1105 dm

5 Schreibe zunächst in g und ordne dann der Größe nach.

a) 1230 g; 0,012 t; 1,32 kg; $\frac{5}{4}$ kg; $\frac{1}{400}$ t; $\frac{6178}{5}$ g

b) 56,9 g; 40 000 mg; 0,050 kg; $\frac{5}{80}$ kg; $\frac{7}{80\,000}$ t; $\frac{111}{2}$ g

6 Schreibe zunächst in m^2 und ordne dann der Größe nach.

a) $1{,}35\,m^2$; 0,12 a; $14\,500\,cm^2$; $\frac{1}{80}$ a; $\frac{231}{2}\,dm^2$; $\frac{1}{1000}$ ha

b) $78{,}5\,m^2$; 0,81 a; $7888\,dm^2$; $\frac{4}{500}$ ha; $\frac{17}{20}$ a; $\frac{165}{2}\,m^2$

7 Schreibe zunächst in s und ordne dann der Größe nach.

a) 13 min; 0,2 h; 690 s; $\frac{5}{24}$ h; $\frac{61}{5}$ min; $\frac{7}{720}$ Tage

b) 0,55 min; 0,009 h; 28,5 s; $\frac{1}{120}$ h; $\frac{9}{20}$ min; $\frac{131}{5}$ s

8 Übertrage die Figur in dein Heft und ergänze.

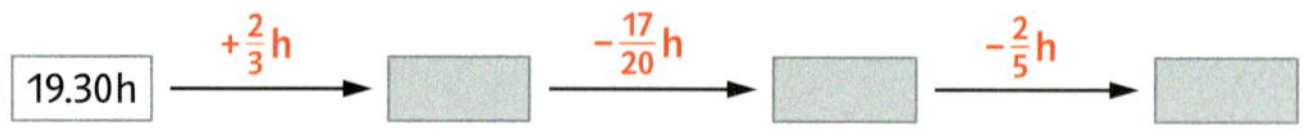

Addieren und Subtrahieren

1 Kürze wenn möglich.

a)

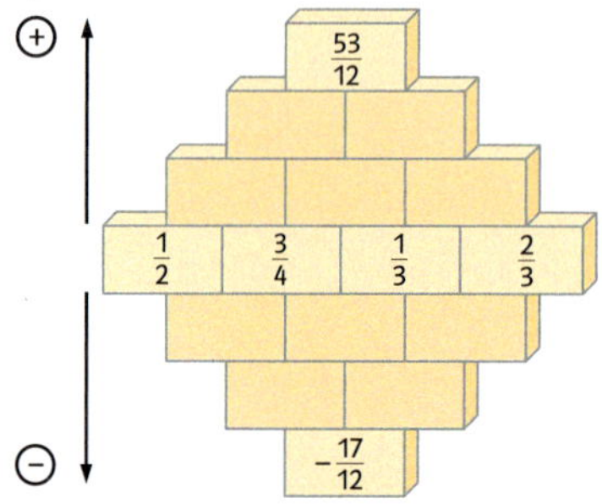

b)

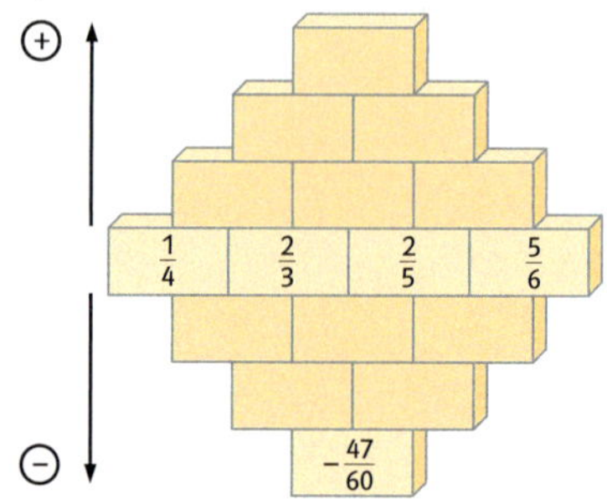

2 Berechne und gib das Ergebnis als vollständig gekürzten Bruch an.

a) $\frac{1}{4}+\frac{1}{6}$ b) $\frac{1}{8}+\frac{1}{12}$ c) $\frac{1}{4}+\frac{1}{10}$ d) $\frac{1}{10}+\frac{1}{15}$ e) $\frac{1}{15}+\frac{1}{20}$

f) $\frac{3}{14}+\frac{5}{21}$ g) $\frac{7}{12}+\frac{5}{18}$ h) $\frac{4}{15}+\frac{3}{20}$ i) $\frac{11}{15}+\frac{3}{25}$ j) $\frac{7}{10}+\frac{4}{15}$

3 Berechne und gib das Ergebnis als vollständig gekürzten Bruch an.

a) $\frac{1}{12}-\frac{1}{15}$ b) $\frac{1}{6}-\frac{1}{9}$ c) $\frac{1}{6}-\frac{1}{8}$ d) $\frac{1}{12}-\frac{1}{18}$ e) $\frac{5}{12}-\frac{3}{8}$

f) $\frac{1}{3}-\frac{11}{12}$ g) $\frac{1}{4}-\frac{7}{8}$ h) $\frac{1}{3}-\frac{17}{18}$ i) $\frac{7}{18}-\frac{2}{3}$ j) $\frac{3}{8}-\frac{17}{24}$

k) $\frac{2}{5}-\frac{7}{15}$ l) $\frac{3}{8}-\frac{7}{12}$ m) $\frac{11}{5}-\frac{5}{6}$ n) $\frac{1}{10}-\frac{4}{14}$ o) $\frac{7}{12}-\frac{5}{8}$

4 Berechne und kürze falls möglich.

a) $\frac{5}{14}+\frac{8}{21}$ b) $\frac{3}{10}-\frac{4}{15}$ c) $\frac{1}{18}-\frac{5}{27}$ d) $\frac{5}{22}-\frac{3}{20}$ e) $\frac{7}{16}-\frac{5}{12}$

f) $\frac{11}{20}-\frac{3}{16}$ g) $\frac{11}{12}+\frac{3}{10}$ h) $\frac{7}{12}-\frac{7}{16}$ i) $\frac{3}{25}+\frac{7}{40}$ j) $\frac{7}{30}-\frac{9}{20}$

k) $\frac{7}{9}-\frac{9}{7}$ l) $\frac{13}{8}-\frac{8}{5}$ m) $\frac{15}{17}-\frac{17}{20}$ n) $\frac{7}{2}-\frac{40}{11}$ o) $\frac{9}{13}-\frac{12}{19}$

5 Schreibe den Bruch als Dezimalzahl und berechne.

a) $3{,}5+\frac{3}{5}$ b) $\frac{1}{2}-1{,}2$ c) $\frac{3}{4}-0{,}2$ d) $\frac{4}{5}-\frac{3}{2}$ e) $\frac{2}{5}-3{,}02$

f) $0{,}8-\frac{1}{20}$ g) $\frac{1}{4}+1{,}63$ h) $2{,}08-\frac{9}{4}$ i) $4{,}83-\frac{2}{5}$ j) $\frac{7}{5}-7{,}28$

6 Schreibe die Dezimalzahl als Bruch und berechne.

a) $0{,}5+\frac{1}{4}$ b) $\frac{3}{4}+0{,}2$ c) $\frac{4}{5}-1{,}6$ d) $\frac{2}{3}+0{,}75$ e) $5{,}05-\frac{5}{6}$

f) $0{,}4-\frac{1}{3}$ g) $\frac{2}{7}+0{,}5$ h) $5{,}02-\frac{17}{3}$ i) $\frac{3}{24}-1{,}5$ j) $\frac{5}{6}-0{,}45$

7 Berechne.

a) $\frac{14}{3}-\left(\frac{2}{3}+\frac{1}{4}\right)$ b) $\frac{7}{5}-\left(\frac{7}{2}+\frac{7}{9}\right)$ c) $\frac{4}{3}-\left(\frac{1}{2}+\frac{5}{6}\right)$ d) $\frac{9}{8}-\left(1{,}25+\frac{7}{16}\right)$

e) $\frac{1}{3}-\left(\frac{9}{10}-\frac{11}{15}\right)$ f) $\frac{7}{8}-\left(5{,}25-\frac{5}{9}\right)$ g) $\frac{12}{7}-\left(\frac{4}{3}-\frac{3}{7}\right)$ h) $9{,}5-\left(\frac{55}{3}-\frac{23}{12}\right)$

8 Fülle die Zauberquadrate aus. Berechne die Zauberzahl.

a)

$\frac{-2}{3}$	$\frac{1}{3}$		
		$\frac{-2}{3}$	$\frac{1}{3}$
$\frac{5}{6}$	$\frac{-3}{4}$		
	$\frac{-1}{6}$		$\frac{-3}{4}$

b)

$\frac{-5}{4}$		$\frac{-11}{4}$	
$\frac{-13}{12}$	$\frac{-1}{2}$		$\frac{7}{5}$
	$\frac{-11}{4}$		$\frac{-5}{4}$
		$\frac{-1}{2}$	

9 Rechne geschickt.

a) $\frac{1}{4}+\left(\frac{1}{2}+\frac{3}{4}\right)$ b) $\frac{1}{8}-\left(\frac{3}{8}+\frac{1}{2}\right)$ c) $\left(\frac{4}{5}-\frac{1}{3}\right)-\frac{1}{5}$ d) $\left(\frac{1}{2}-\frac{1}{5}\right)-\frac{2}{3}$

e) $\left(\frac{2}{3}+\frac{1}{4}\right)+\frac{3}{4}$ f) $\left(\frac{1}{4}+\frac{1}{5}\right)-\frac{9}{20}$ g) $\frac{1}{2}+\left(\frac{2}{3}-\frac{3}{4}\right)$ h) $\frac{1}{9}-\left(\frac{4}{7}+\frac{2}{3}\right)$

i) $\frac{1}{3}+\frac{3}{4}+\frac{2}{3}+\frac{1}{2}$ j) $\frac{2}{7}+\frac{1}{8}-\frac{3}{4}+\frac{5}{7}$ k) $\frac{12}{13}+\frac{9}{2}-\frac{25}{13}-\frac{27}{4}$ l) $\frac{3}{8}+\frac{5}{4}-\frac{7}{8}-0{,}5$

m) $\frac{4}{9}+\frac{5}{6}+\frac{14}{9}+\frac{2}{3}$ n) $\frac{15}{7}-\frac{4}{3}+\frac{20}{21}-\frac{6}{7}$ o) $\frac{11}{13}-\frac{2}{3}-\frac{37}{13}+\frac{17}{4}$ p) $\frac{5}{6}-0{,}8+\frac{2}{7}-\frac{1}{3}$

10 Berechne, gib das Ergebnis als Bruch und in dezimaler Schreibweise an.

a) $\frac{1}{4}+1{,}63$ b) $2{,}08-\frac{9}{4}$ c) $4{,}83-\frac{2}{5}$ d) $\frac{3}{5}-7{,}28$

e) $\frac{1}{5}+3{,}82$ f) $\frac{4}{5}-0{,}678$ g) $0{,}19-\frac{3}{4}$ h) $\frac{1}{2}-2{,}49$

i) $10+\frac{1}{4}-1{,}8$ j) $3{,}2+\frac{1}{2}-4{,}8$ k) $3{,}4-0{,}6+\frac{3}{4}$ l) $2-8{,}8+\frac{9}{5}$

m) $\frac{3}{4}-\frac{1}{2}+0{,}73$ n) $\frac{2}{5}-\frac{1}{2}+4{,}3$ o) $\frac{3}{8}-4{,}625+2{,}25$ p) $\frac{9}{250}-\frac{19}{10}+0{,}3$

q) $5{,}5+\frac{3}{4}-2{,}75$ r) $\frac{5}{8}-\frac{1}{4}-2{,}375$ s) $4{,}5-\frac{7}{4}-3{,}45$ t) $\frac{17}{125}-0{,}55+\frac{1}{8}$

11 a)

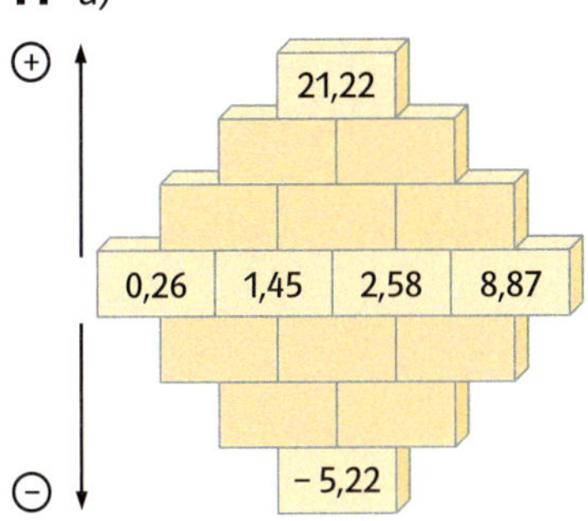

b)

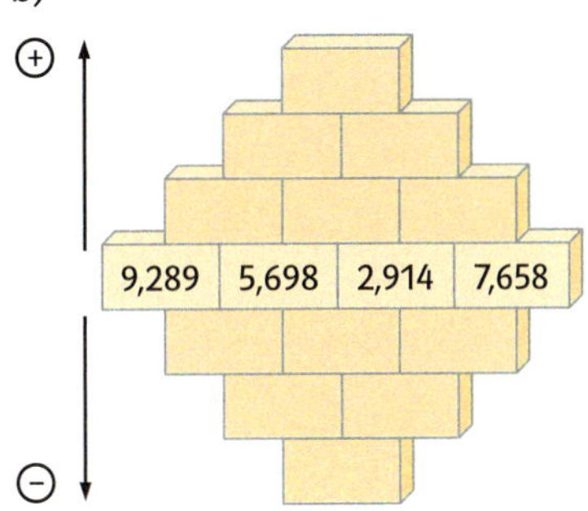

12 Mache zuerst einen Überschlag und berechne dann.

a) 25,32 + 24,03 b) 18,675 + 0,98 c) 52,49 + 19,983

d) 608,08 + 35,47 e) 78,99 − 173,83 f) 371,7 − 250,95

g) 283,4 − 397,92 h) 739,83 − 841,9 i) 403,169 − 174,84

j) 6861,46 − 351,29 k) 2256,29 − 456,8 l) 7842,83 − 8615

13 Mache zuerst einen Überschlag und berechne dann.

a) 200 − (520,8 − 487,6) + 74,1 b) (38,4 + 17,9) − (39,81 + 14,26)

c) (36,5 − 3,8) − (81,63 − 19,9 + 2,06) d) (486,96 − 391,58) − (931,6 − 48,93)

e) 924,68 − (198,6 + 413,47) − 83,82 f) 245,86 − (465,8 + 654,09) + 43,62

Kapitel II

14 Berechne. Runde das Ergebnis auf Zehntel.

a) 4,23 + 8,751 + 6,9 + 7,253
b) 675,3 − (24,25 + 8,647 + 14,2)
c) 810,82 − 10,8 + 20,53 − 49,01
d) 7,604 − 2,0035 + (8,6 + 7,25 − 33,8)
e) 6,83 − 9,231 + 8,3 − 9,467
f) (54,65 + 9,132 + 41,5)− 241,6
g) 120,91 − 60,2 − 71,65 − 91,42
h) 8,274 − 5,1723 + (71,3 + 9,1 − 63,1)

15 a)

+	$\frac{1}{4}$	$\frac{7}{3}$	$-\frac{3}{8}$
$\frac{1}{2}$			
$\frac{3}{5}$			
$-\frac{2}{3}$			

b)

−	$\frac{3}{2}$	$\frac{4}{3}$	$-\frac{2}{5}$
$\frac{3}{4}$			
$\frac{1}{8}$			
$-\frac{11}{3}$			

c)

−	$\frac{7}{12}$	$-\frac{17}{24}$	$\frac{29}{40}$
$\frac{5}{4}$			
$\frac{11}{8}$			
$-\frac{3}{16}$			

Kapitel IV

Multiplizieren und Dividieren

1 Kürze, falls möglich, vor dem Ausrechnen.

a) $\frac{2}{9}\cdot\frac{3}{4}$ b) $\frac{7}{8}\cdot\frac{-1}{4}$ c) $\frac{-14}{9}\cdot\frac{6}{7}$ d) $\frac{24}{35}\cdot\frac{-21}{20}$ e) $\frac{16}{-17}\cdot\frac{85}{48}$
f) $\frac{11}{13}\cdot\frac{39}{77}$ g) $\frac{-17}{81}\cdot\frac{28}{51}$ h) $\frac{-5}{7}\cdot\frac{10}{21}$ i) $\frac{14}{27}\cdot\frac{-9}{28}$ j) $\frac{17}{-69}\cdot\frac{-25}{51}$
k) $\frac{33}{37}\cdot\frac{74}{99}$ l) $\frac{25}{13}\cdot\frac{-39}{100}$ m) $\frac{-9}{20}\cdot\frac{10}{-21}$ n) $\frac{21}{25}\cdot\frac{3}{-5}$ o) $\frac{11}{12}\cdot\frac{6}{55}$
p) $\frac{4}{15}\cdot\frac{1}{8}$ q) $\frac{15}{16}\cdot\frac{20}{55}$ r) $-\frac{4}{7}\cdot\frac{25}{12}$ s) $\frac{-9}{22}\cdot\frac{6}{11}$ t) $\frac{7}{12}\cdot\frac{6}{35}$
u) $\frac{3}{2}\cdot\frac{1}{2}$ v) $\frac{12}{25}\cdot\frac{15}{16}$ w) $\frac{22}{45}\cdot\frac{40}{55}$ x) $\frac{-3}{5}\cdot\frac{15}{42}$ y) $\frac{13}{25}\cdot\frac{10}{39}$

2 Berechne. Kürze so früh wie möglich.

a) $\frac{2}{3}:\frac{4}{9}$ b) $\frac{-7}{8}:\frac{1}{4}$ c) $\frac{2}{5}:-\frac{3}{10}$ d) $\frac{1}{3}:\frac{4}{3}$ e) $\frac{-2}{7}:\frac{-3}{8}$
f) $\frac{4}{9}:\frac{2}{3}$ g) $\frac{9}{10}:\frac{3}{5}$ h) $\frac{-5}{7}:\frac{10}{21}$ i) $\frac{1}{2}:\frac{1}{-10}$ j) $\frac{9}{22}:\frac{6}{11}$
k) $\frac{5}{6}:\frac{12}{17}$ l) $\frac{21}{25}:\frac{-3}{5}$ m) $\frac{-49}{50}:\frac{7}{-25}$ n) $\frac{56}{57}:\frac{14}{19}$ o) $\frac{-50}{51}:\frac{10}{3}$

3 Berechne. Kürze, falls möglich.

a) $\frac{5}{7}:\frac{10}{21}$ b) $\frac{3}{5}\cdot\frac{-25}{84}$ c) $\frac{7}{8}:\frac{1}{4}$ d) $\frac{-7}{5}\cdot\frac{21}{25}$ e) $\frac{63}{50}:\frac{7}{22}$
f) $\frac{24}{17}\cdot\frac{1}{8}$ g) $\frac{-9}{10}:\frac{3}{-5}$ h) $\frac{5}{7}:\frac{40}{21}$ i) $\frac{-4}{15}\cdot\frac{7}{8}$ j) $\frac{13}{25}\cdot\frac{80}{39}$
k) $\frac{2}{5}:\frac{3}{10}$ l) $\frac{4}{13}\cdot\frac{65}{-12}$ m) $\frac{4}{7}\cdot\frac{-3}{32}$ n) $\frac{14}{19}\cdot\frac{95}{49}$ o) $\frac{17}{69}\cdot\frac{15}{51}$

4 Berechne. Kürze, falls möglich.

a) 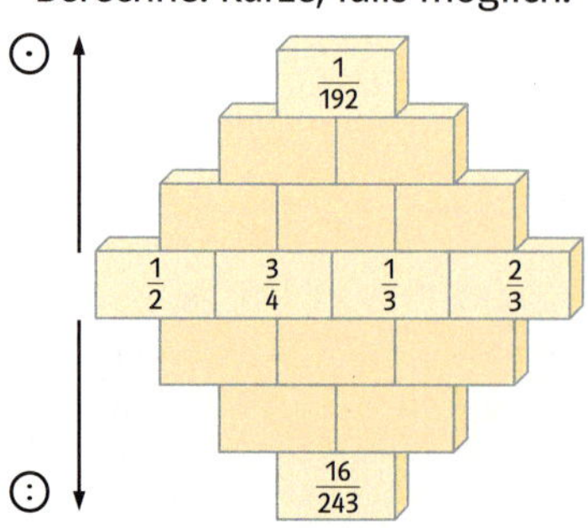

b) 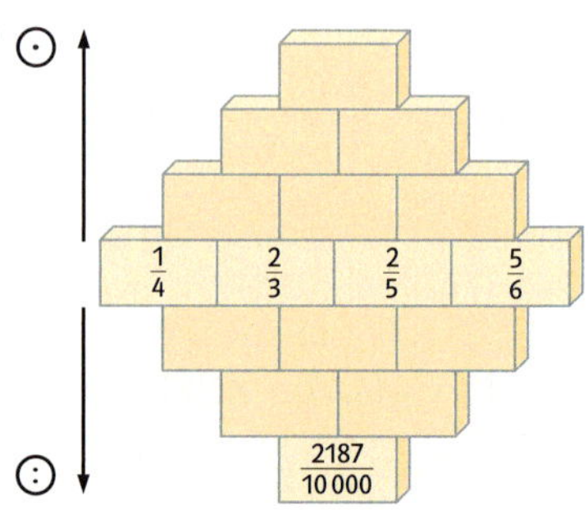

5 Berechne.

a) $45{,}319 \cdot 100$ b) $9{,}01 \cdot (-1000)$ c) $10\,000 \cdot 0{,}0025$ d) $10 \cdot 3{,}084$
e) $0{,}035 \cdot 100$ f) $100\,000 \cdot 0{,}0078$ g) $(-38{,}6) \cdot 1000$ h) $100 \cdot (-15)$
i) $0{,}0004 \cdot 10$ j) $384{,}5 : 10$ k) $-384{,}5 : (-100)$ l) $384{,}5 : 10$
m) $0{,}0047 : 10$ n) $(-30{,}03) : 10$ o) $7{,}5 : 10$ p) $-3{,}9 : 100$
q) $5 : 10$ r) $-0{,}8 : (-100)$ s) $0{,}0032 : 100$ t) $7000 : (-10\,000)$

6 Berechne mithilfe von Kommaverschiebung im Kopf.

a) $0{,}03 \cdot 50$ b) $90 \cdot (-0{,}05)$ c) $-0{,}24 \cdot 20$ d) $1{,}7 \cdot 20$ e) $-0{,}7 \cdot (-80)$
f) $0{,}11 \cdot 800$ g) $0{,}06 \cdot 150$ h) $-250 \cdot 0{,}4$ i) $12{,}5 \cdot 40$ j) $-25 \cdot 0{,}2$
k) $22 \cdot 0{,}05$ l) $11 \cdot 0{,}09$ m) $0{,}08 \cdot (-70)$ n) $0{,}06 \cdot 40$ o) $55 \cdot (-0{,}02)$
p) $35 \cdot 0{,}2$ q) $45 \cdot (-0{,}4)$ r) $410 \cdot 0{,}03$ s) $-52 \cdot 0{,}04$ t) $0{,}035 \cdot 40$

7 Führe zunächst eine Überschlagsrechnung durch. Berechne dann genau.

a) $64{,}2 \cdot 0{,}12$ b) $18{,}5 \cdot (-0{,}488)$ c) $27{,}21 \cdot 0{,}011$ d) $-0{,}052 \cdot 318$
e) $520 \cdot 0{,}45$ f) $309 \cdot 0{,}035$ g) $(-82{,}5) \cdot 0{,}29$ h) $-39{,}4 \cdot (-0{,}91)$
i) $832 \cdot 3{,}03$ j) $-8{,}73 \cdot 732{,}1$ k) $0{,}045 \cdot 485$ l) $-34{,}2 \cdot (-0{,}68)$
m) $0{,}049 \cdot 65{,}4$ n) $-14{,}8 \cdot (-19{,}3)$ o) $(-87{,}4) \cdot 0{,}38$ p) $456{,}2 \cdot (-56{,}3)$

8 Berechne.

a) $1{,}5 : 2$ b) $3{,}8 : (-2)$ c) $(-7{,}8) : 6$ d) $5{,}7 : (-19)$ e) $9{,}6 : 12$
f) $13{,}2 : 11$ g) $-35{,}7 : 17$ h) $87{,}1 : 13$ i) $-124{,}2 : 9$ j) $0{,}963 : (-3)$
k) $0{,}624 : 6$ l) $7{,}56 : (-6)$ m) $0{,}084 : 12$ n) $-0{,}096 : 8$ o) $(-0{,}231) : 7$

9 Mache bei den folgenden Aufgaben immer zuerst eine Überschlagsrechnung.

a) $2{,}25 : 0{,}018$ b) $58{,}24 \cdot (-455)$ c) $(-12{,}1) : 9{,}68$ d) $28 : 0{,}448$
e) $20{,}67 \cdot 0{,}65$ f) $139632 : 0{,}032$ g) $17{,}11 \cdot (-29{,}5)$ h) $-288{,}64 : 32$
i) $5{,}95 : 1{,}7$ j) $360 \cdot \frac{1}{125}$ k) $-25 : \left(-\frac{5}{40}\right)$ l) $(-0{,}12) : (-0{,}3)$
m) $0{,}56 \cdot \frac{4}{5}$ n) $0{,}96 : 1{,}2$ o) $1{,}44 \cdot (-3{,}6)$ p) $(-0{,}17) : 0{,}5$
q) $0{,}03 \cdot \frac{1}{5}$ r) $-0{,}303 \cdot \frac{1}{2}$ s) $2{,}97 : \left(-\frac{9}{10}\right)$ t) $-4{,}42 : \left(-\frac{13}{10}\right)$

10 Trage in jedes Kästchen über zwei Zahlen jeweils ihr Produkt ein.

a)

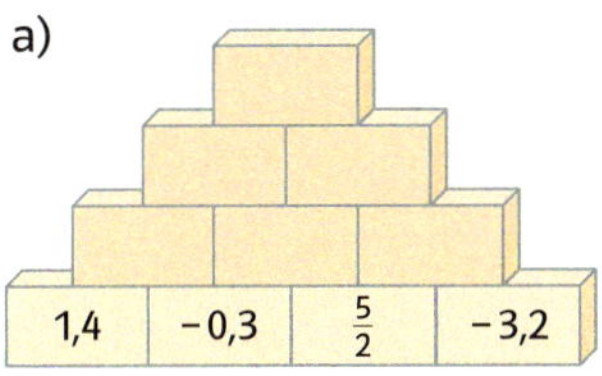

b)

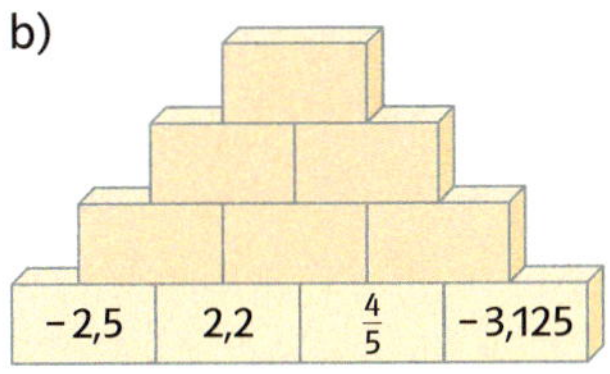

Addieren, Subtrahieren, Multiplizieren und Dividieren

1 Beachte: Punktrechnung vor Strichrechung, aber Klammern zuerst. Berechne.

a) $\frac{1}{2} \cdot \frac{1}{3} + \frac{1}{6}$ b) $\frac{2}{5} \cdot \frac{1}{4} - \frac{3}{10}$ c) $\frac{2}{3} \cdot \frac{3}{4} + \frac{7}{10}$ d) $\frac{4}{5} \cdot \frac{5}{8} - \frac{2}{3}$
e) $\frac{5}{6} + \frac{1}{3} \cdot \frac{2}{3}$ f) $\frac{1}{4} - \frac{5}{3} \cdot \frac{3}{4}$ g) $\frac{1}{2} \cdot \left(\frac{3}{2} + \frac{1}{4}\right)$ h) $\frac{2}{3} \cdot \left(\frac{1}{5} - \frac{1}{4}\right)$
i) $\left(\frac{3}{4} + \frac{1}{3}\right) \cdot \frac{4}{13}$ j) $\left(\frac{1}{5} - \frac{3}{8}\right) \cdot \frac{2}{7}$ k) $1\frac{1}{2} \cdot \left(2 + \frac{1}{3}\right)$ l) $2\frac{2}{3} \cdot \left(\frac{1}{6} - \frac{1}{2}\right)$

Addieren, Subtrahieren, Multiplizieren und Dividieren

1 Beachte: Punktrechnung vor Strichrechung, aber Klammern zuerst. Berechne.

a) $\frac{1}{2}\cdot\frac{1}{3}+\frac{1}{6}$ b) $\frac{2}{5}\cdot\frac{1}{4}-\frac{3}{10}$ c) $\frac{2}{3}\cdot\frac{3}{4}+\frac{7}{10}$ d) $\frac{4}{5}\cdot\frac{5}{8}-\frac{2}{3}$
e) $\frac{5}{6}+\frac{1}{3}\cdot\frac{2}{3}$ f) $\frac{1}{4}-\frac{5}{3}\cdot\frac{3}{4}$ g) $\frac{1}{2}\cdot\left(\frac{3}{2}+\frac{1}{4}\right)$ h) $\frac{2}{3}\cdot\left(\frac{1}{5}-\frac{1}{4}\right)$
i) $\left(\frac{3}{4}+\frac{1}{3}\right)\cdot\frac{4}{13}$ j) $\left(\frac{1}{5}-\frac{3}{8}\right)\cdot\frac{2}{7}$ k) $1\frac{1}{2}\cdot\left(2+\frac{1}{3}\right)$ l) $2\frac{2}{3}\cdot\left(\frac{1}{6}-\frac{1}{2}\right)$
m) $1\frac{4}{5}\cdot\left(\frac{1}{3}+\frac{5}{6}\right)$ n) $\left(\frac{2}{3}-\frac{3}{2}\right)\cdot1\frac{1}{5}$ o) $\frac{2}{3}+\frac{1}{2}:\frac{5}{4}$ p) $\frac{2}{7}:\frac{4}{5}-\frac{1}{2}$
q) $\frac{5}{6}:\frac{2}{3}+\frac{1}{3}$ r) $\frac{5}{18}-\frac{3}{4}:5$ s) $\frac{5}{7}-\frac{1}{2}:\frac{3}{4}$ t) $\frac{2}{5}:\frac{4}{5}-\frac{3}{4}$
u) $\frac{5}{8}:\frac{1}{4}-3\frac{8}{9}$ v) $\frac{2}{3}+\frac{1}{9}:\frac{11}{12}$ w) $\frac{2}{3}:\left(\frac{5}{6}-\frac{1}{2}\right)$ x) $\frac{5}{16}:\left(\frac{3}{8}+\frac{1}{4}\right)$

2 Berechne. Beachte dabei die Reihenfolge der Rechenschritte.

a) $\frac{2}{5}\cdot\frac{3}{4}-\frac{1}{4}:2\frac{1}{2}$ b) $\frac{1}{2}:1\frac{1}{3}-\frac{1}{3}:\frac{4}{5}$ c) $\frac{5}{7}:\frac{10}{11}+\frac{3}{8}\cdot\frac{4}{7}$ d) $\frac{4}{9}\cdot1\frac{4}{5}+\frac{3}{10}:\frac{2}{5}$
e) $1\frac{1}{3}\cdot\frac{1}{6}-\frac{5}{6}\cdot2\frac{2}{5}$ f) $5\frac{1}{3}:\left(-\frac{4}{9}\right)-3\frac{1}{3}\cdot\frac{3}{5}$ g) $\left(\frac{2}{3}+\frac{1}{2}\right)\cdot\left(\frac{1}{4}+\frac{1}{3}\right)$ h) $\left(\frac{2}{5}-\frac{1}{2}\right)\cdot\left(\frac{1}{3}+\frac{1}{5}\right)$
i) $\left(\frac{1}{6}+\frac{3}{4}\right)\cdot\left(\frac{1}{2}-\frac{2}{5}\right)$ j) $\left(\frac{3}{7}-\frac{1}{3}\right)\cdot\left(\frac{1}{2}-\frac{1}{3}\right)$ k) $\left(\frac{-1}{3}-\frac{3}{4}\right)\cdot\left(\frac{1}{6}-\frac{4}{3}\right)$ l) $\left(\frac{2}{3}+\frac{3}{4}\right):\left(\frac{1}{3}-\frac{5}{7}\right)$
m) $\left(\frac{2}{3}-0{,}5\right):\left(\frac{3}{4}+\frac{1}{8}\right)$ n) $\left(\frac{2}{5}+0{,}3\right)\cdot\left(\frac{3}{7}-0{,}25\right)$ o) $\left(\frac{1}{9}-\frac{7}{12}\right)\cdot\left(\frac{3}{10}-\frac{3}{5}\right)$ p) $\left(\frac{5}{16}+\frac{3}{8}\right):\left(\frac{1}{4}+2\frac{1}{2}\right)$
q) $\left(\frac{5}{9}-\frac{1}{3}\right):\left(\frac{2}{7}+\frac{2}{3}\right)$ r) $\left(\frac{5}{6}+\frac{3}{4}\right)\cdot\left(\frac{1}{7}-1\right)$ s) $\left(0{,}6-\frac{1}{10}\right):\left(\frac{3}{4}+\frac{5}{8}\right)$ t) $\left(2+\frac{1}{9}\right)\cdot\left(0{,}3-\frac{3}{5}\right)$
u) $4\cdot\left(0{,}75-\left(\frac{1}{2}-0{,}375\right)\right)$ v) $\left(1\frac{1}{3}-\left(\frac{5}{6}+\frac{11}{12}\right)\right)\cdot0{,}6$ w) $\left(\frac{4}{5}-\left(2\frac{1}{2}-1\frac{3}{4}\right)\right):0{,}1$ x) $-0{,}625\cdot\left(\frac{2}{3}-\left(\frac{5}{12}+\frac{7}{15}\right)\right)$

3 Berechne.

a) $(1{,}5\cdot2+3{,}8-4{,}8)\cdot0{,}485$ b) $(4{,}8\cdot3-6\cdot0{,}51-7{,}46)\cdot17{,}1$
c) $(2{,}6\cdot3{,}5-3{,}1\cdot2{,}5)\cdot(-0{,}11)$ d) $5{,}31\cdot(7{,}2\cdot5{,}1-6{,}8\cdot4{,}9+16{,}6)$
e) $12{,}6+3{,}25\cdot(1{,}8-1{,}65)$ f) $(3{,}4\cdot0{,}3+4{,}8\cdot0{,}11)-2{,}8\cdot6{,}5$
g) $8{,}76\cdot(5{,}99-6{,}91)+7{,}69\cdot7$ h) $25{,}99-4{,}01\cdot22-12\cdot(3{,}5-2{,}09)$
i) $70:0{,}2-78{,}3:(5{,}1:17-0{,}1)$ j) $-8{,}5\cdot(35{,}35:7+4{,}95)-17{,}5$
k) $24-4:\left(2{,}3-13:\frac{130}{3}\right)-22$ l) $(1{,}8+0{,}2\cdot5+1{,}7):0{,}009$
m) $(7{,}3-0{,}0085\cdot1800):0{,}016$ n) $6{,}206:2-(2{,}08-0{,}638):1{,}4$
o) $\left(\frac{9}{2}:0{,}06-0{,}3:0{,}75\right):25$ p) $\left(15{,}6:3-40:\frac{5}{2}\right):(2{,}88:4{,}8-2{,}4)$

4 Rechne geschickt. Nutze dabei Rechengesetze.

a) $\frac{3}{5}\cdot\frac{7}{8}\cdot\frac{5}{3}\cdot\frac{8}{7}$ b) $\frac{27}{16}\cdot\frac{-39}{144}\cdot\frac{16}{27}\cdot\frac{144}{39}$ c) $\frac{11}{47}\cdot\frac{-3}{8}\cdot\frac{94}{-11}\cdot\frac{16}{15}$
d) $\frac{169}{109}\cdot\frac{15}{17}\cdot\frac{109}{13}\cdot\frac{17}{225}$ e) $2\frac{1}{3}\cdot\left(-3\frac{2}{5}\right)\cdot(-3)\cdot(-5)$ f) $7\frac{13}{14}\cdot4\frac{13}{17}\cdot(-21)\cdot34$
g) $-4\cdot5\frac{13}{17}\cdot7\cdot3\frac{1}{49}$ h) $6\frac{2}{3}\cdot9\frac{3}{7}\cdot\frac{1}{66}\cdot\frac{21}{20}$ i) $-9\frac{1}{2}\cdot\frac{-7}{8}\cdot\frac{6}{19}\cdot\frac{-2}{21}$

5 Berechne. Nutze dabei Rechengesetze.

a) $\left(\frac{1}{3}+\frac{1}{6}\right)\cdot3$ b) $\left(\frac{7}{36}-\frac{63}{144}\right)\cdot\frac{4}{7}$ c) $16\cdot\left(\frac{-7}{8}-1\frac{3}{4}\right)$
d) $\frac{1}{7}\cdot\frac{2}{3}+\frac{6}{7}\cdot\frac{2}{3}$ e) $\frac{27}{39}\cdot18-\frac{105}{39}\cdot18$ f) $\frac{4}{17}\cdot\frac{5}{27}+2\frac{13}{17}\cdot\frac{5}{27}$
g) $2\frac{1}{3}\cdot\frac{3}{20}+7\frac{2}{3}\cdot\frac{3}{20}$ h) $7\frac{9}{16}\cdot\frac{9}{25}+2\frac{7}{16}\cdot\frac{9}{25}$ i) $16\frac{1}{8}\cdot8\frac{1}{5}-14\frac{1}{8}\cdot8\frac{1}{5}$

6 Rechne geschickt.

a) $\left(\frac{1}{2}+\frac{2}{3}\right)\cdot\frac{3}{5}+\left(\frac{1}{2}+\frac{2}{3}\right)\cdot\frac{2}{5}$

b) $\left(2\frac{1}{4}-1\frac{5}{8}\right)\cdot\frac{13}{11}+\left(2\frac{1}{4}-1\frac{5}{8}\right)\cdot\frac{9}{11}$

c) $1\frac{5}{8}\cdot\left(3\frac{1}{7}+7\frac{1}{3}\right)-\left(7\frac{1}{7}+3\frac{1}{3}\right)\cdot1\frac{5}{8}$

d) $\left(\frac{7}{9}+2\frac{4}{9}\right):\frac{9}{31}-\left(2\frac{4}{9}+\frac{7}{9}\right):\frac{9}{13}$

e) $\left(2\frac{5}{9}-5\frac{1}{3}\right):\frac{5}{7}+\left(2\frac{5}{9}-5\frac{1}{3}\right):\frac{5}{8}$

f) $\left(4\frac{1}{8}+3\frac{3}{16}\right)\cdot2\frac{1}{9}+1\frac{4}{9}\cdot\left(4\frac{1}{8}+3\frac{3}{16}\right)$

g) $6\cdot\left(0{,}5+\frac{2}{3}-0{,}75\right)$

h) $\left(\frac{1}{12}-\frac{7}{3}+\frac{7}{8}\right)\cdot(-24)$

Kürzen und Erweitern

1 a) $\frac{28}{42}$ b) $\frac{15}{20}$ c) $\frac{-48}{56}$ d) $\frac{-13}{117}$ e) $\frac{56}{-96}$ f) $\frac{36}{80}$ g) $\frac{-72}{280}$ h) $\frac{-26}{60}$ i) $\frac{30}{-480}$ j) $\frac{540}{-855}$

2 a) $\frac{4}{13}$; $\frac{8}{17}$; $\frac{-7}{11}$; $\frac{21}{-41}$; $\frac{-29}{48}$ b) $\frac{2}{7}$; $-\frac{5}{12}$; $\frac{8}{-13}$

3

Brüche erweitern	mit 2	mit 3	mit 7	mit 11	mit 15	mit 50	mit 100
$\frac{1}{2}$	$\frac{2}{4}$	$\frac{3}{6}$	$\frac{7}{14}$	$\frac{11}{22}$	$\frac{15}{30}$	$\frac{50}{100}$	$\frac{100}{200}$
$\frac{3}{5}$	$\frac{6}{10}$	$\frac{9}{15}$	$\frac{21}{35}$	$\frac{33}{55}$	$\frac{45}{75}$	$\frac{150}{250}$	$\frac{300}{500}$
$\frac{-7}{8}$	$\frac{-14}{16}$	$\frac{-21}{24}$	$\frac{-49}{56}$	$\frac{-77}{88}$	$\frac{-105}{120}$	$\frac{-350}{400}$	$\frac{-700}{800}$
$\frac{5}{-7}$	$\frac{10}{-14}$	$\frac{15}{-21}$	$\frac{35}{-49}$	$\frac{55}{-77}$	$\frac{75}{-105}$	$\frac{250}{-350}$	$\frac{500}{-700}$
$-\frac{4}{15}$	$-\frac{8}{30}$	$-\frac{12}{45}$	$-\frac{28}{105}$	$-\frac{44}{165}$	$-\frac{60}{225}$	$-\frac{200}{750}$	$-\frac{400}{1500}$
$\frac{1}{24}$	$\frac{2}{48}$	$\frac{3}{72}$	$\frac{7}{168}$	$\frac{11}{264}$	$\frac{15}{360}$	$\frac{50}{1200}$	$\frac{100}{2400}$
$\frac{2}{25}$	$\frac{4}{50}$	$\frac{6}{75}$	$\frac{14}{175}$	$\frac{22}{275}$	$\frac{30}{375}$	$\frac{100}{1250}$	$\frac{200}{2500}$
$\frac{-1}{50}$	$\frac{-2}{100}$	$\frac{-3}{150}$	$\frac{-7}{350}$	$\frac{-11}{550}$	$\frac{-15}{750}$	$\frac{-50}{2500}$	$\frac{-100}{5000}$
$\frac{25}{-111}$	$\frac{50}{-222}$	$\frac{75}{-333}$	$\frac{175}{-777}$	$\frac{275}{-1221}$	$\frac{375}{-1665}$	$\frac{1250}{-5550}$	$\frac{2500}{-11100}$
$-\frac{9}{750}$	$-\frac{18}{1500}$	$-\frac{27}{2250}$	$-\frac{63}{5250}$	$-\frac{99}{8250}$	$-\frac{135}{11250}$	$-\frac{450}{37500}$	$-\frac{900}{75000}$

4 a) $\frac{2}{3}$; $\frac{5}{8}$; 1 b) $\frac{1}{2}$; $\frac{1}{4}$; $\frac{1}{3}$ c) $\frac{1}{3}$; $-\frac{1}{6}$; $-\frac{1}{3}$ d) $\frac{1}{4}$; $-\frac{9}{2}$; $-\frac{1}{2}$ e) $-\frac{3}{4}$; $-\frac{1}{3}$; $\frac{3}{5}$ f) $-\frac{6}{13}$; $\frac{6}{7}$; -3 g) $\frac{5}{7}$; $-\frac{3}{4}$; $-\frac{3}{7}$ h) $\frac{2}{5}$; $\frac{3}{7}$; $\frac{3}{4}$

5 a) $\frac{6}{8}$; $\frac{9}{12}$; $\frac{-39}{-52}$; $\frac{129}{172}$; $\frac{-192}{-256}$ b) $\frac{12}{16}$; $\frac{21}{28}$; $\frac{-39}{-52}$; $\frac{48}{64}$; $\frac{-99}{-132}$

6 a) $\frac{5}{13}$ b) $-\frac{5}{14}$ c) $\frac{24}{36}$ d) $-\frac{45}{60}$ e) $\frac{12}{21}$ f) $-\frac{15}{25}$ g) $\frac{1750}{3000}$ h) $-\frac{3150}{3850}$

7 a) $\frac{8}{12} = \frac{24}{36} = \frac{56}{84} = \frac{-48}{-72} = \frac{-104}{-156}$ b) $\frac{6}{15} = \frac{18}{45} = \frac{42}{105} = \frac{-54}{-135} = \frac{-66}{-165}$ c) $\frac{-7}{3} = \frac{-28}{12} = \frac{49}{-21} = \frac{147}{-63} = \frac{-161}{69}$ d) $\frac{-5}{12} = \frac{25}{-60} = \frac{-50}{120} = \frac{-45}{108} = \frac{55}{-132}$ e) $\frac{3}{-11} = \frac{27}{-99} = \frac{-33}{121} = \frac{-36}{132} = \frac{42}{-154}$ f) $\frac{2}{-23} = \frac{22}{-253} = \frac{-10}{115} = \frac{-56}{644} = \frac{14}{-161}$

8 a) 75 cm b) 120 cm c) 55 cm d) 52 cm e) 188 cm

9 a) 875 g b) 3750 g c) 80 mm^2 d) 220 mm^2 e) 16 h f) 30 h g) 50 min h) 84 min i) 375 kg j) 4250 kg k) 2400 s l) 4500 s

10 a) $\frac{1}{2} > \frac{1}{3}$ b) $\frac{-2}{3} < \frac{1}{6}$ c) $\frac{5}{8} < \frac{7}{10}$ d) $\frac{11}{-12} > -\frac{19}{20}$ e) $\frac{3}{4} > \frac{-7}{-10}$ f) $\frac{5}{11} < \frac{11}{15}$ g) $-\frac{2}{3} > \frac{-3}{4}$ h) $\frac{3}{8} < \frac{7}{12}$ i) $\frac{4}{-15} > \frac{-7}{10}$ j) $-\frac{11}{12} > \frac{-14}{15}$

11 a) $\frac{-5}{6} < \frac{9}{-12} < \frac{-2}{3} < -\frac{1}{2} < \frac{-1}{4} < \frac{1}{3} < \frac{7}{12} < \frac{5}{8} < \frac{3}{4}$ b) $\frac{-35}{19} < \frac{12}{-7} < -\frac{8}{5} < -\frac{15}{11} < \frac{-16}{13} < \frac{12}{13} < \frac{18}{11} < \frac{9}{5} < \frac{13}{7} < \frac{37}{19}$

12 a) $\frac{4}{5}$ b) $\frac{1}{3}$; $\frac{4}{5}$; $\frac{10}{21}$; $\frac{2}{5}$; $\frac{7}{15}$ c) $\frac{1}{3}$; $\frac{-2}{3}$; $-\frac{3}{5}$; $\frac{10}{21}$; $\frac{10}{-23}$; $\frac{2}{5}$; $-\frac{9}{13}$; $\frac{7}{15}$; $\frac{-9}{11}$

13 a) $\frac{1}{2}$ b) $\frac{7}{2}$ c) $\frac{4}{5}$ d) 15 e) 2 f) $\frac{16}{3}$ g) $\frac{8}{3}$ h) $\frac{28}{45}$ i) $\frac{3}{2}$ j) 5 k) 12 l) $\frac{44}{5}$

Rationale Zahlen umwandeln

1 a) 0,3 = 30 % b) 0,37 = 37 % c) −0,7 = −70 % d) −0,637 = −63,7 % e) −0,13 = −13 % f) 0,237 = 23,7 % g) 0,0309 = 3,09 % h) −0,463 = −46,3 % i) −0,93 = −93 % j) −0,273 = −27,3 % k) 3,09 = 309 % l) 463,7 = 46 370 % m) −4,62 = −462 % n) −125,4 = −12 540 % o) −2,398 = −239,8 % p) 0,8 = 80 % q) 2,5 = 250 % r) −0,6 = −60 % s) −3,5 = −350 % t) −0,45 = −45 % u) 0,68 = 68 % v) 2,125 = 212,5 % w) −2,675 = −267,5 % x) −0,3125 = −31,25 % y) −1,156 25 = −115,625 %

2 a) $\frac{1}{4}$ = 25 % b) $\frac{1}{20}$ = 5 % c) $\frac{3}{20}$ = 15 % d) $-\frac{163}{50}$ = −326 % e) $-\frac{61}{20}$ = −305 % f) $\frac{7}{20}$ = 35 % g) $\frac{7}{100}$ = 7 % h) $\frac{24}{5}$ = 480 % i) $\frac{329}{25}$ = 1316 % j) $-\frac{69}{20}$ = −345 % k) $\frac{7}{5}$ = 140 % l) $\frac{427}{20}$ = 2135 % m) $\frac{3661}{500}$ = 732,2 % n) $\frac{8723}{100}$ = 8723 % o) $-\frac{9}{200}$ = −4,5 % p) $\frac{1009}{100}$ = 100,9 % q) $\frac{243}{4}$ = 6075 % r) $\frac{2949}{500}$ = 589,8 % s) $-\frac{87}{1000}$ = −8,7 % t) $\frac{5231}{1000}$ = 523,1 % u) $\frac{61}{200}$ = 30,5 % v) $\frac{81}{400}$ = 20,25 % w) $\frac{3793}{500}$ = 758,6 % x) $\frac{8259}{1000}$ = 825,9 % y) $-\frac{5231}{1000}$ = −523,1 %

3 a) $\frac{1}{10}$ = 0,1 b) $\frac{7}{4}$ = 1,75 c) $-\frac{1}{4}$ = −0,25 d) $-\frac{35}{140}$ = −0,25 e) $-\frac{3}{200}$ = −0,015 f) $\frac{9}{25}$ = 0,36 g) $\frac{7}{10}$ = 0,7 h) $-\frac{13}{40}$ = −0,325 i) $-\frac{8}{5}$ = −1,6 j) $-\frac{19}{20}$ = −0,85 k) $\frac{3}{20}$ = 0,15 l) $\frac{99}{125}$ = 0,792 m) $-\frac{3}{10}$ = −0,3 n) $-\frac{3}{10}$ = −0,3 o) $-\frac{11}{40}$ = −0,275 p) $\frac{17}{32}$ = 0,531 25 q) $\frac{7}{5}$ = 1,4 r) $-\frac{9}{10}$ = −0,9 s) $-\frac{11}{16}$ = −0,6875 t) $-\frac{3}{8}$ = −0,375

4 a) $\frac{5}{16}$ = 31,25 % b) $\frac{15}{32}$ = 46,875 % c) $\frac{9}{32}$ = 28,125 %

5 a) $\frac{1}{2}$ b) $\frac{1}{100}$ c) $\frac{4}{50}$ d) $\frac{6}{25}$ e) $\frac{1}{8}$ f) $\frac{7}{10}$ g) $\frac{99}{100}$ h) $\frac{3}{8}$ i) $\frac{6}{5}$ j) $\frac{3}{2}$

Anteile und Bruchteile berechnen

1

a)

Anteil	12 € von 150 €	8,50 € von 25 €	21,50 € von 40 €	34 € von 60 €
Bruch	$\frac{2}{25}$	$\frac{17}{50}$	$\frac{43}{80}$	$\frac{17}{30}$
Prozent	8 %	34 %	53,75 %	$56{,}\overline{6}$ %

b)

Anteil	21 m von 300 m	4 km von 20 km	27 cm von 6 m	33 mm von 9 cm
Bruch	$\frac{7}{100}$	$\frac{1}{5}$	$\frac{9}{200}$	$\frac{11}{30}$
Prozent	7 %	20 %	4,5 %	$36{,}\overline{6}$ %

Rechentraining – Lösungen

c)

Anteil	45 kg von 600 kg	16 g von 80 g	270 kg von 3 t	350 g von 12 kg
Bruch	$\frac{3}{40}$	$\frac{1}{5}$	$\frac{9}{100}$	$\frac{7}{240}$
Prozent	7,5 %	20 %	9 %	$2{,}91\overline{6}$ %

d)

Anteil	4 h von 20 h	8 min von 30 min	42 min von 2 h	33 s von 90 min
Bruch	$\frac{1}{5}$	$\frac{4}{15}$	$\frac{7}{20}$	$\frac{11}{1800}$
Prozent	20 %	$26{,}\overline{6}$ %	35 %	$0{,}6\overline{1}$ %

2 a) 0,4 cm² b) 1,68 m² c) 40,85 km² d) 10,2 a e) 3,5 m
f) $5\frac{1}{3}$ Tage g) $24\frac{2}{7}$ km h) 3,2 h

3 a) 200 min b) 550 min c) 240 min d) 2700 min

4 a)

3 % von	3400 l	230 g	150 t	24 kg	5 t	7 km	190 m	76 m²
sind	102 l	6,6 g	4,5 t	0,72 kg	0,15 t	0,21 km	5,7 m	2,28 m²

b)

18 % von	3400 l	230 g	150 t	24 kg	5 t	7 km	190 m	76 m²
sind	612 l	41,4 g	27 t	4,32 kg	0,9 t	1,26 km	34,2 m	13,68 m²

c)

4 % von	600 kg	90 cm	50 €	12 m	300 m	40 €	480 kg	75 cm
sind	24 kg	3,6 cm	2 €	0,48 m	12 m	1,60 €	19,2 kg	3 cm

d)

15 % von	600 kg	90 cm	50 €	12 m	300 m	40 €	480 kg	75 cm
sind	90 kg	13,5 cm	7,5 €	1,8 m	45 m	6 €	72 kg	11,25 cm

e)

120 % von	17 km	950 l	875 €	5,40 €	300 m³	25 dm	345 m	9,45 €
sind	20,4 km	1140 l	1050 €	6,48 €	360 m³	30 dm	414 m	11,34 €

f)

116 % von	17 km	950 l	875 €	5,40 €	300 m³	25 dm	345 m	9,45 €
sind	19,72 kg	1102 l	1015 €	$6{,}26_4$ €	348 m³	29 dm	400,2 m	$10{,}96_2$ €

Größen umwandeln

1 a) 75 cm b) 80 cm c) 55 cm d) 92 cm e) 96 cm

2 a) 15 min b) 12 min c) 40 min d) 16 min e) 21 min

3 a) 875 g b) 80 mm² c) 16 h d) 55 min e) 600 kg
f) 1250 mm² g) 20 h h) 44 s

4 a) 0,045 m < 0,059 m < 0,068 m < 0,07 m < 0,072 m;
< 0,075 m < 0,0755 m
0,45 dm < 0,059 m < 68 mm < $\frac{7}{100}$ m < 7,2 cm < $\frac{3}{4}$ dm < $75\frac{1}{2}$ mm
b) 14,69 m < 110,5 m < 120,5 m < 125 m < 130 m < 130,4 m
1469 cm < 1105 dm < 120,5 m < $\frac{1}{8}$ km < 0,13 km < $\frac{652}{5}$ m

5 a) 1230 g < 1235,6 g < 1250 g < 1320 g < 2500 g < 12 000 g
1230 g < $\frac{6178}{5}$ g < $\frac{5}{4}$ kg < 1,32 kg < $\frac{1}{400}$ t < 0,012 t
b) 40 g < 50 g < 55,5 g < 56,9 g < 62,5 g < 87,5 g
40 000 mg < 0,050 kg < $\frac{111}{2}$ g < 56,9 g < $\frac{5}{80}$ kg < $\frac{7}{80\,000}$ t

6 a) 1,155 m² < 1,25 m² < 1,35 m² < 1,45 m² < 10 m² < 12 m²
$\frac{231}{2}$ dm² < $\frac{1}{80}$ a < 1,35 m² < 14 500 cm² < $\frac{1}{1000}$ ha < 0,12 a
b) 78,5 m² < 78,88 m² < 80 m² < 81 m² < 82,5 m² < 85 m²
78,5 m² < 7888 dm² < $\frac{4}{500}$ ha < 0,81 a < $\frac{165}{2}$ m² < $\frac{17}{20}$ a

7 a) 690 s < 720 s < 732 s < 780 s < 750 s < 840 s
690 s < 0,2 h < $\frac{61}{5}$ min < 13 min < $\frac{5}{24}$ h < $\frac{7}{720}$ Tage
b) 26,2 s < 27 s < 28,5 s < 30 s < 32,4 s < 33 s
$\frac{131}{5}$ s < $\frac{9}{20}$ min < 28,5 s < $\frac{1}{120}$ h < 0,009 h < 0,55 min

8
19.30 h → ($+\frac{2}{3}$ h) → 20.10 h → ($-\frac{17}{20}$ h) → 19.19 h → ($-\frac{2}{5}$ h) → 18.55 h

Addieren und Subtrahieren

1 a)

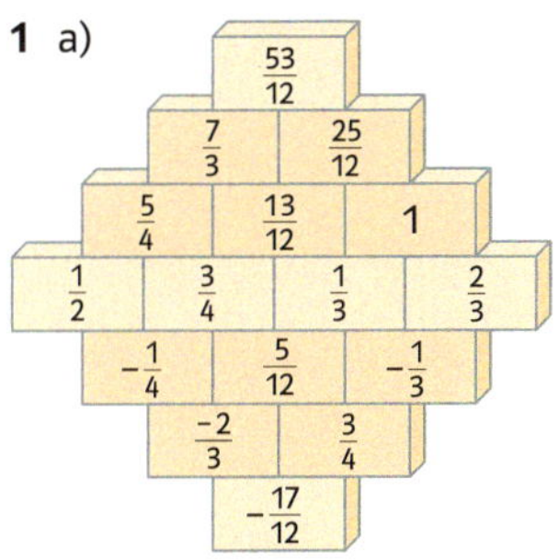

b)

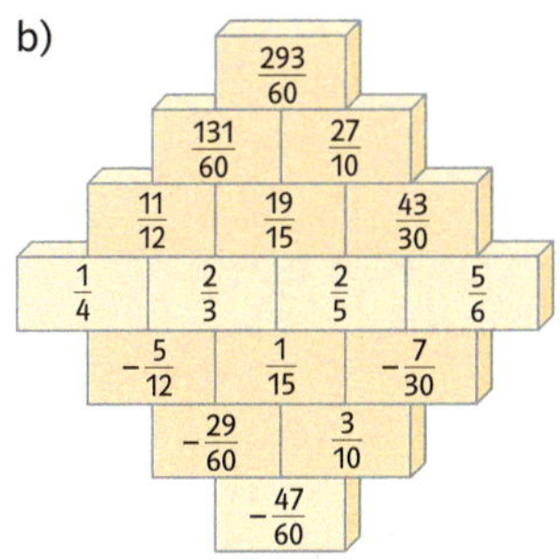

2 a) $\frac{5}{12}$ b) $\frac{5}{24}$ c) $\frac{7}{20}$ d) $\frac{1}{6}$ e) $\frac{7}{60}$ f) $\frac{19}{42}$ g) $\frac{31}{36}$ h) $\frac{5}{12}$ i) $\frac{64}{75}$ j) $\frac{29}{30}$

3 a) $\frac{1}{60}$ b) $\frac{1}{18}$ c) $\frac{1}{24}$ d) $\frac{1}{36}$ e) $\frac{1}{24}$ f) $-\frac{7}{12}$ g) $-\frac{5}{8}$ h) $-\frac{11}{18}$ i) $-\frac{5}{18}$
j) $-\frac{1}{3}$ k) $-\frac{1}{15}$ l) $-\frac{5}{24}$ m) $\frac{41}{30}$ n) $-\frac{13}{70}$ o) $-\frac{1}{24}$

4 a) $\frac{31}{42}$ b) $\frac{1}{30}$ c) $-\frac{7}{54}$ d) $\frac{17}{220}$ e) $\frac{1}{48}$ f) $\frac{29}{80}$ g) $\frac{73}{60}$ h) $\frac{7}{48}$ i) $\frac{59}{200}$
j) $-\frac{13}{60}$ k) $-\frac{32}{63}$ l) $\frac{1}{40}$ m) $\frac{11}{340}$ n) $-\frac{3}{22}$ o) $\frac{15}{247}$

5 a) 4,1 b) −0,7 c) 0,55 d) −0,7 e) −2,62 f) 0,75 g) 1,78
h) −0,17 i) 4,43 j) −5,88

6 a) $\frac{3}{4}$ b) $\frac{19}{20}$ c) $-\frac{4}{5}$ d) $\frac{17}{12}$ e) $\frac{253}{60}$ f) $\frac{1}{15}$ g) $\frac{11}{14}$ h) $-\frac{97}{150}$ i) $-\frac{11}{8}$ j) $\frac{23}{60}$

7 a) $\frac{15}{4}$ b) $-\frac{259}{90}$ c) 0 d) $-\frac{9}{16}$ e) $\frac{1}{6}$ f) $-\frac{275}{72}$ g) $\frac{17}{21}$ h) $-\frac{83}{12}$

8 a) Zauberzahl: $\frac{1}{4}$

$\frac{-2}{3}$	$\frac{1}{3}$	$\frac{-3}{4}$	$\frac{4}{3}$
$\frac{-1}{4}$	$\frac{5}{6}$	$\frac{-2}{3}$	$\frac{1}{3}$
$\frac{5}{6}$	$\frac{-3}{4}$	$\frac{5}{6}$	$\frac{-2}{3}$
$\frac{1}{3}$	$\frac{-1}{6}$	$\frac{5}{6}$	$\frac{-3}{4}$

b) Zauberzahl: $\frac{-43}{30}$

$\frac{-5}{4}$	$\frac{7}{5}$	$\frac{-11}{4}$	$\frac{7}{6}$
$\frac{-13}{12}$	$\frac{-1}{2}$	$\frac{-5}{4}$	$\frac{7}{5}$
$\frac{-1}{2}$	$\frac{-11}{4}$	$\frac{46}{15}$	$\frac{-5}{4}$
$\frac{7}{5}$	$\frac{5}{12}$	$\frac{-1}{2}$	$\frac{-11}{4}$

9 a) $\frac{3}{2}$ b) $-\frac{3}{4}$ c) $\frac{4}{15}$ d) $-\frac{11}{30}$ e) $\frac{5}{3}$ f) 0 g) $\frac{5}{12}$ h) $-\frac{71}{63}$ i) $\frac{9}{4}$ j) $\frac{3}{8}$ k) $-\frac{13}{4}$ l) $\frac{1}{4}$ m) $\frac{7}{2}$ n) $\frac{19}{21}$ o) $\frac{19}{12}$ p) $-\frac{1}{70}$

10 a) $\frac{47}{25} = 1{,}88$ b) $-\frac{17}{100} = -0{,}17$ c) $\frac{443}{100} = 4{,}43$ d) $-\frac{167}{25} = -6{,}68$ e) $\frac{201}{50} = 4{,}02$ f) $\frac{61}{500} = 0{,}122$ g) $-\frac{14}{25} = -0{,}56$ h) $-\frac{199}{100} = -1{,}99$ i) $\frac{169}{20} = 8{,}45$ j) $-\frac{11}{10} = -1{,}1$ k) $\frac{71}{20} = 3{,}55$ l) -5 m) $\frac{49}{50} = 0{,}98$ n) $\frac{21}{5} = 4{,}2$ o) -2 p) $-\frac{391}{250} = -1{,}564$ q) $\frac{7}{2} = 3{,}5$ r) -2 s) $-\frac{7}{10} = -0{,}7$ t) $-\frac{289}{1000} = -0{,}289$

11 a)

21,22

5,74 | 15,48

1,71 | 4,03 | 11,45

0,26 | 1,45 | 2,58 | 8,87

−1,19 | −1,13 | −6,29

−0,06 | −5,16

−5,22

b)

42,783

23,599 | 19,184

14,987 | 8,612 | 10,572

9,289 | 5,698 | 2,914 | 7,658

3,591 | 2,784 | −4,744

0,807 | 7,528

−5,22

12 a) 49,35 b) 19,655 c) 72,473 d) 643,55 e) −94,84 f) 120,75 g) −114,52 h) −102,07 i) 228,329 j) 6510,17 k) 1799,49 l) −772,17

13 a) 240,9 b) 2,23 c) −31,09 d) −787,29 e) 228,79 f) −830,41

14 a) 27,1 b) 628,2 c) 771,5 d) −12,3 e) −3,6 f) −136,3 g) −102,4 h) 20,4

15 a)

+	$\frac{1}{4}$	$\frac{7}{3}$	$-\frac{3}{8}$
$\frac{1}{2}$	$\frac{3}{4}$	$\frac{17}{6}$	$\frac{1}{8}$
$\frac{3}{5}$	$\frac{17}{20}$	$\frac{44}{15}$	$\frac{9}{40}$
$-\frac{2}{3}$	$-\frac{5}{12}$	$\frac{5}{3}$	$-\frac{25}{24}$

b)

−	$\frac{3}{2}$	$\frac{4}{3}$	$-\frac{2}{5}$
$\frac{3}{4}$	$-\frac{3}{4}$	$-\frac{7}{12}$	$\frac{23}{20}$
$\frac{1}{8}$	$-\frac{11}{8}$	$-\frac{29}{24}$	$\frac{21}{40}$
$-\frac{11}{3}$	$-\frac{31}{6}$	-5	$-\frac{49}{15}$

c)

−	$\frac{7}{12}$	$-\frac{17}{24}$	$\frac{29}{40}$
$\frac{5}{4}$	$\frac{2}{3}$	$\frac{47}{24}$	$\frac{21}{40}$
$\frac{11}{8}$	$\frac{19}{24}$	$\frac{25}{12}$	$\frac{13}{20}$
$-\frac{3}{16}$	$-\frac{37}{48}$	$\frac{25}{48}$	$-\frac{73}{80}$

Multiplizieren und Dividieren

1 a) $\frac{1}{6}$ b) $-\frac{7}{32}$ c) $-\frac{4}{3}$ d) $-\frac{18}{25}$ e) $-\frac{5}{3}$ f) $\frac{3}{7}$ g) $-\frac{28}{243}$ h) $-\frac{50}{147}$ i) $-\frac{1}{6}$ j) $\frac{25}{207}$ k) $\frac{2}{3}$ l) $-\frac{3}{4}$ m) $\frac{3}{14}$ n) $-\frac{63}{125}$ o) $\frac{1}{10}$ p) $\frac{1}{30}$ q) $\frac{15}{44}$ r) $-\frac{25}{21}$ s) $-\frac{27}{121}$ t) $\frac{1}{10}$ u) $\frac{3}{4}$ v) $\frac{9}{20}$ w) $\frac{16}{45}$ x) $-\frac{3}{14}$ y) $\frac{2}{15}$

2 a) $\frac{3}{2}$ b) $-\frac{7}{2}$ c) $-\frac{4}{3}$ d) $\frac{1}{4}$ e) $\frac{16}{21}$ f) $\frac{2}{3}$ g) $\frac{3}{2}$ h) $-\frac{3}{2}$ i) -5 j) $\frac{3}{4}$ k) $\frac{85}{72}$ l) $-\frac{7}{5}$ m) $\frac{7}{2}$ n) $\frac{4}{3}$ o) $-\frac{5}{17}$

3 a) $\frac{3}{2}$ b) $-\frac{5}{28}$ c) $\frac{7}{2}$ d) $-\frac{147}{125}$ e) $\frac{99}{25}$ f) $\frac{3}{17}$ g) $\frac{3}{2}$ h) $\frac{3}{8}$ i) $-\frac{7}{30}$ j) $\frac{16}{15}$ k) $\frac{4}{3}$ l) $-\frac{5}{3}$ m) $-\frac{128}{21}$ n) $\frac{10}{7}$ o) $\frac{5}{69}$

4 a)

$\frac{1}{192}$

$\frac{3}{32}$ | $\frac{1}{18}$

$\frac{3}{8}$ | $\frac{1}{4}$ | $\frac{2}{9}$

$\frac{1}{2}$ | $\frac{3}{4}$ | $\frac{1}{3}$ | $\frac{2}{3}$

$\frac{2}{3}$ | $\frac{9}{4}$ | $\frac{1}{2}$

$\frac{8}{27}$ | $\frac{9}{2}$

$\frac{16}{243}$

b)

$\frac{1}{75}$

$\frac{1}{15}$ | $\frac{1}{5}$

$\frac{1}{6}$ | $\frac{2}{5}$ | $\frac{1}{2}$

$\frac{1}{4}$ | $\frac{2}{3}$ | $\frac{2}{5}$ | $\frac{5}{6}$

$\frac{3}{8}$ | $\frac{10}{9}$ | $\frac{18}{25}$

$\frac{27}{80}$ | $\frac{125}{81}$

$\frac{2187}{10\,000}$

5 a) 4531,9 b) −9010 c) 25 d) 30,84 e) 3,5 f) 780 g) −38 600 h) −1500 i) 0,004 j) 38,45 k) 3,845 l) 38,45 m) 0,000 47 n) −3,003 o) 0,75 p) −0,039 q) 0,5 r) 0,008 s) 0,000 032 t) −0,7

6 a) 1,5 b) −4,5 c) −4,8 d) 34 e) 56 f) 88 g) 9 h) −100 i) 500 j) −5 k) 1,1 l) 0,99 m) −5,6 n) 2,4 o) −1,1 p) 7 q) −18 r) 12,3 s) −2,08 t) 1,4

7 a) 7,704 b) −9,028 c) 0,299 31 d) −16,536 e) 234 f) 10,815 g) −23,925 h) 35,854 i) 2520,96 j) −6391,233 k) 21,825 l) 23,256 m) 3,2046 n) 285,64 o) −33,212 p) −25 684,06

8 a) 0,75 b) −1,9 c) −1,3 d) −0,3 e) 0,8 f) 1,2 g) −2,1 h) 6,7 i) −13,8 j) −0,321 k) 0,104 l) −1,26 m) 0,007 n) −0,012 o) −0,033

9 a) 125 b) −26 499,2 c) −1,25 d) 62,5 e) 13,4355 f) 4 363 500 g) −504,745 h) −9,02 i) 3,5 j) 2,88 k) 200 l) 0,4 m) 0,448 n) 0,8 o) −5,184 p) −0,34 q) 0,006 r) −0,1515 s) −3,3 t) 3,4

10 a)

1,89

0,315 | 6

−0,42 | −0,75 | −8

1,4 | −0,3 | 2,5 | −3,2

b)

42,592

−9,68 | −4,4

−5,5 | 1,76 | −2,5

−2,5 | 2,2 | 0,8 | −3,125

Addieren, Subtrahieren, Multiplizieren und Dividieren

1 a) $\frac{1}{3}$ b) $-\frac{1}{5}$ c) $\frac{6}{5}$ d) $-\frac{1}{6}$ e) $\frac{19}{18}$ f) -1 g) $\frac{7}{8}$ h) $-\frac{1}{30}$ i) $\frac{1}{3}$ j) $-\frac{1}{20}$ k) $\frac{7}{2}$ l) $-\frac{8}{9}$ m) $\frac{21}{10}$ n) -1 o) $\frac{16}{15}$ p) $-\frac{1}{7}$ q) $\frac{19}{12}$ r) $\frac{23}{180}$ s) $\frac{1}{21}$ t) $-\frac{1}{4}$ u) $-\frac{25}{18}$ v) $\frac{26}{33}$ w) 2 x) $\frac{1}{2}$

2 a) $\frac{1}{5}$ b) $-\frac{1}{24}$ c) 1 d) $\frac{31}{20}$ e) $-\frac{16}{9}$ f) -14 g) $\frac{49}{72}$ h) $-\frac{4}{75}$ i) $\frac{11}{120}$ j) $\frac{1}{63}$ k) $\frac{91}{72}$ l) $-\frac{119}{32}$ m) $\frac{4}{21}$ n) $\frac{1}{8}$ o) $\frac{17}{120}$ p) $\frac{1}{4}$ q) $\frac{7}{30}$ r) $-\frac{19}{14}$ s) $\frac{4}{11}$ t) $-\frac{19}{30}$ u) $\frac{5}{2}$ v) $-\frac{1}{4}$ w) $\frac{1}{2}$ x) $\frac{13}{96}$

Rechentraining – Lösungen

3 a) 0,97 b) 66,348 c) – 0,1485 d) 106,2 e) 13,0875 f) – 16,652 g) 45,7708 h) – 79,15 i) – 41,5 j) – 102,5 k) 0 l) 500 m) – 500 n) 2,073 o) 2,984 p) 6

4 a) 1 b) – 1 c) $\frac{4}{5}$ d) $\frac{13}{15}$ e) – 119 f) – 26 973 g) $-\frac{8288}{17}$ h) 1 i) $-\frac{1}{4}$

5 a) $\frac{3}{2}$ b) $-\frac{5}{36}$ c) – 42 d) $\frac{2}{3}$ e) – 36 f) $\frac{5}{9}$ g) $\frac{3}{2}$ h) $\frac{18}{5}$ i) $\frac{82}{5}$

6 a) $\frac{7}{6}$ b) $\frac{5}{4}$ c) 0 d) $\frac{58}{9}$ e) $-\frac{25}{3}$ f) 26 g) $\frac{5}{2}$ h) 33

Register

Bildquellen

U1.1-U1.2:Klett-Archiv (Katja Krause), Stuttgart – **S. 4.1**: Getty Images (Photographer`s Choice), München – **S. 4.2**: Klett-Archiv, Stuttgart – **S. 4.3-5.1**: Getty Images (Allsport Concepts/Stone+), München – **S. 5.2**: Klett-Archiv (Simianer&Blühdorn), Stuttgart – **S. 5.3**: Getty Images (Stone), München – **S. 8.1**: Getty Images (Photographer`s Choice), München – **S. 8.2**: Soehnle-Waagen GmbH & Co. KG (Leifheit), Backnang – **S. 8.3**: Getty Images (Photographer's Choice), München – **S. 8.4-8.5**: Getty Images (Image Bank), München – **S. 8.6**: Getty Images (R. Harding World Imagery), München – **S. 8.7**: Avenue Images GmbH (PhotoDisc), Hamburg – **S. 8.8**: MEV, Augsburg –**S. 8.9-8.13**: Klett-Archiv (KomaAmok), Stuttgart – **S. 9.1**: Getty Images (Botonica), München – **S. 9.2**: Astrofoto (Shigemi Numazawa), Sörth – **S. 13**: Corel Corporation, Unterschleissheim – **S. 22.1**: Corel Corporation, Unterschleissheim – **S. 22.2**: Corel Corporation, Unterschleissheim – **S. 33.1**: Getty Images (Taxi), München – **S. 33.2**: Getty Images (Taxi), München – **S. 36**: Corbis (ZEFA), Düsseldorf – **S. 40.1**: Getty Images (Taxi), München – **S. 40.2**: Corbis (RF), Düsseldorf – **S. 40.3**: Thomas Kanzler, Diessen – **S. 40.4**: Studio Nordbahnhof (Tobias Oexle), Stuttgart – **S. 41.1**: Avenue Images GmbH (Stockbyte Platinum), Hamburg – **S. 41.2**: Klett-Archiv (Jörg Buck), Stuttgart – **S. 44**: Mauritius (Doc Max), Mittenwald – **S. 45**: Corbis (Richard T. Nowitz), Düsseldorf – **S. 46**: Klett-Archiv (Simianer & Blühdorn), Stuttgart – **S. 49**: Corbis (Reuters), Düsseldorf – **S. 55**: Getty Images (Image Bank), München – **S. 59**: Okapia (Thierry Montford), Frankfurt – **S. 63**: IMAGO (Camera 4), Berlin – **S. 64.1**: Getty Images (Allsport Concepts), München – **S. 64.2**: Visum (Bernd Arnold), Hamburg – **S. 64.3**: Corbis (ZEFA/Saloutos), Düsseldorf – **S. 64.4**: Getty Images (Stone), München – **S. 64.5**: Avenue Images GmbH (PhotoDisc), Hamburg – **S. 64.6**: Corbis (Geiersperger), Düsseldorf – **S. 64.7**: Corbis (Ray Juno), Düsseldorf – **S. 64.8**: Avenue Images GmbH (PhotoDisc), Hamburg – **S. 65.1**: Avenue Images GmbH (Image Source), Hamburg – **S. 65.2**: Astrofoto, Sörth – **S. 65.3**: Getty Images (Stone), München – **S. 66.1**: Bildagentur Mauritius (Mittere), Mittenwald – **S. 66.2**: Getty Images (Michael Melford), München – **S. 66.3**: Deutsches Museum, München – **S. 67**: Getty Images (Jonathan Ferrey), München – **S. 70**: Conrad Höllerer, Stuttgart – **S. 77.1-4**: Klett-Archiv (Simianer&Blühdorn), Stuttgart – **S. 78**: Corbis (Vanni Archive), Düsseldorf – **S. 79**: AKG, Berlin – **S. 78**: Corbis (Vanni Archive), Düsseldorf – **S. 80.1**: DaimlerChrysler, Stuttgart – **S. 80.2**: BMW AG, München – **S. 80.3**: Audi, Ingolstadt – **80.4**: Toyota Deutschland GmbH, Köln – **80.5**: Mitsubishi Motors Deutschland GmbH, Trebur – **80.6**: The M.C.Escher Company, Baarn; – **80.7**: Klett-Archiv (Jens Schacht), Stuttgart; – **80.8**: Klett-Archiv (Jens Schacht), Stuttgart – **80.9**: Picture-Alliance (akg images), Frankfurt – **81**: Getty Images (Image Bank), München – **82.1**: Getty Images, München – **82.2**: Picture-Alliance (dpa), Frankfurt – **83.1-6**: Deutsches Museum, München – **89**: Werner Otto, Oberhausen – **90.1**: Getty Images (Ryan McVay), München – **91.1**: Getty Images (Image Bank), München – **91.2**: Getty Images (Stone+), München – **92**: IMAGO (Volkmann), Berlin – **94.1**: Image 100, Berlin – **94.2**: Getty Images RF (PhotoDisc), München – **95**: Dieter Schmidtke, Schorndorf – **96**: Avenue Images GmbH (Index Stock), Hamburg – **97**: MEV, Augsburg – **102.1**: Fotofinder (auto motor und sport), Berlin – **102.2**: Helga Lade (Geoff du Feu), Frankfurt – **103**: Corbis (Ronnie Kaufman), Düsseldorf – **109.1**: Picture-Alliance (epa/ Louisa Gouliama), Frankfurt – **109.2**: MEV, Augsburg – **110.1**: Klett-Archiv, Stuttgart – **110.2**: Fotofinder (Zierhut/F1 ONLINE), Berlin – **111.1**: Corel Corporation, Unterschleissheim – **111.2**: MEV, Augsburg – **111.3**: Klett-Archiv, Stuttgart – **111.4**: Klett-Archiv (Silberzahn), Stuttgart – **111.5**: Corbis (W. Perry Conway), Düsseldorf – **114**: Klett-Archiv (Simianer&Blühdorn), Stuttgart – **118.3**: Klett-Archiv (Simianer&Blühdorn), Stuttgart – **118.1-4**: Klett-Archiv (Simianer&Blühdorn), Stuttgart – **119.1**: Dieter Gebhardt, Asperg – **119.2**: Klett-Archiv (Simianer&Blühdorn), Stuttgart – **119.3**: Klett-Archiv (Simianer & Blühdorn), Stuttgart – **123.1**: Creativ Collection Verlag GmbH, Freiburg – **123.2**: Corel Corporation, Unterschleissheim – **123.3**: Avenue Images GmbH (Corbis RF), Hamburg – **124**: Corbis (LWA-Dann Tardif), Düsseldorf – **126**: Picture-Alliance (dpa/Thieme), Frankfurt – **127**: Cinetext (Warner Bros.), Frankfurt – **128**: Klett-Archiv (Simianer&Blühdorn), Stuttgart – **132**: Corbis (Dan Guravich), Düsseldorf – **133**: Angermayer (Hans Reinhard), Holzkirchen – **134**: Mauritius, Mittenwald – **136**: Avenue Images GmbH (Corbis RF), Hamburg – **137**: Corel Corporation, Unterschleissheim – **138**: Picture-Alliance (UPI), Frankfurt – **141**: MEV, Augsburg – **142**: Klett-Archiv (Simianer & Blühdorn), Stuttgart – **145**: MEV, Augsburg – **146.1**: Avenue Images GmbH (Comstock), Hamburg – **146.2**: Avenue Images GmbH (medioimages), Hamburg – **146.3**: Klett-Archiv (Koma Amok), Stuttgart – **146.4**: Getty Images (Food Pix), München – **146.5**: Avenue Images GmbH (Thinkstock), Hamburg – **147.1**: Corbis (ZEFA/stock4b), Düsseldorf – **147.2**: Avenue Images GmbH (medioimages), Hamburg – **147.3**: Corbis (ZEFA/Stewart), Düsseldorf – **148**: Bildagentur Mauritius (age fotostock), Mittenwald – **149**: Avenue Images (PhotoDisc), Hamburg – **150**: Klett-Archiv (Simianer & Blühdorn), Stuttgart – **156.1**: Fotex, Hamburg – **156.2**: Superbild (Burger/Phanie), Unterhaching / München – **158**: IMAGO (Rust), Berlin – **161**: Christine Kestler, Holzkirchen – **167.1**: Mauritius, Mittenwald – **167.2**: MEV, Augsburg – **S. 168**: Fotosearch RF (Digital Vision), Waukesha, WI – **S. 172.1**: Corbis (Don Mason), Düsseldorf – **S. 172.2**: Silvestris (Jürgen Lindenburger), Dießen – **S. 173**: Getty Images (Stone), München – **S. 174.1-4**: IMAGO (Camera 4), Berlin – **S. 176.1**: AKG (John Hios), Berlin – **S. 176.2**: Picture-Alliance (ASA), Frankfurt – **S. 177.1**: Picture-Alliance (akg-images), Frankfurt – **S. 177.2**: Bridgeman Art Library, London – **S. 177.3**: Picture-Alliance (akg-images), Frankfurt – **S. 178**: Picture-Alliance (dpa - Sportreport), Frankfurt – **S. 179**: Picture-Alliance (dpa - Sportreport), Frankfurt – **S. 180.1**: Picture-Alliance (dpa - Sportreport), Frankfurt – **S. 180.2**: Picture-Alliance (dpa - Bildarchiv), Frankfurt – **S. 181.1**: Picture-Alliance (dpa - Sportreport), Frankfurt – **S. 181.2**: IMAGO (Ulmer), Berlin – **S. 182.1-2**: Picture-Alliance (dpa - Sportreport), Frankfurt – **S. 183**: IMAGO (Sven Simon), Berlin – **S. 184.1**: IMAGO (Camera 4), Berlin – **S. 184.2-185.1**: IMAGO (Sven Simon), Berlin – **S. 185.2**: Picture-Alliance (Sportreport), Frankfurt – **S. 186.1**: Corbis (Bettmann), Düsseldorf – **S. 186.2**: Corbis (Underwood & Underwood), Düsseldorf - **S. 187.1**: IMAGO (Sven Simon), Berlin – **S. 187.2**: IMAGO (Hoch Zwei), Berlin

Nicht in allen Fällen war es uns möglich, den Rechteinhaber ausfindig zu machen. Berechtigte Ansprüche werden selbstverständlich im Rahmen der üblichen Vereinbarungen abgegolten.